·重金属污染防治丛书·

重金属废水深度处理：从原理到实践

潘丙才 等 著

科学出版社
北京

内 容 简 介

重金属废水深度处理对保障受纳水体水质安全、提升水资源回用效率意义重大。经常规处理后的废水共存基质依然复杂，残留重金属形态各异，难以通过传统技术进一步深度去除，亟须发展经济高效的重金属废水深度处理技术。本书围绕重金属废水深度处理的实际需求，主要内容包括重金属废水污染防治态势和常规处理技术概述、水中重金属的基本形态及其分析方法、基于选择性吸附分离的重金属废水深度处理方法、基于氧化还原的重金属废水深度处理方法、重金属废水深度处理组合技术与工程应用等。

本书可供高等院校和科研院所环境科学与工程、化学/化学工程、材料科学与工程、采矿/矿物加工/冶金工程、给排水科学与工程等专业本科高年级学生、研究生和教师阅读参考，也可作为相关领域科技工作者和管理人员的参考书。

图书在版编目（CIP）数据

重金属废水深度处理：从原理到实践/潘丙才等著. —北京：科学出版社，2024.5

（重金属污染防治丛书）

ISBN 978-7-03-078531-2

Ⅰ.①重… Ⅱ.①潘… Ⅲ.①重金属废水-废水处理-深度处理 Ⅳ.①X703

中国国家版本馆 CIP 数据核字（2024）第 099027 号

责任编辑：徐雁秋 刘 畅/责任校对：高 嵘

责任印制：彭 超/封面设计：苏 波

科学出版社 出版

北京东黄城根北街 16 号

邮政编码：100717

http://www.sciencep.com

武汉精一佳印刷有限公司印刷

科学出版社发行 各地新华书店经销

*

开本：787×1092 1/16

2024 年 5 月第 一 版 印张：20 1/4

2024 年 5 月第一次印刷 字数：486 000

定价：288.00 元

（如有印装质量问题，我社负责调换）

“重金属污染防治丛书”编委会

“重金属污染防治丛书”序

重金属污染具有长期性、累积性、潜伏性和不可逆性等特点，严重威胁生态环境和群众健康，治理难度大、成本高。长期以来，重金属污染防治是我国环保领域的重要任务之一。2009年，国务院办公厅转发了环境保护部等部门《关于加强重金属污染防治工作的指导意见》，标志着重金属污染防治上升成为国家层面推动的重要环保工作。2011年，《重金属污染综合防治“十二五”规划》发布实施，有力推动了重金属的污染防治工作。2013年以来，习近平总书记多次就重金属污染防治做出重要批示。2022年，《关于进一步加强重金属污染防控的意见》提出要进一步从重点重金属污染物、重点行业、重点区域三个层面开展重金属污染防控。

近年来，我国科技工作者在重金属防治领域取得了一系列理论、技术和工程化成果，社会、环境和经济效益显著，为我国重金属污染防治工作起到了重要的科技支撑作用。但同时应该看到，重金属环境污染风险隐患依然突出，重金属污染防治仍任重道远。未来特征污染物防治工作将转入深水区。一方面，环境法规和标准日益严苛，重金属污染面临深度治理难题。另一方面，处理对象转向更为新型、更为复杂、更难处理的复合型污染物。重金属污染防治学科基础与科学认知能力尚待系统深化，重金属与人体健康风险关系研究刚刚起步，标准规范与管理决策仍需有力的科学支撑。我国重金属污染防治的科技支撑能力亟需加强。

为推动我国重金属污染防治及相关领域的发展，组建了“重金属污染防治丛书”编委会，各分册主编来自中南大学、广州大学、浙江工业大学、中国地质大学（北京）、北京师范大学、山东大学、昆明理工大学、南京大学、东华理工大学、华中农业大学、华北电力大学、同济大学、武汉科技大学等高校和生态环境部华南环境科学研究所（生态环境部生态环境应急研究所）、中国科学院地球化学研究所、中国科学院生态环境研究中心、广东省科学院生态环境与土壤研究所、中国科学院过程工程研究所等科研院所，都是重金属污染防治相关领域的领军人才和知名学者。

丛书分为八个版块，主要包括前沿进展、多介质协同基础理论、水/土/气/固多介质中重金属污染防治技术及应用、毒理健康及放射性核素污染防治等。

各分册介绍了相关主题下的重金属污染防治原理、方法、应用及工程化案例，介绍了一系列理论性强、创新性强、关注度高的科技成果。丛书内容系统全面、案例丰富、图文并茂，反映了当前重金属污染防治的最新科研成果和技术水平，有助于相关领域读者了解基本知识及最新进展，对科学研究、技术应用和管理决策均具有重要指导意义。丛书亦可作为高校和科研院所研究生的教材及参考书。

丛书是重金属污染防治领域的集大成之作，各分册及章节由不同作者撰写，在体例和陈述方式上不尽一致但各有千秋。丛书中引用了大量的文献资料，并列入了参考文献，部分做了取舍、补充或变动，对于没有说明之处，敬请作者或原资料引用者谅解，在此表示衷心的感谢。丛书中疏漏之处在所难免，敬请读者批评指正。

柴立元
中国工程院院士

前　言

矿冶、电子电镀、制革、化工等行业是我国水体重金属污染重点防控行业，废水排放量占工业废水排放总量的 20%～30%。重金属类污染物对生态安全与人体健康危害极大，重金属废水的深度处理是我国应对重金属污染严峻态势的重大需求和必然选择。由于重金属废水组分复杂、重金属形态各异，开发经济高效的提标减排技术面临巨大挑战。经常规处理后的废水中重金属浓度低，但化学组成依然复杂，共存基质种类多、浓度相对高、对重金属进一步去除干扰大。目前吸附、化学沉淀、强化混凝、膜分离等技术已广泛应用于重金属废水的深度处理，但总体成本偏高、处理深度不足、环境友好性有待提升，仍需开发经济高效的新型深度废水处理技术。本书围绕重金属废水深度处理的实际需求，在概述重金属废水污染防治态势、总结重金属废水常规处理技术的基础上，结合笔者科研工作和工程实践经验，以基础研究—技术创新—应用示范为基本脉络，重点介绍废水中重金属的形态与认知方法、选择性吸附分离材料和选择性高级氧化技术及其在重金属废水深度处理中的应用，以及其他相关重金属废水深度处理技术及原理，提供并剖析多个重金属废水深度处理的组合工艺与工程案例。本书还包含了笔者主持完成的 2015 年国家技术发明奖二等奖项目“基于纳米复合材料的重金属废水深度处理与资源回用新技术”和 2020 年江苏省科学技术奖一等奖项目“基于目标污染物特性适配的深度水处理方法创新与应用”等主要成果，期待能为重金属废水深度处理技术创新与应用提供参考。

基础研究是技术创新的总机关。尽管研究人员对重金属废水污染控制技术创新开展了大量应用基础研究工作，但相关研究往往忽视了重金属形态复杂、高浓度共存基质干扰等基本特点，对实际废水深度处理技术创新的直接支撑作用有待强化。深化对废水中重金属的形态认知、深入研究重金属形态调控与选择性去除的方法与机制是推动重金属废水深度处理技术创新的科学基础。本书坚持“以技术需求驱动基础创新、以基础研究支撑技术创新”的学术思想，结合笔者多年来从事重金属废水深度处理技术与原理相关科学研究和工程实践的经验，以难以深度去除的络合态重金属的形态分析与调控方法、基于上述认知与方法的组合工艺创新与应用为全书的重点，重视重金属深度处理方法原理的阐释，着重论述化学、材料等基础学科在技术创新中发挥的支撑作用，同时强调重金属废水深度处理真实场景的认知及其与处理方法的适配，力求达到举一反三的效果，打通原理—方法—技术—工艺的创新链，使读者了解当前重金属废水深度处理的需求、关键问题和科技前沿，启发相关科技工作者创新重金属废水高效深度处理技术。

本书共 9 章。第 1 章从重金属废水来源、常见重金属及其性质与危害、重金属废水污染防治的要求和排放标准等方面对重金属废水污染防治进行概述；第 2 章简述重金属废水常规处理技术；第 3 章着重剖析重金属废水深度处理的发展现状与挑战；第 4～6 章是本书的重点与特色章节，分别介绍废水中重金属的基本形态及其分析方法、基于选择性吸附分离的重金属废水深度处理方法、基于氧化还原的重金属废水深度处理方法；第 7 章补充介绍重金属废水深度处理的其他方法；第 8 章介绍重金属废水深度处理组合技术与工程应用案例；第 9 章对全书进行简单总结与展望。

参与本书撰写的人员主要为潘丙才教授（南京大学）、张庆瑞教授（燕山大学）、杨文澜教授（扬州大学）、聂广泽教授（南京工业大学）、万顺利教授（黄山学院）、张孝林副教授（南京大学）、单超副教授（南京大学）、黄先锋副教授（温州大学）、徐喆副教授（广东工业大学）、陈宁怡副研究员（浙江工业大学）及孙淑慧博士（华东理工大学）等，他们大多是从事相关研究的一线科研工作者。全书由单超副教授统稿。

本书的相关工作得到国家杰出青年科学基金项目“水污染控制化学”（21925602）、国家重点研发计划项目课题“基于纳米复合材料的水处理集成技术开发与应用示范”（2016YFA0203104）、国家自然科学基金面上项目“基于 Fe(III)-羧络合物光解的重金属废水高效处理新技术原理”（51578280）和“面向水中砷深度去除的凝胶型树脂-纳米 FeOOH 复合材料及其作用过程”（51878332）等多个项目资助。

由于作者学识有限和撰写书稿经验不足，书中难免存在疏漏之处，还望各位专家同仁和读者批评指正。

潘丙才

2023 年 10 月于南京大学

目 录

第 1 章　重金属废水污染防治概述

1.1　重金属废水的来源

随着现代化工农业的快速发展和城市化进程的不断推进，有毒有害物质如重金属、氮、磷、持久性有机污染物等大量排入水环境，对生态系统健康和水质安全产生严重威胁，目前水污染问题已成为制约经济社会高质量发展的重要因素。作为危害性最大的水污染问题之一，重金属污染受到全球各国、各组织的高度重视。据《第二次全国污染源普查公报》显示，我国七大流域水中重金属的排放量约 154.94 t。水中重金属主要来源于人类工业生产活动的排放，包括有色金属矿采选、有色金属冶炼、电镀、皮革制造、铅蓄电池生产与再生、化学原料及化学制品制造等（Wadhawan et al.，2020）。本节重点阐述这些典型工业活动中重金属废水的产生与排放情况。

1.1.1　有色金属矿采选

有色金属是国民经济发展不可或缺的基础材料，也是提升国家综合实力和维护国家安全的重要战略资源，广泛应用于工业、军事、国防、科技、通信、航天、交通等领域。我国有色金属矿产资源丰富，矿种多样，有色金属资源开发已成为我国重要基础产业之一，也是我国实现制造业强国的重要支撑。但由于我国矿产资源品位一般较低，开采技术不够先进，有色金属矿采选业蓬勃发展的同时也引起了较为严重的环境污染问题，尤以重金属污染为主（Gong et al.，2014）。我国矿山废水的排放量约占全国工业废水总排放量的 10%，主要涉及重金属铅（Pb）、铜（Cu）、镉（Cd）、锌（Zn）、铬（Cr）、砷（As，为类金属）等（张杰，2020）。

有色金属矿采选废水主要产生于 4 个环节：①矿坑/矿井排水，采矿过程中会形成矿坑或矿井，矿坑/矿井排水主要来源于坑井内自然涌入/汇入的大量地下水及降尘水等；②废石场淋溶水，主要为采矿废石堆放场的降尘水及淋溶雨水等；③选矿废水，选矿工艺一般包括洗矿、破碎与选矿三道工序，其中选矿工序需要加入大量捕收剂、抑制剂或萃取剂等，这些药剂通常为重金属的螯合剂或络合剂，可结合矿石中 Cu、Cd、Zn、Pb 等重金属形成可溶态，从而实现有色金属的分离或者提纯，选矿废水主要为洗矿和选矿工序产生的废水；④尾矿废水，尾矿是经选矿后产生的废弃物，产生量巨大，占开采量的 97%～99%，且具有颗粒粒径小、比表面积大等特点（张杰，2020），尾矿中硫化物易在空气、水、微生物共同作用下被氧化，产生游离态 H^+和重金属，一般有色金属采选需要设置专门的尾矿库，尾矿废水主要来源于尾矿库的溢流水。

矿坑水、废石场淋溶水及尾矿废水可统称为酸性矿山废水（acid mine drainage，AMD），具有高酸性、高硫含量及高重金属含量等特征。该特征主要是由矿石中硫化物在潮湿环境中的氧化作用所致，即矿石中硫化亚铁、硫化金属等可在微生物的催化作用下与空气、水分等发生如下系列典型反应（田发荣 等，2022）：

$$2FeS_2 + 7O_2 + 2H_2O \longrightarrow 2FeSO_4 + 2H_2SO_4 \tag{1.1}$$

$$4FeSO_4 + 2H_2SO_4 + O_2 \longrightarrow 2Fe_2(SO_4)_3 + 2H_2O \tag{1.2}$$

$$7Fe_2(SO_4)_3 + FeS_2 + 8H_2O \longrightarrow 15FeSO_4 + 8H_2SO_4 \tag{1.3}$$

$$2Fe_2(SO_4)_3 + 3MS + 2H_2O + 5O_2 \longrightarrow 3MSO_4 + 4FeSO_4 + 2H_2SO_4 \tag{1.4}$$

以上反应过程中产生大量的H^+和硫酸根，而且可使矿石中稳定态的重金属转化为可溶态，从而产生重金属污染物。此外，受矿床类型、赋存条件、采矿工艺等多因素影响，酸性矿山废水还具有产生量大、含重金属种类多、水质水量波动大等特点，这给矿山废水治理造成很大的困难。

选矿废水不仅含有重金属（相当部分为络合态），还含有多种浮选药剂，例如活化剂（硫酸铜）、抑制剂（重铬酸钾、亚硫酸钠、硫酸锌）、捕收剂（黑/黄药、硫氮化合物等）、起泡剂（油类、表面活性剂等），而且浮选过程中还使用硫酸、石灰等多种 pH 调节剂，这使选矿废水成分相对复杂，对废水的末端治理造成较大压力。典型有色金属选矿废水的重金属组成见表 1.1。

表 1.1 有色金属选矿废水的重金属组成 （单位：mg/L）

类别	质量浓度	均值	排放标准	类别	质量浓度	均值	排放标准
Pb	0.005～81.6	5.3	1.0	Cr	0.001～5.2	0.3	1.5
Cu	0.01～104.7	7.1	1.0	Hg	0.001～2.5	0.13	0.05
Cd	0.001～7.3	0.4	0.1	As	0.001～90.0	4.1	0.5

引自赵永红等（2014）

1.1.2 有色金属冶炼

作为有色金属矿采选的后续处理环节，有色金属冶炼是获得有色金属纯品的主要途径，主要通过焙烧、熔炼、电解及化学药剂处理等系列方法对金属矿石进一步提纯，炼成所需的金属物质。典型的有色金属（如 Pb、Cu、Zn 等）矿有硫化物矿和氧化物矿两种，以硫化物矿为主。金属冶炼主流方法有火法和湿法两种，以冶铜为例，火法主要通过熔炼、吹炼、精炼等过程获得金属铜，典型工艺如图 1.1 所示；而湿法先通过化学药剂浸渍，使矿石中铜离子浸出，再通过置换、还原、电沉积等方法获得单质铜（Shu et al., 2021）。近年来，随着国民经济的快速发展，有色金属的需求量逐步增大，同时对金属质量也提出更高要求；在此驱动下，有色金属冶炼也获得长足发展，但由此引发的环境污染问题不容小觑，尤其是重金属污染。我国有色金属冶炼废水中重金属的种类、含量与矿种、冶炼工艺等密切相关，主要涉及 Pb、Cu、汞（Hg）、Cd、Zn、Cr、As 等。

有色金属冶炼废水主要产生于 4 个环节：①烟气洗涤废水，火法冶炼过程中会产生大量冶炼废气，一般须经喷淋等湿式法降温除尘，该过程会产生大量废水，此外，火法冶炼中产生的酸性气体可用于制酸，而制酸系统产生的废酸、冷凝液和冲洗液等也会作为废水排出；②冲渣水，火法冶炼中高温熔融态炉渣需要用水进行急速冷却，该过程会

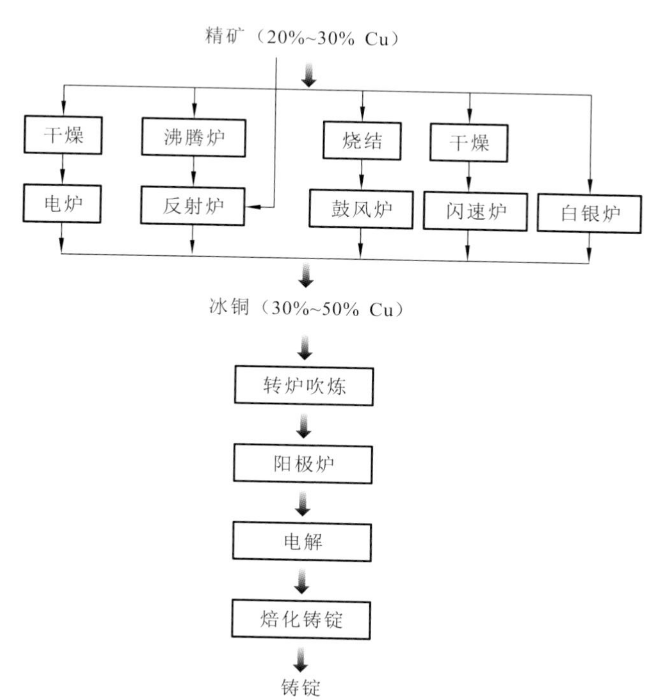

图 1.1 火法冶炼铜的主要工艺流程

引自王兆文等（2020）

产生一定量的废水；③湿法精炼废水，湿法冶炼须在水溶液中进行浸出、置换、还原、电沉积等过程，反应废液一般作为废水排出；④车间冲洗水，对设备、地面、滤料等冲洗会产生废水，含湿法冶炼过程中跑冒滴漏的浸出液等。

有色金属冶炼中以烟气洗涤废水和湿法精炼废水污染最重，主要含酸、重金属等污染物，是有色金属冶炼废水处理的重点。烟气洗涤过程中 SO_2、SO_3 溶于水形成酸，烟尘中 Pb、As、Cd、Cu 等也会融入水中，且洗涤水一般会多次重复使用，因此废水具有酸性强、重金属浓度高等特点。湿法精炼废水中污染物主要为残留的冶炼化学药剂及未完全转化为单质的重金属。冲渣水中主要污染物为颗粒物，重金属较少，而车间冲洗水视车间管理情况可能含有一定量的重金属，但该废水可通过提高管理水平减少甚至消除。几种炉型的有色金属冶炼废水组成情况如表 1.2 所示。

表 1.2 几种炉型的有色金属冶炼废水组成

冶金方法（炉型）	废水类别	废水主要成分质量浓度/（mg/L）
反射炉（白银-冶、炼铜）	熔炼、精炼等废水	Cu 102.4、Pb 5.7、Zn 252.35、Cd 195.7、Hg 0.004、As 490.2、F 1400、B 640、Fe 2233、Na 2833、H_2SO_4 153.8
电炉（以某厂为例）	熔炼铜废水	Cu 41.03、Pb 13.6、Cd 6.56、As 76.86
鼓风炉（某铜铅冶炼厂）	铜鼓风炉熔炼废水	Cu 2～3、As 0.6～0.7
	铅鼓风炉熔炼废水	Pb 20～130、Zn 110～120
闪速炉（某铜冶炼厂）	烟气制酸废水	H_2SO_4 150、Cu 0.9、As 8.4、Zn 0.6、Fe 1.9、F 1500
电解精炉（某电铜冶炼厂）	含铜酸性废水	Cu 30～300

引自王兆文等（2020）

1.1.3 电镀

电镀是一种重要的表面处理技术，旨在提升机械与塑胶零件及电子元件等工件的耐腐蚀性、耐磨性、导电性、色泽美观度等性能，广泛服务于机械、电子、通信、轻工、军工、航天、船舶等行业。电镀主要是利用电解原理在工件表面覆盖一层金属膜，以此提升工件实际应用性能。电镀过程普遍由工件酸/碱清洗、电镀、镀件清洗等工序组成，例如电镀铜的典型工艺原理如图 1.2 所示。随着我国机械电子行业的快速发展，电镀件的需求量日益增加，电镀企业数量也显著增加。我国现有涉电镀企业总数超过 1 万家，主要分布在长三角、珠三角等地区，电镀废水年排放量近亿立方米，主要涉及重金属有 Ni、Cr、Cu、Cd、Pb 等。

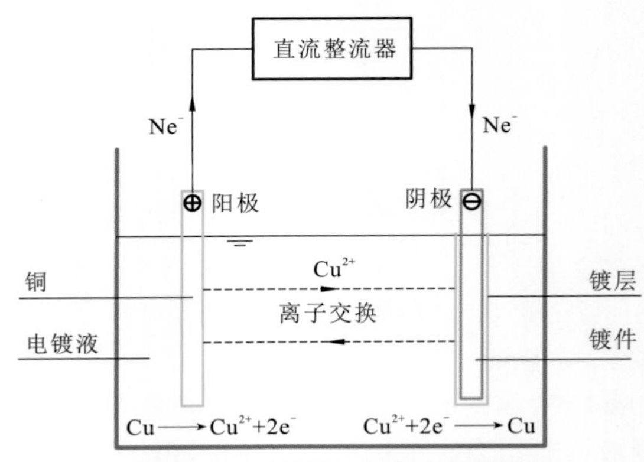

图 1.2 电镀铜的典型工艺原理

引自王宏杰等（2021）

电镀废水主要产生于三个环节：①镀件清洗水，工件往往需要经过多道电镀工序才可达到预期效果，为了避免不同镀种间相互影响，镀件在进入下道电镀工序之前需要将表面附着的电镀液清洗干净，且电镀完成后，也需要对镀件进行清洗，该工序会产生大量废水；②工件清洗水，工件电镀处理前一般需要通过稀酸、稀碱清洗等方法去除表面的氧化层和油污，该过程会产生一定量废水；③其他废水，主要来自地面、设备等冲洗水，以及清洗槽、电镀槽、酸洗槽及各输送管线的跑冒滴漏产生的废水。

镀件清洗是电镀中用水量最大的工序，镀件清洗水一般超过电镀废水总量的 80%，是电镀废水的主要处理对象，同时也是电镀废水中重金属的主要来源（Chen et al.，2020）。工件清洗水中主要含酸、碱及油类等污染物，一般不含重金属。其他废水中重金属浓度也较高，但可通过提高车间管理水平减少，更换的废电镀液一般作为危险废物处理，不作为废水排放。电镀废水中重金属的种类和浓度与电镀镀种、工艺、技术水平等多种因素相关。

1.1.4 皮革制造

随着社会经济发展水平的提升，皮革制品已成为人类不可或缺的日常用品之一。我国是皮革生产、加工和贸易大国，皮革工业是我国轻工行业的支柱产业之一，在国民经济建设和出口创汇中发挥着日益重要的作用。制革是皮革行业的基础，对皮革行业的健康发展举足轻重。制革主要是指以猪、牛、羊等动物皮为原料，采用脱毛、鞣制等物理化学方法制备不易腐蚀的皮具过程。制革主要过程包括鞣前准备、鞣制、整饰等工段，典型工艺流程如图 1.3 所示。我国皮革制造企业众多，皮革加工属于典型高耗水行业，废水排放量大。据统计，我国皮革行业每年产生的废水量近亿吨，占全国工业废水排放量的 0.3%～0.5%，主要涉及的重金属为 Cr（梁贺彬，2019）。

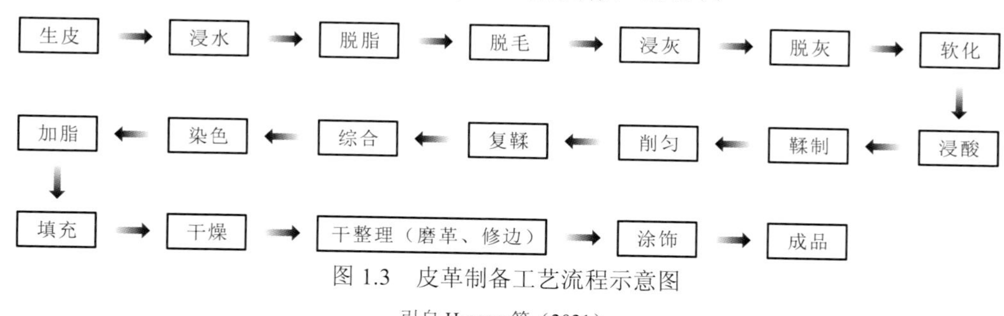

图 1.3　皮革制备工艺流程示意图

引自 Hansen 等（2021）

制革废水主要产生于两个环节：①准备工段废水，准备工段包括浸水、脱脂、脱毛、浸灰、脱灰、软化、浸酸等过程，这些过程都在水溶液中进行，残留溶液通常会作为废水排放；②鞣制废水，鞣制工段包括鞣制、复鞣、加脂等过程，也都在水溶液中进行，残留溶液一般也作为废水排放。

准备工段废水排放量大，约占制革废水总排放量的 90%，且污染较重。准备工段需要使用酸、碱、铵盐、表面活性剂、硫化物等化学物质，且脱除的脂类等有机物会进入水中，该废水含有较高浓度化学需氧量（chemical oxygen demand，COD）、氨氮、悬浮物等污染物，基本不含重金属；此外，为防变质，动物皮一般须经腌制保存，导致准备工段废水具有高含盐特性。鞣制废水排放量不大，约占废水总排放量的 10%，目前皮革鞣制广泛使用铬鞣法，未被动物皮吸收的铬鞣剂（占 30%～40%）会残留于水中，是皮革废水中铬的主要来源。各生产工序产生的制革废水的组成成分见表 1.3。

表 1.3　各生产工序产生的制革废水及其成分

序号	工序	加入辅料	作用	废水成分
1	浸水	渗透剂、防腐剂	使皮恢复鲜皮状态	血、水渗透蛋白、盐、渗透剂
2	脱脂	脱脂剂、表面活性剂	去除皮表面及内部油脂	表面活性剂、蛋白质、盐
3	脱毛、浸灰	石灰膏、硫化钠	去除表皮及毛，并松散胶原纤维皮膨胀	硫化钠、石灰、硫氢化钠、蛋白质、毛、油脂
4	水洗	—	洗掉表面的灰	硫化钠、石灰、硫氢化钠、蛋白质、毛、油脂
5	片皮	—	分层	皮块
6	灰皮洗水	—	洗掉表面灰	皮块
7	脱皮	铵盐、无机酸	脱去皮肉外部灰、中和裸皮	铵盐、钙盐、蛋白质
8	软化及洗水	酶及助剂	皮身软化，降低皮温	酶及蛋白质

续表

序号	工序	加入辅料	作用	废水成分
9	浸酸	氯化钠、无机酸、有机酸	对鞣皮酸化	酸、食盐
10	鞣制	铬粉及助剂、碳酸氢钠	使胶原稳定	铬盐、硫酸钠、碳酸钠
11	中和水洗	乙酸钠、碳酸氢钠	中和酸性皮	中性盐
12	染色、加脂	染料、有机酸、加脂剂及助剂	上色，并使革柔软丰满	染料、油脂、有机酸及助剂
13	水洗	—	—	染料、油脂、有机酸及助剂

引自梁贺彬（2019）

1.1.5 铅蓄电池生产与再生

铅蓄电池是当今世界上产量最高、用途最广的蓄能电池，具有经济实用、性能稳定等特点，广泛用于电力、通信、交通、军事等行业，对国民经济发展具有重要支撑作用。我国是世界最大的铅蓄电池生产和出口国，据统计，2020年铅蓄电池企业约346家，全国铅蓄电池产量达227.36 GW·h（宋文龙 等，2022）。铅蓄电池生产及回收目前常用的工艺如图1.4所示，主要涉及重金属Pb、Cd的排放。

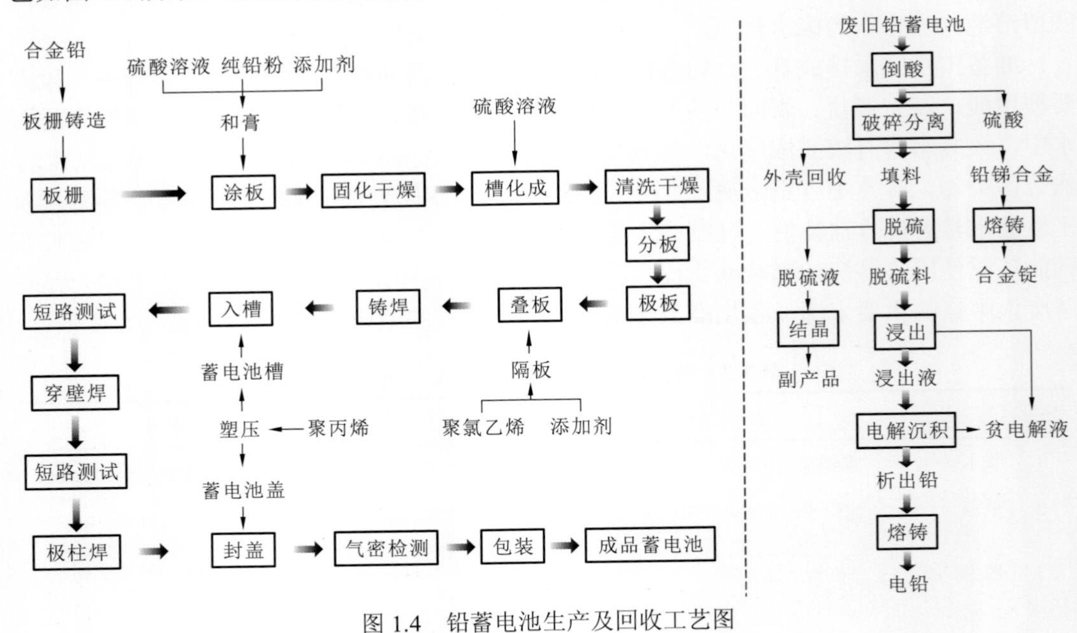

图1.4 铅蓄电池生产及回收工艺图

引自刘巍（2016）

铅蓄电池生产工艺包括涂板、槽化成等工序，而铅蓄电池回收工艺包括破碎分离、脱硫、熔铸等工序。铅蓄电池生产废水主要来源于化成工序中极板清洗废水及车间地面冲洗水，废水产生量较少，但通常Pb、Cd等重金属浓度较高。铅蓄电池回收过程中产生的废水主要来源于车间地面冲洗水，废水中含有一定浓度Pb。

1.1.6 化学原料及化学制品制造

化学原料及化学制品制造业中排放重金属废水的典型行业有电石法聚氯乙烯生产、硫酸制造、铬盐生产等，涉及 Hg、As、Cr 等。

聚氯乙烯是我国五大通用塑料之一，具有耐化学腐蚀、高电绝缘性、强阻燃、轻质及易于加工等优点，广泛应用于建筑、电线电缆、密封材料、纤维等行业。截至 2020 年底，我国聚氯乙烯生产企业约 71 家，总产能约 2 700 万 t（张培超，2022）。目前聚氯乙烯的生产方法有电石乙炔法和乙烯法，由于电石来源广泛、成本低廉，我国 80%以上的聚氯乙烯是通过电石乙炔法生产的，其典型工艺流程如图 1.5 所示，主要涉及重金属汞的排放。

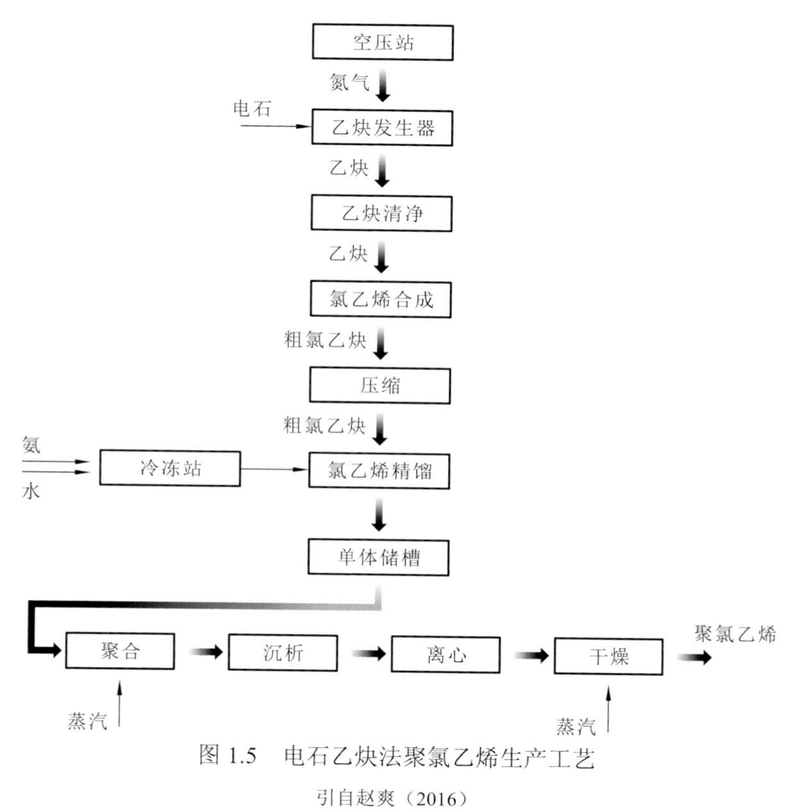

图 1.5　电石乙炔法聚氯乙烯生产工艺

引自赵爽（2016）

电石乙炔法聚氯乙烯生产工艺包含乙炔合成、氯乙烯合成及聚氯乙烯合成等工序，其中乙炔加氢加氯制备氯乙烯过程常以氯化汞作为催化剂，该催化剂以活性炭为载体，由浸渍吸附质量分数 10%～12%的氯化汞制备而成（赵爽，2016）。电石乙炔法生产聚氯乙烯排放废水主要来源于乙炔合成工序的电石废水和氯乙烯合成工序的含汞废水，其中含汞废水产生于氯乙烯精馏水洗及催化剂配制与更换等过程。

硫酸是重要的工业原料，广泛应用于冶金、石油、航天、电子等行业，2021 年我国硫酸总产量达 1.09 亿 t，同比上升 5.8%（廖康程 等，2022）。目前我国工业硫酸生产的主流方法是硫铁矿沸腾焙烧法，典型工艺如图 1.6 所示，主要涉及类金属砷的排放。在吸收工序中，SO_2 气体水洗过程主要作用为净化杂质气体，该过程涉及废水排放，也是硫酸制造过程排放废水的主要来源。我国 90%以上的硫铁矿含硫量低于 30%（彭云辉，2002），焙烧废气中包含砷、氟等污染物，经水洗净化后大部分污染物会溶入废水中，部分硫酸企业废水水质如表 1.4 所示。

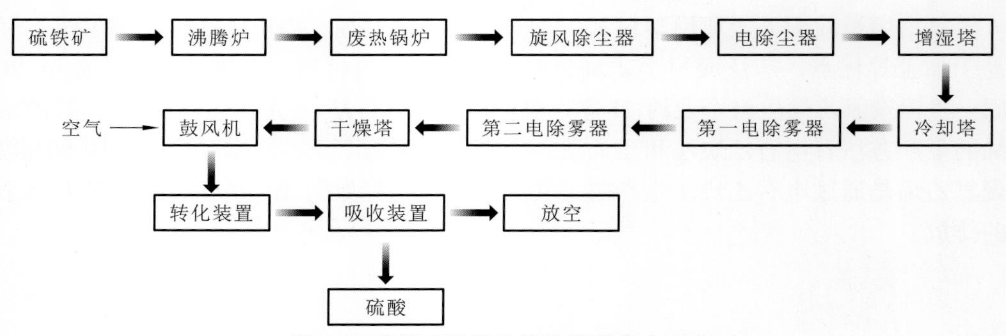

图 1.6 硫铁矿沸腾焙烧法硫酸生产工艺

引自丁勇等（2017）

表 1.4 我国部分硫酸企业废水水质一览表

企业	砷质量浓度/（mg/L）	氟质量浓度/（mg/L）	总酸度/（g/L）
南京某厂	3～18	15～78	3～8
上海某硫酸厂	5～13	10～30	2～5
上海某化工厂	2.5～5	60～75	2～3
杭州某硫酸厂	1.4	—	3～9
四川某化工厂	2～4	约 60	6～10
昆明某厂	0.1～7.0	2.5～4	—
株洲某厂	47～138	60～220	2～4
湖南某厂	11～130	24～160	4～5

引自彭云辉（2002）

铬盐是重要的化工原料，主要包括氧化铬、铬酸酐、重铬酸钠等，广泛应用于颜料、染料、皮革、冶金等工业中。铬盐生产的主流技术是铬铁矿无钙焙烧法，典型工艺如图 1.7 所示，主要涉及重金属铬的排放。该法主要包括焙烧、浸取、酸化、脱硝等工序，其中重铬酸钠制取过程中会产生废水，主要含 $Cr_2O_4^{2-}$ 和 CrO_4^{2-} 两种形式的铬。

1.1.7 其他来源

除以上 6 种典型工业活动会导致重金属废水排放外，医药、农药、颜料、油漆、印染等生产企业也会产生和排放重金属废水。部分生活污水及农业面源排放水中也可能含有少量重金属。

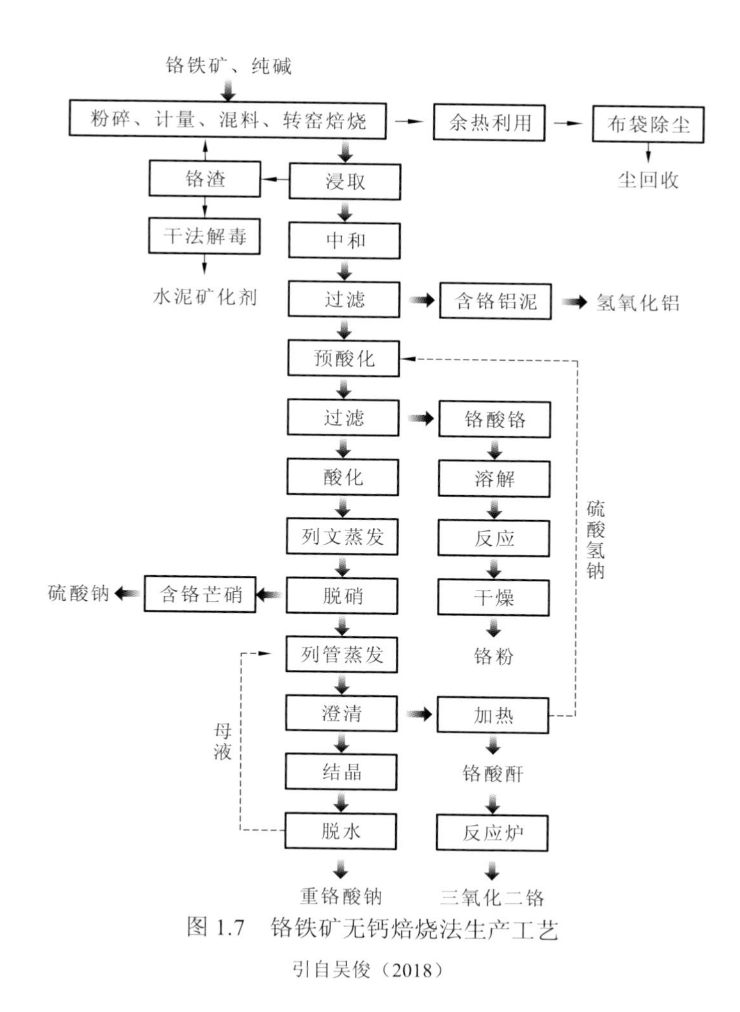

图 1.7　铬铁矿无钙焙烧法生产工艺

引自吴俊（2018）

1.2　常见重金属及其性质与危害

重金属是指密度大于 4.5 g/cm^3 的金属，常见重金属有 Cd、Hg、Cu、Pb、Cr、Ni 等，类金属砷（As），因物理性质和毒性与重金属相似，通常也被视作重金属。由于具有毒性高、易蓄积、不可降解等特点，低浓度重金属即可对水生生态系统及人体健康造成严重威胁。几种常见重金属对人类健康的危害如表 1.5 所示。

表 1.5　几种常见重金属对人类健康的危害

重金属	主要健康危害
Cd	咳嗽、肺气肿、头痛、高血压、痛痛病、肾病、肺癌和前列腺癌、淋巴细胞增多、细胞性贫血、睾丸萎缩、呕吐
As	脑损伤、心血管和呼吸系统疾病、结膜炎、皮炎、皮肤癌
Pb	厌食症、慢性肾病、神经元损伤、高血压、多动、失眠、学习障碍、生育能力下降、肾脏系统损伤、注意力不集中

续表

重金属	主要健康危害
Cr	支气管肺炎、慢性支气管炎、腹泻、肺气肿、头痛、皮肤刺激、呼吸道损害、肝病、肺癌、恶心、肾衰竭、生殖毒性、呕吐
Hg	运动失调、注意力缺陷、失明、耳聋、生育能力下降、头晕、语言障碍、胃肠道刺激、牙龈炎、肾病、记忆丧失、肺水肿、免疫力下降、硬化症
Cu	腹痛、贫血、腹泻、头痛、肝肾损伤、代谢紊乱、恶心、呕吐
Ni	心血管疾病、胸痛、皮炎、头晕、干咳和气短、头痛、肾病、肺癌和鼻癌、恶心

引自 Ayangbenro 等（2017）

1.2.1 铅

铅（Pb），原子序数 82，位于元素周期表 IV A 族，最外层有 1 个电子。水环境中的铅具有化学活性强、可迁移性强、赋存形态多、毒性持久等特点，易通过食物链富集或者污染饮用水等途径危害人类健康。铅及其化合物对人体的很多器官具有毒性作用，如对神经系统、造血系统及心脑血管具有严重负面影响。摄入高剂量铅会诱发神经性、血液性及肾脏性疾病。对儿童而言，铅中毒会导致智力下降、心智紊乱等（Luo et al.，2018）。铅中毒还可能导致孕妇流产、胎儿畸形等严重后果。通过不同途径进入人体的铅可蓄积在各组织器官内，可能引起消化系统、呼吸系统、肝脏系统及肾脏系统的不可逆损坏。通常，急性铅中毒典型症状主要为腹绞痛、肝功能障碍、高血压、神经炎、脑炎及贫血等，而慢性铅中毒的典型表现为神经性衰弱症。血铅浓度是人体铅中毒的重要指示指标，长期暴露于低浓度铅污染环境中，可导致认知障碍、神经性精神紊乱等症状。同时，铅中毒还会导致骨质疏松和软化现象，抑制儿童体格发育。

1.2.2 镉

镉（Cd），原子序数 48，位于元素周期表 II B 族，最外层有 1 个电子。镉的毒性极强，仅次于重金属汞。水环境中的镉对水生物、微生物、农作物都有毒害作用。镉一旦被摄入人体，很难通过正常的新陈代谢活动排出体外，在人体的半衰期为 10～35 年（Ihsanullah et al.，2015），具有极强的蓄积性。进入人体的镉主要分布在肝、胃、胰腺和甲状腺内，其次在胆囊、骨骼和睾丸内，可在体内与蛋白质分子的羟基、氨基与巯基等功能基团结合，干扰酶系统，从而造成肝、肾等器官功能紊乱，影响人体对蛋白质、糖类与脂肪等营养物质的消化吸收，进而诱发高血压、慢性肾炎、肝部病变等多种疾病。而且，进入人体的镉会与骨骼中的磷酸钙发生反应，造成钙的流失，使骨骼因缺钙而变得疏松，轻症表现为背部、腿部疼痛，重症则表现为病理性骨折。历史上发生在日本富山县神通川流域的痛痛病就是一种典型的镉公害病，由于含镉稻米的长期摄入，人体骨骼中的钙被镉代替导致硬度下降，最后发生骨骼萎缩并发肾功能衰竭而死亡。

1.2.3 铬

铬（Cr），原子序数 24，位于元素周期表 VI B 族，最外层有 2 个电子，在水中主要有三价和六价两种形态。铬的毒性与其存在的化学价态密切相关，三价铬毒性较低，主要以氧化态、硫酸盐态等形式存在，迁移性相对较差，比较稳定，不易在人体的肝、肾、脾及血液中积累，但在肺内容易积存，对肺部产生一定的伤害。三价铬对抗凝血活酶具有一定的抑制作用，在富氧环境中易转化为六价铬。六价铬的毒性比三价铬高出近百倍，长期接触六价铬易出现皮肤过敏、黏膜溃疡等症状，长期吸入六价铬可对呼吸系统产生损伤，出现糜烂性鼻炎和鼻中隔穿孔等严重症状（Khalaf et al.，2019）。六价铬进入人体后，不仅会损伤口腔、食道和肠胃，出现胃痛、胃肠道溃疡等症状，还会腐蚀内脏，造成肾脏功能障碍、肝脏损伤等严重症状。此外，六价铬进入细胞后会产生还原反应，与细胞大分子结合，造成遗传密码改变，从而诱发细胞癌变。

1.2.4 汞

汞（Hg），原子序数 80，位于元素周期表 II B 族，最外层有 1 个电子。水环境中的汞是一种剧毒非必需元素，广泛存在于各类环境介质和食物链（尤其是鱼类）中。汞通过食物链富集的能力非常强，淡水浮游植物与鱼类的富集系数可达上千倍，而淡水无脊椎动物的富集甚至可高达 10 万倍。汞及其化合物对生命体危害严重，长期低剂量暴露会引起一些不可逆损害。汞可以被细菌甲基化产生甲基汞（MeHg），甲基汞是目前所知汞毒性最高的存在形态，对氨基酸中的巯基配体有很高的亲和力，从而引起蛋白质结构的改变，引起人体消化道、口腔、肾脏、大脑、肝等多器官损坏（Khanam et al.，2020）。发生汞中毒时，会出现神经衰弱、高度兴奋、震颤、肾功能障碍、眼晶体改变、甲状腺肿大等症状。汞可与人体重要激素多巴胺反应，从而引起神经系统疾病。汞还易通过胎盘屏障侵害胎儿，诱发新生儿先天性疾病。人类摄入汞的途径主要是饮用受汞污染的水及食用被汞污染的动植物。著名的水俣病就是由于人们食用了受汞污染的鱼。

1.2.5 砷

砷（As）是一种类金属元素，原子序数 33，位于元素周期表 V A 族，最外层有 2 个电子，在水中主要有三价和五价两种形态。三价砷能与人体内的蛋白质功能基巯基结合，使含巯基酶活性降低甚至丧失，从而影响机体的正常生理代谢导致慢性中毒，其毒性远大于五价砷。长期摄入砷会在人体内累积，通过抑酶作用使细胞代谢异常，丧失功能。进入人体的砷会广泛分布于各组织器官中，主要集中在肝内，其次为肾、心、脾等，从而引起神经衰弱症、多发性神经炎、皮肤癌及畸形畸变等（Valdes et al.，2018）。当人体含砷量达到 10～50 mg 时便会出现砷中毒现象，当含砷量超过 100～300 mg 时，可能造成死亡。

1.2.6 镍

镍（Ni），原子序数 28，位于元素周期表 VIII 族，最外层有 2 个电子。镍具有高化学活性和可迁移性，毒性强且持久，极易经食物链或者饮用水等途径危害人体健康。镍具有较强的致癌性，属于一类致癌物（Wadhawan et al.，2020）。长期接触镍化合物会引起皮肤炎症，出现皮疹、表皮溃疡等症状，而长期吸入镍化学物后会产生呼吸道刺激，甚至肺纤维化。镍被摄入人体后主要分布于脊髓、脑、肺等器官中，其中以肺中居多。过量摄入镍后会出现急性胃肠炎，产生恶心、呕吐、腹泻等，镍的毒性在于其可抑制机体酶系统，从而导致机体功能紊乱致病。

1.2.7 铜

铜（Cu），原子序数 29，位于元素周期表 I B 族，最外层有 2 个电子。作为重金属，铜具有两面性。一方面，对大多数生命体而言，铜是必需元素，广泛分布于生物各组织中，通常以酶的形式发挥功能，含铜酶可催化生物系统中许多电子传递和氧化还原反应，对生物体的新陈代谢过程具有重要作用。另一方面，铜也是一种污染物，过多摄入或积累会对生命体健康产生严重负面影响，一般会刺激消化系统，引起腹痛、呕吐。典型的铜过量病症为肝豆状核变性（又称威尔逊病），它是一种染色体隐性疾病，表现为食欲不振、白细胞和血小板减少、肝脏肿大和腹水等症状（Naz et al.，2020）。皮肤接触铜化合物可能出现皮炎和湿疹等症状，严重时可导致皮肤坏死。眼睛接触铜化合物可能出现结膜炎和眼睑水肿等症状，严重时可导致眼浑浊和溃疡。

1.2.8 其他重金属

除上述 7 种常见重金属外，铊（Tl）、锌（Zn）、钴（Co）、锡（Sn）等重金属对生命体也具有较强的毒害性。例如，重金属铊具有诱变性、致癌性和致畸性，易诱发人体产生食道癌、肝癌、大肠癌等多种疾病。急性中毒症状表现为恶心、呕吐、腹部绞痛、厌食等，会严重损害神经系统及中枢神经系统；慢性中毒症状有轻度神经衰弱、四肢无力、食欲不振、腹泻腹疼等。

1.3 重金属废水污染防治的要求

由于重金属具有高毒性、强累积性及不可降解性等特点，我国历来十分重视重金属废水的污染防治工作。为做好我国重金属废水的污染治理相关工作，适应经济社会发展和生态环境保护工作的需要，国家法律法规、部门规章及部分地方性法规与规章等均对重金属的污染防治提出了明确要求。

1.3.1 相关法律

对废水污染防治作出最全面、最直接规定的相关法律主要为《中华人民共和国水污染防治法》，重金属废水作为众多类型废水中的一种，其污染防治也应遵循该部法律中相关规定。该法第三条规定：“水污染防治应当坚持预防为主、防治结合、综合治理的原则，优先保护饮用水水源，严格控制工业污染、城镇生活污染，防治农业面源污染，积极推进生态治理工程建设，预防、控制和减少水环境污染和生态破坏。”按照此规定，重金属废水的防治应以源头预防为主，并辅以末端治理，减少重金属对水生态环境的破坏。

该法第十条规定：“排放水污染物，不得超过国家或者地方规定的水污染物排放标准和重点水污染物排放总量控制指标。”第二十条第一款规定：“国家对重点水污染物排放实施总量控制制度。”重金属因其高毒害性、易蓄积和不可降解等特性，一直以来均被列入重点水污染物监管。按照此规定，重金属废水的治理不仅要满足达标排放的要求，还应满足总量控制要求。

该法第二十一条规定：“直接或者间接向水体排放工业废水和医疗污水以及其他按照规定应当取得排污许可证方可排放的废水、污水的企业事业单位和其他生产经营者，应当取得排污许可证；城镇污水集中处理设施的运营单位，也应当取得排污许可证。排污许可证应当明确排放水污染物的种类、浓度、总量和排放去向等要求。”按照此规定，排放重金属废水不仅要依法取得排污许可证，而且重金属废水的治理应满足排污许可证上规定的重金属排放浓度、排放总量及排放去向等要求。

该法第三十九条规定：“禁止利用渗井、渗坑、裂隙、溶洞，私设暗管，篡改、伪造监测数据，或者不正常运行水污染防治设施等逃避监管的方式排放水污染物。”按照此规定，禁止一切通过逃避监管的方式排放重金属废水。

该法第四十五条规定：“排放工业废水的企业应当采取有效措施，收集和处理产生的全部废水，防止污染环境。含有毒有害水污染物的工业废水应当分类收集和处理，不得稀释排放。”多数重金属是典型的有毒污染物，可能导致生物或者其后代发病、行为反常、遗传异变、生理机能失常、机体变形或者死亡等严重症状，因此部分重金属废水应做到分质处理，严禁稀释排放。

该法第七条规定：“国家鼓励、支持水污染防治的科学技术研究和先进适用技术的推广应用，加强水环境保护的宣传教育。”该法第四十四条规定：“国务院有关部门和县级以上地方人民政府应当合理规划工业布局，要求造成水污染的企业进行技术改造，采取综合防治措施，提高水的重复利用率，减少废水和污染物排放量。”按照此规定，国家鼓励和支持重金属废水先进处理技术的研发和推广，从而减少重金属的排污量，并提高水的重复利用率。

1.3.2 相关政策和法规

国务院2015年发布的《水污染防治行动计划》(国发〔2015〕17号)第二十一条规

定："选择对水环境质量有突出影响的总氮、总磷、重金属等污染物，研究纳入流域、区域污染物排放总量控制约束性指标体系。"此规定明确重金属污染物排放应列入流域、区域的总量进行监管。第二十五条规定："深化重点流域污染防治。编制实施七大重点流域水污染防治规划。研究建立流域水生态环境功能分区管理体系。对化学需氧量、氨氮、总磷、重金属及其他影响人体健康的污染物采取针对性措施，加大整治力度。""环境容量较小、生态环境脆弱，环境风险高的地区，应执行水污染物特别排放限值。"此规定表明对排入重点流域的重金属等污染物要加大治理力度，确保排放浓度在特别排放限值以下。

生态环境部 2018 年发布的《关于加强涉重金属行业污染防控的意见》(环土壤〔2018〕22 号）中规定："各省（区、市）环保厅（局）要对本省（区、市）的所有新、改、扩建涉重金属重点行业项目进行统筹考虑。新、改、扩建涉重金属重点行业建设项目必须遵循重点重金属污染物排放'减量置换'或'等量替换'的原则，应在本省（区、市）行政区域内有明确具体的重金属污染物排放总量来源。无明确具体总量来源的，各级环保部门不得批准相关环境影响评价文件。"该规定表明重金属的许可排放量原则上不予新增，若排放，只能在现有排放量上进行减量置换或者等量替换。

部分省份也出台了地方政策，对重金属废水的污染防治提出明确规定。例如，湖南省出台的地方性法规《湖南省湘江保护条例》(2018 年修订版）第三十二条规定："建立健全湘江流域重点水污染物排放总量控制、排污许可、水污染物排放监测和水环境质量监测等水环境保护制度。"湖南省受重金属污染问题较为突出，水中重金属类污染物应执行排放总量、排污许可、排放监测等相关水环境保护制度。第三十三条规定"禁止向水体排放、倾倒工业废渣、城镇垃圾和其他废弃物。禁止将含有汞、镉、砷、铬、铅、氰化物、黄磷等的可溶性剧毒废渣向水体排放、倾倒。省人民政府应当根据湘江流域水环境容量和环境保护目标，制定重点水污染物排放总量控制计划，将重点水污染物排放总量控制指标分解落实到湘江流域设区的市、县（市、区）人民政府；设区的市、县（市、区）人民政府应当将重点水污染物排放总量控制指标分解落实到排污单位，核定其重点水污染物排放总量、浓度控制指标以及年度削减计划。"根据此规定，在湘江流域的重金属排污单位应制定明确的排放总量、排放浓度及年度削减计划。

1.4　重金属废水排放标准

为了严格限定各类废水中重金属污染物的排放值，减少重金属污染。针对不同地区和不同团体，我国制定了具体的重金属排放的国家标准、地方标准、团体标准等，对不同重金属污染物的排放浓度做了严格限定。

1.4.1　国家标准

在《污水综合排放标准》（GB 8978—1996）中，部分包含重金属的第一类污染物排放标准限值如表 1.6 所示，污染物的检测位置为车间排放口或车间污染物处理设施排放口。由表可知，总镉和总砷的最高允许排放浓度分别为 0.1 mg/L 和 0.5 mg/L。

表 1.6　部分第一类污染物最高允许排放浓度　　（单位：mg/L）

序号	污染物	最高允许排放浓度	序号	污染物	最高允许排放浓度
1	总汞	0.05	5	六价铬	0.5
2	烷基汞	不得检出	6	总砷	0.5
3	总镉	0.1	7	总铅	1.0
4	总铬	1.5			

在《电子工业水污染物排放标准》（GB 39731—2020）中，重金属排放限值如表 1.7 所示。在该标准中，总镉的最高允许排放浓度为 0.05 mg/L，总砷的最高允许排放浓度为 0.5 mg/L。

表 1.7　电子工业水中重金属排放限值　　（单位：mg/L）

序号	污染物项目	排放限值						污染物排放监控位置	排放方式
		电子专用材料	电子元件	印制电路板	半导体器件	显示器件及光电子器件	电子终端产品		
1	总铜	0.5	0.5	0.5	0.5	0.5	0.5*	企业废水总排放口	直接排放
2	总锌	1.5	1.5	—	1.5	1.5	1.5*		
3	总铅	0.2	0.2	0.2	0.2	0.2	0.2*	车间或生产设施排放口	
4	总镉	0.05	0.05	—	0.05	—	0.05*		
5	总铬	1.0	1.0	—	1.0	—	1.0*		
6	六价铬	0.2	0.2	—	0.2	—	0.2*		
7	总砷	0.5	0.5	—	0.5	0.5	—		

*适用于有电镀、化学镀工艺的电子终端产品生产企业

在《制革及毛皮加工工业水污染物排放标准》（GB 30486—2013）中，总铬和六价铬的排放限值分别为 1.5 mg/L 和 0.2 mg/L。

在《铁矿采选工业污染物排放标准》（GB 28661—2012）中对新建企业重金属的排放限值及特别排放限值规定如表 1.8 所示。在该标准中总镉的排放限值和特别排放限值分别为 0.1 mg/L 和 0.05 mg/L。

表 1.8　铁矿采选工业新建企业水中重金属排放限值　　（单位：mg/L）

序号	污染物项目	排放限值（特别排放限值）					污染物排放监控位置
		直接排放				间接排放	
		采矿废水		选矿废水			
		酸性废水	非酸性废水	浮选废水	重选和磁选废水		
1	总锌	2.0（1.0）	—	2.0（1.0）	2.0（1.0）	5.0（2.0）	企业废水总排放口
2	总铜	0.5（0.3）	—	0.5（0.3）	0.5（0.3）	2.0（0.5）	
3	总锰	2.0（1.0）	—	2.0（1.0）	2.0（1.0）	4.0（2.0）	
4	总硒	0.1（0.05）	—	0.1（0.05）	0.1（0.05）	0.4（0.1）	

续表

序号	污染物项目	排放限值（特别排放限值）					污染物排放监控位置
		直接排放				间接排放	
		采矿废水		选矿废水			
		酸性废水	非酸性废水	浮选废水	重选和磁选废水		
6	总汞	0.05（0.01）					车间或生产设施废水排放口
7	总镉	0.1（0.05）					
8	总铬	1.5（0.5）					
9	六价铬	0.5（0.1）					
10	总砷	0.5（0.2）					
11	总铅	1.0（0.5）					
12	总镍	1.0（0.5）					
13	总铍	0.005（0.003）					
14	总银	0.5（0.2）					

表 1.9 列举了《铜、镍、钴工业污染物排放标准》（GB 25467—2010）中新建企业水中重金属排放及特别排放限值。

表 1.9　新建企业水中重金属排放限值　　（单位：mg/L）

序号	污染物项目	限值		特别排放限值		污染物排放监控位置
		直接排放	间接排放	直接排放	间接排放	
1	总锌	1.5	4.0	1.0	1.5	企业废水总排放口
2	总铜	0.5	1.0	0.2	0.5	
3	总铅	0.5		0.2		车间或生产设施废水排放口
4	总镉	0.1		0.02		
5	总镍	0.5		0.5		
6	总砷	0.5		0.1		
7	总汞	0.05		0.01		

可见，在各种污染物排放国家标准中都对重金属的排放浓度进行了严格限定，从排污源头控制，以减少各类水中重金属浓度，保护水生态环境。

1.4.2　地方标准

面对严峻的重金属污染形势，各省（区、市）也分别制定了适合本地区的地方排放标准。如北京市制定的《水污染物综合排放标准》（DB 11/307—2013），对水中重金属具体限制条件如表 1.10 所示。

表 1.10　排入地表水体的部分水污染物排放限值　（单位：mg/L）

序号	污染物项目	A 排放限值	B 排放限值	污染物排放监控位置
1	总汞	0.001	0.002	车间或生产设施废水排放口
2	烷基汞	不得检出	不得检出	
3	总镉	0.01	0.02	
4	总铬	0.2	0.5	
5	六价铬	0.1	0.2	
6	总砷	0.04	0.1	
7	总铅	0.1	0.1	
8	总镍	0.05	0.4	
9	总铜	0.3	0.5	单位废水总排放口
10	总锌	1.0	1.5	

注：排入北京市 II 类、III 类水体及其汇水范围的污水执行 A 排放限值，排入北京市 IV、V 类水体及其汇水范围的污水执行 B 排放限值

上海市制定的《污水综合排放标准》（DB 31/199—2018）对水中部分第一类污染物和部分第二类污染物具体限制条件分别如表 1.11 和表 1.12 所示。

表 1.11　部分第一类污染物排放限值　（单位：mg/L）

序号	污染物控制项目	排放限值	序号	污染物控制项目	排放限值
1	总汞（以 Hg 计）	0.005	6	总砷（以 As 计）	0.05
2	烷基汞	不得检出	7	总铅（以 Pb 计）	0.1
3	总镉（以 Cd 计）	0.01	8	总镍（以 Ni 计）	0.1
4	总铬（以 Cr 计）	0.5	9	总铍（以 Be 计）	0.005
5	六价铬（以 Cr^{6+}计）	0.1	10	总银（以 Ag 计）	0.1

注：污染物排放监控位置为车间或生产设施污水排放口

表 1.12　部分第二类污染物排放限值　（单位：mg/L）

序号	污染物控制项目	排放限值			污染物排放监控位置
		一级标准	二级标准	三级标准	
1	总铜（以 Cu 计）	0.2	0.5	2.0	单位污水总排放口
2	总锌（以 Zn 计）	1.0	2.0	5.0	
3	总铁（以 Fe 计）	2.0	3.0	10	
4	总锰（以 Mn 计）	1.0	2.0	5.0	
5	总锑（以 Sb 计）	0.05	0.1	0.1	
6	总铊（以 Ti 计）	0.005	0.3	0.3	

注：污染物排放监控位置为单位污水总排放口

湖南省制定的《表面涂装（汽车制造及维修）挥发性有机物、镍排放标准》（DB 43/1356—2017），对表面涂装（汽车制造及维修）工序涉及的车间或生产设施专用废水处理设施出口的镍最高允许浓度应执行表 1.13 规定的限值。《工业废水铊污染物排放标准》（DB 43/968—2021）要求所有涉铊工业企业直接或间接排放的废水均执行铊质量浓度小于 0.005 mg/L 的标准。

表 1.13　镍最高允许浓度　（单位：mg/L）

污染物项目	汽车制作及维修	
	《湖南省湘江保护条例》中规定的湘江干流	其他区域
镍	0.2	0.5

注：镍采样点为车间或生产设施专用废水处理设施出口

广东省制定的《电镀水污染物排放标准》（DB 44/1597—2015）对新建项目水污染排放限制规定如表 1.14 所示。根据环境保护工作的要求，在国土开发密度较高、环境承载能力开始减弱或水环境容量较小、生态环境脆弱，容易发生严重水环境污染问题而需要采取特别保护措施的地区，经省人民政府同意，执行水污染物特别排放限值（表 1.14）。

表 1.14　新建项目水污染排放限值　（单位：mg/L）

序号	污染物	排放限值		特别排放限值	污染物排放监控位置
		珠三角	非珠三角		
1	总铬	0.5	0.5	0.5	车间或生产设施废水排放口
2	六价铬	0.1	0.1	0.1	
3	总镍	0.1	0.5	0.1	
4	总镉	0.01	0.01	0.01	
5	总铅	0.1	0.1	0.1	
6	总汞	0.005	0.005	0.005	
7	总铜	0.3	0.5	0.3	企业废水总排放口
8	总锌	1.0	1.0	1.0	

广东省环境保护监测中心站起草的《水污染物排放限值》（DB 44/26—2001）对第一类污染物执行表 1.15 所示的排放限值。

表 1.15　《水污染物排放限值》中第一类污染物最高允许排放浓度　（单位：mg/L）

序号	污染物	适用范围	最高允许排放浓度
1	总汞	烧碱、聚氯乙烯工业	0.005
		其他排污单位	0.05
2	烷基汞	一切排污单位	不得检出
3	总镉	一切排污单位	0.1

续表

序号	污染物	适用范围	最高允许排放浓度
4	总铬	一切排污单位	1.5
5	六价铬	一切排污单位	0.5
6	总砷	一切排污单位	0.5
7	总铅	一切排污单位	1.0
8	总镍	一切排污单位	1.0

1.4.3 团体标准

重庆市环境科学学会制定的团体标准《重庆市电镀行业废水污染物自愿性排放标准》（T/CQSES 02—2017）明确，现有电镀企业、电镀工业园区以及新建、改建、扩建项目的环境影响评价、设计、竣工验收及其建成后的水污染物排放管理均可自愿参照执行表 1.16 的排放限值。

表 1.16 水污染物排放限值 （单位：mg/L）

序号	污染物	排放限值	污染物排放监控位置
1	总铬	0.2	车间或生产设施废水排放口
2	六价铬	0.05	车间或生产设施废水排放口
3	总镉	0.001	车间或生产设施废水排放口
4	总银	0.001	车间或生产设施废水排放口
5	总铅	0.01	车间或生产设施废水排放口
6	总汞	0.001	车间或生产设施废水排放口
7	总铜	0.3	企业废水总排放口

广东省节能减排团体标准《生态工业园区 电镀废水零排放 通用技术要求》（T/GDES 8—2017）中规定了广东省揭阳市中德金属生态城电镀废水零排放技术要求，物化处理后的污染物浓度指标应达到表 1.17 的限值。

表 1.17 废水物化处理后特征污染物浓度限值 （单位：mg/L）

序号	特征污染物名称	指标	序号	特征污染物名称	指标
1	总铬	≤0.5	5	总锌	＜1.5
2	六价铬	≤0.2	6	总铁	＜2.0
3	总镍	＜0.5	7	总锰	＜0.5
4	总铜	＜0.5	8	总铝	＜2.0

参考文献

丁勇, 吕利平, 2017. 硫酸生产工艺对比分析. 广东化工, 45(5): 102-104.

梁贺彬, 2019. 皮革废水生物处理过程中细菌多样性及生物强化脱氮研究. 广州: 华南理工大学.

廖康程, 杨曼, 2022. 2021 年我国硫酸行业生产运行情况及发展趋势. 磷肥与复肥, 37(7): 1-8.

刘巍, 2016. 中国铅酸蓄电池行业清洁生产和铅元素流研究. 北京: 清华大学.

彭云辉, 2002. 含砷硫酸生产废水的治理研究. 武汉: 武汉科技大学.

宋文龙, 罗秋月, 何艺, 等, 2022. 2021 年我国电池产销情况. 电池工业, 26(2): 85-89.

田发荣, 高佳丽, 朱周彩霞, 等, 2022. 利用生物炭技术处理酸性矿山废水的研究进展. 环境化学, 41(8): 1-17.

王宏杰, 赵子龙, 孙飞云, 等, 2021. 电镀废水处理工艺与技术研究. 北京: 中国建筑工业出版社.

王兆文, 谢锋, 2020. 现代冶金工艺学: 有色金属冶金卷. 北京: 冶金工业出版社.

吴俊, 2018. 铬铁矿无钙焙烧渣的解毒及浸出研究. 重庆: 重庆理工大学.

张杰, 2020. 酸性矿山废水与选矿废水协同生化处理及重金属回收工艺研究. 广州: 华南理工大学.

张培超, 2022. 2021 年中国氯碱行业经济运行分析及 2022 年展望. 中国氯碱, 2(2): 1-5.

赵爽, 2016. 聚氯乙烯合成清洁生产工艺优化. 哈尔滨: 黑龙江大学.

赵永红, 周丹, 余水静, 等, 2014. 有色金属矿山重金属污染控制与生态修复. 北京: 冶金工业出版社.

Ayangbenro A S, Babalola O O, 2017. A new strategy for heavy metal polluted environments: A review of microbial biosorbents. International Journal of Environmental Research and Public Health, 14(1): 94.

Chen D, Zhang C, Rong H, et al., 2020. Treatment of electroplating wastewater using the freezing method. Separation and Purification Technology, 234: 116043.

Gong X, Chen Z, Luo Z, 2014. Spatial distribution, temporal variation, and sources of heavy metal pollution in groundwater of a century-old nonferrous metal mining and smelting area in China. Environmental Monitoring and Assessment, 186: 9101-9116.

Hansen E, Monteiro DE Aquim P, Gutterres M, 2021. Current technologies for post-tanning wastewater treatment: A review. Journal of Environmental Management, 294: 113003.

Ihsanullah, Al-khaldi F A, Abusharkh B, et al., 2015. Adsorptive removal of cadmium(II) ions from liquid phase using acid modified carbon-based adsorbents. Journal of Molecular Liquids, 204: 255-263.

Khalaf M M, Al-amer K, Abd El-lateef H M, 2019. Magnetic Fe_3O_4 nanocubes coated by SiO_2 and TiO_2 layers as nanocomposites for Cr(VI) up taking from wastewater. Ceramics International, 45(17): 23548-23560.

Khanam R, Kumar A, Nayak A K, et al., 2020. Metal(loid)s (As, Hg, Se, Pb and Cd) in paddy soil: Bioavailability and potential risk to human health. Science of the Total Environment, 699: 134330.

Luo J, Meng J, Ye Y, et al., 2018. Population health risk via dietary exposure to trace elements (Cu, Zn, Pb, Cd, Hg, and As) in Qiqihar, Northeastern China. Environmental Geochemistry and Health, 40: 217-227.

Naz S, Gul A, Zia M, 2020. Toxicity of copper oxide nanoparticles: A review study. IET Nanobiotechnology, 14(1): 1-13.

Shu J, Lei T, Deng Y, et al., 2021. Metal mobility and toxicity of reclaimed copper smelting fly ash and smelting slag. RSC Advances, 11(12): 6877-6884.

Valdes O, Marican A, Mirabal-gallardo Y, et al., 2018. Selective and efficient arsenic recovery from water through quaternary amino-functionalized silica. Polymers, 10(6): 626.

Wadhawan S, Jain A, Nayyar J, et al., 2020. Role of nanomaterials as adsorbents in heavy metal ion removal from waste water: A review. Journal of Water Process Engineering, 33: 101038.

第 2 章　重金属废水常规处理技术简述

2.1　混凝与沉淀技术

混凝与沉淀是指向废水中投加化学药剂（混凝剂或沉淀剂），使其与水中重金属离子发生物理化学反应，生成溶解度低、易分离的含重金属固体物质，从而实现水中重金属去除。混凝与沉淀是最为常用的重金属废水处理技术之一，在实际工程中被广泛应用。目前常用的混凝与沉淀方法主要包括混凝-絮凝法、中和沉淀法和硫化物沉淀法。

2.1.1　混凝-絮凝法

混凝-絮凝法是一种广泛应用于城市污水和工业废水净化的处理工艺。混凝是指向废水中加入混凝剂，使水中稳定的胶体颗粒或者微小悬浮物脱稳并形成絮状物或小聚集体的过程。混凝包含凝聚和絮凝两个不同的阶段：凝聚是个瞬间过程，指通过剧烈搅拌将化学药剂快速分散到待处理的废水中；絮凝则需要一定的时间来完成，指通过温和搅拌将小颗粒凝聚成较大的絮凝体。最后絮凝体在一定条件下沉降作为污泥去除，处理后的废水流入后续处理装置或直接排放。

混凝-絮凝法与其他技术相比，设计相对简单、易于操作、能耗低，已广泛应用于不同类型的废水处理工程中。此外，由于处理过程的多功能性，混凝-絮凝法可以用于重金属废水的预处理、后处理，甚至作为主要处理工艺。

目前，重金属废水处理中常用的混凝剂主要可分为无机金属盐混凝剂和有机高分子聚合物混凝剂两大类。

1. 无机金属盐混凝剂

无机金属盐混凝剂主要使用的是成本较低且来源丰富的铝盐和铁盐，包括明矾、硫酸铝、氯化铝、硫酸铁和三氯化铁等。将这些金属盐添加到水溶液中，可引发一系列溶解、水解和聚合反应，在此过程中，逐渐形成可降低水体浊度和去除污染物的聚合物种。而通过强制水解产生的预水解混凝剂，如聚合氯化铝和聚合硫酸铁，在水处理方面表现出优异的性能，与普通的铁盐、铝盐相比，该类混凝剂具有絮凝快、投加量少、适用范围广等优点。常见无机金属盐混凝剂对水中典型重金属的去除效果见表 2.1。

表 2.1 常见无机金属盐混凝剂对重金属的去除效果

重金属种类	初始质量浓度/(mg/L)	混凝剂	投加量/(mg/L)	pH	去除效果
Cu	15	明矾	100	6.5～7.0	出水 1.7 mg/L
Pb	17	明矾	100	6.5～7.0	出水 1.3 mg/L
Cr	15	明矾	100	6.5～7.0	出水 0.2 mg/L
Zn	17	明矾	100	6.5～7.0	出水 11 mg/L
As	0.28	氯化铝	6	4.0～9.0	出水低于 0.01 mg/L
As	0.5	硫酸铁	60	9.0	去除率 91%
Cr	10	氯化铁	700	7.0	去除率 90%
Sb	0.006	氯化铁	20	5.0	去除率 90%
Sb	0.006	聚合氯化铝	5.4	5.0～10.0	去除率 10%

引自 Tang 等（2014）

铝基混凝剂和铁基混凝剂在去除重金属的过程中有很多共同之处，但也有一些差异。铁基混凝剂的适用 pH 范围更宽，絮凝体的表面积更大，其性能通常略好于铝基混凝剂。此外，铁基混凝剂形成的絮凝体始终是开放和松散的，保证了三维晶格尺寸和较大的可用表面积，可用于络合和吸附重金属（Kang et al.，2003）。

2. 有机高分子聚合物混凝剂

有机高分子聚合物混凝剂分为人工合成的有机高分子混凝剂和天然有机高分子混凝剂。人工合成的有机高分子混凝剂由共价键连接在一起的长链重复单体组成。如果聚合物中含有可电离位点，则称为聚电解质（即离子聚合物）。根据聚合物所带基团能否解离及解离后所剩离子的电性，可分为以水解聚丙烯酰胺和聚苯乙烯磺酸钠为代表的阴离子型混凝剂、以聚二甲基氨甲基丙烯酰胺为代表的阳离子型混凝剂、以聚丙烯酰胺（polyacrylamide，PAM）和聚氧化乙烯为代表的非离子型混凝剂。

天然有机高分子混凝剂有多种生物来源，如植物、种子、海洋甲壳类、贝类生物（虾和蟹）和微生物，常用的有淀粉、壳聚糖、海藻酸钠、丹宁等。例如，Beltran 等（2009）用单宁基絮凝剂处理地表水中的重金属，在最佳 pH 和絮凝条件下，对 Cu^{2+}去除率能达到 90%，对 Zn^{2+}和 Ni^{2+}的去除率分别为 75%和 70%。为了进一步强化天然高分子聚合物的混凝效果，近年来学者开始对天然聚合物进行功能化改性。如 Sun 等（2019）将重金属螯合官能团接枝到壳聚糖上，使改性壳聚糖具有絮凝和螯合的双重结构和功能，研发了羧化壳聚糖接枝聚丙烯酰胺（PCA）、羧化壳聚糖接枝聚丙烯酰胺-黄原酸钠（PCAXC）和羧化壳聚糖接枝聚（丙烯酰胺-2-丙烯酰胺基-2-甲基丙烷磺酸）（PCAAF）三种改性高分子混凝剂，其中，PCAXC 对铜和铬的最大去除率分别为 85.1%和 76%，PCAAF 对镍的最大去除率为 75%以上。

天然混凝剂与人工合成混凝剂相比的主要优势在于原料易得、可生物降解、无毒、成本低，但其电荷密度一般较小，且易降解失活。

2.1.2 中和沉淀法

中和沉淀法是最常见、最简单的化学沉淀法，工艺简单、成本低、易控制。其原理是大多数金属氢氧化物在 pH 为 8.0～11.0 时溶解度较低，通过添加碱性化学药剂提升废水的 pH，重金属离子可生成溶解度较小的氢氧化物沉淀，从而达到去除水中重金属离子的目的。此外，中和沉淀在去除重金属离子的同时往往还可起到中和废水中废酸的作用。该方法的机理可以概括为

$$M^{2+}+2OH^{-} \longequal M(OH)_2\downarrow$$

式中：M^{2+}、OH^{-}、$M(OH)_2$ 分别为金属离子、沉淀剂和不溶性金属氢氧化物。

常用的中和沉淀剂有 $CaCO_3$、$Ca(OH)_2$（消石灰）、CaO（生石灰）、Na_2CO_3、NaOH 等，其中石灰类中和剂因价格低廉且可去除汞以外的大多数重金属离子而被广泛采用。通常废水中的 Cu(II)、Mn(II)、Zn(II)、Cd(II)等二价重金属易形成氢氧化物沉淀并从废水中除去，表 2.2 列出了常见的中和沉淀剂对各种重金属/离子的去除效果。

表 2.2　中和沉淀法对重金属/离子的去除效果

重金属/离子种类	沉淀剂	初始质量浓度/（mg/L）	最佳 pH	去除率/%	参考文献
Zn	$Ca(OH)_2$	450	11.00	99.77	Kurniawan 等（2006）
Cd	$Ca(OH)_2$	150	11.00	99.67	
Mn	$Ca(OH)_2$	1 085	11.00	99.30	
Cu	$Mg(OH)_2$	16	9.50	80.00	
$Cu^{2+}/Zn^{2+}/Cr^{3+}/Pb^{2+}$	CaO	100	9.00～11.00	99.37～99.60	Chen 等（2009a）
Cr^{3+}	CaO 和 MgO	5 356	10.82	>99.00	Guo 等（2006）
$Fe^{2+}/Cu^{2+}/Cd^{2+}$	$CaCO_3$	—	8.90	>99.00	Li 等（2020）
Zn^{2+}	$CaCO_3$	—	10.01	98.40	
Ni^{2+}	$CaCO_3$	—	8.83	93.80	

与 $Ca(OH)_2$ 相比，用 $CaCO_3$ 作为重金属沉淀剂得到的污泥含水率往往较低且 pH 更接近中性。这是因为污泥含水率是由污泥的脱水特性决定的，石灰中和会产生大量的 $Ca(OH)_2$ 胶体沉淀，这些胶体物质会大大增加脱水的难度，而碳酸钙法则可以避免这一现象。此外，$CaCO_3$ 中和不产生 OH^{-}，也使污泥和废液的 pH 更接近中性。但是，石灰类沉淀剂使用过程中会产生较多的滤饼副产品，其处置成本是应用过程中需要着重考虑的问题。

近年来，Novais 等（2017）提出了一种处理酸性重金属废水的新型多孔自释碱材料，即碱活化材料。这类材料可以由废灰和碱液合成，废飞灰和底灰也可被用作制备多孔碱活化材料的原料；得益于材料框架结构中释放出的 OH^{-}，碱活化材料能够将酸性废水 pH 由 3 提高到 5.5～9.0。例如，Pachana 等（2021）以棕榈油燃料灰为原料合成了碱活性材料，可代替烧碱使用。当废水 pH 升高、金属沉淀时，也可加入混凝剂形成大团聚体。混凝剂通常是铝盐、铁盐或有机聚合物，它们附着在氢氧化物沉淀上，形成较大尺寸的

絮团并促进沉降。

虽然中和沉淀工艺简单且应用广泛，但也不可避免地存在一些缺点。氢氧化物沉淀产生的大量低密度污泥会衍生后续脱水和再处理问题，废水中存在的络合剂也会抑制重金属的沉淀。此外，沉淀剂往往难以同时适用于每种重金属离子，受 pH 的影响，可能会将另一种已沉淀重金属离子释放回溶液中（Zhao et al.，2016）。一般情况下，中和沉淀法适合处理重金属浓度高、组成简单的工业废水。

2.1.3 硫化物沉淀法

硫化物沉淀法是去除废水中重金属最有效的沉淀法之一，主要利用硫化物沉淀剂与废水中重金属离子反应生成难溶于水的金属硫化物沉淀。金属硫化物沉淀所涉及的热力学平衡（Lewis，2010）可表示为

$$H_2S \xrightleftharpoons{K_{p1}} HS^- + H^+ \qquad K_{p1}=\frac{[HS^-][H^+]}{H_2S} \qquad pK_1=6.99$$

$$HS^- \xrightleftharpoons{K_{p2}} S^{2-} + H^+ \qquad K_{p2}=\frac{[S^{2-}][H^+]}{HS^-} \qquad pK_2=17.4$$

$$M^{2+} + S^{2-} \rightleftharpoons MS\downarrow$$

$$M^{2+} + HS^- \rightleftharpoons MS\downarrow + H^+$$

影响硫化物沉淀过程的主要因素是 pH 和硫源的类型。在废水处理过程中，S^{2-}浓度受 H^+浓度的影响，可通过调控酸碱度来控制。同时，S^{2-}能与许多金属离子形成络合阴离子，剂量不足会导致不完全沉淀，而过量 S^{2-}则易形成多硫化物复合物，增加硫化物的溶解性，不利于重金属的沉淀去除（Lewis et al.，2006）。硫化物沉淀所采用的硫化剂来源主要有两类：一类是化学物质，如不溶性试剂（FeS、CaS 等）、可溶性试剂（Na_2S、NaHS、$(NH_4)_2S$ 等）、气态硫化物（H_2S）；另一类是通过硫酸盐还原菌（sulfate reducing bacteria，SRB）产生的硫化物。

1. 化学硫化剂

化学来源的硫化物沉淀剂一般分为两类：可溶性硫化物沉淀剂和不溶性硫化物沉淀剂。常见可溶性硫化物沉淀剂如硫化钠（Na_2S）和硫氢化钠（NaHS）等，可在废水中产生高浓度的溶解性硫化物，使水中重金属离子迅速转化为金属硫化物沉淀。其使用过程中的主要问题在于产生的沉淀颗粒往往较小，沉淀性能较差，与废水分离困难，需要单独或联合使用混凝剂和絮凝剂促使其形成更大的絮凝物；另外，可溶性硫化物在酸性废水中往往伴随着 H_2S 气体的产生。

常见不溶性硫化物沉淀剂主要是微溶性的 FeS。FeS 在酸性废水中会溶解为 Fe^{2+}和 S^{2-}，S^{2-}与 H^+结合转化成 H_2S，可以与废水中的砷和重金属离子生成硫化物沉淀。同时，Fe^{2+}在调节 pH 的过程中生成的氢氧化物絮状体可进一步促进硫化物沉淀的絮凝，提高沉淀的沉降分离性能。Liu 等（2016）利用硫化亚铁（FeS）处理高浓度强酸性含砷废水，在 S^{2-}和 As(III)之间可迅速形成 As_2S_3 沉淀，实现了 As(III)的有效去除。硫化物还可作为

还原剂将 As(V)转化为 As(III)，并形成可溶和不可溶的砷-硫络合物，如二硫亚砷酸盐和三硫亚砷酸盐单体、二聚体及三聚体砷-硫络合物。表 2.3 总结了常见化学来源的硫化物沉淀剂对重金属的去除效果。

表 2.3 硫化物沉淀法对重金属的去除效果

重金属/离子种类	沉淀剂	初始质量浓度/(mg/L)	最佳 pH	去除率/%	参考文献
Zn	Na_2S	100	11.0	99.85	Chen 等（2018）
Cu^{2+}	Na_2S	100	10.9	99.85	
Pb	Na_2S	100	10.0	99.75	
Co^{2+}	Na_2S	27.1	1.0	98.00	
Ni^{2+}	Na_2S	100	5.0	91.00	Jerroumi 等（2020）
Cu	CH_3CSNH_2	—	3.0	97.27	Gharabaghi 等（2012）
Cd	CH_3CSNH_2	—	4.5	96.38	
Zn	CH_3CSNH_2	—	5.0	83.62	
Ni	CH_3CSNH_2	—	7.5	94.70	
As(III)	FeS	10 000	—	99.60	Liu 等（2016）
As(V)	FeS	10 000	—	94.20	

金属硫化物沉淀过程会产生微小的金属硫化物颗粒，而残余的溶解硫化物（H_2S、HS^-和 S^{2-}）一般会使这些颗粒的聚集和沉降性能变差。Peng 等（2019）对紫外线照射改善金属硫化物粒子的聚集和沉降性能进行了研究，结果表明在 H_2S 存在时，紫外线照射可有效提高这些粒子的聚集和沉降性能。其主要原因是悬浮液中 H_2S 光解生成的产物攻击金属硫化物颗粒表面，引起电子转移，使得沉淀颗粒表面负电荷减少、粒子聚集增加。

与氢氧根沉淀法相比，硫化物沉淀法的优点是硫化物与重金属离子的反应活性高，能在较宽的 pH 范围内实现较高的金属去除，所得金属硫化物污泥易浓缩处理。同时，硫化物沉淀法能够选择性地去除某些重金属，金属回收率较高（Ye et al.，2017）。例如，硫化物沉淀中砷、铬等重金属的含量更高，反应生成的硫化物沉淀中重金属元素具有被回收与资源化利用的潜力。但硫化物沉淀法也存在一定缺陷，酸性条件会导致有毒 H_2S 烟雾的释放，需要在中性或碱性介质中进行。另外，金属硫化物可能产生胶体沉淀，在过滤或沉淀过程中易造成分离困难，在后续工艺中可通过加入絮凝剂等来改善这一问题。

2. 硫酸盐还原菌硫化法

硫酸盐还原菌（SRB）硫化法是利用 SRB 在厌氧条件下，通过氧化有机化合物消耗 SO_4^{2-} 作为末端电子受体，将其转化为不同形式的硫化物（H_2S、HS^-和 S^{2-}），然后与废水中存在的溶解性重金属离子反应，形成不溶性的金属硫化物沉淀（Kumar et al.，2020）。SRB 硫化法在低 pH（2.5～3.0）下也会形成不溶性盐，沉淀速率快，产生的沉淀物易浓缩和脱水，投资成本总体较低。

用于硫酸盐还原的生物反应器可分为单级反应器系统和多级反应器系统，如图 2.1 所示。在单个生物反应器单元中可以同时去除硫酸盐和重金属，如 Villa-Gomez 等（2011）采用单级逆流化床反应器单元去除废水中的重金属，在进水质量浓度为 5 mg/L、pH 为 7.0、化学需氧量与硫酸盐质量浓度比为 1 时，对 Cd（96.5%）、Cu（99.1%）、Pb（92.4%）和 Zn（91.3%）的去除率较高。单级硫化金属沉淀工艺与多级系统相比具有成本优势，但在处理低 pH、高浓度重金属废水方面存在一定的局限性；并且，在单级反应器系统中，重金属与 SRB 的直接接触会显著抑制微生物的活性。因此，在实际应用中通常采用两个或多个生物反应器串联，以提高硫酸盐还原和重金属去除的效率。Cao 等（2009）采用双级反应器系统处理甘肃金川镍黄铁矿的生物浸出液（$[Mg^{2+}]=20$ g/L，$[Fe^{3+}]=5$ g/L，$[Ni^{2+}]=2$ g/L，$[Cu^{2+}]=0.5$ g/L），在 pH 为 7.3、温度为 60 ℃、混合 SRB 培养物与合成浸出液体积比为 9:1 的条件下，溶液中 Fe、Cu、Ni 的浓度低于它们的检出限。总体而言，单级反应器系统处理速度快，占地面积小，性价比高，运行和维护成本低，而多级反应器系统更方便选择性回收金属。

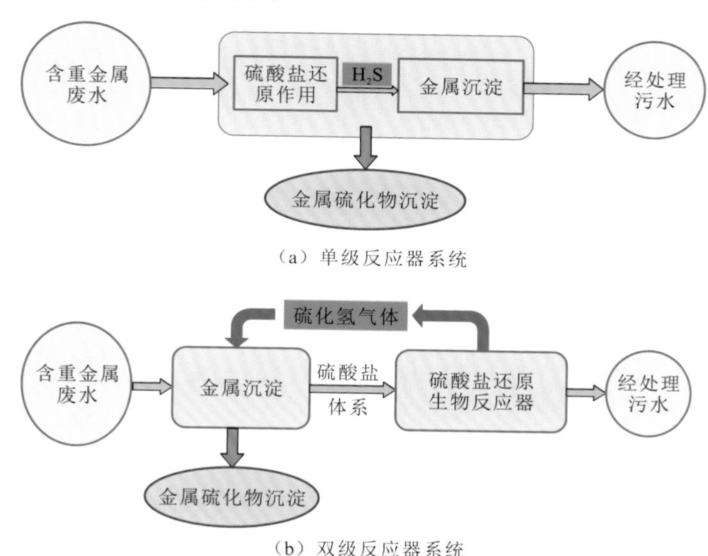

（a）单级反应器系统

（b）双级反应器系统

图 2.1　SRB 单级和双级反应器系统处理重金属废水示意图

引自 Kumar 等（2021）

值得注意的是，生物硫化物沉淀颗粒的尺寸一般小于化学硫化物沉淀，导致污泥固液分离效率较低。目前提高污泥沉降性能的方法有播种法、回流污泥法、混凝絮凝法和磁选法，但这些方法难以改变金属硫化物沉淀污泥的絮凝结构。近年来，研究人员开发了一种通过模拟生物颗粒污泥的形成来产生非生物颗粒污泥的简易生物激励策略。如采用可控双喷射沉淀法模拟生物颗粒污泥形成过程中的细胞增殖，添加播种材料模拟生长核作为骨架，或者使用絮凝剂模拟胞外聚合物作为骨架构建剂。Yan 等（2017）证实了硫化物沉淀中形成非生物颗粒污泥的可行性，在 pH 为 8.5、ZnS 种子添加量为 0.25 g/L、PAM 添加量为 10 mg/L 的优化条件下，合成溶液中形成的非生物颗粒污泥最快沉降速度可达 3.7 cm/s，同时，非生物颗粒污泥的含水率由 99%降至 95%，体积可以压缩至原体积的 1/5。

2.2 离子交换技术

离子交换技术作为处理重金属废水的常规应用技术，具有效率高、毒副作用低、设备简单等特点，其原理是借助离子交换剂中的固相离子与待处理重金属废水中的离子进行交换，从而提取或者去除液相中的某些离子。离子交换反应可逆，可通过再生剂恢复离子交换剂的离子交换能力，从而达到重复使用的效果，因此常被用来处理大体积、低浓度的重金属废水或被用作常规物理、化学处理工艺流程的最后一级深度处理。

2.2.1 离子交换作用

离子交换作用是溶液中的离子与固相离子交换剂上的可交换离子进行交换的过程，可达到提取或去除溶液中某些离子的目的，是一种属于传质分离过程的单元操作。离子交换法去除水中重金属离子的作用如图 2.2 所示，其实质是离子交换剂中的固相离子被重金属离子取代的过程。

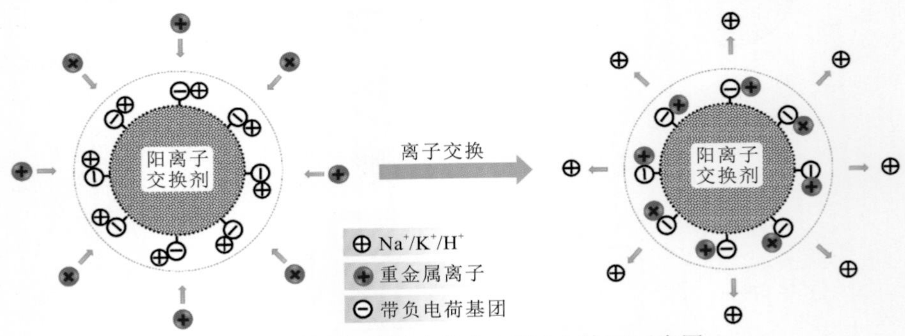

图 2.2 离子交换法去除水中重金属离子示意图

离子交换反应具有三个重要特征：①遵从等当量交换的原则，例如用带 2 个正电荷的 Ca^{2+}交换带 1 个正电荷的 K^{+}，则 1 mol Ca^{2+}可交换 2 mol K^{+}；②交换反应为可逆反应，离子交换反应达到平衡后，一旦溶液中的离子组成或浓度发生改变，交换剂上的交换性离子就要与溶液中的离子产生逆向交换；③离子交换符合质量作用定律，对于任意一定温度下离子交换反应，反应平衡常数 K 和产物浓度、反应物浓度符合质量作用定律。

$$\text{反应物1}+\text{反应物2} \longleftrightarrow \text{产物1}+\text{产物2}$$

$$K=\frac{[\text{产物1}][\text{产物2}]}{[\text{反应物1}][\text{反应物2}]}$$

2.2.2 离子交换剂

一般把具有离子交换能力的物质称为离子交换剂，有无机离子交换剂和有机离子交换剂两大类。无机离子交换剂主要有黏土、沸石和硅酸盐矿物等，目前无机离子交换剂的应用仍然存在易流失、难以固液分离、压降大等诸多局限性，主要以实验室的小试研究为主。有机离子交换剂主要是一些带有可交换功能基团的高分子化合物，它们常通过在不溶性高分子物质（母体）上引入若干可解离基团（活性基团）而制成，最为常见的就是离子交换树脂。

1. 离子交换树脂

重金属废水处理领域应用最为广泛的离子交换剂就是离子交换树脂。离子交换树脂是由单体聚合或缩聚而成的高分子聚合物引入活性基团而成的产物。从 1945 年第一次出现以来，离子交换树脂已经经历了 70 多年的发展，广泛应用于化工、环保、医药及天然产物分离纯化等诸多领域。对于含重金属废水，离子交换树脂主要用于重金属废水的深度净化与资源回收等领域。

离子交换树脂主要有凝胶型树脂和大孔型树脂两类。常见的凝胶型树脂是由苯乙烯和二乙烯苯（divinylbenzene，DVB）单体通过自由基悬浮聚合反应，首先合成无孔的交联网状结构共聚体（St-DVB），随后在 St-DVB 上引入磺酸基制得强酸性阳离子交换树脂，或者将共聚物氯甲基化后与胺反应制得碱性阴离子交换树脂。导入功能基团后，凝胶型树脂会吸水溶胀，树脂相内产生微孔，反离子可扩散进入由吸水而产生的微孔内进行离子交换。大孔型离子交换树脂是 20 世纪 60 年代在凝胶型树脂基础上发展起来的一种新型树脂。其制备过程中需要加入适量致孔剂使树脂网状骨架固化。在骨架固化后再抽走致孔剂，便留下不受干湿或缩胀影响的永久性孔道。它的特点是树脂无论处于干、湿或收缩、溶胀状态，都存在比一般凝胶型树脂更多、更大的孔道，比表面积更大；在离子交换过程中，离子容易迁移扩散，交换速度快，工作效率高。

重金属废水处理使用的离子交换树脂可分为强酸性、弱酸性阳离子交换树脂和强碱性、弱碱性阴离子交换树脂。对于阳离子型重金属，主要采用带有磺酸基（—SO_3H）的强酸性阳离子交换树脂和带有羧基（—COOH）的弱酸性阳离子交换树脂，重金属阳离子通过与磺酸基和羧基上的 H^+交换而被去除。对于阴离子型重金属离子，则可使用阴离子交换树脂进行处理。强碱性阴离子交换树脂含有季铵基官能团，弱碱性阴离子交换树脂一般含有弱胺衍生的官能团，如氨基（—NH_2）、叔氨基（—RN）、仲氨基（—RNH）等。离子交换过程的基础是静电作用，实际水体中往往有大量 Ca、Mg 等阳离子与目标重金属离子共存，导致离子交换树脂选择性不高、工作吸附容量降低、吸附剂再生频繁、处理费用升高，这在一定程度上限制了离子交换法在水体重金属去除中的应用。

近年来，为克服离子交换树脂去除重金属时选择性差的瓶颈，研究者开始采用对重金属离子具有优异选择性吸附性能的纳米活性组分对离子交换树脂进行改性，即以离子交换树脂为基体制备新型的重金属复合吸附剂。其制备过程如图 2.3 所示，首先将纳米颗粒的前驱体通过离子交换、蒸发浓缩、扩散等方式导入树脂内，再通过热、碱、氧化还原反应等处理使前驱体在纳米网孔内限域生长形成活性纳米组分，即可获得负载型复合纳米材料。离子交换树脂表面丰富的带电功能基团在污染物去除过程中具有预富集-强化渗透的作用，即唐南（Donnan）效应。目前，复合纳米树脂负载的活性纳米颗粒主要包括 Fe、Zr、Mn 等金属氧化物或磷酸盐、零价铁（zero valent iron，ZVI）等，可深度去除水中的 Pb、Cr、As 等污染物（Pan et al.，2019）。复合纳米树脂突破了传统离子交换树脂选择性差的应用瓶颈，目前由笔者团队研发的部分复合纳米树脂已实现了吨级量产，并在含重金属典型工业废水的深度治理与资源化的应用中取得了显著效果。

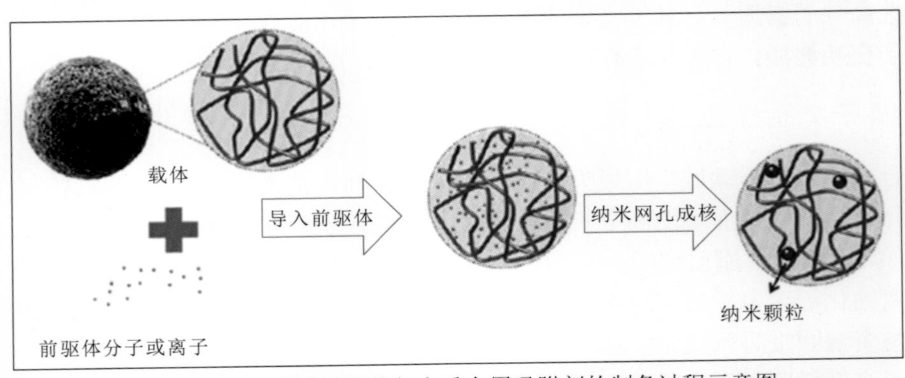

图 2.3　离子交换树脂基复合重金属吸附剂的制备过程示意图

引自张全兴等（2018）

2. 无机离子交换剂

相较于高分子聚合物结构的离子交换树脂，无机离子交换剂（如沸石、黏土和硅酸盐等）具有较好的耐强辐射和高温的稳定性，在某些特殊领域如核工业废水处理中具有一定的优势，是离子交换树脂的重要补充。其中，层状双金属氢氧化物和层状金属硫化物等无机层状离子交换剂因其离子交换容量大、制备工艺简单、成本低廉等优点而备受关注。此外，易发生离子交换的特性和灵活的层间空间使它们能够用于去除水中各种有毒重金属污染物。

层状双金属氢氧化物（layered double hydroxides，LDHs）是一类典型的阴离子型二维层状材料，受到学术界和产业界的广泛关注。LDHs 由带正电荷的金属氢氧化物层和带负电荷的层间阴离子组成，层间阴离子具有很强的流动性，容易与水溶液中具有较强亲和力的各种阴离子进行交换。已有文献报道了利用 LDHs 作为离子交换剂高效去除水中阴离子型重金属（As、Cr 等）（Wang et al.，2018；Hsu et al.，2007）。Gu 等（2018）综述了 LDHs 材料在放射性废水处理中的应用，指出 LDHs 材料在去除和回收放射性废水中的 U(VI)、Eu(III)、Sr(II)、Th(IV)等重金属方面具有良好的应用潜力。需要指出的是，作为一种阴离子交换剂，LDHs 对阳离子型重金属也具有优良的吸附能力。Fujii 等（1992）制备了含有不同层间阴离子的 Mg-Al LDHs，并成功应用于 Pb^{2+}、Cu^{2+} 和 Zn^{2+}的去除。此外，有研究者将有机阴离子如乙二胺四乙酸（ethylenediaminetetra-acetic acid，EDTA）、草酸根离子等引入 LDHs 层间，使水中的重金属离子与有机阴离子形成稳定的络合物而被去除，其主要的去除机理是重金属与层间有机物离子的螯合作用（Liang et al.，2013）。

层状金属硫化物（layered metal sulfides，LMSs）是一类新兴的无机离子交换剂，具有较高的离子交换容量和对重金属离子良好的选择性。这些化合物含有带负电荷的金属层，金属层中带有可交换的阳离子（Manos et al.，2016）。典型的 LMSs 材料包括 $K_{2x}Mn_xSn_{3-x}S_6$（$x = 0.5 \sim 0.95$，KMS-1）、$K_{2x}Mg_xSn_{3-x}S_6$（$x = 0.5 \sim 1$，KMS-2）和 $[(CH_3)_2NH_2]_2Ga_2Sb_2S_7 \cdot H_2O$ 等，它们对 Hg^{2+}、Pb^{2+}、Cd^{2+}、Ni^{2+}、Sr^{2+}等重金属离子均具

有优异的去除性能（Wang et al.，2015；Mertz et al.，2013）。LMSs 优异的离子交换性能取决于它们的硫离子配体，根据软硬酸碱理论，S^{2-}配体和重金属阳离子的软软结合是其具有高选择性的原因。此外，S^{2-}配体对 Ca^{2+}、K^{+}和 Na^{+}等硬离子的低亲和力使 LMSs 在宽 pH 范围和高浓度干扰离子条件下能够对有毒金属离子进行选择性的去除。

2.2.3　离子交换工艺及应用

离子交换过程常用的工业化装置是离子交换柱，在柱中装有离子交换剂以过滤方式进行。整个离子交换过程是周期循环的，一个周期过程包括交换、反洗、再生和淋洗 4 个常见阶段。图 2.4 所示为离子交换工艺的流程。在实际的工程应用中，根据需要，离子交换柱可以布置单床、多床、复合床和混合床等多种方式。单床是最简单的一种运行方式，由一个阳床或阴床构成。多床由几个阳床或几个阴床串联构成，可以提高废水处理能力和效率。复合床由阳床和阴床串联构成，可以同时去除废水中的阳离子和阴离子。混合床是将阳离子交换剂和阴离子交换剂按一定比例混合后装入同一交换柱内，在同一柱内同时去除阴离子和阳离子。

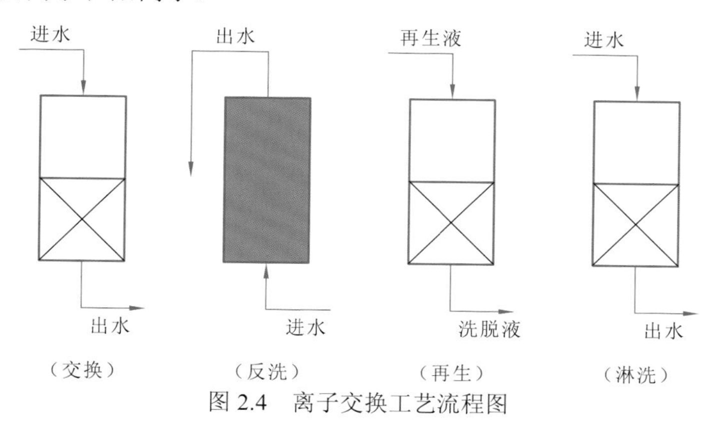

图 2.4　离子交换工艺流程图

由图 2.4 可知，离子交换工艺分为以下 4 个阶段。

（1）交换阶段。交换阶段是利用离子交换树脂的交换能力，从废水中分离需要去除的重金属离子的操作过程。

（2）反洗阶段。交换到达穿透点时，停止工作，再生前要进行反冲洗。一是松动树脂层，使再生液能均匀渗入层中，与交换剂颗粒充分接触；二是把过滤过程中产生的破碎粒子和截留的污染物冲走。

（3）再生阶段。离子交换树脂的再生是离子交换的逆过程，使树脂上的重金属离子被再生液洗脱下来形成高浓度的重金属离子浓缩液，同时使离子交换树脂恢复交换能力以备再次利用。

（4）淋洗阶段。淋洗的目的是洗涤残留的再生液和再生时可能出现的反应产物。

本小节以某含铬电镀废水离子交换-浓缩蒸发联合处理工艺为例，简要介绍离子交换工艺在重金属废水处理中的应用。如图 2.5 所示：低浓度含铬废水进入吸附树脂柱（两用一备）后，1、2 号树脂柱首先串联进料，当出水含铬量大于 0.1 mg/L 时，判定 1 号树脂柱已达工作饱和态，进入解吸状态，随后 2、3 号树脂柱串联进料；之后 2 号树脂柱进入解吸状态，3、1 号树脂柱串联进料，以此类推。树脂柱解吸时首先打开排空阀，用自来水冲洗，完成后使用 NaOH 溶液解吸，解吸液送至脱钠工段。脱钠树脂部分采用两根树脂柱，单独作业，不串联，使用稀硫酸溶液转型，得到含 CrO_3 量为 80～100 g/L 的铬酸酐溶液，将该解吸脱钠液与高浓度含铬废水一并送往蒸发浓缩工段，浓缩为含 CrO_3 量 380～400 g/L 的铬酸酐溶液，经电解将少量因粗化降价而产生的三价铬氧化为六价铬后补充至粗化槽，蒸汽冷凝水和蒸发冷凝水用作漂洗新水的补充。该工艺采用离子交换-浓缩蒸发联合法较好地解决了废水处理及铬酸酐回用问题。

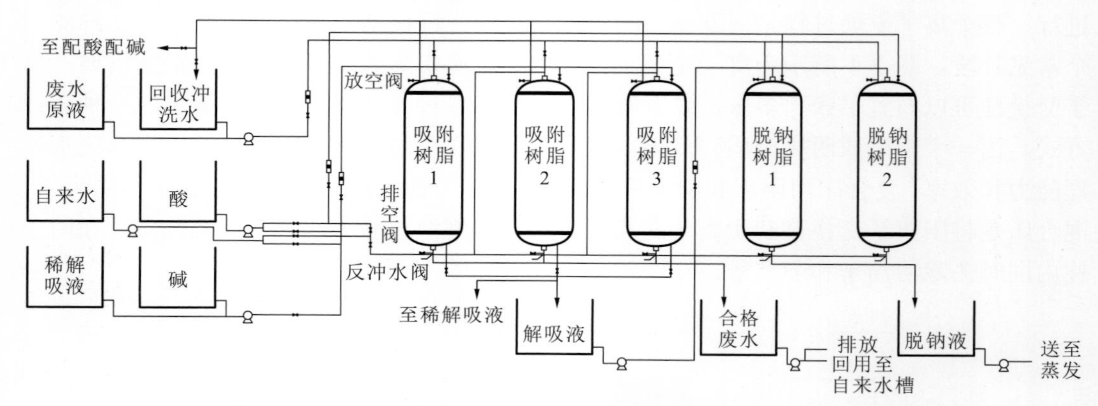

图 2.5　某含铬电镀废水离子交换-浓缩蒸发联合处理工艺流程图

引自唐星星（2020）

2.3　吸附处理技术

吸附法处理重金属废水是通过吸附剂的物理或化学吸附作用将重金属从水相富集到吸附剂固相的一种分离方法。因其具有操作简单、处理效果好和可重复再生等优点，被认为是目前处理重金属废水最有效的方法之一，特别是对于低浓度的重金属废水，吸附法在处理成本和处理效率等方面均具有显著的优势。吸附剂是吸附工艺最关键的要素，通常要求其对目标污染物具有较高的吸附容量，各种天然和人工合成的吸附材料如活性炭类、矿物类、高分子聚合物类等均被用于重金属废水的处理。本节将重点对常规水处理工艺中使用最广泛的活性炭、沸石和腐殖酸（humic acid，HA）类吸附剂等进行介绍。

2.3.1　活性炭

活性炭具有丰富的微孔结构和巨大的比表面积，化学性质稳定，耐强酸强碱，是水处理中普遍使用的吸附剂。活性炭吸附的对象以有机物为主，吸附过程也以物理吸附为主，但在活化后其表面往往具有不同的官能团（如羧基、羰基、羟基等），这些基团也可通过化学吸附或者催化还原作用去除水中的重金属。表 2.4 列出了活性炭对典型重金属的去除可能性。

表 2.4　活性炭对不同重金属的去除可能性

重金属	活性炭吸附去除可能性
砷	对高价氧化态吸附良好
铬	吸附良好，容易还原
锑	在部分溶液中有较高的吸附
汞	氯化甲基汞（CH_3HgCl）容易吸附
铅	吸附良好
镍	吸附差
铜	少量吸附，但络合态时可能吸附良好
镉	少量吸附
锌	少量吸附

引自孟祥和等（2000）

总体而言，活性炭吸附法处理重金属的效果与活性炭的表面化学性质紧密相关。在应用活性炭处理重金属废水时，需要根据废水中重金属离子的物理化学性质选择物理结构和表面化学性质相适宜的活性炭，以实现快速高效的吸附。活性炭对水中有机物的吸附能力很强，如果废水中同时存在大量的有机物，则会大大削弱活性炭对重金属的吸附性能。对于此类废水，在使用活性炭处理前应进行必要的预处理以除去水中共存的有机物。此外，活性炭虽然具有较好的吸附性能，但它总体上对重金属的吸附选择性较差，吸附容量也不高，一般需要将活性炭进行预处理后再应用于重金属废水的处理。其中，采用 HNO_3、H_2O_2 等氧化剂对活性炭表面进行氧化处理增加表面酸性含氧官能团的数量，从而提高活性炭的亲水性和对重金属离子的选择性是最为常见的方法之一。例如，Rangel-Mendez 等（2002）考察了硝酸、臭氧和电化学氧化处理后的活性炭对 Cd 的去除效果，实验结果表明氧化处理后的活性炭可以用于含 Cd 废水的高效处理。

在过去几十年中，活性炭已广泛应用于各种含重金属废水的处理，目前比较成熟的应用领域是在电镀工业中用于含铬、含氰、含铜和含镉废水的处理。活性炭处理电镀行业重金属废水一般是利用活性炭的吸附作用，但在实际应用过程中发现含 Cr(VI)的废水在酸性条件下通过活性炭吸附柱后被还原为 Cr(III)。利用这一原理，可以用酸性溶液将吸附的 Cr(VI)以 Cr(III)的形式解吸下来，从而使吸附后的活性炭得以再生。此外，对于含类重金属砷的废水，活性炭也具有较好的应用潜力。

目前国内外广泛使用的活性炭主要有煤质、木质和果壳质几类。近年来随着煤质活性炭价格的不断上涨，研究者开始将一些廉价易得的富碳材料如农林废弃物、市政和工业废弃物等用来制备活性炭吸附剂（Burakov et al.，2018；Dias et al.，2007）。农林废弃物来源广泛、成本低廉，制得的活性炭灰分低、硬度适中，将农林废弃物转化为活性炭是实现废弃物资源化利用、降低活性炭制备成本的一种替代方法。目前有大量关于利用农林废弃物制备活性炭的研究，大多数研究表明这些材料可以与商用活性炭媲美，其中一些甚至比商用活性炭的性能更好。如 Kongsuwan 等（2009）以桉树皮制备活性炭用于含 Cu^{2+}和 Pb^{2+}废水的处理，其最大吸附量可以分别达到 0.45 mmol/g 和 0.53 mmol/g。利用富含有机碳的市政和工业废弃物制备活性炭也是一种有效的替代方案，市政污水厂的污泥、塑料废料和各种工业废弃料（如飞灰、沥青、废弃离子交换树脂等）都可用作生产活性炭的原料，实现废弃物的资源化利用。

2.3.2 沸石

沸石是一种广泛存在的天然硅酸盐矿物，也可以通过大规模的工业生产获得。它是由硅氧四面体和铝氧四面体通过顶点的氧原子互相连接形成的三维结构矿物，含有许多排列有序、大小均匀、彼此贯通并与外界相连的空穴和孔道。由于铝原子的同晶置换作用，沸石往往带有负电荷；为保持电中性，必需由带正电荷的金属阳离子作为反离子来平衡，从而形成可交换性阳离子位点。这种结构特性使其具备良好的离子交换与吸附能力，具有较高的表面积及亲水性，再加上其价格低廉、来源广泛，沸石已成为废水处理工艺中常用的重金属吸附剂之一。

1. 天然沸石

全球发现的天然沸石超过 40 余种，主要类型包括斜发沸石、丝光沸石、菱沸石、方沸石、辉沸石等。其中斜发沸石含量最为丰富，价格低廉，是应用最为广泛的天然沸石。斜发沸石的化学组成可用$(M^{2+}/M^{+})OAl_2O_3\cdot mSiO_2\cdot nH_2O$表示，其中$M^{2+}$和$M^{+}$分别代表二价和一价阳离子。在使用前通常需要经过化学处理改性为Na^{+}型或NH_4^{+}型沸石，对各种重金属离子具有良好的吸附性能。

天然沸石用于重金属废水处理的历史悠久。早在 20 世纪中叶，天然沸石就被应用于放射性废水的处理。Ames（1962）报道了利用斜发沸石固定放射性元素铯（Cs）的研究。在美国三里岛和苏联切尔诺贝利核泄漏事故中，天然沸石也被用于核废料和废水中放射性元素 Cs 和 Sr 的去除（Colella，1999）。天然沸石在酸性矿山废水重金属去除领域也具有较好的应用前景。与合成沸石相比，天然沸石不仅对矿山废水中特定的重金属离子有优异的吸附选择性，还有良好的抗酸性能。有研究表明斜发沸石对水中典型重金属离子的选择性顺序为 $Pb^{2+}>Cd^{2+}>Cs^{+}>Cu^{2+}>Co^{2+}>Cr^{3+}>Zn^{2+}>Ni^{2+}>Hg^{2+}$（Zamzow et al.，1990），对 Pb、Cd、Zn 等有毒金属的高选择性使其成为一种很有前途的矿山废水处理材料。

2. 改性沸石

沸石的吸附容量/离子交换量与其化学组成、物理结构紧密相关。对天然沸石进行化学改性可以调节沸石中 Si/Al 的含量、阳离子类型和数量、孔道结构等物理化学结构参数，进一步提升对重金属离子的吸附性能。酸/碱处理和表面活性剂改性是沸石改性的主要方法。

对天然沸石进行酸处理可以去除孔道内的杂质，减少孔道堵塞并增加吸附活性中心，常用的酸有盐酸、硫酸、硝酸、草酸、柠檬酸等。Aghel 等（2020）报道了斜发沸石经盐酸改性后表面酸度和有效孔径都得到增加，在优化条件下对废水中Cd^{2+}和Pb^{2+}的去除率可以分别达到 85.9%和 98.9%。Zhang 等（2014）用不同浓度的硝酸对天然沸石进行处理，发现在一定浓度范围内，随着所用硝酸浓度的升高，改性沸石对Sb^{3+}的去除率也显著升高。碱改性通常是将沸石浸泡于 NaOH 溶液中，以促进沸石中硅元素的溶出，减小 Si/Al 的含量并形成相对小的介孔。NaOH 浓度对改性沸石的吸附性能有较大的影响；需要注意的是，过量的碱有可能破坏沸石的表面和微孔结构。

天然沸石一般带有负电荷，对砷酸根离子、铬酸根等阴离子型重金属的去除率较低。为了解决这一问题，可用带正电荷的阳离子活性剂对沸石进行表面改性。最为常用的阳离子活性剂包括 N, N-二甲基脱氢枞基氧化胺、十六烷基三甲基铵、十六烷基三甲基溴化铵、十六烷基溴化吡啶、十二烷基硫酸钠（sodium dodecyl sulfate，SDS）等（Shi et al.，2018）。这些带正电荷的表面活性剂可以通过静电作用固定在沸石表面，使沸石表面由负电荷变为正电荷。改性沸石表面的正电荷给阴离子型重金属提供了吸附位点，同时由于阳离子表面活性剂的分子尺寸大于沸石内部孔道直径，沸石内部的化学结构不会受到影响，从而使沸石原有的阳离子交换容量也被部分保留（Yuna，2016）。因此，表面活性剂改性的沸石具备同时吸附阳离子型重金属和阴离子型重金属的能力。

2.3.3 腐殖酸类吸附剂

腐殖酸是自然界中广泛分布的一种天然有机物，是腐殖物质的主要组成部分。腐殖酸含有大量的羧基、酚羟基、胺基、磺酸基和羰基等活性基团，可通过离子交换、螯合、表面吸附等多种作用去除水中的重金属离子。腐殖酸类物质作为一种极具前景的重金属吸附剂，近年来受到越来越多研究者的关注，国内外已经开展了大量的研究工作，开发了一批腐殖酸类吸附剂，在电镀工业废水、矿山废水的处理方面取得了较好的效果。用于重金属废水处理的腐殖酸类吸附剂主要有天然富含腐殖酸吸附剂和改性腐殖酸吸附剂两种类型。

1. 天然富含腐殖酸吸附剂

泥炭、风化煤、褐煤等富含腐殖酸的天然材料来源广泛、价格低廉，可直接或经简单处理后用作吸附剂（孙晓然 等，2015；Pehlivan et al.，2007）。泥炭是沼泽和湿地下的植物经生物氧化形成的产物，是煤形成的最初阶段。泥炭的组成非常复杂，主要组分有木质素、纤维素和腐殖酸等，这些组分含有丰富的极性官能团（醇羟基、醛羰基、酮羰基、羧基、酚羟基和醚基等），可以通过化学键与重金属离子结合，已有研究表明泥炭对水中重金属离子具有良好的吸附截留能力，在重金属废水处理中具有不错的效果（Babel et al.，2003；Bailey et al.，1999）。风化煤是裸露于地表或位于地表浅层的煤，而褐煤是煤化程度最低的矿产煤，它们热值低，能源价值不高，但对重金属离子吸附效果好，可以作为低成本的重金属吸附剂使用。

Sharma 等（1993）研究表明，泥炭对 Cr(VI)的去除率比椰子壳基炭高 6 倍。Chwastowski 等（2017）考察了加拿大泥炭对水中 Cr(VI)的吸附性能，实验结果表明，加拿大泥炭对 Cr(VI)具有较高的吸附能力，可有效地用于 Cr(VI)的快速去除，使用柠檬酸钠作为脱附剂可以获得 53%～65%脱除率。Mohan 等（2006）研究了褐煤作为一种低成本吸附剂去除和回收酸性矿山废水中重金属离子的可能性，为模拟酸性矿山废水处理的工业条件，所有研究均采用单柱和多柱下流模式进行。研究表明褐煤可作为重金属离子吸附剂处理

Fe(II)、Fe(III)和 Mn(II)污染的单组分和多组分水/废水，吸附饱和后的吸附剂可以用 0.1 mol/L 硝酸进行脱附，重金属离子的回收率接近 100%。

天然腐殖酸材料的优势是吸附容量较高，成本低廉。然而，大量的研究和实践发现这类材料的化学稳定性和机械强度较差，腐殖酸容易逸出产生二次污染，且不同来源地的材料组分存在较大差异，吸附性能不稳定，这些问题在很大程度上限制了它们在重金属废水处理中的应用。

2. 改性腐殖酸吸附剂

国内外学者利用腐殖酸对重金属良好的吸附特性，将腐殖酸通过物理或化学改性制备成大量性能优异的改性腐殖酸吸附剂，如腐殖酸树脂、腐殖酸基复合吸附剂、腐殖酸磁性吸附剂等。

1）腐殖酸树脂

早在 20 世纪 70 年代，就有研究者将腐殖酸和黏合剂混合制备腐殖酸树脂用于重金属废水的处理（王绍文，1993）。其制备方法一般是将腐殖酸或天然腐殖酸类物质的固体粉末与羧甲基纤维素、聚乙烯醇、褐藻胶、造纸废液等黏合剂按照一定比例混合，造粒成型后在一定的温度下烘干固化。该方法制备的颗粒状腐殖酸树脂可以非常方便地用于管式或塔式吸附装置，在电镀废水处理中已有成功的应用。但这类材料存在机械强度不高、中性或碱性溶液中易损失等缺点。利用接枝共聚等化学方法制备腐殖酸树脂工艺简单，反应条件温和，获得的吸附剂结构稳定，引起了学者的极大关注。Zheng 等（2010）制备了系列淀粉接枝聚丙烯酸/腐殖酸钠水凝胶（St-g-PAA/SH）用于水中 Cu^{2+}的去除，研究表明 St-g-PAA/SH 在宽 pH 范围（2.7～5.0）内对 Cu^{2+}有较高的吸附容量，且该材料具有良好的可重复利用性。Li 等（2011）通过在苯胺单体的化学聚合过程中加入腐殖酸制备了聚苯胺/腐殖酸复合树脂，并研究了其对 Hg(II)和 Cr(VI)的吸附性能，结果表明该材料对 Hg(II)和 Cr(VI)都具有较好的吸附选择性，最大吸附容量分别达到 671.1 mg/g 和 173.2 mg/g。

2）腐殖酸基复合吸附剂

将腐殖酸固定于多孔载体不仅可以克服腐殖酸吸附时逸出的现象，也有利于提升吸附剂的固液分离性能，从而获得应用性能更加优异的重金属吸附剂。常用的载体材料有黏土矿物、沸石、金属氧化物等。Shi 等（2020）采用简单的共沉淀法合成了一种腐殖酸/镁铝层状双氢氧化物复合材料，该材料对 Cd^{2+}的最大吸附量为 155 mg/g，对实际废水也有较好的处理效果。Lin 等（2011）将腐殖酸固定于表面活性剂改性后的沸石，发现腐殖酸修饰后的复合材料对 Cu^{2+}的吸附性能明显优于改性沸石。将腐殖酸负载于金属氧化物载体（如铁氧化物、铝氧化物、钛氧化物等）可进一步强化金属氧化物吸附剂对重金属离子的吸附性能。例如：Chen 等（2012）将腐殖酸包覆于纳米二氧化钛，制备的复合吸附剂对 Cd^{2+}的吸附量高于原始的二氧化钛纳米材料；Montalvo 等（2018）研究了腐殖酸包覆的针铁矿去除水中 As(V)的性能，其吸附容量可达 30 mg/g，实验证实该复合材料对含砷废水的处理具有较好的适用性。

3）腐殖酸磁性吸附剂

磁性吸附材料易于分离，具有快速、高效、可重复利用等优点。用腐殖酸修饰磁性颗粒可充分利用腐殖酸活性基团对重金属离子的强结合能力，实现废水中重金属的高效去除。Liu 等（2008b）以铁盐和腐殖酸为原料，采用共沉淀法制备了腐殖酸包覆的 Fe_3O_4 纳米颗粒（Fe_3O_4/HA），研究了 Fe_3O_4/HA 去除水中 Hg(II)、Pb(II)、Cd(II)和 Cu(II)的性能，结果表明在优化 pH 条件下，Fe_3O_4/HA 能够去除天然水体和自来水中 99%以上的 Hg(II)和 Pb(II)，以及 95%以上的 Cu(II)和 Cd(II)。Yang 等（2012）制备了具有核壳结构的腐殖酸磁性纳米吸附剂 Fe_3O_4@HA，该材料可以去除水中约 99%的 Eu(III)，且腐殖酸涂层显著提高了 Fe_3O_4@HA 磁性纳米颗粒在溶液中的分散性。此外，Yang 等（2021）采用一步法制备了腐殖酸修饰的磁性生物炭吸附剂，该材料可以通过络合、离子交换和表面沉淀等过程去除水中的 Cd^{2+}，最大吸附容量可以达到 169.68 mg/g。

2.3.4 其他吸附剂

除上述介绍的几种传统吸附剂外，还有一些廉价材料如天然或改性的黏土吸附剂（高岭土、蒙脱土、伊利石等）、生物吸附剂（藻类、微生物、秸秆）、工业废弃物（飞灰、污泥等）也被应用于重金属废水的处理。它们来源广泛、成本低廉，吸附后往往可以作为废弃物处理，无须进行脱附再生。表 2.5 列举了部分低成本吸附剂对重金属的吸附性能。

表 2.5　部分低成本吸附剂对重金属的吸附性能

吸附剂类型	吸附剂	重金属离子	吸附容量/（mg/g）	参考文献
黏土吸附剂	蒙脱土（酸处理后）	Zn^{2+}/Cu^{2+}/Mn^{2+}/Cd^{2+}/Pb^{2+}/Ni^{2+}	19.38/14.50/9.81/6.09/2.91/2.04	Akpomie 等（2016）
	煅烧膨润土	Cu^{2+}	19.06	De Almeida Neto 等（2014）
	高岭土	Pb^{2+}/Cd^{2+}/Cu^{2+}/Ni	2.35/0.88/1.22/0.90	Jiang 等（2010）
	蒙脱土-伊利石	Pb^{2+}	52	Oubagaranadin 等（2009）
	磁性膨润土	Pb^{2+}	80.4	Es-Sahbany 等（2019）
生物吸附剂	长茎葡萄蕨藻	Cu^{2+}/Cd^{2+}/Pb^{2+}/Zn^{2+}	5.57/4.70/28.72/2.66	Pavasant 等（2006）
	牛粪	Pb^{2+}	37.35	Ojedokun 等（2016）
	CMC 改性甘蔗纤维素	Pb^{2+}/Cu^{2+}/Zn^{2+}	558.9/446.2/363.3	Wang 等（2017）
工业废弃物	粉煤灰	Cu^{2+}	1.39	Panday 等（1985）
	赤泥	Cd^{2+}/Zn^{2+}	13.04/14.51	Gupta 等（2002）
	松树锯末	Cr^{6+}	121.95	Uysal 等（2007）

注：CMC 为羧甲基纤维素（sodium carboxymethyl cellulose）

此外，近年来研究人员开展了新型吸附剂的研究，如碳纳米管、石墨烯、纳米金属氧化物、二维过渡金属碳（氮）化物（通常称为金属烯 MXenes）、金属有机骨架（metal organic framework，MOF）材料等。这些新型吸附剂，特别是具有纳米结构的材料，具有较大的比表面积和孔体积，同时结合了各种类型的吸附作用，其吸附性能一般优于其他常规吸附剂，为进一步提高重金属废水吸附工艺的处理效率和净化深度提供了可能。然而，目前大多数新型吸附剂在实际应用方面依然存在一些瓶颈，如纳米材料的固液分离困难、MOF 材料的化学稳定性较差等，相关科技创新工作还需要进一步探索。

2.4 膜分离技术

重金属废水膜分离技术是利用具有选择透过性的半透膜（无机膜、有机膜、杂化膜等），在外界压力作用下，实现目标重金属与溶质的分离。膜分离具有操作简单、对重金属具有深度去除能力的优点，在重金属废水的处理领域具有较好的应用潜力。膜分离处理重金属废水的工艺主要包括超滤、纳滤、反渗透和电渗析等。

2.4.1 超滤

超滤（ultrafiltration，UF）分离过程采用的膜孔径一般为 2～100 nm，操作压力为 2～8 bar（1 bar = 10^5 Pa），通常高于微滤。超滤膜可以截留分子量为 1～300 kDa（1 kDa = 1.660 54×10^{-24} kg）的细菌、胶体和大分子。在一般的操作模式下，小尺寸的污染物（如重金属离子、小分子有机物）很难被超滤膜直接阻隔。超滤膜一般通过以下两种方法在低跨膜压力下去除重金属离子：①采用聚合物或表面活性剂来结合重金属离子并产生高分子量的金属络合物或胶团化合物；②通过在膜基质中嵌入吸附剂来增强超滤膜的性能。以上方法一般称为聚合物强化超滤（complexation-enhanced ultra-filtration，CEUF）、胶团强化超滤（micellar-enhanced ultra-filtration，MEUF）和超滤吸附混合基质膜（ultra-filtration adsorptive mixed matrix membranes，UF-MMMs）。

1. 聚合物强化超滤

聚合物强化超滤（CEUF）一般也称为络合强化超滤，最初主要使用酿酒酵母、海藻酸钠及从海藻中提取的多糖与重金属离子形成的络合物。CEUF 的重金属去除机理通常基于螯合/络合过程，即在溶液中加入具有螯合能力的水溶性聚合物与重金属离子形成聚合物-重金属络合物，通过超滤浓缩络合物，从而达到去除水溶液中重金属离子的目的。聚合物配体通常含有丰富的功能基团（RSO_3^-、$RCOO^-$、NR_4^+ 等），可以通过多种作用力捕获重金属离子形成大分子量的络合物。显然，水溶性聚合物的分子量应大于超滤膜的截留分子量，以截留大分子聚合物中键合的小尺寸重金属离子。图 2.6 为 CEUF 去除重金属离子的示意图，溶质与配体聚合物之间的相互作用越强，CEUF 过程在渗透溶剂时截留溶质的性能就越好。

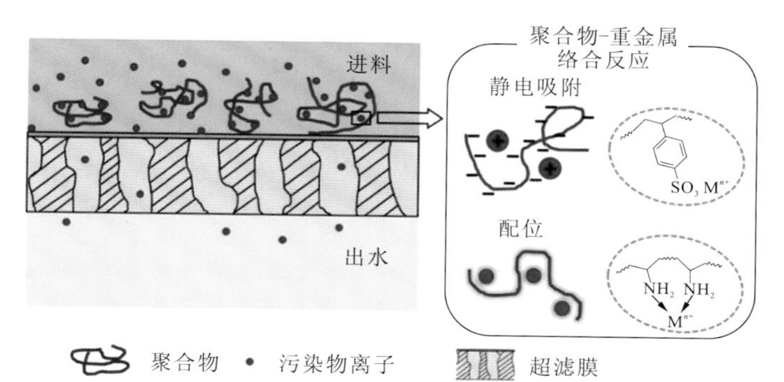

图 2.6　CEUF 去除重金属离子示意图

引自 Huang 等（2019）

在 CEUF 过程中，聚合物配体的选择对重金属截留至关重要。聚合物配体的性能应满足以下条件：对重金属离子的高亲和力、良好的水溶性、高分子量、良好的化学和机械稳定性、低毒性及较低的成本。近年来的大多数研究集中于配体的选择与合成上，羧甲基纤维素（CMC）、聚乙烯亚胺（polyethyleneimine，PEI）、聚丙烯酸（polyacrylic acid，PAA）等聚合物含有大量的氨基、磺酸基和羧基，能够与重金属离子形成稳定的络合物，且价格低廉，可以直接使用或与其他螯合剂修饰，因而被广泛应用。Barakat 等（2010）使用羧甲基纤维素作为螯合剂去除矿井废水中的 Cu^{2+}、Cr^{3+}与 Ni^{2+}，在中性 pH 条件下去除率分别达到 97.6%、99.5%和 99.1%，且截留效果随 pH 升高而提升，羧甲基纤维素与金属离子之间的结合力也随之增大，金属-羧甲基纤维素配合物的稳定性提高。Ruan 等（2017）研究了聚乙烯亚胺作为络合剂对废水中的悬浮颗粒与重金属 Co^{2+}的超滤去除效果，在最优条件下复合膜既能实现较高的水通量[2 550 L/（m^2·h）]，且对大于 200 nm 的悬浮颗粒实现 98.5%的截留效果，在流态系统中对含 Co^{2+}废水处理量达 74.3 L/m^2，且具有优异的循环使用性能。除人工合成的聚合物外，壳聚糖等天然生物聚合物配体也可作为优良的络合剂。Lam 等（2018）在 pH＝5.4 下比较了壳聚糖与羧甲基纤维素对工业废水中 Ni^{2+}的截留效果，结果表明截留率均能达到 90%以上，且碱性条件的壳聚糖表现出更优异的截留性能。

聚合物的分子量往往会影响 CEUF 过程对金属离子的截留效果。Lam 等（2018）发现只有在较高的络合物单体浓度（2×10^{-2} L^{-1}/单位 Ni^{2+}）时，复合膜才展现出较好的金属截留效果，低聚合物浓度下 Ni^{2+}的截留率并未明显提高。Borbély 等（2009）比较了两种分子量（25 000 g/mol 与 70 000 g/mol）的聚丙烯酸与聚乙烯亚胺作为络合剂去除 Zn^{2+}和 Ni^{2+}的性能，采用较高分子量络合物的复合膜均表现出更好的金属截留效果（＞90%）。其他重金属离子如 Cr^{3+}、Pb^{2+}、Co^{2+}、Cu^{2+}、Hg^{2+}和 Cd^{2+}等的 CEUF 去除在文献中也有报道（Baharuddin et al.，2015；Trivunac et al.，2006）。

尽管 CEUF 操作成本较低且分离效率高，但该工艺需要合适的聚合物配体，同时要避免络合剂与废水中其他化学物质发生反应。因此，使用该工艺时需注意溶液 pH、络合物配体浓度、离子强度和金属离子浓度。另外，pH 会影响膜表面电荷与后续的离子截留效率，也常会影响聚合物配体的物理化学形态及电荷。此外，高 pH 下易形成金属氢氧化物，难以实现金属离子与聚合物配体的络合。

2. 胶团强化超滤

与 CEUF 原理类似，胶团强化超滤（MEUF）主要是通过重金属离子与表面活性剂之间形成分子量较大的胶团来阻止重金属离子通过超滤膜。在通常情况下，当表面活性剂的浓度超过临界胶团浓度时，表面活性剂单体与重金属离子会聚集形成两性透明胶团，其流体力学直径大于超滤膜的孔径而被阻隔。该工艺需要考虑的参数包括操作压力、表面活性剂浓度、pH、温度、添加剂和目标重金属离子浓度。

MEUF 工艺的去除效果主要取决于目标重金属类型。常用的表面活性剂有 EDTA、氯化十六烷基吡啶、十二烷基硫酸钠（SDS）、十六烷基三甲溴化铵（hexadecyl trimethyl ammonium bromide，CTAB）、鼠李糖脂和直链烷基苯磺酸等。它们具有较低的临界胶团浓度和较大的分子量，可以与重金属阳离子快速形成胶束。尽管目前报道的大多数研究中 MEUF 工艺对重金属离子的截留率很高，但使用高浓度表面活性剂容易在膜表面形成饼状层，进而导致膜通量下降。

目前，MEUF 工艺研究主要在实验室开展，限制其实际应用最关键的问题是表面活性剂在膜表面积累产生的二次有毒污染物和膜污染导致的使用寿命缩短。此外，如果表面活性剂临界胶团浓度较高，与重金属离子形成胶团的反应困难，难以有效去除重金属离子，那么往往需要使用大量表面活性剂，导致操作成本昂贵。因此，选择较低临界胶团浓度的表面活性剂是提供重金属离子快速形成胶束的关键。

与人工合成的化学表面活性剂相比，生物表面活性剂（如鼠李糖脂）等具有可生物降解性，因此可以作为 MEUF 工艺中表面活性剂（如十二烷基硫酸钠或羧甲基纤维素）的良好替代品。鼠李糖脂作为一种常用的阴离子型生物表面活性剂，临界胶团浓度低，能与重金属离子有效结合，最大限度减少表面活性剂的损失。相较于十二烷基硫酸钠等表面活性剂，鼠李糖脂等生物表面活性剂在使用时往往需要调节 pH。El Zeftawy 等（2011）与 Verma 等（2017）的研究发现，在最适 pH 下，鼠李糖脂能将含有 100 mg/L 的 Pb^{2+} 与其他较低浓度（<40 mg/L）的 Cu^{2+}、Ni^{2+}、Cd^{2+}的金属冶炼厂废水中的重金属离子去除 98.8%～99.9%。

3. 超滤吸附混合基质膜

在超滤膜中引入吸附剂是为了克服超滤膜固有的局限，如选择性与膜通量的平衡、膜材料成本较高等，这些问题可以通过添加纳米吸附材料得以改善。纳米材料的固有特性在很大程度上可以改善膜的性能，例如可使膜具有更小的孔径、更优异的亲水性、增加孔隙率、强化重金属截留能力等，这不仅能够提升对重金属的去除效率，还可以在一定程度上提高水通量。在大多数情况下，通过简单的共混方法即可向膜材料表面引入纳米颗粒。

一般而言，可将掺入的吸附剂分为金属氧化物、生物材料、黏土类材料与聚合物等，其中金属氧化物如水合氧化铁（hydrous iron oxide，HFO）、TiO_2、Al_2O_3、ZrO_2 等已被广泛用作无机纳米活性组分。这些活性组分不仅能够提升膜材料的物理化学性能，大尺寸的膜也可作为载体克服纳米组分小尺寸效应带来的易团聚、难以固液分离的应用瓶颈。UF-MMMs 对重金属的处理效果主要取决于加入膜基质中的纳米颗粒的特性。Hezarjaribi

等（2020）将巯基改性水合氧化锰（hydrous manganese oxide，HMO）添加到纳米纤维膜内以去除水中的 Cu^{2+}与 Ni^{2+}，当改性 HMO 添加量为 1.5%（质量分数）时，Cu^{2+}与 Ni^{2+}的去除率分别为 90%与 80%，吸附效果不受干扰离子影响且复合膜能够稳定再生 4 次。Jamshidi Gohari 等（2013a）将 HMO 作为活性组分加入聚醚砜（polyethersulfone，PESF）膜中，用以净化水体中的 Pb^{2+}，复合膜水通量可达 573.2 L/(m^2·h)，吸附容量为 204.1 mg/g，在低压下能够充分净化 Pb^{2+}以满足饮用水要求。该课题组还成功将 Fe-Mn 二元氧化物引入 PESF 膜中，对水体中的 As(III)也具有 100%的去除效果（As 质量浓度约为 100 μg/L），吸附容量为 73.5 mg/g（Jamshidi Gohari et al.，2013b）。

碳基材料表面自带的大量含氧官能团对重金属具有良好的截留能力。例如 Mukherjee 等（2016）将氧化石墨烯（graphene oxide，GO）引入聚砜（polysulfone，PSF）膜表面，对 Cu(II)、Pb(II)、Cr(VI)和 Cd(II)的去除率分别可达 90.0%、93.0%、95.0%和 95.0%。Masheane 等（2017）制备的 Fe-Ag/多功能碳纳米管聚醚砜膜对 60 mg/L Cr(VI)的去除率可达 94%，水通量可达 36.9 L/（m^2·h）。一些生物材料如壳聚糖、生物炭、稻壳、聚多巴胺等，以及黏土材料如蒙脱石等，也被证实具有良好的重金属去除效果。Kumar 等（2014）借助壳聚糖的离子交换特性，制备出壳聚糖/聚砜膜，能够将初始质量浓度 1 000 mg/L 的 Cd^{2+}与 Ni^{2+}分别去除 89%与 93%。Hubadillah 等（2017）以稻壳灰为原料开发出一种能够同时去除 Zn^{2+}、Pb^{2+}与 Ni^{2+}的陶瓷膜，在 pH = 5 的条件下对三种重金属离子去除率都可达到 99%，稻壳灰中存在的表面配体与重金属阳离子形成络合物是主要的去除机理。

不同于 MEUF 与 CEUF 工艺，UF-MMMs 在处理过程中无须添加其他化学药剂如聚合物配体、表面活性剂等，也无须后续工艺将重金属离子从复杂混合物中分离出来，可作为低浓度重金属废水滤膜或吸附剂使用。使用过程中应考虑三个方面：①膜需要有足够的厚度，且应在较低压力下运行，使吸附过程能够充分发生；②需要优化纳米组分的负载量，在提升工作性能的同时防止纳米材料的浸出；③吸附剂长期运行会达到饱和，需使用酸/碱对膜材料进行脱附再生。

2.4.2 纳滤

纳滤（nanofiltration，NF）的发展始于 20 世纪 80 年代中期，其孔径范围一般为 1～10 nm，当时主要用来分离小的有机分子与二价盐。超滤膜往往需要通过改性或添加其他化学物质实现对重金属离子的去除，而纳滤膜由于具有松散的、有选择性的薄膜结构与较小的孔径，其对重金属离子的分离具有与生俱来的优势。

目前，商品化纳滤膜大多数为聚酰胺薄膜复合膜（thin-film composite，TFC），由多孔的支撑底膜和复合在其表面的聚酰胺分离层组成。其中，聚酰胺分离层通常以哌嗪和均苯三甲酰氯单体通过界面聚合法制备。已有研究表明，聚酰胺薄膜复合膜对水中的重金属离子具有较高的去除效率，然而如何克服纳滤膜通量和选择性之间存在的“效益悖反”现象依然是一个重大的挑战。Zhu 等（2015）通过在聚醚砜中空纤维膜的界面聚合层上接枝聚酰胺-胺型树枝状高分子（poly(amidoamine) dendrimer，PAMAM）对复合纳滤膜进行了改性，在约 10 bar 压力下，对 Pb(II)、Cd(II)、Cu(II)、Ni(II)和 As(V)等多种重金属进行了截留，去除率均可达到99%以上。PAMAM 的改性使膜孔径变小，通过尺寸排斥机制可有效截留重金属离子。此外，膜的表面荷电状态可能导致不同的去除效果，受 pH 的影响，膜中的官能团可能质子化并带正电荷，从而对带正电荷的重金属离子产生 Donnan 排斥效应。

许多研究也报道了多层膜去除重金属离子的性能。Zhang 等（2016）通过在中空纤维支架上逐层沉积超薄氧化石墨烯骨架层，使合成的复合膜具有优异的纳滤性能。研究结果表明，增加氧化石墨烯纳米片层数可以提高对重金属的截留能力，但对水通量影响不大，对混合溶液中 1 000 mg/L 的 Pb^{2+}与 Ni^{2+}去除率分别达到 95%与 99%。该膜可以在流动系统中连续运行 150 h，出水浓度低于饮用水标准。Zhu 等（2014）制备的双层聚苯并咪唑/聚醚砜（PBI/PESF）中空纤维膜可将废水中的 Pb(II)、Cd(II)、Cr(VI)去除 95%以上。

对于纳滤工艺，进料浓度升高往往会伴随结垢现象加重并导致水通量降低。Maher 等（2014）评估了不同操作参数（如 pH、进料流量和压力）对商业纳滤膜去除 Pb(II)和 Ni(II)的影响，结果表明，操作压力增加导致 Ni(II)和 Pb(II)的截留率分别增加 93%和 86%；在较高的进料浓度和 pH 条件下有更高的截留率，但膜表面结垢增加，不利于长期应用。

相较于 UF-MMMs，纳滤工艺对重金属离子的截留效果更好，但其水通量远低于超滤膜。MMMs 具有更优异的透水性但对重金属离子的阻隔性能较差。总体来看，纳滤膜更适合处理重金属离子含量高的工业废水，UF-MMMs 更适合处理重金属离子含量低的废水。

2.4.3 反渗透

根据渗透理论，水分子由低溶质浓度区域向高溶质浓度区域流动。反渗透（reverse osmosis，RO）工艺的作用过程相反，即施加压力迫使水分子逆浓度梯度运动。由于其活性层非常致密，反渗透膜几乎对所有类型的重金属都有很高的截除率。

考虑 RO 工艺操作压力高（20～30 bar），采用该工艺去除重金属离子在常规水处理中并没有太大优势，其他膜工艺去除效果相似但能耗更低。近年来大量研究致力于尝试降低反渗透过程的成本，例如在反渗透前使用超滤/微滤工艺对含重金属污水进行预处理，预处理过程能够有效降低 30%～50%结垢的形成，从而提升过滤性能。Zuo 等（2008）在反渗透工艺前采用超滤、微滤和电渗析工艺，该组合工艺可有效去除水中 Cr(VI)和 Cu(II)，得到的净化水可直接用作工业冷却水。Zhang 等（2009）使用 RO 与电解沉积组合工艺对污水中的 Cu(II)进行富集，其中电化学还原工艺能够达到 85%的去除效果。将 RO 与膜生物反应器（membrane bio-reactor，MBR）组合（Malamis et al.，2012），其对市政污水中的 Pb(II)、Cr(VI)、Cu(II)、Ni(II)等重金属的净化率可达 90%以上，但重金属会在膜表面与内部沉积，导致 MBR 系统的污染速率提高。

另一种思路是向 RO 系统中加入螯合剂如 EDTA，与重金属离子形成螯合物来增加被分离物的尺寸，阻止其扩散至膜内。Petrinic 等（2015）研究了 UF-RO 工艺处理某金属精加工废水的可行性。该废水年排放总量为 80 000 m^3，其中 30 000 m^3 可以直接回用，超滤系统几乎去除了 90%的悬浮胶体和固体，反渗透过程可去除水中 99.9%的各种金属离子。同时，化学需氧量（COD）、生化需氧量（biochemical oxygen demand，BOD）等也被完全去除。Liu 等（2008a）比较了反渗透和纳滤在不同操作压力下处理含金属废水的性能，结果表明，反渗透工艺具有优良的金属截留率（97%），但其水通量很低；而纳滤工艺表现出更好的水通量，出水金属离子浓度也能够达标。依据近年来的文献报道与研究结果，反渗透工艺是饮用水处理的最佳方案之一，而处理工业废水则建议采用纳滤和电渗析等低压力膜。

2.4.4 电渗析

电渗析（electrodialysis，ED）是在直流电场作用下，利用阴阳离子交换膜对溶液中阴阳离子的选择透过性，使溶液中的溶质与水分离的物理化学过程。在过去的几十年里，电渗析在海水淡化领域中受到广泛研究。与反渗透工艺相比，ED 在室温下操作的水压更低，通常不会产生二次副产物。ED 工艺原理如图 2.7 所示：由阳离子膜和阴离子膜组成的离子交换膜（ion exchange membrane，IEM）平行排列，在直流电场的作用下带正电荷的金属离子将迁移到阴极，带负电荷的离子会向阳极迁移。在这个过程中，阴离子通过阴离子交换膜(anion exchange membrane，AEM)，而阳离子通过阳离子交换膜(cation exchange membrane，CEM)，由于膜堆叠的排列，含有离子的进水将被分隔成淡化液和浓缩液。

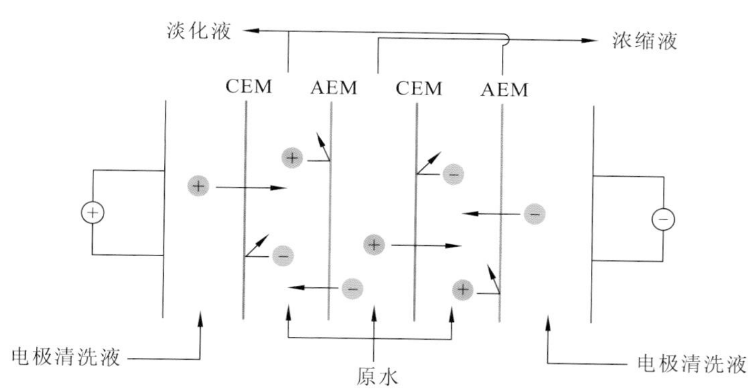

图 2.7　电渗析工艺原理示意图

引自 Qasem 等（2021）

迄今为止，已有研究报道了采用 ED 工艺去除水中重金属并取得良好效果。例如 Chen 等（2009b）设计了一套双级 ED 系统，用于从电镀废水中富集净化 Cr(VI)，在低 pH 条件下对 $HCrO_4^-$ 的浓缩率可达 191%，在二级操作系统中，调节 pH 至 8.5，Cr 以 CrO_4^{2-} 的形式存在被保留在浓缩液中，而其他单价离子被成功地去除，含 Cr(VI)的浓缩液可回收利用。Benvenuti 等（2014）用 ED 浓缩镍电镀过程中存在的 Ni^{2+}和其他盐类，出水可循环用于电镀过程和电镀清洗。

此外，许多研究通过将 ED 与其他技术相结合进一步提升对重金属离子的去除效果。Nemati 等（2017）将 2-丙烯酰胺-2-甲基丙烷磺酸水凝胶与离子交换膜组合，以提高其对 Pb(II)和 Ni(II)的去除性能，去除率分别达 99.9%和 99.6%。Bunani 等（2017）开发出一种集成双极膜与 ED 的处理系统在水中回收锂和硼，双极膜的存在使金属盐溶液解离成相应的酸和碱形式，可实现 98%～99.7%的锂和硼的去除。Víctor-Ortega 等（2016）将离子交换树脂加入两块离子交换膜之间通有进料溶液的组件中，实现了离子交换技术与电渗析工艺的结合。当电场不断对离子交换树脂进行再生时，电阻降低，从而使离子交换膜具有更高效的性能。Sadyrbaeva（2016）将 ED 和液膜结合在一起，ED 系统提供的电场使液膜中载体介导的转运功能化，增强了重金属的输运，并强化了重金属从有机相的分离，可使 Cr(VI)的去除率达 99.5%以上。ED 与生物工艺的组合也受到一定关注，D'Angelo 等（2015）开发的微生物反向电渗析（microbial reverse electrodialysis，MRED）系统可以有效将 Cr(VI)还原为 Cr(III)并去除，不仅如此，MRED 还有利于处理可生物降解的有机废水，但系统中微生物的长期稳定性和生存能力还需要进一步评估与优化。

表 2.6 比较了以上几种膜工艺的优缺点，应用时需要根据待处理水或废水的性质考虑合适的工艺。需要注意的是，水中共存的有机污染物会影响膜去除重金属离子的效率。CEUF、MEUF、UF-MMMs 通常可用于处理低浓度的重金属废水，NF、RO 在处理高浓度重金属废水方面具有应用潜力，适合大规模工业废水处理。

表 2.6　各种膜工艺对重金属离子的去除的优缺点比较

工艺	优点	缺点
CEUF	回收利用聚合物与金属离子的络合物，操作成本低，分离效果好	废水需要预处理，需要选择合适的聚合物配体
MEUF	分离效果好	可能产生二次污染物，出水需要后续处理
UF-MMMs	吸附-过滤双功能，无须后处理，能耗低，透水性好	纳米材料的浸出产生二次污染风险，膜需要再生
NF	在中等操作压力范围内，重金属截留量高	透水性较差，能耗高
RO	重金属去除效果最佳	透水性较差，能耗高
ED	对工业废水重金属离子分离效果优越	运营成本高

在可重复利用性方面，纳米复合膜尤其是 UF-MMMs 应受到更多关注。复合膜吸附饱和后必需对膜进行脱附再生，需要注意再生过程中使用的强酸或强碱可能加速聚合物基膜的老化，降低其使用寿命。此外，纳米颗粒从膜中的浸出现象也需要详细评估，以防止对水体产生二次污染。对于 CEUF 和 MEUF 工艺，需要进行更加深入的研究，特别是确定金属配合物或胶束形成的临界点，否则可能严重影响重金属离子的去除效果。

2.5　其他常规处理技术

2.5.1　浮选技术

浮选在 20 世纪初兴起，最先被应用于矿物加工领域，后被广泛应用于其他工业领域，在废水处理方面也取得了显著的成效。例如在电镀或采矿行业中产生的含有多种重金属离子混合的复杂废水，通过浮选可以选择性地将其中某些重金属元素去除，且有望回收其中某些高价值的贵金属元素。常规的浮选过程是将浮选室充满废水后通过空气压缩机冲入空气并在高压下形成气泡，含重金属离子的疏水颗粒附着在气泡表面浮至水面，将气泡撇去，处理后的废水从底部流出，完成对废水的净化，其工作原理如图 2.8 所示。用于重金属废水处理的浮选工艺主要有离子浮选、沉淀浮选、电浮选等。

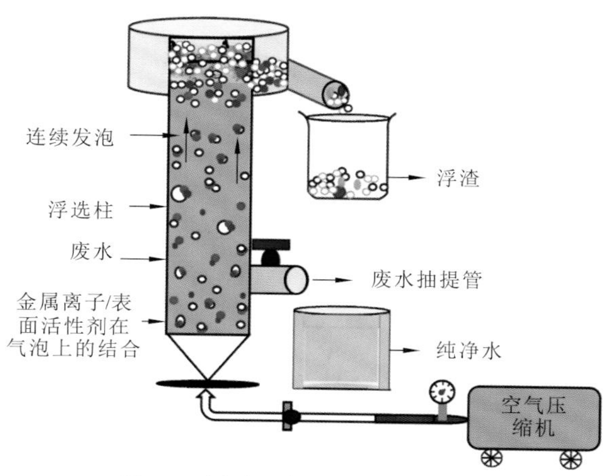

图 2.8　浮选工艺工作原理示意图

引自 Pooja 等（2022）

1. 离子浮选

通过添加表面活性剂或捕集剂从水体中去除重金属离子的浮选方法一般称为离子浮选。通常添加的捕集剂所带电荷须与待去除的重金属离子电荷相反，捕集剂一般用来增强疏水和亲水颗粒的可分离性。离子浮选适用于去除工业废水（如金属加工、半导体工业和矿井废水等）中产生的低浓度重金属离子。

与传统浮选方法相比，离子浮选引入了表面活性剂或捕集剂来增大颗粒物表面张力，提升了接触角使气泡与疏水颗粒间具有更好的附着效果，从而提升浮选工艺的性能。常见的表面活性剂包括十二烷基硫酸钠、烷基三甲基卤化铵、醇氧基乙酸乙酯、烷基苯氧基乙酸乙酯等。Zakeri Khatir 等（2021）评估了不同离子半径、不同电荷的金属离子及捕集剂剂量对十二烷基硫酸钠选择性离子浮选 Nd^{3+}的影响，提高捕集剂剂量可有效将 Nd^{3+}的回收率从 53%提升至 86%，随着竞争离子的离子半径与电荷量的增大，Nd^{3+}的去除效率也逐渐降低。Hoseinian 等（2018）着重探究了 pH 对十二烷基硫酸钠（SDS）离子浮选 Ni^{2+}的影响，溶液 pH 会显著影响 Ni^{2+}的去除效能，随着 pH 的上升，分离机理也发生了改变：pH＜8 时主要是通过泡沫分选，pH=9.7 时则是通过离子浮选。值得注意的是，溶液中的 Ni^{2+}可能与 SDS 形成 Ni-SDS 络合物，过量 SDS 可能导致分离效果下降。某些生物表面活性剂也可用于重金属离子的浮选，如 Yuan 等（2008）使用茶皂素对溶液中的 Cd^{2+}、Pb^{2+}、Cu^{2+}进行了离子浮选，发现溶液的 pH、捕集剂与重金属离子的配比和离子强度对浮选过程具有显著影响，优化条件下可分别去除 89.95%、81.13%和 71.17%的 Cd^{2+}、Pb^{2+}、Cu^{2+}，离子强度升高后重金属离子的分离效率降低，但可通过增加捕集剂剂量来抵消该影响。

2. 沉淀浮选

沉淀浮选一般指通过向污/废水中添加沉淀剂或螯合剂形成重金属离子的沉淀物，然后加入活性剂提高沉淀物的表面疏水性，使之附着在微气泡上，最终在浮选柱顶部以干泡沫的形式被除去。相比于离子浮选，沉淀浮选对金属离子的去除范围更广。一般情况下，沉淀浮选对低浓度金属废水处理效果较差。Wu 等（2019）通过添加腐殖质与 Fe^{3+} 开发出一种对低浓度重金属废水具有优异沉淀浮选效果的强化沉淀浮选系统，通过 Fe^{3+} 与腐殖质的螯合与静电作用产生较大尺寸的沉淀颗粒，可将析出相 Cu 颗粒的 lg K_s 从 0.54～1.54 提升至 2.08～2.16。在 10 mg/L 的离子浓度下，Cu^{2+}、Pb^{2+}、Zn^{2+}的去除率分别从 80.3%、85.8%、65.2%提升至 99.1%、99.6%和 94.3%。沉淀物颗粒结构与强度对该工艺的效果影响显著。通过添加碱或 Na_2S 等抑制剂产生的金属离子沉淀粒径较小、强度较差且分形维数高，难以直接分离。通过添加 Fe^{3+}与其他表面活性剂（如十六烷基三甲溴化铵等）可有效使沉淀物体积变大，从而提高去除效果。

3. 电浮选

电浮选是通过电解水产生大量细小的氢气和氧气气泡，使水中悬浮的颗粒物黏附在气泡上，并随其上浮而去除。应用电浮选去除废水中的重金属，需要调节废水的 pH 呈弱碱性。阴阳两极电解产生的氢、氧气泡直径很小，具有很强的吸附能力，可以起到浮选剂的作用将细小的重金属胶体颗粒浮选至液面。电浮选工艺绿色清洁、操作简单、可控性强，处理重金属废水具有较高的效率。

一般通过对重金属离子的去除率与系统的功耗来评估电浮选工艺的性能，其中重金属离子的去除率主要取决于电解水过程中形成的气泡大小，功耗的大小则取决于电极的设计、电极材料及工作条件，工作条件主要受电流密度、pH 及电极类型的影响。常见的电浮选工艺电极布置如图 2.9 所示，电极的阳极安装在装置底部，不锈钢阴极安装在阳极正上方 10～50 mm 处，但这种电极布置会导致阳极产生的氧气无法迅速扩散至水中，且需要设置较大的电极间距以防止阴极与阳极短路，因此会产生较大能耗。

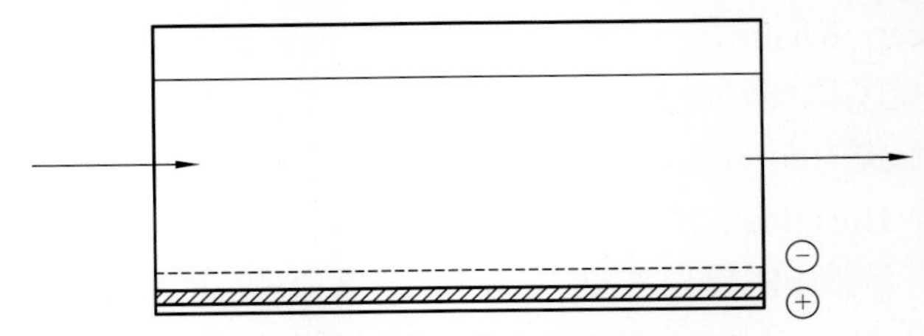

图 2.9　电浮选工艺电极布置示意图

引自 Chen（2004）

浮选法应用历史较长，但不同的浮选工艺依然有其优缺点。离子浮选与沉淀浮选虽然对重金属离子去除性能突出，但大量使用表面活性剂可能导致臭味、水体 COD 升高或浮沫问题，且对低浓度重金属废水处理效果较差，往往应用于一级处理。电浮选能将化学沉淀与物理分离结合成一步进行，适用于低浓度含重金属废水的处理，但能耗较高，往往被用作二级处理。

2.5.2 氧化还原技术

氧化还原属于化学处理方法之一，通过将废水中的溶解性重金属污染物氧化或还原为无毒或低毒性的物质，从而使水体得到净化。如电镀废水中的Cr(VI)常常通过加入还原剂使其还原成三价铬，降低其毒性，并进一步通过沉淀法去除。目前氧化还原法一般用作含重金属废水的预处理，针对以离子态形式存在于废水中的重金属离子，通过投加氧化/还原剂进行预处理已被广泛研究，部分已应用于工程实践中。另外，废水中以络合态形式存在的重金属一般比离子态更难以去除，往往需要通过高级氧化技术将其解络合后再进一步处理，相关内容将在第6章作进一步探讨。本小节主要介绍近年来受到广泛关注的零价铁（Fe^0/ZVI）技术。

零价铁（ZVI）技术因其环境友好、高效、经济等特点近年来受到广泛研究。作为一种性质活泼的过渡金属，ZVI的标准氧化还原电势能为−0.44 V，具有较强的还原性。ZVI对重金属污染物的去除主要取决于溶液中重金属离子的氧化还原电位（图2.10），对于电极电位大于ZVI的重金属离子，如Au^{3+}、Cr^{6+}、Hg^{2+}、Ag^{+}、Cu^{2+}、Pb^{2+}等主要通过还原过程直接去除。陈玉伟等（2009）通过向模拟含铜溶液中添加铁粉后发现，ZVI将Cu^{2+}转化成不溶性的Cu^0与Cu_2O，即使Cu^{2+}质量浓度达300 mg/L，对其去除率依旧可以达到近100%。Rangsivek等（2005）利用ZVI去除雨水径流中的Cu^{2+}和Zn^{2+}，得出了类似结论：ZVI将Cu^{2+}还原为Cu^0与Cu_2O并通过固液分离去除；Zn^{2+}则主要是通过ZVI直接吸附及与ZVI在水中生成的铁氧化物进一步发生共沉淀作用而去除。Liu等（2017）通过将铁尾矿直接还原为ZVI，并进一步评估其对废水中Pb^{2+}的净化效果，Pb^{2+}被直接吸附在ZVI表面后，进一步被还原为$Pb^0/PbO\cdot xH_2O$沉积在ZVI表面；ZVI对水中Cr(VI)的去除原理则是先通过ZVI将Cr(VI)还原为Cr(III)，再进一步通过铁铬氢氧化物的沉淀形式去除，其反应式（Ren et al.，2014）如下：

$$Cr_2O_7^{2-} + 2Fe^0 + 14H^+ \longrightarrow 2Cr^{3+} + 2Fe^{3+} + 7H_2O$$

$$Cr^{3+} + Fe^{3+} + 6OH^- \longrightarrow Cr(OH)_3\downarrow + Fe(OH)_3\downarrow$$

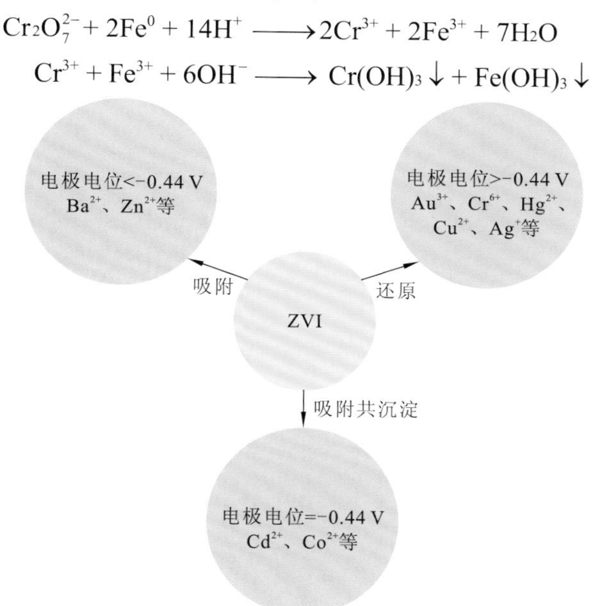

图2.10 ZVI对重金属离子的去除机理

对砷而言，在水体中溶解氧不足的情况下常以As(III)的形式存在。通过曝气和H_2O_2的协同作用几乎可以将溶液中的As(III)100%转化为As(V)，砷酸盐进一步与水中的$Fe(OH)_3$反应生成$FeAsO_4$得以去除（Katsoyiannis et al.，2015）；另有研究则认为ZVI的吸附共沉淀作用也不可忽视（Yoon et al.，2016）。对于电极电位小于或基本等于ZVI的重金属离子，ZVI对其的去除机理一般为吸附或吸附共沉淀。

2.5.3 电沉积技术

电沉积是指在水溶液、非水溶液或熔盐体系中，引入外部电流后电解池内的金属离子定向迁移至阴极发生还原反应，并进一步沉积在阴极电极表面的过程，其工艺原理见图2.11。意大利化学家Luigi Brugnatelli在1805年首次将电沉积工艺用于印刷电路板的镀铜过程，该方法通过施加外部电流，促进液相中的重金属阳离子在电极上沉积形成Cu单质。在重金属废水处理过程中，电沉积法往往被用来实现有毒重金属离子的去除与贵重金属（如Ag、Au等）的回收。

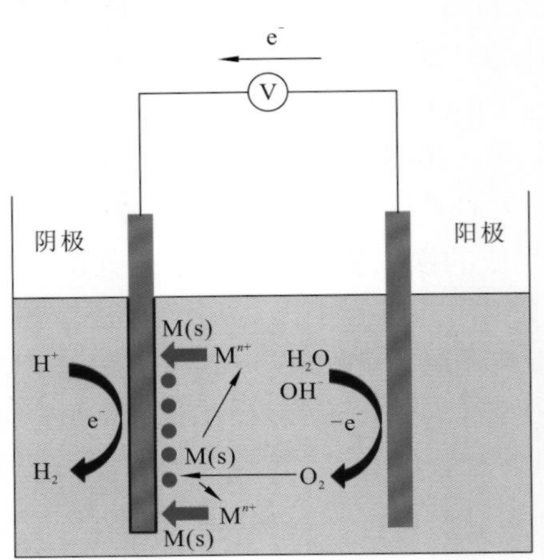

图2.11 电沉积工艺原理示意图

引自于栋等（2019）

在该工艺中，阴极在电流的作用下释放出电子，液相中的重金属阳离子得到电子，主要反应为阴极处发生还原反应，阴极在电解过程中充当还原剂的作用；阳极得到阴极失去的电子，能够氧化水体中的某些阴离子，在该过程中起到氧化剂的作用。该工艺往往被认为更适用于高浓度重金属废水的净化，阴极处的化学反应如下所示：

$$M^{n+}(aq) + ne^{-} \longrightarrow M(s)$$

对于电沉积工艺，电化学反应器的类型、电极材料与工艺参数（如电压、电流密度、电解时间、溶液pH等）会极大影响工艺的处理效果，参数优化不仅能够增加重金属离子的去除率或贵金属的回收效率，还能够减少工艺能耗。

作为电沉积技术的核心，反应器的设计与工艺效果息息相关。常见的由平行电极板构成的二维反应器不仅空时产率低，而且电极寿命短、电流效率低、重金属传质过程受限。通过向电极板间添加填料以构建具有更大比表面积与更快传质速率的三维反应器（固定床、流化床、喷动床等），已成为近年来的研究热点。Chellammal 等（2010）比较了相同条件下二维反应器与三维反应器的处理效率，表明三维反应器电极能耗仅为二维反应器的 21.4%时，可将含铜废水中铜的回收率从 98.2%提升至 99.5%。固定床与流化床电沉积工艺在各自处理过程中各有优缺点。在流化床中，填料颗粒保持活动状态可有效防止自聚集现象，但床间电荷转移较弱且电荷分布不均匀（Tonini et al.，2013）；固定床系统中，床层间电荷转移快速但易出现填料团聚，并可能出现窜流（Britto-Costa et al.，2014）。

另外，电极材料也在一定程度上影响整个电沉积系统的处理效率。在电沉积系统中，阴极往往由导电材料制成，不锈钢、金属 Cu、Al、石墨或金属氧化物是常见的阴极材料；阳极主要采用不溶性的材料如不锈钢、石墨等（于栋 等，2020）。近年来纳米材料的兴起推动了电沉积系统中电极的不断改进。Liu 等（2013a，2013b，2011）在不锈钢电极上涂覆单层碳纳米管，而后用作电沉积系统中的阴极以去除废水中的 Pb(II)、Ni(II)、Cr(VI)，均取得了优异的效果，且电极易于再生。迄今，大部分纳米材料在电沉积系统中的性能评估主要局限于实验室规模，需进一步扩大规模以验证其应用可行性，纳米材料的稳定性也需要进一步评估以防止造成二次污染。相较于纳米材料，一些微孔材料，尤其是网状玻璃碳（reticulated vitreous carbon，RVC）由于具有大比表面积被认为是增强重金属电沉积性能的有效材料。如 Dell'Era 等（2014）采用 RVC 作为电沉积系统的阴极构建出一种二维平行板重金属电沉积系统，在 1 300 mL/min 的流量下，1 h 内可将废水中的 Ni^{2+}和 Co^{2+}质量浓度降低至 0.1 mg/L 以下。

电沉积过程中的工艺参数控制也至关重要。该过程电极一般会经过三个阶段：①电极反应控制阶段；②扩散控制阶段；③副反应阶段。反应开始阶段随着施加电压的增大，重金属离子迅速富集至阴极表面，但随着电极板附近重金属离子浓度低于溶液中重金属离子浓度，产生的浓差极化现象导致重金属离子扩散速率降低。此时进一步升高电压，阳极迅速开始发生析氢反应，产生大量 H^+，升高的电压虽然可以抵消浓差极化的作用，但是依然会促进阴极氢气的生成，导致溶液 pH 上升，此时重金属离子又会以氢氧化物的形式沉淀。不难看出，操作电压对电沉积工艺性能影响很大，高电压不一定能够提升重金属的回收与去除效率，反而还可能徒增能耗。电流密度主要影响金属沉积层的成核与生长方式。Kanani（2004）曾系统地阐释了金属离子在电极表面的沉积过程，关键步骤包括：①水合金属离子或其配合物从溶液到阴极的运动，该过程主要通过对流和溶液扩散进行；②在阴极-溶液界面上金属离子水合鞘的剥离；③阴极表面吸附金属原子形成的电荷转移（吸附离子后放电形成吸附原子的过程发生在电解液双层内，在阴极-溶液界面自发形成）；④吸附的原子在阴极表面扩散形成晶核；⑤热力学稳定的晶核熔化形成金属层，一旦晶核达到临界尺寸，晶体生长过程就开始启动。Hamlaoui 等（2010）研究表明，低电流密度下，铈氧化物在阴极表面的沉积呈团簇状，但当电流密度＞1 mA/cm^2 时，形成均匀的氧化铈颗粒层，且产生的晶粒尺寸较小。

由于造价低、占地面积小、反应设备简单等优点，电沉积技术在废水处理领域已逐渐开始应用，然而，其处理水量较小、反应过程能耗较大、应对低浓度重金属废水处理效果差，限制了其使用场景。在电沉积工艺中，电子还原能力较强且无须大量添加还原药剂，回收的重金属沉积物纯度较高且方便分离回收，对贵金属如 Au 等回收有望产生较高的经济效益，可应用于电镀、电子产品行业的废水资源化利用领域。还可将电沉积工艺与其他废水处理技术如离子交换、膜分离等联用，通过膜分离后产生的重金属浓缩水再使用电沉积技术进一步处理，借助膜分离过程中对重金属离子的选择性优势，电沉积出纯度更高的重金属。

参 考 文 献

陈玉伟, 王建龙, 2009. 零价铁(ZVI)去除 Cu^{2+}的特性及机制研究. 环境科学, 30(11): 3353-3357.

孟祥和, 胡国飞, 2000. 重金属废水处理. 北京: 化学工业出版社.

孙晓然, 张秀凤, 葛明, 等, 2015. 腐植酸基重金属离子吸附材料研究进展. 腐植酸(1): 7-11.

唐星星, 2020. 离子交换-浓缩蒸发联合法处理含铬电镀废水工程实践. 电镀与涂饰, 39(7): 436-439.

王绍文, 1993. 重金属废水治理技术. 北京: 冶金工业出版社.

于栋, 罗庆, 苏伟, 等, 2020. 重金属废水电沉积处理技术研究及应用进展. 化工进展, 39(5): 1938-1949.

张全兴, 张政朴, 李爱民, 等, 2018. 我国离子交换与吸附树脂的发展历程回顾与展望. 高分子学报(7): 814-828.

Aghel B, Mohadesi M, Gouran A, et al., 2020. Use of modified Iranian clinoptilolite zeolite for cadmium and lead removal from oil refinery wastewater. International Journal of Environmental Science and Technology, 17(3): 1239-1250.

Akpomie K G, Dawodu F A, 2016. Acid-modified montmorillonite for sorption of heavy metals from automobile effluent. Beni-Suef University Journal of Basic and Applied Sciences, 5(1): 1-12.

Ames L L, 1962. Removal of cesium by sorption from aqueous solutions: U.S. Patent No.3017242. 1962-01-16.

Babel S, Kurniawan T A, 2003. Low-cost adsorbents for heavy metals uptake from contaminated water: A review. Journal of Hazardous Materials, 97(1-3): 219-243.

Baharuddin N H, Sulaiman N M N, Aroua M K, 2015. Removal of heavy metal ions from mixed solutions via polymer-enhanced ultrafiltration using starch as a water-soluble biopolymer. Environmental Progress & Sustainable Energy, 34(2): 359-367.

Bailey S E, Olin T J, Bricka R M, et al., 1999. A review of potentially low-cost sorbents for heavy metals. Water Research, 33(11): 2469-2479.

Barakat M A, Schmidt E, 2010. Polymer-enhanced ultrafiltration process for heavy metals removal from industrial wastewater. Desalination, 256(1): 90-93.

Beltran Heredia J, Sanchez Martin J, 2009. Removing heavy metals from polluted surface water with a tannin-based flocculant agent. Journal of Hazardous Materials, 165(1-3): 1215-1218.

Benvenuti T, Krapf R S, Rodrigues M A S, et al., 2014. Recovery of nickel and water from nickel electroplating wastewater by electrodialysis. Separation and Purification Technology, 129: 106-112.

Borbély G, Nagy E, 2009. Removal of zinc and nickel ions by complexation-membrane filtration process from industrial wastewater. Desalination, 240(1): 218-226.

Britto-costa P H, Ruotolo L A M, 2014. Optimization of copper electrowinning from synthetic copper sulfate solution using a pulsed bed electrode. Hydrometallurgy, 150: 52-60.

Bunani S, Arda M, Kabay N, et al., 2017. Effect of process conditions on recovery of lithium and boron from water using bipolar membrane electrodialysis(BMED). Desalination, 416: 10-15.

Burakov A E, Galunin E V, Burakova I V, et al., 2018. Adsorption of heavy metals on conventional and nanostructured materials for wastewater treatment purposes: A review. Ecotoxicology and Environmental Safety, 148: 702-712.

Cao J, Zhang G, Mao Z, et al., 2009. Precipitation of valuable metals from bioleaching solution by biogenic sulfides. Minerals Engineering, 22(3): 289-295.

Chellammal S, Raghu S, Kalaiselvi P, et al., 2010. Electrolytic recovery of dilute copper from a mixed industrial effluent of high strength COD. Journal of Hazardous Materials, 180(1): 91-97.

Chen G, 2004. Electrochemical technologies in wastewater treatment. Separation and Purification Technology, 38(1): 11-41.

Chen Q, Luo Z, Hills C, et al., 2009a. Precipitation of heavy metals from wastewater using simulated flue gas: Sequent additions of fly ash, lime and carbon dioxide. Water Research, 43(10): 2605-2614.

Chen Q, Yao Y, Li X, et al., 2018. Comparison of heavy metal removals from aqueous solutions by chemical precipitation and characteristics of precipitates. Journal of Water Process Engineering, 26: 289-300.

Chen Q, Yin D, Zhu S, et al., 2012. Adsorption of cadmium(II) on humic acid coated titanium dioxide. Journal of Colloid and Interface Science, 367(1): 241-248.

Chen S S, Li C W, Hsu H D, et al., 2009b. Concentration and purification of chromate from electroplating wastewater by two-stage electrodialysis processes. Journal of Hazardous Materials, 161(2): 1075-1080.

Chwastowski J, Staroń P, Kołoczek H, et al., 2017. Adsorption of hexavalent chromium from aqueous solutions using Canadian peat and coconut fiber. Journal of Molecular Liquids, 248: 981-989.

Colella C, 1999. Environmental applications of natural zeolitic materials based on their ion exchange properties//Misaelides P, Macášek F, Pinnavaia T J. Natural microporous materials in environmental technology. NATO Science Series, 362. Dordrecht: Springer.

D'angelo A, Galia A, Scialdone O, 2015. Cathodic abatement of Cr(VI) in water by microbial reverse-electrodialysis cells. Journal of Electroanalytical Chemistry, 748: 40-46.

De Almeida Neto A F, Vieira M G A, Da Silva M G C, 2014. Adsorption and desorption processes for copper removal from water using different eluents and calcined clay as adsorbent. Journal of Water Process Engineering, 3: 90-97.

Dell'era A, Pasquali M, Lupi C, et al., 2014. Purification of nickel or cobalt ion containing effluents by electrolysis on reticulated vitreous carbon cathode. Hydrometallurgy, 150: 1-8.

Dias J M, Alvim-ferraz M C, Almeida M F, et al., 2007. Waste materials for activated carbon preparation and its use in aqueous-phase treatment: A review. Journal of Environmental Management, 85(4): 833-846.

El Zeftawy M A M, Mulligan C N, 2011. Use of rhamnolipid to remove heavy metals from wastewater by micellar-enhanced ultrafiltration(MEUF). Separation and Purification Technology, 77(1): 120-127.

Es-sahbany H, Berradi M, Nkhili S, et al., 2019. Removal of heavy metals (nickel) contained in wastewater-models by the adsorption technique on natural clay. Materials Today: Proceedings, 13: 866-875.

Fujii S, Sugie Y, Kobune M, et al., 1992. Uptakes of Cu^{2+}, Pb^{2+} and Zn^{2+} on synthetic hydrotalcite in aqueous solution. Nippon Kagaku Kaishi(12): 1504-1507.

Gharabaghi M, Irannajad M, Azadmehr A R, 2012. Selective sulphide precipitation of heavy metals from acidic polymetallic aqueous solution by thioacetamide. Industrial & Engineering Chemistry Research, 51(2): 954-963.

Gu P, Zhang S, Li X, et al., 2018. Recent advances in layered double hydroxide-based nanomaterials for the removal of radionuclides from aqueous solution. Environmental Pollution, 240: 493-505.

Guo Z R, Zhang G, Fang J, et al., 2006. Enhanced chromium recovery from tanning wastewater. Journal of Cleaner Production, 14(1): 75-79.

Gupta V K, Sharma S, 2002. Removal of cadmium and zinc from aqueous solutions using red mud. Environmental Science & Technology, 36(16): 3612-3617.

Hamlaoui Y, Tifouti L, Remazeilles C, et al., 2010. Cathodic electrodeposition of cerium based oxides on carbon steel from concentrated cerium nitrate. Part II: Influence of electrodeposition parameters and of the addition of PEG. Materials Chemistry and Physics, 120(1): 172-180.

Hezarjaribi M, Bakeri G, Sillanpää M, et al., 2020. Novel adsorptive membrane through embedding thiol-functionalized hydrous manganese oxide into PVC electrospun nanofiber for dynamic removal of Cu(II) and Ni(II) ions from aqueous solution. Journal of Water Process Engineering, 37: 101401.

Hoseinian F S, Rezai B, Kowsari E, et al., 2018. Kinetic study of Ni(II) removal using ion flotation: Effect of chemical interactions. Minerals Engineering, 119: 212-221.

Hsu L C, Wang S L, Tzou Y M, et al., 2007. The removal and recovery of Cr(VI) by Li/Al layered double hydroxide(LDH). Journal of Hazardous Materials, 142(1-2): 242-249.

Huang Y, Feng X, 2019. Polymer-enhanced ultrafiltration: Fundamentals, applications and recent developments. Journal of Membrane Science, 586: 53-83.

Hubadillah S K, Othman M H D, Harun Z, et al., 2017. A novel green ceramic hollow fiber membrane(CHFM) derived from rice husk ash as combined adsorbent-separator for efficient heavy metals removal. Ceramics International, 43(5): 4716-4720.

Jamshidi Gohari R, Lau W J, Matsuura T, et al., 2013a. Adsorptive removal of Pb(II) from aqueous solution by novel PES/HMO ultrafiltration mixed matrix membrane. Separation and Purification Technology, 120: 59-68.

Jamshidi Gohari R, Lau W J, Matsuura T, et al., 2013b. Fabrication and characterization of novel PES/Fe-Mn binary oxide UF mixed matrix membrane for adsorptive removal of As(III) from contaminated water solution. Separation and Purification Technology, 118: 64-72.

Jerroumi S, Amarine M, Nour H, et al., 2020. Removal of nickel through sulfide precipitation and characterization of electroplating wastewater sludge. Water Quality Research Journal, 55(4): 345-357.

Jiang M Q, Jin X Y, Lu X Q, et al., 2010. Adsorption of Pb(II), Cd(II), Ni(II) and Cu(II) onto natural kaolinite clay. Desalination, 252(1-3): 33-39.

Kanani N, 2004. Electrodeposition considered at the atomistic level//Electroplating. Oxford: Elsevier: 141-177.

Kang M, Kamei T, Magara Y, 2003. Comparing polyaluminium chloride and ferric chloride for antimony removal. Water Research, 37(17): 4171-4179.

Katsoyiannis I A, Voegelin A, Zouboulis A I, et al., 2015. Enhanced As(III) oxidation and removal by combined use of zero valent iron and hydrogen peroxide in aerated waters at neutral pH values. Journal of Hazardous Materials, 297: 1-7.

Kongsuwan A, Patnukao P, Pavasant P, 2009. Binary component sorption of Cu(II) and Pb(II) with activated carbon from *Eucalyptus camaldulensis Dehn* bark. Journal of Industrial and Engineering Chemistry, 15(4): 465-470.

Kumar M, Nandi M, Pakshirajan K, 2021. Recent advances in heavy metal recovery from wastewater by biogenic sulfide precipitation. Journal of Environmental Management, 278(2): 111555.

Kumar M, Pakshirajan K, 2020. Novel insights into mechanism of biometal recovery from wastewater by sulfate reduction and its application in pollutant removal. Environmental Technology & Innovation, 17: 100542.

Kumar R, Isloor A M, Ismail A F, 2014. Preparation and evaluation of heavy metal rejection properties of polysulfone/chitosan, polysulfone/N-succinyl chitosan and polysulfone/N-propylphosphonyl chitosan blend ultrafiltration membranes. Desalination, 350: 102-108.

Kurniawan T A, Chan G Y S, Lo W H, et al., 2006. Physico-chemical treatment techniques for wastewater laden with heavy metals. Chemical Engineering Journal, 118(1-2): 83-98.

Lam B, Déon S, Morin-crini N, et al., 2018. Polymer-enhanced ultrafiltration for heavy metal removal: Influence of chitosan and carboxymethyl cellulose on filtration performances. Journal of Cleaner Production, 171: 927-933.

Lewis A, Van Hille R, 2006. An exploration into the sulphide precipitation method and its effect on metal sulphide removal. Hydrometallurgy, 81(3-4): 197-204.

Lewis A E, 2010. Review of metal sulphide precipitation. Hydrometallurgy, 104(2): 222-234.

Li Q, Sun L, Zhang Y, et al., 2011. Characteristics of equilibrium, kinetics studies for adsorption of Hg(II) and Cr(VI) by polyaniline/humic acid composite. Desalination, 266(1-3): 188-194.

Li X, Zhang Q, Yang B, 2020. Co-precipitation with $CaCO_3$ to remove heavy metals and significantly reduce the moisture content of filter residue. Chemosphere, 239: 124660.

Liang X, Zang Y, Xu Y, et al., 2013. Sorption of metal cations on layered double hydroxides. Colloids and Surfaces A: Physicochemical and Engineering Aspects, 433: 122-131.

Lin J, Zhan Y, Zhu Z, 2011. Adsorption characteristics of copper(II) ions from aqueous solution onto humic acid-immobilized surfactant-modified zeolite. Colloids and Surfaces A: Physicochemical and Engineering Aspects, 384(1-3): 9-16.

Liu F, Zhang G L, Meng Q, et al., 2008a. Performance of nanofiltration and reverse osmosis membranes in metal effluent treatment. Chinese Journal of Chemical Engineering, 16: 441-445.

Liu J, Mwamulima T, Wang Y, et al., 2017. Removal of Pb(II) and Cr(VI) from aqueous solutions using the fly ash-based adsorbent material-supported zero-valent iron. Journal of Molecular Liquids, 243: 205-211.

Liu J F, Zhao Z S, Jiang G B, 2008b. Coating Fe_3O_4 magnetic nanoparticles with humic acid for high efficient removal of heavy metals in water. Environmental Science & Technology, 42(18): 6949-6954.

Liu R, Yang Z, HE Z, et al., 2016. Treatment of strongly acidic wastewater with high arsenic concentrations by ferrous sulfide(FeS): Inhibitive effects of S(0)-enriched surfaces. Chemical Engineering Journal, 304: 986-992.

Liu Y, Wu X, Yuan D, et al., 2013a. Removal of nickel from aqueous solution using cathodic deposition of nickel hydroxide at a modified electrode. Journal of Chemical Technology & Biotechnology, 88(12): 2193-2200.

Liu Y, Yan J, Yuan D, et al., 2013b. The study of lead removal from aqueous solution using an electrochemical method with a stainless steel net electrode coated with single wall carbon nanotubes. Chemical Engineering Journal, 218: 81-88.

Liu Y X, Yuan D X, Yan J M, et al., 2011. Electrochemical removal of chromium from aqueous solutions using electrodes of stainless steel nets coated with single wall carbon nanotubes. Journal of Hazardous Materials, 186(1): 473-480.

Maher A, Sadeghi M, Moheb A, 2014. Heavy metal elimination from drinking water using nanofiltration membrane technology and process optimization using response surface methodology. Desalination, 352: 166-173.

Malamis S, Katsou E, Takopoulos K, et al., 2012. Assessment of metal removal, biomass activity and RO concentrate treatment in an MBR-RO system. Journal of Hazardous Materials, 209-210: 1-8.

Manos M J, Kanatzidis M G, 2016. Metal sulfide ion exchangers: Superior sorbents for the capture of toxic and nuclear waste-related metal ions. Chemical Science, 7(8): 4804-4824.

Masheane M L, Nthunya L N, Malinga S P, et al., 2017. Synthesis of Fe-Ag/f-MWCNT/PES nanostructured-hybrid membranes for removal of Cr(VI) from water. Separation and Purification Technology, 184: 79-87.

Mertz J L, Fard Z H, Malliakas C D, et al., 2013. Selective removal of Cs^{+}, Sr^{2+}, and $Ni^{2+}$by $K_{2x}Mg_{x}Sn_{3-x}S_{6}$ (x=0.5-1) (KMS-2) relevant to nuclear waste remediation. Chemistry of Materials, 25(10): 2116-2127.

Mohan D, Chander S, 2006. Removal and recovery of metal ions from acid mine drainage using lignite: A low cost sorbent. Journal of Hazardous Materials, 137(3): 1545-1553.

Montalvo D, Vanderschueren R, Fritzsche A, et al., 2018. Efficient removal of arsenate from oxic contaminated water by colloidal humic acid-coated goethite: Batch and column experiments. Journal of Cleaner Production, 189: 510-518.

Mukherjee R, Bhunia P, De S, 2016. Impact of graphene oxide on removal of heavy metals using mixed matrix membrane. Chemical Engineering Journal, 292: 284-297.

Nemati M, Hosseini S M, Shabanian M, 2017. Novel electrodialysis cation exchange membrane prepared by 2-acrylamido-2-methylpropane sulfonic acid, heavy metal ions removal. Journal of Hazardous Materials, 337: 90-104.

Novais R M, Seabra M P, Labrincha J A, 2017. Porous geopolymer spheres as novel pH buffering materials. Journal of Cleaner Production, 143: 1114-1122.

Ojedokun A T, Bello O S, 2016. Sequestering heavy metals from wastewater using cow dung. Water Resources and Industry, 13: 7-13.

Oladipo A A, Ahaka E O, Gazi M, 2019. High adsorptive potential of calcined magnetic biochar derived from banana peels for Cu^{2+}, Hg^{2+}, and Zn^{2+} ions removal in single and ternary systems. Environmental Science and Pollution Research, 26(31): 31887-31899.

Oubagaranadin J U K, Murthy Z, 2009. Adsorption of divalent lead on a montmorillonite-illite type of clay.

Industrial & Engineering Chemistry Research, 48(23): 10627-10636.

Pachana P K, Rattanasak U, JITSANGIAM P, et al., 2021. Alkali-activated material synthesized from palm oil fuel ash for Cu/Zn ion removal from aqueous solutions. Journal of Materials Research and Technology, 13: 440-448.

Pan B, Zhang X, Jiang Z, et al., 2019. Polymer and polymer-based nanocomposite adsorbents for water treatment, polymeric materials for clean water//Das R. Polymeric materials for clean water. Cham: Springer: 93-119.

Panday K, Prasad G, Singh V, 1985. Copper(II) removal from aqueous solutions by fly ash. Water Research, 19(7): 869-873.

Pavasant P, Apiratikul R, Sungkhum V, et al., 2006. Biosorption of Cu^{2+}, Cd^{2+}, Pb^{2+}, and Zn^{2+} using dried marine green macroalga *Caulerpa lentillifera*. Bioresource Technology, 97(18): 2321-2329.

Pehlivan E, Arslan G, 2007. Removal of metal ions using lignite in aqueous solution: Low cost biosorbents. Fuel Processing Technology, 88(1): 99-106.

Peng X, Xia Z, Kong L, et al., 2019. UV light irradiation improves the aggregation and settling performance of metal sulfide particles in strongly acidic wastewater. Water Research, 163: 114860.

Petrinic I, Korenak J, Povodnik D, et al., 2015. A feasibility study of ultrafiltration/reverse osmosis(UF/RO)-based wastewater treatment and reuse in the metal finishing industry. Journal of Cleaner Production, 101: 292-300.

Pooja G, Kumar P S, Indraganti S, 2022. Recent advancements in the removal/recovery of toxic metals from aquatic system using flotation techniques. Chemosphere, 287: 132231.

Qasem N A, Mohammed R H, Lawal D U, 2021. Removal of heavy metal ions from wastewater: A comprehensive and critical review. NPJ Clean Water, 4: 36.

Rangel-mendeZ J R, Streat M, 2002. Adsorption of cadmium by activated carbon cloth: Influence of surface oxidation and solution pH. Water Research, 36(5): 1244-1252.

Rangsivek R, Jekel M R, 2005. Removal of dissolved metals by zero-valent iron(ZVI): Kinetics, equilibria, processes and implications for stormwater runoff treatment. Water Research, 39(17): 4153-4163.

Ren Z, Kong D, Wang K, et al., 2014. Preparation and adsorption characteristics of an imprinted polymer for selective removal of Cr(VI) ions from aqueous solutions. Journal of Materials Chemistry A, 2(42): 17952-17961.

Ruan X, Xu Y, Liao X, et al., 2017. Polyethyleneimine-grafted membranes for simultaneously adsorbing heavy metal ions and rejecting suspended particles in wastewater. AIChE Journal, 63(10): 4541-4548.

Sadyrbaeva T Z, 2016. Removal of chromium(VI) from aqueous solutions using a novel hybrid liquid membrane-electrodialysis process. Chemical Engineering and Processing: Process Intensification, 99: 183-191.

Sharma D, Forster C, 1993. Removal of hexavalent chromium using sphagnum moss peat. Water Research, 27(7): 1201-1208.

Shi J, Yang Z, Dai H, et al., 2018. Preparation and application of modified zeolites as adsorbents in wastewater treatment. Water Science and Technology, 2017(3): 621-635.

Shi M, Zhao Z, Song Y, et al., 2020. A novel heat-treated humic acid/MgAl-layered double hydroxide composite for efficient removal of cadmium: Fabrication, performance and mechanisms. Applied Clay Science, 187: 105482.

Sun Y, Shah K J, Sun W, et al., 2019. Performance evaluation of chitosan-based flocculants with good pH resistance and high heavy metals removal capacity. Separation and Purification Technology, 215: 208-216.

Tang X, Zheng H, Teng H, et al., 2014. Chemical coagulation process for the removal of heavy metals from water: A review. Desalination and Water Treatment, 57(4): 1733-1748.

Tonini G A, Martins Farinos R, De Almeida Prado P F, et al., 2013. Box-Behnken factorial design study of the variables affecting metal electrodeposition in membraneless fluidized bed electrodes. Journal of Chemical Technology & Biotechnology, 88(5): 800-807.

Trivunac K, Stevanovic S, 2006. Removal of heavy metal ions from water by complexation-assisted ultrafiltration. Chemosphere, 64(3): 486-491.

Uysal M, Ar I, 2007. Removal of Cr(VI) from industrial wastewaters by adsorption: Part I: Determination of optimum conditions. Journal of Hazardous Materials, 149(2): 482-491.

Verma S P, Sarkar B, 2017. Rhamnolipid based micellar-enhanced ultrafiltration for simultaneous removal of Cd(II) and phenolic compound from wastewater. Chemical Engineering Journal, 319: 131-142.

Víctor-ortega M D, Ochando-pulido J M, Airado-rodríguez D, et al., 2016. Experimental design for optimization of olive mill wastewater final purification with Dowex Marathon C and Amberlite IRA-67 ion exchange resins. Journal of Industrial and Engineering Chemistry, 34: 224-232.

Villa-gomez D, Ababneh H, Papirio S, et al., 2011. Effect of sulfide concentration on the location of the metal precipitates in inversed fluidized bed reactors. Journal of Hazardous Materials, 192(1): 200-207.

Wang F, Pan Y, Cai P, et al., 2017. Single and binary adsorption of heavy metal ions from aqueous solutions using sugarcane cellulose-based adsorbent. Bioresource Technology, 241: 482-490.

Wang J, Zhang T, Li M, et al., 2018. Arsenic removal from water/wastewater using layered double hydroxide derived adsorbents: A critical review. RSC Advances, 8(40): 22694-22709.

Wang Y X, LI J R, Yang J C E, et al., 2015. Granulous KMS-1/PAN composite for Cs^+ removal. RSC Advances, 5(111): 91431-91435.

Wu H, Wang W, Huang Y, et al., 2019. Comprehensive evaluation on a prospective precipitation-flotation process for metal-ions removal from wastewater simulants. Journal of Hazardous Materials, 371: 592-602.

Yan X, Chai L, Li Q, et al., 2017. Abiological granular sludge formation benefit for heavy metal wastewater treatment using sulfide precipitation. Clean: Soil, Air, Water, 45(4): 1500730.

Yang F, Du Q, Sui L, et al., 2021. One-step fabrication of artificial humic acid-functionalized colloid-like magnetic biochar for rapid heavy metal removal. Bioresource Technology, 328: 124825.

Yang S, Zong P, Ren X, et al., 2012. Rapid and highly efficient preconcentration of Eu(III) by core-shell structured Fe_3O_4@humic acid magnetic nanoparticles. ACS Applied Materials & Interfaces, 4(12): 6891-6900.

Ye M, Li G, Yan P, et al., 2017. Removal of metals from lead-zinc mine tailings using bioleaching and followed by sulfide precipitation. Chemosphere, 185: 1189-1196.

Yoon Y, Park W K, Hwang T M, et al., 2016. Comparative evaluation of magnetite-graphene oxide and magnetite-reduced graphene oxide composite for As(III) and As(V) removal. Journal of Hazardous

Materials, 304: 196-204.

Yuan X Z, Meng Y T, Zeng G M, et al., 2008. Evaluation of tea-derived biosurfactant on removing heavy metal ions from dilute wastewater by ion flotation. Colloids and Surfaces A: Physicochemical and Engineering Aspects, 317(1): 256-261.

Yuna Z, 2016. Review of the natural, modified, and synthetic zeolites for heavy metals removal from wastewater. Environmental Engineering Science, 33(7): 443-454.

Zakeri Khatir M, Abdollahy M, Khalesi M R, et al., 2021. Selective separation of neodymium from synthetic wastewater by ion flotation. Separation Science and Technology, 56(10): 1802-1810.

Zamzow M, Eichbaum B, Sandgren K, et al., 1990. Removal of heavy metals and other cations from wastewater using zeolites. Separation Science and Technology, 25(13-15): 1555-1569.

Zhang L, Wu Y, Qu X, et al., 2009. Mechanism of combination membrane and electro-winning process on treatment and remediation of Cu^{2+} polluted water body. Journal of Environmental Sciences, 21(6): 764-769.

Zhang P, Ding W, Zhang Y, et al., 2014. Heavy metal ions removal from water using modified zeolite. Journal of Chemical and Pharmaceutical Research, 6(11): 507-514.

Zhang Y, Zhang S, GAO J, et al., 2016. Layer-by-layer construction of graphene oxide (GO) framework composite membranes for highly efficient heavy metal removal. Journal of Membrane Science, 515: 230-237.

Zhao M, Xu Y, Zhang C, et al., 2016. New trends in removing heavy metals from wastewater. Applied Microbiology and Biotechnology, 100: 6509-6518.

Zheng Y, Hua S, Wang A, 2010. Adsorption behavior of Cu^{2+} from aqueous solutions onto starch-g-poly (acrylic acid)/sodium humate hydrogels. Desalination, 263(1-3): 170-175.

Zhu W P, Gao J, Sun S P, et al., 2015. Poly(amidoamine) dendrimer (PAMAM) grafted on thin film composite (TFC) nanofiltration (NF) hollow fiber membranes for heavy metal removal. Journal of Membrane Science, 487: 117-126.

Zhu W P, Sun S P, Gao J, et al., 2014. Dual-layer polybenzimidazole/polyethersulfone (PBI/PES) nanofiltration (NF) hollow fiber membranes for heavy metals removal from wastewater. Journal of Membrane Science, 456: 117-127.

Zuo W, Zhang G, Meng Q, et al., 2008. Characteristics and application of multiple membrane process in plating wastewater reutilization. Desalination, 222(1-3): 187-196.

第3章　重金属废水深度处理发展现状与挑战

重金属无法被生物降解，环境中的重金属还可以通过食物链富集浓缩，对人类健康和生态安全构成极大威胁（Sall et al.，2020）。重金属废水组分复杂，化学沉淀、离子交换、吸附等常用处理技术受沉淀-溶解平衡、非选择性处理机制及环境材料应用性能的制约，处理效果远不能满足对水中重金属持续性提标减排的要求。当前，重金属废水深度处理已成为重金属污染控制领域的重点发展方向。本章主要阐述重金属废水深度处理的发展现状及面临的主要挑战。

3.1　重金属废水深度处理发展现状

随着工业生产和经济社会的飞速发展，重金属废水的种类日趋增加，电子电镀、制革、冶金、采矿、农药及电池制造等行业排放的生产废水中常含有大量的Cd、Cu、Ni、Pb和Cr等重金属（Zou et al.，2016）。《2016—2019年全国生态环境统计公报》显示，虽然我国废水中重金属排放总量（Pb、Hg、Cd、Cr和类金属As合计）呈总体下降趋势，但在2019年该数值仍达到120.7 t，其中工业源、集中式重金属排放量分别为117.6 t和3.1 t。鉴于重金属的严重危害性，重金属相关指标的环境质量标准和排放标准日益严格，例如：欧盟规定工厂排入河流的水在2020年之前总铬要趋零排放（Durante et al.，2011）；国际金融公司（International Finance Corporation，IFC）执行《基本金属冶炼业环境、健康与安全指南》，将Zn、Pb、As、Ni、Cd的排放质量浓度分别严格控制在0.2 mg/L、0.1 mg/L、0.05 mg/L、0.1 mg/L、0.05 mg/L水平；我国于2021年7月1日正式实施的《电子工业水污染物排放标准》（GB 39731—2020），对电子工业企业或生产设施排出的重金属污染物提出了更高要求，总铬、总镍、总铜、总铅、总镉的控制标准分别从1.5 mg/L、1.0 mg/L、1.0 mg/L、1.0 mg/L、0.1 mg/L降至1.0 mg/L、0.5 mg/L、0.5 mg/L、0.2 mg/L、0.05 mg/L。

近几十年来，国内外学者对重金属废水处理开展了大量研究，已开发应用的处理技术主要分为两类（Chai et al.，2021；刘金燕 等，2018；Dixit et al.，2015；邹照华 等，2010）：一类是使废水中呈溶解状态的重金属转变成难溶或微溶的金属化合物或元素，经沉淀或上浮分离从废水中去除，可应用的方法如中和沉淀法、硫化物沉淀法、混凝-絮凝法、铁氧体法、电解沉淀（或上浮）法等；另一类是将废水中的重金属进行浓缩和分离，可应用的方法有反渗透法、电渗析法、热蒸发法和离子交换法等。针对不同废水，处理技术的选择取决于多种因素，如重金属的种类和浓度、废水的类型和水质波动、出水要求及投资和运行成本等（German et al.，2019；Alvarez et al.，2018）。化学沉淀法因其可去除重金属种类多、对高浓度重金属废水处理普适性强等优点，被广泛用于重金属废水的常规处理。离子交换法主要借助离子交换树脂等离子交换材料对水中的重金属进行替换、浓缩和回收，且离子交换具有可逆性，材料通过再生可重复使用。然而重金属废水成分复杂，不同行业之间水质差异很大，同一行业甚至同一厂区水质水量波动显著；同时，因上游生产工艺往往含有多种有机或无机配体，废水中相当一部分重金属以高稳定性的络合态存在，常规处理工艺难以实现重金属的深度去除。例如，Wang 等（2016）采用化学沉淀法对制革废水进行处理，发现投加碱剂仅能将铬的质量浓度从 790 mg/L 降至 10～20 mg/L，残留的铬主要以 Cr(III)-羧结构的络合态存在，难以通过碱沉淀去除。同样地，Li 等（2015）利用生石灰沉淀和离子交换材料从化学镀镍废水中回收镍，原液中镍质量浓度高达 4.82 g/L，即使在镍去除率为 62%的情况下，废水中剩余的镍质量浓度仍高达 1.83 g/L，相较于 0.1 mg/L 的排放标准高出 4 个数量级以上。随着人们对生命健康和环境保护的日益重视，重金属的管控排放愈发严格。经过常规处理后的废水一般难以满足废水提标减排的要求。随着国家对水污染治理力度的不断强化及对废水排放标准的不断提高，发展重金属深度处理技术对控制重金属污染、提高水资源回用率、降低生态风险和实现可持续发展具有重要意义。

重金属废水深度处理又称三级处理，是指废水经一级、二级处理去除大部分重金属污染物后，为达到特定的安全标准或使废水作为水资源回用于生产生活而进一步去除残留微量重金属的处理过程。目前，重金属废水深度处理的方式从原理上可基本分为以下两类。

一类是对传统水处理方法的强化和改进，即在基本维持原有常规处理构筑物不变的情况下，对原有设施进行工艺升级改造，进一步提升对重金属污染物的深度去除效果，如强化沉淀、强化混凝和强化过滤等（Ida et al.，2021；Johnson et al.，2008）。强化沉淀常借助优化斜板间距、优化沉淀区流态、优化排泥，或采用斜管代替斜板的斜管沉淀、拦截式沉淀等措施，实现对重金属的深度过滤去除（徐文媛 等，2021）。强化混凝主要是通过增加混凝剂投量、改善混凝剂效能、研发新型的混凝剂、投加助凝剂、优化水力条件、与其他处理工艺组合等方式来提高混凝过程的除污效能（Liao et al.，2021；Hankins et al.，2006）。目前多数水厂采用廉价的石英砂作为滤料对污水进行过滤处理，对溶解态的重金属机械截留效果较差，通过改性或者研制新的滤料强化过滤技术、改善其表面结构和性能，可以提高滤料的截污能力（Ennigrou et al.，2015；Barakat et al.，2010）。强化和改进传统处理工艺通常具有资金投入少、无须增加新的构筑物、不增加占地及经济运行费用低等特点，但对重金属处理效果的提高幅度总体有限。

另一类是在常规工艺基础上，增加适用于低浓度重金属去除的深度水处理工艺，如：纳米材料专属吸附、重金属捕集剂、膜分离、臭氧-生物活性炭技术及高级氧化（一般用于络合态重金属的破络）工艺等（Zhu et al.，2019；Olivera et al.，2016；Fu et al.，2011），从而实现重金属的深度去除。例如，大量研究发现纳米尺寸的金属氧化物材料，如纳米级氧化铁、氧化铝、氧化锰、铁锰氧化物、二氧化钛和磷酸锆等，具有颗粒尺寸小、比表面积大、反应活性高、活性中心多等独特的理化特性，可通过表面配位等方式与目标重金属产生特定的吸附作用（El-sayed，2020；Hua et al.，2012；Pan et al.，2010；Rahmani et al.，2010），从而显著强化纳米材料对重金属的去除能力。重金属捕集剂处理重金属废水是化学沉淀法的拓展和衍生，其结构中一般含有 O、N、S、P 等配位原子，能与除碱金属和碱土金属外的大部分金属离子结合生成不溶于水的金属螯合物，后续一般再通过絮凝沉淀、沉降分离等方式将重金属离子从废水中去除（刘福龙 等，2019；Zheng et al.，2008）。该方法反应速率快、沉淀产物稳定，且具有良好的选择性，对微量重金属有较好的处理效果。现有研究和应用最多的重金属捕集剂是以 S 原子作为配位原子的二硫代氨基甲酸盐（dithiocarbamate，DTC）类、黄原酸酯类、三巯三嗪三钠盐（trimercapto-*s*-triazine trisodium salt，TMT）类、三硫代碳酸钠（sodium trithiocarbonate，STC）类。膜分离技术目前在工业废水深度处理中的应用较为广泛，常用方式包括反渗透（RO）、纳滤（NF）、超滤（UF）及与电化学相结合的电渗析（Garba et al.，2019；Cui et al.，2014）。臭氧-生物活性炭技术是将臭氧氧化、生物氧化降解、活性炭物理化学吸附集于一身的工艺。组合工艺中臭氧与生物活性炭呈现出较强的工艺互补性，臭氧对水体中的大分子有机物实现快速氧化分解，分解产生的小分子有机物则由活性炭吸附及生物降解（Peterson et al.，2021；Bohli et al.，2016）。对于废水中普遍存在的稳定性强的重金属-有机配体络合物，使用臭氧常可快速将重金属络合物的配体进行破坏，后续投加生物活性炭捕集去除释放的重金属（Constantino et al.，2015），两者的组合强化了出水效果，目前该工艺被广泛用于工业污水深度处理、养殖废水杀菌消毒和饮用水消毒等领域。近年来，高级氧化技术（advanced oxidation processes，AOPs）因氧化能力强、反应速率快、处理效率高在重金属废水深度处理，特别是络合态重金属处理方面备受关注，常用芬顿或类芬顿氧化、臭氧氧化及臭氧催化氧化、光催化氧化、电化学氧化等方式（Zhu et al.，2021b）来破坏重金属络合物中的配体（杨世迎 等，2019），通过解络合以释放游离的重金属，随后可通过化学沉淀、吸附等方法进一步去除重金属离子，同时一定程度上可降解有机污染物，部分甚至矿化成水和二氧化碳。AOPs 工艺中常用的氧化剂有过氧化氢、过硫酸盐、臭氧、高铁酸盐、次氯酸钠等。目前，高级氧化用于破坏 EDTA、氨、柠檬酸、酒石酸、抗生素等配体络合的Cu(II)、Ni(II)、Cr(III)、Cd(II)、Zn(II)、Pb(II)等络合态重金属已有研究报道，并多与其他方法组合去除游离的重金属，部分技术对络合态重金属的去除率可达 99%以上（Wang et al.，2021；Jiang et al.，2020；Xu et al.，2020；Ye et al.，2018）。

迄今，重金属废水深度处理技术已取得了长足发展，但仅靠单一处理技术的出水很难满足日趋严格的达标排放或回用水要求，往往需要在综合考虑各种方法优缺点的基础上，寻求高效的组合工艺处理方法，提高处理效果、降低处理成本。另外，重金属废水治理技术的发展主要受制于处理目标、技术效果、投资运行费用等关键因素，因此，需要针对不同行业排放的重金属废水因地制宜地选择适合的工艺，以实现深度处理达标排放或回用的目标。

3.2 重金属废水深度处理面临的挑战

重金属深度处理技术得到了广泛研究，但总体技术应用程度不高，相当多的技术研究仍处于实验室研究阶段，部分技术受制于经济因素，还不具有规模应用的前景。目前能够实现重金属废水深度处理稳定达标排放或回用的技术较少，且投资或运行成本普遍较高。重金属废水深度处理仍面临较大的挑战，许多关键问题亟待进一步探究。

1. 重金属形态认知不足

工业废水种类繁多、组成多变，甚至同一行业中不同工艺产生的废水成分也有较大区别；除重金属污染物外，生产过程中还会使用多种有机化合物作为络合剂、稳定剂、缓冲剂及其他用途的试剂，如小分子羧酸、醇胺、有机膦酸盐和聚丙烯酸类，导致排放废水的成分更加复杂。目前，对重金属废水成分的认识主要集中在总量性指标（如总铬、总镍）等，极度缺乏对实际废水中重金属污染物的形态认知，对污染物在废水处理过程中的转化过程和去除行为也缺乏深入理解，导致深度处理工艺的选择和设计高度依赖经验和试错；相应地，由于未能针对不同形态的重金属对工艺进行科学合理的设计，处理过程的药剂、能量浪费严重，处理成本仍有很大的优化提升空间。研究表明，废水中的重金属通常与无机或有机配体形成立体结构复杂的重金属络合物，例如：在化学镀镍工艺中，为保持电解液稳定，在电镀工艺中通常会添加柠檬酸、EDTA 等络合剂，在相应的废水中 Ni 与之配位形成高稳定的 Ni-柠檬酸和 Ni-EDTA 络合物（Jiang et al.，2019）。Shan 等（2020）通过色谱-高分辨质谱等分析技术，发现某化学镀镍废水生化尾水中 Ni 多与系列含氮配体形成结构复杂的络合物；而在制革行业中，鞣革工段中会加入大量含—COOH、—OH 及—NH_2 等基团的蒙囿剂等药剂，这些药剂会与 Cr(III)发生络合作用，产生大量线形和网状的络合态 Cr(III)（Tang et al.，2020；Wang et al.，2018）。由于重金属在配合物中通常达到饱和配位数，相较于游离的重金属离子稳定性极大提高，碱沉淀、离子交换、吸附等大多数常规废水处理技术对络合态重金属处理效果欠佳甚至完全失效。重金属络合物的配体多具有螯合特性，其络合稳定常数通常远高于重金属与氢氧根结合，如 $Cu\text{-}EDTA^{2-}$ 比 $Cu(OH)_2$ 的络合稳定常数高 5 个数量级（Wang et al.，2019），通过加碱几乎无法形成金属氢氧化物沉淀。基于络合态重金属与游离态重金属离子在水处理过程中的巨大差异，仅单纯评价重金属总量等宏观指标并不足以反映重金属废水的污染特性，系统探究废水中重金属的形态是实现废水深度处理技术创新的前提与基础。近几十年来，重金属废水污染控制相关的研究大多聚焦于水中游离态重金属或重金属总量，涉及络合态重金属的相关研究占比不足 1/10（图 3.1）。目前已有部分研究关注了废水中不同形态重金属的赋存情况和环境去除行为，涉及的重金属包括 Ni、Cu、Cr 等，但主要采用 EDTA、柠檬酸等模型小分子配体作为研究对象（Winter et al.，2016；Cheung et al.，2015；Jaklova et al.，2011），污染物的类型单一、结构简单，与实际废水处理的复杂场景仍有较大距离。事实上，针对不同类型不同结构的络合态重金属，往往需要针对其物化特性采用不同的处理工艺，方能获得更好的处理效果。以络合态重金属氧化破络为例，Shan 等（2020）研究发现，采用臭氧氧化 Ni-EDTA 效率高于氧化 Ni-柠檬酸，而芬顿氧化 Ni-柠檬酸效率高于氧化 Ni-EDTA，这一现象可能与氨羧类配体在臭氧氧化过程中发生自催化产生羟基自由基有关，由此可以推断，羟羧类配体络合重金属可能更适合采用芬顿氧化，而氨羧类配体络合重金属采用臭氧氧化可能获得更高的效率。基于这一认知，Shan 等（2020）在分析认知某化学镀镍废水生化尾水中 Ni 多与含氮配体络合的结构基础上，设计了臭氧自催化氧化-纳米复合材料专属吸附的组合处理方法，可将实际废水中 Ni 的质量浓度从 0.36 mg/L 降至 0.1 mg/L 以下。但是，总体而言，这一方向的研究目前还处于起步阶段。

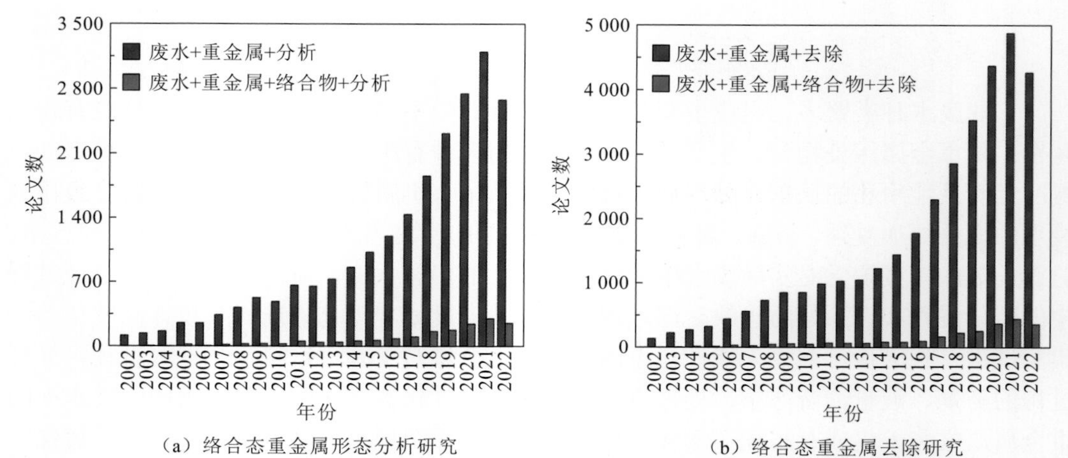

（a）络合态重金属形态分析研究　　（b）络合态重金属去除研究

图 3.1　络合态重金属形态分析和去除相关研究论文的 Web of Science 数据统计

目前人们对部分模型络合态重金属的结构有了一定了解。以 Cu(II)-EDTA 为例，中心原子 Cu 在空间上处于 6 配位的八面体配位场，EDTA 通过 2 个 N 原子和 4 个 O 原子将 Cu 螯合在其中（图 3.2），Cu(II)处于配位饱和状态，且外部配体从各方向进攻 Cu(II)的立体位阻均较强。然而在废水的复杂基质中，重金属真实赋存形态远比 Cu(II)-EDTA 更为复杂，废水中重金属真实赋存形态的相关研究进展缓慢，主要原因在于缺乏复杂基质中重金属形态的分析方法和技术支撑，而相关基础学科所关注的对象体系往往较为单纯。这在很大程度上依赖分离纯化方法和基于元素的检测技术，目前对复杂基质背景下的重金属形态分析方法研究还没有引起足够的关注。污/废水中污染物种类繁杂，存在严重的基质背景干扰，如高盐和高有机质，很大程度上限制了相关精密分析仪器的使用；此外，真实废水中与重金属结合的配体远不止 EDTA、柠檬酸等具有明确结构的小分子，废水中很多带有羧基、氨基、羟基等配位基团的溶解性有机质均有可能与重金属发生配位，还包括很多微生物代谢产物、胞外聚合物等，配体结构高度复杂，种类极其繁多。研究表明采用固相萃取-电喷雾电离（electrospray ionization，ESI）离子化-高分辨率质谱方法可测得的废水中溶解性有机质的分子式达数千种（Zhang et al.，2021，2019a），考虑结构因素则种类数量将在此基础上呈现指数级增加。况且，废水中部分溶解性有机质在固相萃取过程中的回收率低而不能被有效检测，加之还有相当高比例的溶解性有机质并不能被 ESI 有效离子化，从而不能被质谱检出，因此目前对污/废水中溶解性有机质种类预计将远远高于现有研究报道已检测到的种类数。废水中溶解性有机质普遍含有羧基、氨基、羟基等配位基团，均有可能与重金属发生配位，因此真实废水中重金属络合物的形态、种类、数量很可能并不亚于溶解性有机质的种类。此外，重金属有机质配合物的性质与溶解性有机质有很大不同，采用现有技术开展相关形态分析研究更加困难，需要开发更适合废水体系的分析方法，但目前基本未见相关方面系统研究的报道。由此

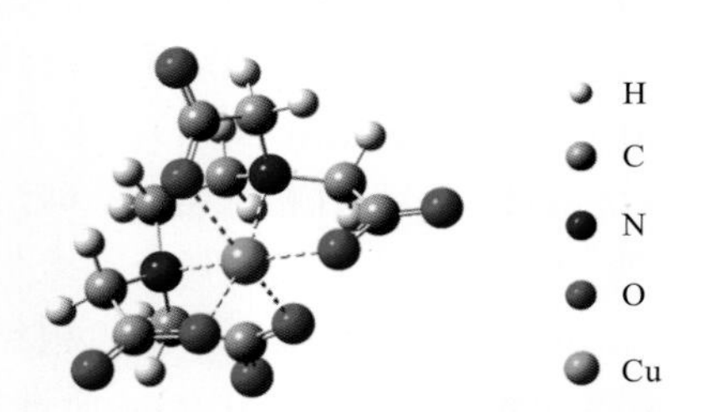

图 3.2　Cu(II)-EDTA 络合物立体结构球棍模型

可见，实际废水中重金属形态认知对深度处理效能具有重要影响，但目前相关研究还较为初步，是发展重金属废水高效深度处理技术面临的首要挑战。

2. 微量重金属去除困难

经常规物化和生化单元处理后，残留重金属浓度一般较低，通常在亚 mg/L 级，且经常处于高稳定的络合态。如苏州某电镀工厂废水二级出水中残留 Ni 质量浓度为 0.8 mg/L，未经深度处理前高于排放标准（0.1 mg/L）（丁聪 等，2020）。江西某冶炼厂废水经微电解-絮凝处理后残留 Pb 质量浓度约为 0.1 mg/L，虽达到相关排放标准，但实现持续稳定达标仍面临较大压力（Chen et al.，2018）。重金属废水处理过程本质上是目标污染物与沉淀剂、吸附剂之间发生物理化学过程，而驱动污染物在水溶液中扩散、在系统内不同环境之间“流动”的推动力就是化学势。对于理想溶液，组分的化学势正比于浓度的对数，即污染物浓度越高，化学势越高，与沉淀剂、吸附剂等物质有效碰撞概率越大，去除反应速率越快；去除低浓度污染物则不可避免地存在驱动力低、过程传质效率低等问题，这也导致废水中低浓度、高毒性的残留重金属很难采用基于化学计量学的传统物化方法进行处理。面对常规水处理技术能力有限的制约，很多企业和水处理厂不得不成倍投加药剂、采用更复杂的工艺流程、增加更多的处理费用，然而却依然面临不能稳定达标的状况，使企业承受巨大的环保压力。

3. 共存基质干扰严重

由于废水组成的复杂性，重金属废水除含有重金属外，还含有其他共存离子和其他基质，如 Ca^{2+}、Mg^{2+}、NO_3^-、Cl^-、SO_4^{2-}、PO_4^{3-}、草酸、柠檬酸、溶解性有机质等。在深度水处理场景中，相对高浓度的共存物质（特别是配体类物质、SO_4^{2-} 和 PO_4^{3-}）能与重金属或水处理材料/试剂发生作用，从而显著抑制重金属的去除。例如强配体类物质与重金属配位形成稳定的络合态重金属，导致重金属无法与沉淀剂或吸附材料的活性位点相结合（Huang et al.，2019）。基于高级氧化法破坏重金属络合物的研究近年来一直受到研究者的关注，其基本过程为利用自由基的强氧化作用破坏配体以释放重金属离子，再采用化学沉淀、吸附等方法去除，然而在实际废水中，共存有机质及部分无机离子会淬灭自由基，抑制破络效果，导致重金属的去除率降低（Zhu et al.，2021a）。在强化过滤过程中，常用的改性滤料多为铝盐、铁盐、锰盐及这几种金属的氧化物等，此类金属氧化物的比表面积较大且具有丰富的羟基，不仅对重金属具有较大的吸附容量，还具有一定的吸附选择性。然而，水中部分共存有机物因含有多个功能基团（主要包括羟基、羧基、氨基和膦酸基团等），可在金属氧化物表面发生结合作用（Persson et al.，2005；Arai et al.，2001）。例如多羧基与铁氧化物的配位，显著改变了氧化物表面的物理化学性质，进而抑制重金属离子在金属氧化物表面的吸附（Qiu et al.，2013）。类似地，由于重金属-有机配体络合物一般呈现负电荷，共存阴离子（尤其是 PO_4^{3-}）可能会与络合态重金属竞争，占据吸附材料表面大量的活性位点，从而抑制对重金属污染物的处理效果（Zhang et al.，2019b）。因此，在一般有机物/无机物大量共存条件下选择性地清除低浓度（mg/L 甚至 μg/L 级）有毒重金属污染物是重金属废水深度处理重点需要解决的问题。

4. 技术经济性不足

为应对愈发严格的重金属废水排放与回用标准，研究者发展了一系列深度处理方法和工艺，如膜分离处理、臭氧-生物活性炭和高级氧化技术等，部分技术工艺已有用于电镀、冶炼等废水深度处理的案例，但相关方法大多处于实验室研究阶段，能够规模应用的或具有规模应用前景的比例很低。造成这一问题的根源在于技术开发过程中未充分考虑经济因素的制约，大多数新工艺在复杂废水处理中投资大、运行成本高，操作维护复杂，易出现出水不稳定等情况，部分技术工艺甚至仅能在实验室实施，缺乏可规模应用的设备或装备。此外，已经规模应用的深度处理技术工艺的长期运行也面临经济因素的挑战。膜分离技术在重金属废水深度处理与回用方面已有较多案例，然而，在实际使用时随着膜污染的不断累积，膜的除污性能会逐步下降，膜的维护保养成本居高不下（Kim et al.，2018）。据中国水网应用 MBR 万吨级市政污水处理项目调研报告，MBR 吨水投资成本在 2 000～2 500 元（包括土建、膜系统和其他设备），是传统活性污泥工艺建设成本的 1.5 倍，其处理生活污水的吨水运行费用为 0.5～1.0 元/t，而工业废水的处理费用则为 1.2～4.9 元/t。臭氧-生物活性炭技术也存在电耗较大、成本高的问题（Ahmed et al.，2017），生产臭氧的电耗大，臭氧发生器的设备复杂，部分设备故障频率较高，此外，活性炭的再生成本及再生炭的二次处理在很大程度上决定了臭氧-生物活性炭技术的费用。采用高级氧化法处理含络合态重金属选择性较差，氧化剂利用率较低，且对水质、反应器、催化剂等具有较高要求（Giwa et al.，2021；Giannakis et al.，2021）。各类高级氧化技术还面临其他一些问题，如芬顿氧化适用 pH 范围较窄（通常在 3.5 以下），电化学氧化能耗较大、电极易受到污染或难以放大生产，光化学氧化的废水透光性较差，光催化的催化剂易流失、难回收等。

总体而言，目前相当多的重金属废水深度处理技术具有“实用化的前景”，但还远不能满足“实用化的要求”，因此，发展高效、经济的重金属废水深度处理技术仍任重道远。

参考文献

丁聪, 李少华, 刘锋, 等, 2020. 电镀工业园区污水处理厂的设计与运行. 工业水处理, 40(7): 107-111.

刘福龙, 王刚, 杨凯, 等, 2019. 重金属捕集剂二硫代羧基化丙烯酰胺的制备. 工业水处理, 39(7): 32-36.

刘金燕, 刘立华, 薛建荣, 等, 2018. 重金属废水吸附处理的研究进展. 环境化学, 37(9): 2016-2024.

刘榆, 傅瑞琪, 楼子墨, 等, 2015. 功能化碳质材料的制备及其对水中重金属的去除. 化学进展, 27(11): 1665-1678.

徐文媛, 李素颖, 汪淼, 等, 2021. 微污染水源水处理技术研究进展. 现代化工, 41(7): 51-55.

杨世迎, 薛艺超, 王满倩, 2019. 络合态重金属废水处理: 基于高级氧化技术的解络合机制. 化学进展, 31(8): 1187-1198.

邹照华, 何素芳, 韩彩芸, 等, 2010. 重金属废水处理技术研究进展. 工业水处理, 30(5): 9-12.

Ahmed M B, Zhou J L, Ngo H H, et al., 2017. Progress in the biological and chemical treatment technologies for emerging contaminant removal from wastewater: A critical review. Journal of Hazardous Materials, 323:

274-298.

Alvarez P J J, Chan C K, Elimelech M, et al., 2018. Emerging opportunities for nanotechnology to enhance water security. Nature Nanotechnology, 13(8): 634-641.

Arai Y, Sparks D L, 2001. ATR-FTIR spectroscopic investigation on phosphate adsorption mechanisms at the ferrihydrite-water interface. Journal of Colloid and Interface Science, 241(2): 317-326.

Barakat M A, Schmidt E, 2010. Polymer-enhanced ultrafiltration process for heavy metals removal from industrial wastewater. Desalination, 256(1-3): 90-93.

Bohli T, Ouederni A, 2016. Improvement of oxygen-containing functional groups on olive stones activated carbon by ozone and nitric acid for heavy metals removal from aqueous phase. Environmental Science and Pollution Research, 23(16): 15852-15861.

Chai W S, Cheun J Y, Kumar P S, et al., 2021. A review on conventional and novel materials towards heavy metal adsorption in wastewater treatment application. Journal of Cleaner Production, 296: 126589.

Chebeir M, Liu H Z, 2016. Kinetics and mechanisms of Cr(VI) formation via the oxidation of Cr(III) solid phases by chlorine in drinking water. Environmental Science & Technology, 50(2): 701-710.

Chen F, Li X X, Luo Z B, et al., 2018. Advanced treatment of copper smelting wastewater by the combination of internal micro-electrolysis and electrocoagulation. Separation Science and Technology, 53(16): 2639-2646.

Cheung P C W, Williams D R, 2015. Separation of transition metals and chelated complexes in wastewaters. Environmental Progress & Sustainable Energy, 34(3): 761-783.

Constantino C, Gardner M, Comber S D W, et al., 2015. The impact of tertiary wastewater treatment on copper and zinc complexation. Environmental Technology, 36(22): 2863-2871.

Cui Y, Ge Q, Liu X Y, et al., 2014. Novel forward osmosis process to effectively remove heavy metal ions. Journal of Membrane Science, 467: 188-194.

Dixit S, Yadav A, Dwivedi P D, et al., 2015. Toxic hazards of leather industry and technologies to combat threat: A review. Journal of Cleaner Production, 87: 39-49.

Durante C, Cuscov M, Isse A A, et al., 2011. Advanced oxidation processes coupled with electrocoagulation for the exhaustive abatement of Cr-EDTA. Water Research, 45(5): 2122-2130.

El-sayed M E A, 2020. Nanoadsorbents for water and wastewater remediation. Science of the Total Environment, 739: 139903.

Ennigrou D J, Ali M B, Dhahbi M, et al., 2015. Removal of heavy metals from aqueous solution by polyacrylic acid enhanced ultrafiltration. Desalination and Water Treatment, 56(10): 2682-2688.

Foong C Y, Wirzal M D H, Bustam M A, 2020. A review on nanofibers membrane with amino-based ionic liquid for heavy metal removal. Journal of Molecular Liquids, 297: 111793.

FU F L, Wang Q, 2011. Removal of heavy metal ions from wastewaters: A review. Journal of Environmental Management, 92(3): 407-418.

Garba M D, Usman M, Mazumder M A J, et al., 2019. Complexing agents for metal removal using ultrafiltration membranes: A review. Environmental Chemistry Letters, 17: 1195-1208.

German M S, Watkins T A, Chowdhury M, et al., 2019. Evidence of economically sustainable village-scale microenterprises for arsenic remediation in developing countries. Environmental Science & Technology,

53(3): 1078-1086.

Giannakis S, Lin K Y A, Ghanbari F, 2021. A review of the recent advances on the treatment of industrial wastewaters by sulfate radical-based advanced oxidation processes(SR-AOPs). Chemical Engineering Journal, 406: 127083.

Giwa A, Yusuf A, Balogun H A, et al., 2021. Recent advances in advanced oxidation processes for removal of contaminants from water: A comprehensive review. Process Safety and Environmental Protection, 146: 220-256.

Hankins N P, Lu N, Hilal N, 2006. Enhanced removal of heavy metal ions bound to humic acid by polyelectrolyte flocculation. Separation and Purification Technology, 51(1): 48-56.

Hua M, Zhang S J, Pan B C, et al., 2012. Heavy metal removal from water/wastewater by nanosized metal oxides: A review. Journal of Hazardous Materials, 211: 317-331.

Huang X F, Wan Y, Li X C, et al., 2019. Autocatalytic decomplexation of Cu(II)-EDTA and simultaneous removal of aqueous Cu(II) by UV/chlorine. Environmental Science & Technology, 53(4): 2036-2044.

Ida S, Eva T, 2021. Removal of heavy metals during primary treatment of municipal wastewater and possibilities of enhanced removal: A Review. Water, 13(8): 1121.

Jaklova Dytrtova J, Jakl M, Schroder D, et al., 2011. Electrochemical and spectrometric detection of low-molecular-weight organic acids and their complexes with metals. Current Organic Chemistry, 15(17): 2970-2982.

Jiang B, Niu Q H, Li C, et al., 2020. Outstanding performance of electro-Fenton process for efficient decontamination of Cr(III) complexes via alkaline precipitation with no accumulation of Cr(VI): Important roles of iron species. Applied Catalysis B: Environmental, 272: 119002.

Jiang Z, Ye Y X, Zhang X L, et al., 2019. Validation of a combined Fe(III)/UV/NaOH process for efficient removal of carboxyl complexed Ni from synthetic and authentic effluents. Chemosphere, 234: 917-924.

Johnson P D, Girinathannair P, Ohlinger K N, et al., 2008. Enhanced removal of heavy metals in primary treatment using coagulation and flocculation. Water Environment Research, 80(5): 472-479.

Kim S, Chu K H, Al-hamadani Y A J, et al., 2018. Removal of contaminants of emerging concern by membranes in water and wastewater: A review. Chemical Engineering Journal, 335: 896-914.

Li L Y, Takahashi N, Kaneko K, et al., 2015. A novel method for nickel recovery and phosphorus removal from spent electroless nickel-plating solution. Separation and Purification Technology, 147: 237-244.

Liao Z L, Zhao Z C, Zhu J C, et al., 2021. Complexing characteristics between Cu(II) ions and dissolved organic matter in combined sewer overflows: Implications for the removal of heavy metals by enhanced coagulation. Chemosphere, 265: 129023.

Olivera S, Muralidhara H B, Venkatesh K, et al., 2016. Potential applications of cellulose and chitosan nanoparticles/composites in wastewater treatment: A review. Carbohydrate Polymers, 153: 600-618.

Pan B J, Qiu H, Pan B C, et al., 2010. Highly efficient removal of heavy metals by polymer-supported nanosized hydrated Fe(III) oxides: Behavior and XPS study. Water Research, 44(3): 815-824.

Persson P, Axe K, 2005. Adsorption of oxalate and malonate at the water-goethite interface: Molecular surface speciation from IR spectroscopy. Geochimica et Cosmochimica Acta, 69(3): 541-552.

Peterson E S, Summers R S, 2021. Removal of effluent organic matter with biofiltration for potable reuse: A review and meta-analysis. Water Research, 199: 117180.

Qiu H, Zhang S J, Pan B C, et al., 2013. Oxalate-promoted dissolution of hydrous ferric oxide immobilized within nanoporous polymers: Effect of ionic strength and visible light irradiation. Chemical Engineering Journal, 232: 167-173.

Rahmani A, Mousavi H Z, Fazli M, 2010. Effect of nanostructure alumina on adsorption of heavy metals. Desalination, 253(1-3): 94-100.

Sall M L, Diaw A K D, Gningue-sall D, et al., 2020. Toxic heavy metals: Impact on the environment and human health, and treatment with conducting organic polymers: A review. Environmental Science and Pollution Research, 27: 29927-29942.

Shan C, Yang B W, Xin B, et al., 2020. Molecular identification guided process design for advanced treatment of electroless nickel plating effluent. Water Research, 168: 115211.

Tang Y L, Zhao J T, Zhou J F, et al., 2020. Highly efficient removal of Cr(III)-poly(acrylic acid) complex by coprecipitation with polyvalent metal ions: Performance, mechanism, and validation. Water Research, 178: 115807.

Templeton D M, Liu Y, 2010. Multiple roles of cadmium in cell death and survival. Chemico-Biological Interactions, 188(2): 267-275.

Wang D D, He S Y, Shan C, et al., 2016. Chromium speciation in tannery effluent after alkaline precipitation: Isolation and characterization. Journal of Hazardous Materials, 316: 169-177.

Wang D D, Ye Y X, Liu H, et al., 2018. Effect of alkaline precipitation on Cr species of Cr(III)-bearing complexes typically used in the tannery industry. Chemosphere, 193: 42-49.

Wang Q, Li Y T, Liu Y, et al., 2021. Effective removal of the heavy metal-organic complex Cu-EDTA from water by catalytic persulfate oxidation: Performance and mechanisms. Journal of Cleaner Production, 314: 128119.

Wang T C, Wang Q, Soklun H, et al., 2019. A green strategy for simultaneous Cu(II)-EDTA decomplexation and Cu precipitation from water by bicarbonate-activated hydrogen peroxide/chemical precipitation. Chemical Engineering Journal, 370: 1298-1309.

Winter C, Seubert A, 2016. Usability of online-coupling ion exchange chromatography ICP-AES/-MS for the determination of trivalent metal complex species under acidic conditions. Journal of Analytical Atomic Spectrometry, 31(6): 1262-1268.

Xu S Y, Yan N, Cui M H, et al., 2020. Decomplexation of Cu(II)/Ni(II)-EDTA by ozone-oxidation process. Environmental Science and Pollution Research, 27: 812-822.

Yang X D, Wan Y S, Zheng Y L, et al., 2019. Surface functional groups of carbon-based adsorbents and their roles in the removal of heavy metals from aqueous solutions: A critical review. Chemical Engineering Journal, 366: 608-621.

Ye Y X, Shan C, Zhang X L, et al., 2018. Water decontamination from Cr(III)-organic complexes based on pyrite/H_2O_2: Performance, mechanism, and validation. Environmental Science & Technology, 52(18): 10657-10664.

Zhang B L, Shan C, Hao Z N, et al., 2019a. Transformation of dissolved organic matter during full-scale treatment of integrated chemical wastewater: Molecular composition correlated with spectral indexes and acute toxicity. Water Research, 157: 472-482.

Zhang B L, Shan C, Wang S, et al., 2021. Unveiling the transformation of dissolved organic matter during ozonation of municipal secondary effluent based on FT-ICR-MS and spectral analysis. Water Research, 188: 116484.

Zhang Y H, Zhu C Q, Liu F Q, et al., 2019b. Effects of ionic strength on removal of toxic pollutants from aqueous media with multifarious adsorbents: A review. Science of the Total Environment, 646: 265-279.

Zheng H L, Sun X P, He Q, et al., 2008. Synthesis and trapping properties of dithiocarbamate macromolecule heavy-metal flocculants. Journal of Applied Polymer Science, 110(4): 2461-2466.

Zhu J L, Wang S, Li H C, et al., 2021a. Degradation of phosphonates in Co(II)/peroxymonosulfate process: Performance and mechanism. Water Research, 202: 117397.

Zhu Y, Fan W H, Feng W Y, et al., 2021b. A critical review on metal complexes removal from water using methods based on Fenton-like reactions: Analysis and comparison of methods and mechanisms. Journal of Hazardous Materials, 414: 125517.

Zhu Y, Fan W H, Zhou T T, et al., 2019. Removal of chelated heavy metals from aqueous solution: A review of current methods and mechanisms. Science of the Total Environment, 678: 253-266.

Zou Y D, Wang X X, Khan A, et al., 2016. Environmental remediation and application of nanoscale zero-valent iron and its composites for the removal of heavy metal ions: A review. Environmental Science & Technology, 50(14): 7290-7304.

第4章 水中重金属的基本形态及其分析方法

重金属广泛存在于工业废水与天然水体中。与有机污染物不同，重金属自身结构与构型较为清晰，但其赋存形态易受共存物质影响。首先，水中重金属价态多样，通过与氧化性或还原性物质反应其价态可发生改变。其次，重金属可通过配位或静电作用等方式与水中共存物质结合，形成种类繁多的络合物或复合物。此外，许多金属盐在水中溶解度较低，当相关组分浓度过高时可从水中析出，生成不溶性金属盐。当不溶物颗粒尺寸小于 100 nm 时，金属盐能以胶体形式在水相中长期存在。由此可见，重金属的形态与其所处水质环境息息相关。众所周知，重金属废水化学组成往往极为复杂，不同来源的废水中常含有大量不同类的共存物质，如各类无机盐、化工添加剂、生活用品等，导致废水中重金属形态高度多样化。重金属的形态很大程度上决定了其物理化学性质，进而影响其毒性、环境迁移能力、催化活性等关键环境特性。大量实践和研究已表明，不同形态的重金属在水处理过程中去除效率可能大相径庭。本章将从理论与实践两方面介绍重金属在水中的赋存形态及其分析方法。

4.1 重金属价态检测

4.1.1 水中重金属价态概述

根据所处环境的氧化还原特性，水中的重金属能以不同价态存在。例如，在中性含氧水体中，铁主要为Fe(III)，而在缺氧或还原性环境中，Fe(II)可稳定存在。表4.1所示为常见金属及类金属在水中的价态及相应的氧化还原电势（Speight，2005）。对于氧化还原电对 M^{z+1}/M^{z}，若其氧化还原电势较低，表明低价态金属 M^{z} 易被氧化为高价态 M^{z+1}。反之，当氧化还原电势较高时，M^{z+1} 易被还原为 M^{z}。此外，重金属的价态还受pH影响。例如，Fe(II)可将Cr(VI)还原为Cr(III)，此过程需要质子参与，因此酸性条件有利于该反应进行（Xie et al.，2017）。此外，共存配体是影响重金属价态的另一重要因素。研究表明，水中共存的乙二胺四乙酸（EDTA）等配体可影响金属的氧化还原速率（Xu et al.，2020b；Brausam et al.，2004）。这主要是因为：①配体能降低游离态金属浓度，从而调控反应动力学与热力学平衡；②配体可改变金属的氧化还原路径，影响反应活化能。

表4.1 水中（类）金属的价态及氧化还原电势

金属种类	价态	标准氧化还原电势/V
Na	+1	−2.71（Na^{+}/Na）
K	+1	−2.931（K^{+}/K）

续表

金属种类	价态	标准氧化还原电势/V
Ca	+2	−2.868（Ca^{2+}/Ca）
Mg	+2	−2.372（Mg^{2+}/Mg）
Fe	+2、+3、+6	2.20（FeO_4^{2-}/Fe^{3+}） 0.771（Fe^{3+}/Fe^{2+}） −0.447（Fe^{2+}/Fe）
Cd	+2	−0.403（Cd^{2+}/Cd）
Mn	+2、+3、+6、+7	0.558（MnO_4^-/MnO_4^{2-}） 1.507（MnO_4^-/Mn^{2+}） 1.542（Mn^{3+}/Mn^{2+}）
Cu	+1、+2、+3	2.4（Cu^{3+}/Cu^{2+}） 0.153（Cu^{2+}/Cu^+） 0.521（Cu^+/Cu）
Cr	+3、+6	1.35（$HCrO_4^-/Cr^{3+}$） −1.2（CrO_2^-/Cr） −0.744（Cr^{3+}/Cr）
Ni	+2	−0.257（Ni^{2+}/Ni）
Pb	+2	−0.1262（Pb^{2+}/Pb）
Hg	+1、+2	0.92（Hg^{2+}/Hg_2^{2+}） 0.797 3（Hg_2^{2+}/Hg）
As	+3、+5	−0.71（AsO_4^{3-}/AsO_2^-） −0.68（AsO_2^-/As）
Co	+2、+3	1.92（Co^{3+}/Co^{2+}） −0.28（Co^{2+}/Co）
Zn	+2	−0.761 8（Zn^{2+}/Zn）
Sb	+3、+5	−0.59（SbO_3^-/SbO_2^-） −0.66（SbO_2^-/Sb）
Al	+3	−1.662（Al^{3+}/Al）

引自 Speight（2005）

重金属的性质主要由其电子结构决定，而化合价直接反映重金属的价电子数量，因此价态对重金属性质的重要影响不言而喻。在污水处理中，研究人员所关注的重金属的配位能力、静电吸附能力、沉淀特性、催化活性、毒性等特性均与重金属的价态紧密关联。如表 4.2 所示，由于价态的差异，重金属对同一配体可表现出不同的配位特征，包括配位数及稳定性等（络合稳定常数将在 4.2.2 小节详细介绍）。同时，化合价直接影响重金属的净电荷与水合半径，从而改变其静电作用能力。因此，重金属的价态将直接影响吸附材料对其去除性能。沉淀性能也是决定重金属去除效率的重要因素，而溶度积是衡量物质沉淀趋势的重要热力学指标。如表 4.3 所示，对于不同价态的金属，其化合物的溶度积可具有显著差异。此外，化合价对重金属毒性的影响也受到广泛关注。例如，

Cr(III)参与人体糖代谢与脂质代谢，是维持人体生命健康的必要成分，而 Cr(VI)是致癌物质，并能造成遗传基因缺陷，严重威胁人类健康。因此，我国严格控制废水中六价铬的排放，根据《污水综合排放标准》（GB 8978—1996），工业废水中总铬排放标准为 1.5 mg/L，而六价铬限值为 0.5 mg/L。

表 4.2　不同价态金属对配体的配位数及其络合稳定常数

配体	络合物	累积络合稳定常数
NH_3	Co^{II}-$(NH_3)_6$	5.11
	Co^{III}-$(NH_3)_6$	35.20
	Cu^{I}-$(NH_3)_2$	10.86
	Cu^{II}-$(NH_3)_2$	7.98
	Cu^{II}-$(NH_3)_5$	12.86
CN^-	Fe^{II}-CN_6	35.00
	Fe^{III}-CN_6	42.00
OH^-	Ce^{III}-OH	4.60
	Ce^{IV}-OH	13.28
	Ce^{IV}-$(OH)_2$	26.46
	Fe^{II}-$(OH)_3$	9.67
	Fe^{III}-$(OH)_3$	29.67
Cl^-	Cu^{I}-Cl_2	5.70
	Cu^{II}-Cl_2	0.60
EDTA	Co^{II}-EDTA	16.31
	Co^{III}-EDTA	36.00
	Fe^{II}-EDTA	14.83
	Fe^{III}-EDTA	24.23
乙酰丙酮（acetylacetone，AA）	Fe^{II}-AA_2	8.67
	Fe^{III}-AA_2	22.10
	Mn^{II}-AA_2	7.35
	Mn^{III}-AA_3	3.86
草酸（oxalate，OX）	Fe^{II}-OX_3	5.22
	Fe^{III}-OX_3	20.20
	Hg^{II}-OX	9.66
	Hg_2^{I}-OX_2	6.98
	Mn^{II}-OX_2	5.80
	Mn^{III}-OX_2	16.57
乙二胺（ethylenediamine，ED）	Co^{II}-ED_3	13.94
	Co^{III}-ED_3	48.69
	Cu^{I}-ED_2	10.80
	Cu^{II}-ED_2	20.0

引自 Speight（2005）

表 4.3 部分金属化合物的溶度积常数

金属化合物	溶度积
Cu_2^{I}-S	2.5×10^{-48}
Cu^{II}-S	6.3×10^{-36}
Cu^{I}-OH	1×10^{-14}
Cu^{II}-$(OH)_2$	2.2×10^{-20}
Ce^{III}-$(OH)_3$	1.6×10^{-20}
Ce^{IV}-$(OH)_4$	2×10^{-48}
Co^{II}-$(OH)_2$	5.92×10^{-15}
Co^{III}-$(OH)_3$	1.6×10^{-44}
Au^{I}-Cl	2×10^{-13}
Au^{III}-Cl_3	3.2×10^{-25}
Fe^{II}-$(OH)_2$	4.87×10^{-17}
Fe^{III}-$(OH)_3$	2.79×10^{-39}
Pb^{II}-$(OH)_2$	1.43×10^{-15}
Pb^{IV}-$(OH)_4$	3.2×10^{-66}
Hg_2^{I}-$(OH)_2$	2×10^{-24}
Hg^{II}-$(OH)_2$	3.2×10^{-26}
Hg_2^{I}-S	1×10^{-47}
Hg^{II}-S	$4\times10^{-53}/1.6\times10^{-52}$
Sn^{II}-$(OH)_2$	5.45×10^{-28}
Sn^{IV}-$(OH)_4$	1×10^{-56}

引自 Speight（2005）

综上所述，重金属的价态是决定污水处理效果的重要因素，准确分析重金属的价态对相关废水的高效处理意义重大。根据不同价态重金属的物理化学特征，目前已涌现出众多检测技术可用于重金属的价态分析。

4.1.2 原位分析方法

重金属价态原位分析是指在几乎不改变样品组成及性质的情况下直接检测样品中重金属的价态。这类方法通常是在外场或探针作用下，检测与重金属价态相关联的物理化学性质，从而实现对重金属价态的分析。原位分析方法较为简便，无须对水样进行额外处理，同时避免了因样品制备造成的检测误差，是废水重金属价态分析的理想之选。目前常见的重金属价态原位分析方法主要包括紫外可见光谱法、电化学循环伏安法、电子顺磁共振波谱法、X 射线吸收光谱法、拉曼光谱法等。

1. 紫外可见光谱法

紫外可见光谱法是一种经济、方便、快捷的检测手段。该方法是将液体样品转移至石英比色皿中，利用连续波长入射光照射样品并记录样品对不同波长入射光的吸收情况，最终以波长为横坐标、吸光度为纵坐标绘制吸收光谱图。根据比尔-朗伯定律[式（4.1）]，当样品池厚度不变时，物质的吸光度与其浓度呈正比。理想条件下，测定样品在选定波长处的吸光度即可算得样品中相应物质的浓度。

$$A = \varepsilon bc \tag{4.1}$$

式中：A 为目标物的吸光度；ε 为目标物的吸光系数；b 为测试的光程；c 为目标物的浓度。

不同价态的重金属吸光特性存在差异。例如，Cr(III)在 390 nm 和 540 nm 波长附近有吸收峰，而铬酸根的吸收峰则出现在约 252 nm、352 nm 和 417 nm 处（Durante et al., 2011）。水中铁元素通常以 Fe(III)和 Fe(II)形式存在，Fe(III)通常对波长 400 nm 以下的入射光有较强的吸收，其溶液通常呈黄棕色，而 Fe(II)在可见光区吸收较弱，其溶液多接近无色。因此，通过检测含铁溶液在 400 nm 处的吸光度，即可算出溶液中 Fe(III)浓度。随后利用原子吸收光谱或电感耦合等离子体光谱（inductive coupled plasma spectrometry, ICP）等方法测定总铁浓度，扣除 Fe(III)浓度即可算得溶液中 Fe(II)浓度。

尽管紫外可见光谱法可快捷地测定部分简单体系中重金属的价态及含量，但水中金属的吸光特性通常受配位环境影响。例如，与氯化铁相比，柠檬酸铁在 350～450 nm 波长处吸光系数明显上升，而氰化铁则在 420 nm 处出现强吸收峰。同时，部分金属在检测波长范围内吸光能力较弱，此时紫外可见光谱仪的检测极限可能无法满足重金属价态的分析需求。为解决上述问题，可向水样中加入显色剂。显色剂可与特定价态重金属发生络合，使该价态重金属充分转化为具有强吸光能力的络合物。此时，利用紫外可见光谱法检测特定波长处的吸光度即可获得相应络合物的浓度，进而得到目标价态重金属的浓度。显色-紫外可见光谱法特异性强、灵敏度高、适用范围广，在重金属价态分析中得到了广泛应用。例如，为测定样品中的 Cu(I)，可向含有显色剂 2, 9-二甲基-1, 10-菲啰啉的乙酸-乙酸钠缓冲液中加入水样，水样中的 Cu(I)可与显色剂络合生成黄色络合物，读取水样在 457 nm 处的吸光度即可获知 Cu(I)浓度；类似地，将 1, 10-菲啰啉与 Fe(II)混合可生成红色络合物，在 510 nm 波长处检测吸光度即可测得样品中 Fe(II)浓度。除显色反应外，还可通过特定金属物质的催化作用或氧化还原反应产生有色非金属物质，根据有色非金属物质的产量间接判断该金属物质的浓度。

总体而言，紫外可见光谱法对设备要求低，操作方便，是最常用的重金属价态分析手段之一。然而，该方法缺陷也较为明显，当水样中背景物质吸光能力较强或含有未知配体时，将对目标物质吸光度的判断产生较大干扰。

2. 电化学循环伏安法

电化学循环伏安法是当前最常用的电化学分析技术之一。此方法是在工作电极与对电极间施加电压，并记录电流随电势的变化情况。在分析过程中，通常先令电势匀速上升（下降）直至达到预设电压，随后电压以相同速率下降（上升）返回初始值，记录一次完整循环中电流的变化，并以电压为横坐标、电流为纵坐标绘制循环伏安曲线，以此分析水样成分。

在温和条件下，当水样中不存在氧化还原活性物质时，电势的变化并不引起氧化还原反应，电极仅随着电势的变化发生充/放电（非法拉第过程）。此时循环伏安曲线较为平缓，其形状常接近平行四边形或“番薯”状。当水样中含有氧化还原活性物质时，一旦电压超过反应的起始电位，电极表面区域将发生氧化还原反应（法拉第过程），从而引起电流的突变。在循环伏安曲线中，发生反应的电势区间往往出现氧化/还原峰。这主要是因为当电极电势低于（高于）氧化（还原）电势时，体系不发生氧化还原反应，电流变化较小。随着外加电势不断上升（下降），当电势高于（低于）氧化（还原）反应的起始电位后，反应开始进行，且氧化（还原）反应速率随电势的进一步上升（下降）逐渐加快，使电流快速上升。然而，随着反应的进行，电极表面区域反应底物不断被消耗，由于底物从体相向电极表面的扩散速率有限，其在电极表面的局域浓度快速下降，造成电流的快速衰减。当电极表面区域底物消耗殆尽时，电流再次回归“基线”。通常，每个氧化还原电对在循环伏安曲线中对应着一个氧化峰与一个还原峰。因此，根据氧化/还原峰的位置（电势）可判断样品中存在的氧化还原活性物质的种类，并依据电流变化程度（氧化/还原峰高）判断该种物质的浓度。通常，正向扫描的峰电流可表示为式（4.2）。可以看出，峰电流与氧化/还原底物浓度呈正比，同时，较高的电子转移数、电极有效面积及扫描速率有利于增加峰电流，提升检测灵敏度。

$$I_{\mathrm{p}} = 2.69 \times 10^5 \cdot n^{\frac{3}{2}} \cdot A \cdot D^{\frac{1}{2}} \cdot v^{\frac{1}{2}} \cdot c \tag{4.2}$$

式中：I_{p} 为峰电流；n 为电子转移数；A 为电极有效面积；D 为物质的扩散系数；v 为扫描速率；c 为氧化/还原底物浓度。

电化学循环伏安法的分析效果与诸多因素有关，其中电极材料与电解液的选择对检测性能有重要影响。例如，为分析水样中 As(III)含量，研究人员利用电化学循环伏安法在−0.8～0.5 V 电势范围内进行扫描（蓝月存 等，2012）。研究发现，当采用玻碳电极时，在扫描范围内未出现氧化/还原峰。但将金-钯双金属颗粒修饰在玻碳电极上后，在 0.25 V 电势处出现较强的 As(III)氧化峰，可用于水中 As(III)的分析。除直接检测外，电化学循环伏安法也可通过测定金属对氧化还原活性物质的消耗推测金属浓度。此外，研究发现，向水溶液中同时添加 Cr(VI)和二苯基碳酰二肼，玻碳电极在−3.0～2.0 V 电势范围内不发生氧化还原反应。当溶液经稀硫酸酸化后，循环伏安曲线在 0.16 V 和 1.10 V 处出现两个氧化峰，在−0.12 V 出现还原峰，分别对应二苯基碳酰二肼的氧化反应、水的氧化反应及二苯基碳酰二肼的还原反应。由于二苯基碳酰二肼可与六价铬反应，利用循环伏安法测得剩余二苯基碳酰二肼浓度即可算得水样中六价铬浓度（李靖 等，2018）。

综上所述，电化学循环伏安法是一种方便快捷的金属价态分析方法，仅借助电化学工作站即可完成检测，当水样满足电解液要求时可进行原位分析。然而，该方法获得的结果精度相对较低，若电极材料选择不当将难以有效引发氧化还原反应，导致信号强度过低或过电位过高，不易获得理想结果。另外，不同形态金属物质在循环伏安曲线中氧化/还原峰位置与强度均不相同，当水中金属形态较为复杂时，循环伏安法往往难以提供准确的金属价态信息。

3. 电子顺磁共振波谱法

电子顺磁共振波谱法是磁共振技术的一种。磁共振是指在磁场作用下，磁矩不为 0 的原子共振吸收电磁辐射能的现象。其中，由电子自旋磁矩引起的磁共振称为电子顺磁共振。顾名思义，电子顺磁共振可用于分析含有不成对电子的物质。如式（4.3）所示，电子的自旋运动将产生磁矩。当施加与电子磁矩平行的磁场时，电子磁矩将与磁场发生作用，其作用能可表示为式（4.4）。其中，自由电子的自旋磁量子数 m 取值为 1/2 或−1/2。因此，原先简并的轨道将在磁场作用下发生塞曼（Zeeman）能级分裂，分裂能为 $g\mu_B B$。此时施加一垂直于磁矩方向的交变磁场，当该磁场的能量与分裂能匹配时，原子将吸收磁场，在电子顺磁共振波谱中出现强烈波动。此外，由于电子的自旋受邻近核磁矩的作用，电子顺磁共振波谱将发生分裂，产生多条裂分谱线。根据波谱的位置（g 值）、谱线数量及强度，即可获得物质的种类、含量、电子转移及配位结构等信息。

$$\mu_s = -g\frac{\mu_B}{\hbar}P = \gamma P \tag{4.3}$$

$$E = -mg\mu_B B \tag{4.4}$$

式中：μ_s 为电子的自旋磁矩；g 为朗德因子；μ_B 为玻尔磁子；$\hbar$ 为约化普朗克常数；γ 为旋磁比；P 为电子的自旋角动量；E 为磁矩与磁场的作用能；m 自旋为磁量子数；B 为电子所处的磁场强度。

电子的轨道运动会产生附加磁场，因此电子所处的磁场强度与外磁场强度及轨道运动引起的磁场强度有关。

电子顺磁共振波谱法不仅可以直接分析溶解态金属，还能表征胶体或颗粒态金属。由于过渡金属及其络合物常具有不成对电子，电子顺磁共振波谱法可用于多种金属价态的分析。研究人员利用电子顺磁共振波谱法表征溶液中的钴，发现无论是离子态或络合态 Co(II)，均在 $g=5$（磁场强度=1 400 G，1 G=10^{-4} T）附近出现较宽的共振信号，而 Co(I)与 Co(III)无顺磁共振活性。对于含铜样品，在磁场强度 3 200 G 附近出现共振信号，表明样品中存在 Cu(II)，而 Cu(I)与 Cu(III)则无顺磁共振信号。类似地，Fe(III)、Mn(II)、Cr(III)等均可被电子顺磁共振法检测到（Das et al.，2018）。此外，在低温或捕获剂条件下，电子顺磁共振波谱可探测反应过程中出现的不稳定价态金属，这对研究反应原理具有重要价值。例如，研究人员在 5.7 K 温度下测得低自旋四价钴在 $g=2.27$ 附近出现明显顺磁共振响应，将温度升高至室温，该物质在数分钟内即消耗殆尽（Kutin et al.，2019）。尽管五价铬难以稳定存在，但水中存在特定配体时，五价铬可通过形成络合物提升其稳定性，并可被电子顺磁共振波谱法检测（Barr-David et al.，1995）。

作为一种典型的水样原位分析方法，电子顺磁共振波谱法不仅能检测金属价态，还可用于金属结构解析，在分析非稳态物种方面优势突出。与紫外可见光谱法及电化学循环伏安法相比，电子顺磁共振波谱法难以对金属进行定量分析，且对设备要求较高，仪器操作与结果分析均需要一定的专业基础。此外，部分价态金属不具有顺磁性，不适合采用电子顺磁共振波谱法进行分析。

4. X 射线吸收光谱法

X 射线吸收光谱法是一种功能强大的现代分析技术，可鉴别元素的种类、价态、电子态、配位环境、无序度等，近年来发展十分迅速。X 射线是指频率介于紫外线与 γ 射线之间的电磁波，其波长范围为 0.01～10 nm。当 X 射线照射在样品上时，样品将吸收部分 X 射线使其强度减弱，根据 X 射线强度衰减情况即可获得样品的成分与结构等信息。

在 X 射线分析中，通常利用一系列连续波长的 X 射线照射样品，当 X 射线能量与物质中电子的电离能相匹配时，电子将大量吸收入射光，在图谱中对应一个吸收边。由于处于不同量子态的电子电离能存在差异，每种元素通常具有多个吸收边。根据入射光的能量，可将 X 射线吸收光谱划分为 X 射线吸收近边结构（X-ray absorption near edge structure，XANES）光谱与扩展 X 射线吸收精细结构（extended X-ray absorption fine structure，EXAFS）光谱。XANES 光谱是能量从吸收边前至吸收边后 50 eV 的光谱，EXAFS 光谱则是吸收边后 50～1 000 eV 的光谱。由于检测能量的差异，两者的作用也不相同，XANES 光谱通常用于目标元素的价态、电子态分析，而 EXAFS 光谱常用于解析目标元素的配位环境，如配位数、配位原子、键长等。

对于不同价态和配位环境的金属，其 XANES 光谱存在差异。许多情况下，目标元素的化合价每上升 1，其吸收边将发生几到几十电子伏特的偏移，因此 XANES 光谱可提供较为清晰的价态信息。研究人员为研究 $CuCl_2$ 与叔丁醇钠的反应机理，利用 XANES 光谱表征不同反应时间下的溶液，并与 $CuCl_2$ 和 CuCl 标准样品的 XANES 图谱对比。发现随着反应的进行，8 982 eV 处的 Cu(I)信号逐渐增强，同时 Cu(II)信号减弱，表明 Cu(II)被叔丁醇钠还原（Yi et al.，2016）。为研究钴的价态，研究人员对比了多种 Co(II)与 Co(III)络合物的 XANES 图谱（Bonnitcha et al.，2006），发现测试的 Co(III)络合物均在 7 727 eV 处出现较强吸收峰，在 7 736 eV 处出现较弱的吸收峰，而 Co(II)络合物只在约 7 723 eV 处有一强吸收峰，这一结果明确了溶液及细胞中钴的价态。值得一提的是，对于不同金属，配体对 XANES 吸收边位置的影响可能存在明显差异。有研究表明，$CrCl_3$ 的吸收边在 6 000 eV 附近，而 $Cr(AA)_3$ 的吸收边则大于 6 006 eV，这可能是由络合物配位构型的差异引起的（Tromp et al.，2007）。

尽管 X 射线吸收光谱法能够提供其他表征方法难以获得的精细结构信息，其对设备和数据分析的要求较高，且机时较为宝贵，目前多用于结构解析和反应原理研究，难以作为废水中金属价态分析的常规手段。

5. 拉曼光谱法

拉曼光谱是散射光谱的一种，当入射光照射在样品表面时，光子将与样品中的分子发生碰撞，产生一系列频率不同的散射光。其中，一部分光子与分子碰撞前后能量不发生变化，产生的散射光与入射光频率相等，称为瑞利散射。当碰撞使光子和分子能量发生改变时，散射光的频率将发生改变，该类散射光称为拉曼散射。拉曼光谱主要反映被测分子的极化率变化情况，被测分子在简正振动过程中极化率变化越大，其在拉曼光谱中谱线强度越强。

尽管拉曼光谱无法直接检测金属离子，但通过将金属离子与具有拉曼活性的物质结合，可开发基于拉曼光谱的金属分析方法（蒋婷婷，2018）。通常，针对目标金属离子选择特异性结合的配体即可实现对该种金属离子的检测。此外，拉曼光谱常用于直接检测固相（如胶体态）金属的价态。例如，铜基催化剂具有将 CO_2 和 CO 催化转化为多碳物质的能力，近年来引起了广泛关注。为了解催化剂中铜的价态，通常利用 X 射线吸收光谱或拉曼光谱对反应中的催化剂进行原位表征。金属态铜无拉曼响应，而在铜的氧化物或氢氧化物中，Cu—O 键具有较强拉曼活性。对于 Cu(I)，Cu—O 键的拉曼位移主要在

400～700 cm^{-1}，根据结构的差异，Cu—O 键的拉曼位移也不相同。据报道，表面 Cu—OH、Cu—O 和 Cu_2—O 结构的拉曼位移通常约为 440 cm^{-1}、530 cm^{-1} 和 630 cm^{-1}（Xu et al.，2020a；Zhao et al.，2020；Bodappa et al.，2019）。为研究 Ni 与过一硫酸氢盐（peroxymonosulfate，PMS）的催化氧化反应机制，Liang 等（2021）利用拉曼光谱原位表征 Ni 的价态，发现当 PMS 存在时，拉曼光谱在 550～560 cm^{-1} 出现微弱信号，由此判断反应中产生了高价镍物种。

4.1.3 异位分析方法

1. 化学滴定法

化学滴定法是一种传统分析方法，该方法仅通过基础物理化学实验即可分析金属价态。化学滴定法是将含有特定组分的溶液逐滴加入待测水样中，直到所加组分与待测物质按化学计量关系完全反应为止（通常利用显色反应指示滴定终点），随后根据加入溶液的体积换算得到参与反应的特定组分的剂量，从而根据化学计量关系获得被测物质的含量。

经过长期发展，化学滴定法已能实现诸多金属的价态分析。例如，为测定样品中的 Cr(VI)，可向水中预先加入显色剂苯基邻氨基苯甲酸，随后向水样中逐滴加入硫酸亚铁铵，当硫酸亚铁铵中的 Fe(II)与 Cr(VI)完全反应[式（4.5）]后，将与显色剂作用生成红色化合物，即达到滴定终点。根据滴定过程消耗的硫酸亚铁铵的量，可按照化学计量关系（Fe(II)∶Cr(VI)=3∶1）算得溶液中 Cr(VI)浓度。又如，碘量法常用于 Cu(II)的分析检测，向含有 Cu(II)的水样中加入过量 KI，使 Cu(II)发生还原的同时产生 I_2[式（4.6）]，再以淀粉为显色剂利用 $Na_2S_2O_3$ 滴定法确定 I_2 的产量。

$$3Fe(II)+Cr(VI) \longrightarrow 3Fe(III)+Cr(III) \tag{4.5}$$

$$2Cu(II)+4I^- \longrightarrow 2CuI+I_2 \tag{4.6}$$

除显色法外，还可通过其他手段指示滴定终点，如利用电化学工作站在两个指示电极间施加指定电压，观察电流随滴定的变化情况，当电流出现突跃时即为滴定终点。

化学滴定法成本较低，可在不借助检测设备的情况下实现金属价态的分析，但当水样中存在可与滴定试剂反应的组分时将引起检测结果的偏差。

2. X 射线衍射法

X 射线衍射（X-ray diffraction，XRD）法是最常见的固体样品表征手段之一，主要用于固体的晶形结构解析。由于 X 射线的波长和晶体内部原子间距相近，当 X 射线照射样品时将发生衍射。衍射波叠加的结果是令射线在某些方向上增强，而在其他方向上减弱。当射线的光程差为射线波长的整数倍时，衍射强度最大。X 射线衍射仪利用一束单色平行 X 射线照射样品，测试过程中持续改变样品与入射光的夹角，并记录不同入射角下测得的衍射强度，即可得到 XRD 图谱。对于特定波长的 X 射线，当目标样品具有一定晶形结构时，XRD 图谱将在特定位置出现衍射峰，其位置符合布拉格方程[式（4.7）]。因此，根据衍射峰的角度与峰形，即可获得样品的体相物相信息，如物质组成（包括价态信息）、晶型、掺杂方式、晶粒尺寸等。

$$2\sin\theta = n\lambda \tag{4.7}$$

式中：θ为入射光与样品表面的夹角；n为衍射级数；λ为入射光波长。

由于无法检测液相样品且需要样品量较多，XRD 法无法直接用于水中溶解态、胶体与颗粒态金属的分析，需将固体样品收集烘干或将液体样品冻干后方可检测。同时，对于非晶态或结晶度较低的组分，XRD 法难以获得其物相信息。此外，当水样组成较为复杂时，XRD 图谱较难解析，需要与其他表征手段相结合。因此，XRD 法在水中重金属价态分析中局限性较大，可用作辅助表征手段。

3. X 射线光电子能谱法

X 射线光电子能谱法（X-ray photoelectron spectroscopy，XPS）在固体样品表征中已得到极为广泛的应用。该方法是利用 X 射线照射样品，将原子中的价电子与内层电子激发产生光电子，并通过能量分析装置测试光电子能量。以电子结合能为横坐标、光电子强度（通常为每秒测得的光子数）为纵坐标绘制 XPS 图谱。

与 XRD 不同，XPS 无法提供样品的体相信息，其测试对象为样品中的选定微区。同时，XPS 检测深度较浅，通常仅有位于固体表面几纳米的电子可顺利逃逸产生光电子。在各原子中，内层电子的结合能受化学环境的影响较小。由原子所处化学环境引起的内层电子结合能的变化称为化学位移，根据化学位移可获得原子的化学环境与价态信息。对同周期的主族元素，其化学位移通常随化合价的升高线性增加；而过渡金属的化学位移多随化合价的升高而减小。

由于 X 射线可激发绝大多数原子的内层电子，XPS 是一种广谱的价态分析手段，可满足大部分金属的价态分析。例如，金属态 Fe 3p 轨道电子的最大光电子强度往往出现在 52～53 eV，而 Fe(II)与 Fe(III)的 3p 轨道峰信号通常分别位于 54～55 eV 与 55～56 eV；在 Cr 的 2p 3/2 轨道 XPS 图谱中，Cr(0)、Cr(III)与 Cr(VI)分别在结合能约 574 eV、577 eV 与 579 eV 处出现最大强度。

XPS 检测需在高度真空条件下进行，难以直接表征水相样品。与 XRD 的样品制备类似，通常采用冷冻干燥法将水样制成固体样品后进行 XPS 测试。当水样中同时存在多种金属元素时，XPS 信号可能互相干扰。例如，Zn 的 $3p_{3/2}$ 轨道结合能常位于 89 eV 附近，与部分价态 Mn 的 3 s 轨道相近，因此水样中 Zn 和 Mn 共存时将影响图谱的解析。另外，同种元素不同价态的信号在 XPS 图谱中位置可能相近，此时难以准确分辨其化合价情况。例如，Cu(0)与 Cu(I)峰在 XPS 图谱中接近重合，需要借助其他分析手段考察其化合价。此外，XPS 检测区域较小，难以准确反映整个样品中金属价态分布。

4. 原子荧光光谱法

原子荧光光谱法（atomic fluorescence spectrometry，AFS）是一种常见分析技术，可用于痕量金属的分析，其原理与原子吸收技术相似，先将待分析元素原子化产生气体，并选择合适的光源照射产生的原子蒸气。当光子能量与原子轨道能级差相匹配时，低能级轨道中的电子将吸收光子向高能级跃迁，高能级电子随即自发向较低能级轨道跃迁并发出荧光。根据跃迁能级与荧光产生方式的差异可细分为共振荧光、直跃型荧光、阶跃型荧光、多光子荧光、敏化荧光等。在特定范围内，原子蒸气产生的荧光强度与蒸气中目标元素的含量呈正比，这是原子荧光可用于元素浓度定量分析的基础。

为使液相样品中的金属转化为气态原子，目前最常用的是氢化物发生法。该方法利用能产生氢气或氢原子的试剂（如硼氢化钠）将目标金属转化为挥发性金属氢化物，最终分解为氢气与金属原子。对于某些金属元素，只有处于特定价态时才能通过氢化物发生法转化为气态原子，此时AFS测得的即为该价态元素的含量。通常情况下，硼氢化物可将Se(IV)快速转化为气态SeH_4，而Se(VI)与硼氢化物的反应速率较慢，因此可利用AFS测定水样中Se(IV)浓度。类似地，Bi(III)、Sb(III)、Sn(IV)等物质均可利用AFS进行分析。

通常，AFS具有检测限低、灵敏度高、方便快捷等优点，已成为国家部门、行业及地方标准的推荐检测技术。其主要缺陷是适用的元素比较有限，主要包括：As、Hg、Cd、Zn、Pb、Bi、Sn、Se、Ge、Sb和Te。此外，气体蒸气的荧光强度较为有限，检测可能受杂散光干扰。

以上介绍了较为广谱的重金属价态分析手段。除上述方法外，在特定情况下也可采用更加有针对性的分析手段。例如，穆斯堡尔谱在铁的价态分析中具有独特优势，低价态Cu常利用俄歇光电子能谱法表征。总而言之，水中重金属价态分析较为复杂，需要根据待测水样理化特性和测试需求合理选择分析手段，方可获得可靠的结果。

4.2　络合态重金属概述

重金属赋存形态的多样性不仅来源于价态，通过配位作用，重金属可与共存物质结合形成重金属络合物。在重金属络合物中，重金属原子或离子通常被称为中心原子或离子（本章中统称为中心原子），与重金属形成配位键的原子、分子或离子被称为配体。种类繁多的配体与重金属组成了形形色色的重金属络合物。这些物质的性质与用途各不相同，许多重金属络合物在人们的生产、生活中发挥着重要的作用。

在水环境中，重金属络合物同样广泛存在，在天然水体、生活污水、工业废水中均能寻找到它们的踪迹。胺基、羧基、羟基、巯基、磷酸根、铵根等常见结构均可作为配位基团直接与中心原子作用。自然界中广泛存在的天然有机质往往能与多种重金属形成络合物，生产、生活中常用的各类添加剂与生活用品也可能作为配体。例如，在电化学精镀过程中，需要向电镀液中加入EDTA、柠檬酸等配体控制金属沉积速率以保证镀件的品质，导致许多行业（如电子电镀、印染、制革等）废水中通常含有浓度较高的络合态重金属。

作为水中重金属的重要存在方式，重金属络合物的去除已成为重金属污染控制的重点与难点。由于重金属络合物的理化性质与其配位环境息息相关，只有正确认识重金属络合物的组成、结构，才能针对性地选择、开发高效处理方法。本节将简要介绍配位基本理论，探讨水中重金属络合物的形成、结构及基本性质。

4.2.1 配位基本理论

1. Werner 配位理论

19 世纪以前，人们对化学键的本质缺乏认识，主要依靠静电作用及氧化态理解重金属与其他物质的作用，然而这些理论无法对重金属络合物的组成与性质提供合理的解释。因此，科学家对重金属络合物的形成和结构展开了大量研究并提出了多种假说，但均未获得突破性进展，这一情况延续至 19 世纪末。1893 年，瑞士科学家 Werner 基于对重金属络合物的长期研究提出了配位理论，这一理论的出现宣告重金属络合物的神秘面纱正被逐渐揭开，也为日后配位化学的快速发展打下了根基。Werner 配位理论的内容主要包括以下几点。

1）配位和配位数

Werner 把金属中心原子看作球体，把与中心原子直接相连的物质（分子、离子等）称为配体，通过配位作用与中心原子相连的原子的数目称为配位数。Werner 提出配体以一定的空间结构排布在中心原子周围，即络合物具有特定的空间结构。同时，Werner 认为配体的空间排列可对络合物的物理化学性质产生影响。

2）主价和副价

区别于传统氧化态理论，Werner 指出金属中心原子存在两种化合价，即主价和副价。其中，主价为金属的氧化态，而副价为金属的配位数。Werner 认为，稳定的络合物倾向于同时满足中心原子的主价和副价。例如，Co^{3+}的主价为 3，因此能与 3 个 Cl^-结合，形成 $CoCl_3$。与此同时，Co^{3+}的副价为 6，因此 Co 中心原子还能与 6 个 NH_3 结合，最终生成 $CoCl_3 \cdot 6NH_3$。

3）内层和外层

Werner 提出中心原子以主价和副价两种不同方式与物质连接，其中配位作用较强，通过配位作用与中心原子结合的物质与中心原子距离较近，位于中心原子的内层；而通过静电作用相连的物质结合较为松散，与中心原子距离较远，处于外层。例如，在 $CoCl_3 \cdot 6NH_3$ 中，NH_3 与 Co^{3+}距离较近，处于内层；而 Cl^- 与 Co^{3+}距离较远，位于外层。

4）次层配位

Werner 认为，当中心原子的副价（即配位数）已被配体饱和后，络合物还能进一步与外部物质作用，这种作用使络合物结构更加复杂。这是因为第一层配体虽与中心原子配位，其力场并未饱和，仍可通过残余力量与第二层分子/离子相互作用，产生次层配位。这种残余力量就是氢键、偶极等次级键。

Werner 提出的主/副价、内/外层与次级配位概念对日后配位化学的发展起到了重要作用。为表彰其卓越贡献，1913 年 Werner 被授予诺贝尔化学奖。

2. 价键理论

Werner 配位理论虽然推动了配位化学的发展，但仍存在明显缺陷。特别是，配位理论虽然成功将配位作用与传统静电作用区分，但并未阐明配位键的本质及其形成的内在机制。

随着 20 世纪初量子力学的发展，科学家对化学键的本质开始了深入探究。1927 年 Heitler 和 London 首先将量子力学用于分子结构解析，成功阐述了 H_2 分子中 H—H 键的本质，奠定了近代价键理论的基础。随后，Pauling 与 Slater 等进一步发展了价键理论。1931 年，Pauling 对配位作用进行了更深入的阐述，其基本理论包括以下几个方面。

1）成键方式

Pauling 指出配位键的本质是含有孤对电子的路易斯（Lewis）碱向含有空轨道的中心原子（即 Lewis 酸）提供孤对电子，即配位键是通过 Lewis 酸、碱共享电子对的方式形成的。当中心原子与配体的电子云正面交盖时，电子云具有最大重叠面积，该情况称为“头碰头”式成键，由此形成的配位键称为 σ 键。σ 键的电子云形状是以中心原子和配位原子的原子核连线为对称轴的圆柱体。除 σ 键外，中心原子与配体原子的电子云还可在侧面方向发生交盖，即“肩并肩”式成键，由此形成的配位键称为 π 键。根据参与 π 键形成的轨道，又可分为 p-p π 键、p-d π 键和 d-d π 键。与 σ 键相比，π 键的电子云重叠程度较低，作用力相对较弱。但由 π 键形成的离域电子体系可显著增强络合物的稳定性。

2）杂化轨道

Pauling 认为，当中心原子与配体成键时，其 s、p、d 轨道将发生重组，形成具有不同电子云形状与能量的新轨道。Pauling 将此行为称为杂化，重组后的轨道则为杂化轨道。轨道杂化后络合物的能量可进一步降低，有助于提升其稳定性。中心原子的轨道杂化方式可分为外轨型杂化与内轨型杂化。其中外轨型杂化是指主量子数相同的轨道间的杂化；而内轨型杂化是主量子数为 n 的 s 轨道、p 轨道与主量子数为 n–1 的 d 轨道间的杂化。例如，以 Fe 为配位中心原子，当配体为 F^- 时，Fe 的 1 个 4s 轨道、3 个 4p 轨道和 2 个 4d 轨道发生杂化，上述轨道经过线性组合产生 6 个新轨道，为 sp^3d^2 外轨型杂化。当配体为 CN^- 时，Fe 的 4d 轨道不再参与杂化，而是由其内层的 3d 轨道与 4s 和 4p 轨道杂化，为 d^2sp^3 内轨型杂化。通常，经内轨型杂化形成的络合物具有更高的稳定性。

3）空间结构

络合物的空间结构与中心原子的杂化方式有直接关系。一般来说，对于配位数为 3 的络合物，中心原子的 1 个 s 轨道和 2 个 p 轨道将发生 sp^2 杂化，形成 3 个等价的 sp^2 杂化轨道，分别指向等边三角形的 3 个顶点，最终形成平面正三角形结构络合物。对于配位数为 4 的络合物，分为两种情况：当中心原子倾向于发生 sp^3 杂化时，将产生 4 个等价的 sp^3 轨道分别指向正四面体的 4 个顶点，最终形成正四面体结构络合物；而当中心原子杂化方式为 dsp^2 时，产生的等价杂化轨道将分别指向正方形的 4 个顶点，此时络合物结构为平面正方形。配位数为 6 的络合物常见杂化方式主要有 sp^3d^2 和 d^2sp^3，这两种杂化方式均产生正八面体结构络合物。除以上情形外，配位数为 1～12 的络合物均已被发现和报道，可产生直线、非直线、三角双锥、四方锥、加冠八面体、五角双锥、加冠三棱柱、十二面体、四方反棱柱等空间结构的络合物。

4）高自旋和低自旋络合物

假设过渡金属元素含有 n 个不成对 d 电子，则络合物磁矩 μ 服从

$$\mu=\sqrt{n^2+2n}\cdot\mu_B \tag{4.8}$$

通过测量络合物的磁矩可以计算得到其含有的不成对 d 电子数，若络合物的 d 轨道不成对电子数与中心原子的 d 轨道不成对电子数一致，说明中心原子的电子结构并未因络合发生变化，电子排布服从洪德（Hund）定则，配体提供的电子对占据最外层的 ns、np、nd 轨道，称为外轨型络合物。当 n 小于中心原子本身的不成对 d 电子数时，表明中心原子在形成络合物时 d 电子结构发生变化，即 d 电子之间发生配对，从而尽可能腾出空轨道，使配体的电子能进入这些空轨道，称为内轨型络合物。因此，外轨型络合物也被称为高自旋络合物，而内轨型络合物又称为低自旋络合物。

3. 晶体场理论

现代价键理论将配位作用的诠释提升到新的高度，至今仍广泛用于配位作用的解释。但其局限性也较为明显，包括：4d 轨道能量过高，事实上不易组成杂化轨道，因此相关杂化理论似乎与实际不符；d^1、d^2、d^3、d^8 及 d^9 金属元素高自旋与低自旋状态下具有相同的不成对 d 电子数，因此磁矩判断自旋状态只对 d^4～d^7 金属有效。此外，价键理论只能处理基态物质，往往难以解释颜色、电子光谱等结果。目前，价键理论中杂化轨道概念仍然是讨论络合物成键的一种有效手段。但对于一些特殊络合物（如羰基化合物、二茂铁等），价键理论不能给出满意的解释。

在价键理论提出的同一时期，Bethe 首次提出了晶体场理论。在研究晶体内部的 Na^+ 时，Bethe 发现 Na^+的轨道受周围晶体影响，原先一组能量相同的简并轨道将发生分裂产生能级不同的新轨道。Bethe 认为以上现象主要是由于金属离子在晶体内部受到静电作用力从而影响了轨道能级。随后，van Vleck 在 Bethe 实验的基础上展开了进一步研究，形成了更加完善的晶体场理论。该理论以静电作用为基础，同时融合量子力学与群论，主要用于描述中心金属原子的轨道及络合物的性质。晶体场理论的基本内容：①将中心原子与配体视为带电质点，认为两者通过静电作用相连，即将配位键视为离子键；②对于过渡金属元素，在与配体作用前，其具有 5 个简并 d 轨道。在与配体结合后，d 轨道在静电作用下分裂为多组具有不同能级的轨道。不同络合物中，中心原子 d 轨道的分裂情况可能存在差异，主要取决于中心原子与配体的种类和络合物的空间结构。与原先的 d 轨道相比，部分分裂轨道能量上升，部分轨道能量下降。由于轨道能级发生改变，d 电子将在新轨道中重新排布使能量最低。由轨道分裂引起的络合物总能量下降称为晶体场稳定化作用，总能量降低的数值称为晶体场稳定化能。

以正八面体络合物为例，过渡金属处于八面体的中心，6 个配体分别位于正八面体的 6 个顶点。从几何构型上，过渡金属的 $d_{x^2-y^2}$ 与 d_{z^2} 轨道几乎正面指向配体。根据晶体场理论，物质间通过静电相互作用，因此 $d_{x^2-y^2}$ 与 d_{z^2} 轨道中的电子受到配体的静电排斥作用最强，$d_{x^2-y^2}$ 与 d_{z^2} 轨道能量升高，其中的电子较不稳定。反之，d_{xy}、d_{xz} 与 d_{yz} 轨道与配体距离较远，受排斥作用较弱，轨道中电子较为稳定。综上所述，在周围配体（晶体场）的作用下，原先处于简并状态的 d_{xy}、d_{xz}、d_{yz}、$d_{x^2-y^2}$ 与 d_{z^2} 轨道发生分裂，产生 3

个能量较低的轨道和 2 个能量较高的轨道。根据轨道的对称性，此时将低能级轨道写为 t_{2g}，将高能级轨道写为 e_g。假设 e_g 轨道能量 E_{e_g} 与 t_{2g} 轨道能量 $E_{t_{2g}}$ 差值为 $\varDelta_o$，则可根据式（4.9）和式（4.10）算得晶体场分裂引起的轨道能量变化。

$$E_{e_g} - E_{t_{2g}} = \varDelta_o \tag{4.9}$$

$$2E_{e_g} + 3E_{t_{2g}} = 5E_{简并} \tag{4.10}$$

计算可得，与非络合态金属的 d 轨道相比，正八面体晶体场分裂产生的 e_g 轨道能量比分裂前的简并轨道高 $0.6\varDelta_o$，而 t_{2g} 轨道能量降低 $0.4\varDelta_o$。

类似地，对于配位数为 4 的络合物，当络合物构型为正四面体时，可算得晶体场使 d 轨道分裂为 3 个能级较高的轨道和 2 个能级较低的轨道，且高/低能级轨道能量上升/下降值分别为 $8/45\varDelta_o$ 与 $12/45\varDelta_o$。当络合物构型为正四边形时，各 d 轨道能量排序为 $d_{x^2-y^2} > d_{xz} > d_{z^2} > d_{xz} = d_{yz}$。

众所周知，每个轨道可容纳两个自旋方向相反的电子。两电子间具有排斥作用，若轨道中已存在一个电子，则加入第二个电子时需要额外能量以克服排斥作用，即电子成对能。因此，为使体系能量最低，当轨道能级完全相同时，电子倾向于进入空轨道，当空轨道占满后电子才开始成对。然而在晶体场中，d 轨道能量发生分裂，此时电子的填充遵循能量最低原则，即当最高单电子占据轨道与最低空轨道的能量差小于电子成对能时，电子才进入空轨道，形成高自旋络合物；当最高单电子占据轨道与最低空轨道的能量差大于电子成对能时，电子将与最高单电子占据轨道中的单电子成对，形成低自旋络合物。相应地，把轨道能级差大于电子成对能的配体场称为强场，反之称为弱场。综上所述，按照能量最低原则，将电子依次填入轨道，并根据 d 电子数量、各轨道能级及电子成对能即可计算出晶体场稳定化能。同时，通过计算不同构型时晶体场稳定化能，可推测络合物的配位数与空间结构。

Jahn 和 Teller 提出，当中心原子的 d 电子未饱和时，轨道及配体的对称性将发生改变，称为姜-泰勒（Jahn-Teller）效应。由于对称性降低，在晶体场理论中本应简并的轨道将发生进一步分裂。Jahn-Teller 效应已得到电子吸收光谱及 X 射线吸收光谱数据的支持。关于 Jahn-Teller 效应的详细内容与计算方法，读者可参考 Lawrance（2013）和 Gispert（2008）。

4. 分子轨道理论

晶体场理论在解析部分络合物的立体结构、晶格能、分子光谱中取得了成功。但是该理论建立在静电作用的基础上，且忽略了电子在中心原子与配体间的转移，与实际情况差别甚大。正因如此，晶体场理论无法准确描述配位作用。1932 年，Mulliken 与 Hund 提出了分子轨道理论。与着眼于中心原子与晶体场理论不同，分子轨道理论将络合物分子看作一个整体，从单个电子入手，认为电子的行为是由分子中的原子核与其他电子的平均场所决定的。同时，该理论认为，当中心原子与配体络合后，原子轨道概念将不复存在，取而代之的是由中心原子与配体中各原子的原子轨道线性组合而成的分子轨道（尽管部分不参与成键的轨道不发生变化），并由络合物中所有原子的电子共同填充。

在分子轨道理论中，原子轨道间的组合主要服从三个原则：①对称性匹配原则，只有对称性匹配的原子轨道才能线性组合形成分子轨道；②能量相近原则，能量越相近的原子轨道组合产生的分子轨道中，成键轨道与反键轨道能量差越显著，能量差距过大的原子轨道相互组合几乎无法改变轨道能量，此时中心原子与配体的作用接近离子键，因此晶体场理论可视为分子轨道理论的特殊情况；③轨道最大重叠原则，根据原子轨道的空间位置，重叠程度越大的原子轨道相互组合产生的分子轨道的成键轨道与反键轨道能量差越大。

在利用分子轨道理论处理络合物时，首先应明确整体络合物及其中心原子各价层轨道的对称性，找出与中心原子对称性相匹配的配体轨道；然后将这些满足条件的配体轨道组合，产生配体群轨道；最后将配体群轨道与中心金属原子轨道组合，形成分子轨道。

以六配位八面体络合物为例，假设中心原子处于第 n 周期，则其价层原子轨道包括（n−1)d 轨道，ns 轨道及 np 轨道。其中，对称性为 t_{2g} 的 d_{xy}、d_{xz} 及 d_{yz} 轨道不指向配体，在络合物中不含 π 键的情况下，以上轨道无法与配体轨道有效重叠，不符合轨道重叠原则，因此不做考虑。在可能形成 σ 键的轨道中，$d_{x^2-y^2}$ 轨道与 d_{z^2} 轨道对称类型为 e_g，s 轨道对称性为 A_{1g}，p_x、p_y、p_z 轨道对称性为 T_{1u}。将 6 个配体的 σ 轨道线性组合，分别形成与上述轨道对称性相匹配的配体群轨道。将金属原子轨道与配体群轨道组合后产生分子轨道，包括 1 个 a_{1g} 成键轨道、1 个 a_{1g}^* 反键轨道、2 个 e_g 成键轨道、2 个 e_g^* 反键轨道，以及 t_{1u} 成键轨道、t_{2u}^* 反键轨道和 t_{2g} 非键轨道各 3 个。最后将中心原子与配体的 σ 电子按照最低能量原则、泡利不相容原理及洪德定则依次填入分子轨道中。

当配体能通过线性组合得到对称性为 t_{2g} 的群轨道时，配体还可能以 π 键的形式与金属 d_{xy}、d_{xz}、d_{yz} 轨道作用，形成 $t_{2g}(\pi)$成键轨道和 $t_{2g}(\pi^*)$反键轨道。此外，若配体自身的分子轨道中含有空的 $t_{2g}(\pi)$或 $t_{2g}(\pi^*)$轨道，当配体群轨道与金属形成 π 键时，中心原子的价电子可能填充到能级更接近配体群 t_{2g} 轨道（相对于中心原子的 t_{2g} 轨道而言）的 $t_{2g}(\pi)$ 或 $t_{2g}(\pi^*)$分子轨道中，这种作用方式被称为反馈 π 键。当配体的价层包含 d 轨道时，也可通过 d 轨道重叠产生 π 键。

分子轨道理论利用量子力学方法处理络合物，与价键理论及晶体场理论相比，能更准确地反映配位键的本质，也能更有效地解释络合物的热力学、谱学性质。尽管如此，分子轨道理论处理复杂络合物难度较大，尤其是对于对称性较低的络合物，该理论的计算较为困难。因此在研究络合物的配位作用时应充分考虑各理论的优势和局限性，选择合适的方法。除以上介绍的经典理论外，研究人员也提出了许多描述配位键的新方法和理论，读者可参阅罗勤慧（2012）。

4.2.2 络合稳定常数

为方便重金属络合物的研究，需要寻找简单的方法定量描述中心原子与配体的作用强度。络合稳定常数是最常用的一种用于表示络合物稳定性或配位强度的参数。络合稳定常数属热力学参数，它反映了络合反应前后系统的吉布斯自由能变化情况，与反应路径、络合速率等无关。对于如式（4.11）所示的络合反应，当反应物浓度较低时，假设各物质活度系数均为 1，则可根据吉布斯自由能表达式将反应前后能量变化写为式（4.12）。

$$M + L \rightleftharpoons ML \tag{4.11}$$

$$\Delta G = G_{ML}^0 + RT\ln c_{ML} - G_M^0 - RT\ln c_M - G_L^0 - RT\ln c_L$$

$$= \Delta G^0 + RT\ln\frac{c_{ML}}{c_M c_L} \tag{4.12}$$

式中：M 为金属中心原子；L 为配体；G^0 为标准吉布斯自由能；R 为理想气体常数；T 为温度。

反应达到平衡后，$\Delta G=0$。由此可得式（4.13）。将络合物 ML 的络合稳定常数定为 $\lg(c_{ML}/c_M c_L)$（以 pK 表示），其数值只与平衡时游离态金属、配体及络合物的浓度有关。显然，pK 值越大，络合反应式（4.11）进行的程度越高，金属与配体络合越牢固，根据络合稳定常数的推导与意义，本质上该常数可反映平衡常数在络合反应中的运用。

$$\ln\frac{c_{ML}}{c_M c_L} = \ln K = -\frac{\Delta G^0}{RT} = \text{常数} \tag{4.13}$$

需注意的是，许多情况下金属与配体并非等量络合。例如，单位 Fe(III)可与 1～3 个乙酰丙酮分子络合形成不同的络合物，铜氨络合物包括 Cu^{II}-NH_3、Cu^{II}-$(NH_3)_2$、Cu^{II}-$(NH_3)_3$、Cu^{II}-$(NH_3)_4$、Cu^{II}-$(NH_3)_5$ 等。假设金属与配体间发生逐级络合，以 ML_3 型络合物为例，其形成可写为式（4.14）～式（4.16）。此时，络合稳定常数有逐级络合稳定常数与累积络合稳定常数两种形式。其中逐级络合稳定常数为各级络合反应的平衡常数，而累积络合稳定常数是以游离金属和配体为反应物“一步”形成相应络合物[式（4.17）～式（4.19）]的平衡常数，以 β 表示。根据热力学关系，累积络合稳定常数与逐级络合稳定常数间满足式（4.20）所示关系。

$$M + L \rightleftharpoons ML,\quad pK_1 = \lg\frac{c_{ML}}{c_M c_L} \tag{4.14}$$

$$ML + L \rightleftharpoons ML_2,\quad pK_2 = \lg\frac{c_{ML_2}}{c_{ML} c_L} \tag{4.15}$$

$$ML_2 + L \rightleftharpoons ML_3,\quad pK_3 = \lg\frac{c_{ML_3}}{c_{ML_2} c_L} \tag{4.16}$$

$$M + L \rightleftharpoons ML,\quad \beta_1 = \lg\frac{c_{ML}}{c_M c_L} \tag{4.17}$$

$$M + 2L \rightleftharpoons ML_2,\quad \beta_2 = \lg\frac{c_{ML_2}}{c_M c_L^2} \tag{4.18}$$

$$M + 3L \rightleftharpoons ML_3,\quad \beta_3 = \lg\frac{c_{ML_3}}{c_M c_L^3} \tag{4.19}$$

$$\beta_n = \sum_{i=1}^{n} pK_i \tag{4.20}$$

根据水中目标金属总浓度、目标配体总浓度及相关络合物的逐级或累积络合稳定常数，即可算出游离态金属、配体与各络合物的平衡浓度。当系统中包含多种金属或配体时，也可通过各络合物的稳定常数算出平衡状态下各物质浓度。

络合稳定常数属于热力学数据，它仅能描述反应方向及平衡状态。当系统处于非平衡状态时，无法利用络合稳定常数计算相关物质浓度。例如，Cr(III)与配体络合速率通常较为迟缓，需要结合系统的初始状态及相关反应的动力学数据综合分析金属的络合状态。

4.2.3 常见配体及络合物

配体在水环境中广泛存在，天然水体中常见配体有天然有机质、硫酸根、卤离子等，甚至水分子（及氢氧根）也可与大部分过渡金属络合。在工业废水中常常存在络合能力更强的合成配体，如EDTA、氨三乙酸（nitrilotriacetic acid，NTA）、柠檬酸、酒石酸、羟基乙叉二膦酸、氨根、氰根、表面活性剂类物质等。这些配体中的羧基、胺基、酚羟基、膦酸等结构可与过渡金属形成较强的配位作用。特别是合成配体中常含有多个络合位点，这些位点可同时与单个中心金属原子络合，形成高度稳定的螯合物，这种具有多个络合位点的配体也被称为多齿配体。螯合物的稳定性主要表现在两方面：①络合稳定常数高，强烈的相互作用使其他共存物质难以将金属从螯合剂“手中”夺走；②部分配体可将中心原子包裹，由此产生的空间位阻效应可阻碍中心原子与其他物质作用。当金属的配位数达到饱和后，必需先解离断键才能与配体以外的物质发生反应。部分络合物（如Ni(II)-EDTA）解离速率缓慢，常常表现为反应惰性。表4.4列举了部分常见金属络合物及其累积络合稳定常数。可以看出，天然水体中常见阴离子对金属的络合能力普遍较弱，当工业废水中的强络合剂进入天然水体后，金属易与汇入的配体结合形成更稳定的络合物。

表4.4 部分络合物的累积络合稳定常数

配体	金属	配体数	累积络合稳定常数
SO_4^{2-}	Fe(III)	1，2	4.04，5.38
	Hg(II)	1，2	1.30，2.40
	Ni(II)	1	2.40
	Pb(II)	1	2.75
NO_3^-	Cd(II)	1	0.40
	Fe(III)	1	1.00
	Hg(II)	1	0.35
	Pb(II)	1	1.18
Cl^-	Cd(II)	1，2，3，4	1.95，2.50，2.60，2.80
	Co(III)	1	1.42
	Cu(I)	2，3	5.50，5.70
	Cu(II)	1，2	0.10，0.60
	Fe(II)	1	1.17
	Fe(III)	2	9.80
	Hg(II)	1，2，3，4	6.74，13.22，14.07，15.07
	Pb(II)	1，2，3	1.42，2.23，3.23
	Zn(II)	1，2，3，4	0.43，0.61，0.53，0.20

续表

配体	金属	配体数	累积络合稳定常数
CN^-	Cd(II)	1，2，3，4	5.48，10.60，15.23，18.78
	Cu(I)	2，3，4	24.00，28.59，30.30
	Fe(II)	6	35.00
	Fe(III)	6	42.00
	Hg(II)	4	41.40
	Ni(II)	4	31.30
	Zn(II)	1，2，3，4	5.30，11.70，16.70，21.60
OH^-	Al(III)	1，4	9.27，33.03
	As(III)	1，2，3，4	14.33，18.73，20.60，21.20
	Cd(II)	1，2，3，4	4.17，8.33，9.02，8.62
	Co(II)	1，2，3，4	4.30，8.40，9.70，10.20
	Cr(III)	1，2，4	10.10，17.80，29.90
	Cu(II)	1，2，3，4	7.00，13.68，17.00，18.50
	Fe(II)	1，2，3，4	5.56，9.77，9.67，8.58
	Fe(III)	1，2，3	11.87，21.17，29.67
	Hg(II)	1，2，3	10.60，21.80，20.90
	Mn(II)	1，3	3.90，8.30
	Ni(II)	1，2，3	4.97，8.55，11.33
	Pb(II)	1，2，3	7.82，10.85，14.58
	Zn(II)	1，2，3，4	4.40，11.30，14.14，17.66
NH_3	Cd(II)	1，2，3，4，5，6	2.65，4.75，6.19，7.12，6.80，5.14
	Co(II)	1，2，3，4，5，6	2.11，3.74，4.79，5.55，5.73，5.11
	Co(III)	1，2，3，4，5，6	6.70，14.00，20.10，25.70，30.80，35.20
	Cu(I)	1，2	5.93，10.86
	Cu(II)	1，2，3，4，5	4.31，7.98，11.02，13.32，12.86
	Fe(II)	1，2	1.40，2.20
	Hg(II)	1，2，3，4	8.80，17.50，18.50，19.28
	Mn(II)	1，2	0.80，1.30
	Ni(II)	1，2，3，4，5，6	2.8，5.04，6.77，7.96，8.71，8.74
	Zn(II)	1，2，3，4	2.37，4.81，7.31，9.46
EDTA	Al(III)	1	16.11
	Cd(II)	1	16.40
	Co(II)	1	16.31
	Co(III)	1	36.00
	Cr(III)	1	23.00
	Cu(II)	1	18.70

续表

配体	金属	配体数	累积络合稳定常数
EDTA	Fe(II)	1	14.83
	Fe(III)	1	24.23
	Hg(II)	1	21.80
	Mn(II)	1	13.80
	Ni(II)	1	18.56
	Pb(II)	1	18.30
	Zn(II)	1	16.40
乙酰丙酮	Al(III)	1，2	8.60，15.50
	Cd(II)	1，2	3.84，6.66
	Co(II)	1，2	5.40，9.54
	Cu(II)	1，2	8.27，16.34
	Fe(II)	1，2	5.07，8.67
	Fe(III)	1，2，3	11.40，22.10，26.70
	Hg(II)	2	21.50
	Mn(II)	1，2	4.24，7.35
	Ni(II)	1，2，3	6.06，10.77，13.09
	Pb(II)	2	6.32
	Zn(II)	1，2，3，4	8.40，16.00，23.20，30.10
水杨酸	Al(III)	1	14.11
	Cd(II)	1	5.55
	Co(II)	1，2	6.72，11.42
	Cu(II)	1，2	10.60，18.45
	Fe(II)	1，2	6.55，11.25
	Mn(II)	1，2	5.90，9.80
	Ni(II)	1，2	6.95，11.75
	Zn(II)	1	6.85
酒石酸	Cd(II)	1	2.80
	Co(II)	1	2.10
	Cu(II)	1，2，3，4	3.20，5.11，4.78，6.51
	Fe(III)	1	7.49
	Hg(II)	1	7.00
	Mn(II)	1	2.49
	Ni(II)	1	2.06
	Zn(II)	1，2	2.68，8.32

引自 Speight（2005）

络合物的物理化学性质与中心原子和配体均有关联，利用配体调控中心原子或络合物的性质已在许多领域得到了应用。例如：研究人员将 EDTA 修饰在中空铜纳米微球表面，改变了材料的电荷分布，显著提升了该材料的二氧化碳电催化还原活性。除固相材料外，金属络合物还可作为分子催化剂促进液相反应的进行。Collins 团队以铁为中心金属、四氨基大环配体为络合剂开发了一系列新型分子催化剂，构建了高效类芬顿体系，实现了污染物的快速氧化（Somasundar et al.，2021，2018；Kundu et al.，2020）。研究表明，四氨基大环配体不仅改变了中心铁原子的催化效率，还改变了铁的循环路径与类芬顿体系的氧化活性物种。笔者课题组近期研究发现，Cu(II)/H_2O_2 类芬顿体系可选择性地氧化羟基亚乙基二膦酸，这主要是因为 Cu(II)与羟基亚乙基二膦酸配位形成络合物，随后 H_2O_2 将络合态 Cu(II)氧化为 Cu(III)，Cu(III)通过分子内电子转移将羟基亚乙基二膦酸氧化（Sun et al.，2022）。在生命体中络合物同样扮演重要角色，许多动物的红细胞中存在血红蛋白，血红蛋白中的血红素即为铁络合物，可催化分解 H_2O_2，在调节细胞氧化还原平衡中发挥重要作用。

4.3 重金属络合物的分析方法

4.3.1 电化学分析法

电化学分析法是重金属形态分析的常见方法，在水环境分析相关研究中应用较多的是溶出伏安法和计时电位法。按照重金属沉积方式，溶出伏安法又分为阳极溶出伏安法和阴极溶出伏安法。

1. 阳极溶出伏安法

阳极溶出伏安法是最常用的电化学络合物形态分析方法，其基本操作分为两步：预电解和溶出。此过程中产生的溶出感应电流强度与目标重金属的浓度呈正比，溶出伏安曲线中各个峰值电位对应不同的重金属形态，可作为定性分析的依据。

阳极溶出伏安法可将不同形态的金属按其电化学行为特征分为有效态和稳定态。有效态包括游离金属离子和部分弱配位金属；结合紧密的金属络合物的沉积反应是惰性的，它们的解离不发生在电极扩散层，对电流没有干扰。任艺君等（2020）基于阳极溶出伏安法分析了我国渤海和黄海海域中 Cd 的存在形态，结果表明 20%～92%的溶解态 Cd 与有机配体紧密结合，而自由离子态 Cd 质量浓度不超过 12 ng/L，低于 Cd 对浮游生物的毒性阈值。Baars 等（2014）证实了海洋上升流对近地表层和深层 Cd 的存在形态具有较大影响，由浮游植物的大量繁殖和死亡等产生的海洋腐殖质是与 Cd 络合的弱有机配体的主要来源。Do Nascimento 等（2012）利用阳极溶出伏安法确定了 Hg 与腐殖酸络合相关的平均扩散系数、平均稳定常数、微分平衡函数和结合容量参数，结果表明这些参数主要由含氧配体（羧基和酚基）控制，且这些配体与 Hg 往往形成不稳定的弱络合物。

阳极溶出伏安法的分析性能主要受络合物的分解动力学影响。为避免传质速率的限制，可通过搅拌溶液或设置电极旋转来改变扩散层厚度，提高富集效率；同时，控制溶液的搅拌速率可使不同络合形态重金属分步沉积在电极表面。通过简单的数据换算，该方法可以提供有关络合物的配位常数、络合态配体浓度等信息。以 Cd 形态分析为例，汞膜电极能通过高速旋转压缩扩散层，从而降低动力学电流的影响（Sosa et al.，2016）。Serrano 等（2003）研究发现，通过引入较大的氧化电流（10^{-9}～10^{-6} A）和设置梯度搅拌速率，可避免扩散过程中溶解氧的影响，并实现金属离子、重金属-简单配体络合物和重金属-高分子配体络合物三种形态的有效分离。

目前，阳极溶出伏安法应用于铁形态的研究最为全面，如丁二酸（Vukosav et al.，2010）、苹果酸（Cmuk et al.，2009）、柠檬酸（Vukosav et al.，2012）、天冬氨酸（Vukosav et al.，2014）和其他天然配体与 Fe 形成的络合物（Laborda et al.，2016）。需要注意的是，该方法测定的金属需能在合适的电位下被还原再氧化，且能与汞电极形成汞齐，因此该方法并不适用于所有金属。

2. 竞争性配体交换-吸附阴极溶出伏安法

竞争性配体交换-吸附阴极溶出伏安分析是在样品中添加已知络合常数的合成配体，使所加配体与络合物中原有配体进行竞争并达到平衡。随后金属与所加配体形成的新络合物吸附在电极表面，经负方向扫描还原溶出。由于配体投加量和相应络合物的平衡常数已知，可以分别确定溶液中游离金属离子和可交换态络合物的浓度。通过平衡常数和质量平衡方程等热力学计算，可解析出待测样品中总配体浓度和目标络合物络合稳定常数。相较于阳极溶出伏安法，竞争配体交换-吸附阴极溶出伏安法的适用范围不限于与电极形成汞齐的金属种类，可用于无法在电极表面还原的金属的测定和形态分析。

近几年竞争性配体交换-吸附阴极溶出伏安法的研究主要侧重于海洋系统，特别是生物利用度较高的金属元素，如 Fe、Cu、Zn 和 Pb。例如，在研究 Fe 形态时常采用的合成配体有 1-亚硝基-2-萘酚、2, 3-二羟基苯丙氨酸、2-（2-噻唑偶氮）-对甲苯酚和水杨醛肟。根据现有研究结果，可将海水中 Fe 的形态按照配体络合程度划分为 4 类，分别为铁载体类配体（L_1 型，$\lg K_{FeL_1}\geqslant12$，如铁草胺、卟啉）、腐殖质（L_2 型，$\lg K_{FeL_2}=11$～12，包括腐殖酸和富里酸）、强配体类产物（L_3 型，$\lg K_{FeL_3}=10$～11，如胞外多糖、柠檬酸）和生物大分子（L_4 型，$\lg K_{FeL_4}<10$，如生物酶和蛋白质）（Laglera et al.，2019；Wang et al.，2019c；Buck et al.，2015）。与 Fe 类似，海水中超过 99%的 Cu 以有机络合态存在，其配体一般分为两类：$\lg K_{CuL}$ 值在 10～12 的有机配体被认为是较弱的 L_2 型配体，而 $\lg K_{CuL}$ 值在 13～14 的有机配体被认为是更强的 L_1 型配体（Whitby et al.，2015）。Cu 形态研究中常用的络合剂主要有托酚酮、苯甲酰丙酮、儿茶酚和水杨醛肟。在测定 Zn 形态时，可选择吡咯烷二硫代氨基甲酸铵作为竞争配体（Kim et al.，2015b）。已有研究表明，海水中与 Zn 络合的有机配体一般是胶体有机质（Ellwood，2004），其来源可能是腐殖质、细菌分泌有机质、蓝藻或其他浮游植物等，Zn 与此类有机配体的络合较强，$\lg K_{ZnL}$ 通常为 10～11。天然水体中溶解态 Pb 的物质的量浓度很低，通常在 10～80 pmol/L，主要来源于人类工业活动生产的含铅废水。与其他三类金属差别较大，Pb 主要与天然有机配体形成不稳定的络合物，其 $\lg K_{PbL}$ 一般为 8.5～14（Bi et al.，2013）。

竞争性配体交换-吸附阴极溶出伏安法是基于金属、天然配体和外加配体之间的化学平衡，往往需要较长的时间（至少“过夜”）以确保反应达到平衡（Companys et al.，2017），样品的测定较为耗时。同时，该方法依赖加入特殊的配体，导致 pH 适应范围较窄，总体应用没有阳极溶出伏安法广泛。

3. 扫描-溶出计时电位法

扫描-溶出计时电位法是在预富集阶段施加一系列不同的沉积电位，范围从无电化学反应的电位阶跃到发生完全金属还原的最高电位。根据过渡时间与沉积电位的函数，当溶液中存在络合形态重金属时，对应半波沉积电位的移动可通过 DeFord-Hume 表达式直接解析。通过调控相关电化学参数，可探究络合物的动态变化特性，如扩散系数和络合/解离速率常数，而扫描-溶出计时电位波函数的斜率则提供了有关络合配体异质程度的信息。例如，惰性络合物的扩散系数普遍高于自由金属和不稳定络合物的扩散系数，因此，惰性络合物与不稳定络合物可通过限制极限波高进行区分。

扫描-溶出计时电位法常用于研究痕量金属与腐殖质的结合，如 Cu(II)和 Ni(II)与天然水体中黄腐酸和腐殖酸的络合特征、Ca(II)对腐殖酸络合 Pb(II)化学动力学的影响、金属-腐殖酸的平衡形态建模和化学动力学特征等（Town et al.，2016；Kim et al.，2015a）。此外，该方法在金属络合物电化学特性研究中也有一定的应用。

4.3.2 液相色谱法

液相色谱法是水处理、食品安全等领域应用最为广泛的分析技术之一，具有操作简单、灵敏度高、运行稳定等优点。在液相色谱测试中，液体样品首先通过进样针或自动进样器注入液相色谱仪，随后样品在流动相的带动下进入分离单元，根据不同组分在分离单元中保留特性的差异可将各组分分离，最终被分离的组分相继流入检测单元进行定性/定量分析。其中，分离与检测效果是决定液相色谱检测性能的关键。

根据分离单元结构，液相色谱可分为纸色谱、薄层色谱、柱色谱等多种形式。其中柱色谱是目前应用最广泛的运行方式，主要是在分离柱中填充功能材料，用于各组分的分离。液相色谱中决定各组分分离效率的关键因素包括流动相组成、色谱柱选择、流动相流速及柱温。通常，组分在流动相中溶解度越低、与填充材料亲和性越高，越有利于增加保留时间。此外，较低的流动相流速和柱温往往也有利于提高分离效果。

目前，液相色谱仪中通常配备紫外-可见光吸收检测器，其检测原理是在不同保留时间连续测定预设波长处的吸光度，由此获得吸光度-时间图谱。通过与标准物质图谱比对，可根据保留时间与信号强度分别确定各组分的物质种类和浓度。检测波长的选择是影响液相色谱测试效能的重要因素，不仅直接影响检测灵敏度，当多种物质具有相近保留时间时，通过选择合适的检测波长还有望排除共存物质的干扰，从而实现目标物质的定量分析。

在多数水处理研究或应用中，液相色谱柱通常采用 C18 颗粒填料。此类材料是在硅胶表面键合十八烷基，疏水性较强，可有效分离水中疏水性有机物或具有局部疏水结构的物质，目前已广泛用于药物、个人护理品、农药、染料等污染物的分析。利用 C18 色谱柱分离重金属络合物也多有报道。Kaur 等（2007）以 60%乙腈和 40%纯水（流动相比例均为体积比）混合液为流动相（流速 0.8 mL/L），利用 C18 色谱柱（长 250 mm，内径 4.6 mm，粒径 5 μm）将 Co(II)、Ni(II)、Pd(II)的吗啉-4-二硫代甲酸酯络合物分离，并通过检测 310 nm 处吸光度测定上述络合物浓度。Volkart 等（2017）使用 C18 微孔色谱柱，以 50%纯水和 50%乙腈混合液为流动相，实现了对 Cu(II)-白藜芦醇络合物的定量分析。Flieger 等（2017）用液相色谱检测了水中的 Cu(II)-顺式白藜芦醇与 Cu(II)-反式白藜芦醇，检测条件为：C18 色谱柱，75%纯水和 25%乙腈混合液流动相，流速 1 mL/min，柱温（20±0.1）℃，检测波长 220 nm（Cu(II)-顺式白藜芦醇）及 310 nm（Cu(II)-反式白藜芦醇）。叶绿素铜钠络合物是一种常见的食品着色剂，Laddha 等（2020）利用液相色谱分析水中的叶绿素铜钠，发现当流动相中甲醇和纯水体积分数分别为 90%和 10%时，C18 色谱柱对叶绿素铜钠具有最佳分离效果，在 40 ℃柱温及 1 mL/min 流速下获得了良好的检测效果；同时，向流动相中加入乙酸铵可改善叶绿素铜钠的峰形。为探究铜的络合作用对微生物光合成过程的影响，Jaime-Pérez 等（2019）利用液相色谱-ICP-质谱仪测定了铜与相关生物分子的形态，证实了低剂量（2 μmol/L）Cu^{2+}即可对微生物光合成活性造成显著影响。木犀草素在自然界中广泛存在，是花粉、蜂蜜中最常见的类黄酮物质之一，可通过结构中的含氧基团与金属作用，形成重金属络合物（Wang et al.，2019b）。Wang 等（2019b）以乙腈与 0.2%甲酸的混合液（V/V=50%/50%）为流动相，在 0.2 mL/min 流速下成功分离了 Pb(II)-木犀草素络合物，并利用质谱证实了木犀草素与等物质的量的 Pb(II)络合。笔者课题组利用 C18 色谱柱，以 pH=2 的稀硫酸为流动相（流速 0.15 mL/min），定量分析了溶液中的柠檬酸铁、Fe(III)-3-羟基戊二酸和 Fe(III)-3-酮戊二酸（Xu et al.，2015）。

上述案例表明 C18 色谱柱对部分重金属络合物具有分离能力。然而，工业废水中重金属络合物通常具有较强亲水性，难以被 C18 颗粒有效吸附。因此，在常规运行条件下，重金属络合物通常与溶剂同时进入检测器，难以进行定性或定量分析。为实现该类重金属络合物的检测，首要问题是改善其在色谱柱中的保留。

已报道的案例中，研究人员通常通过改变流动相条件延长重金属络合物的保留时间。其中，在流动相中加入离子对试剂（通常为四丁基氯化铵或四丁基溴化铵）是较常见的策略（Zeng et al.，2016a）。离子对试剂具有疏水端与亲水端，其中疏水端多由烷烃组成，亲水端主要为季铵基、磺酸基等带电结构。离子对试剂通过疏水端附着在 C18 颗粒表面，同时利用亲水端的静电作用吸引带异种电荷的重金属络合物，形成 C18 颗粒-离子对试剂-重金属络合物三元吸附结构，从而促进重金属络合物的保留。根据笔者课题组实验结果，当流动相为水/乙醇时，无论两种溶剂比例如何，均无法测得 Fe(III)-EDTA 信号；保持其他条件不变，向流动相中加入 1 mmol/L 四丁基溴化铵后可成功检测 Fe(III)-EDTA。Xing 等（2019）指出，将离子对试剂十二烷基硫酸钠预先吸附在 C18 颗粒表面可提升 C18 色谱柱对部分络合物的分离性能，利用这一方法可有效分离 Pb(II)、Hg(II)、Cu(II)、Zn(II)、Co(II)、Mn(II)、Ce(IV)、Fe(II)、Fe(III)与 4-（2-吡啶偶氮）间苯二酚的络合物。

尽管离子对试剂可实现部分重金属络合物的分析检测，当溶液成分较复杂时，仅通过离子对试剂通常无法获得满意的检测效果。例如，氧化破络是目前含络合态重金属废水的主要处理方式。重金属络合物在氧化破络过程中将产生多种结构、性质相近的破络中间体。为区分母体络合物及各中间体络合物，需要进一步强化色谱柱分离效果。为此研究人员在使用离子对试剂的基础上进一步优化流动相条件，从而调控各物质在固相、液相中的分配。例如，以含有 1 mmol/L 四丁基溴化铵、pH=3.3 的甲酸缓冲液为流动相 A，以甲醇为流动相 B。当检测 Cu(II)-EDTA 及其臭氧氧化分解产物时，随测试时间改变两流动相比例（如表 4.5 所示，在 4～6 min 及 14～18 min 流动相比例梯度变化），保持流速为 0.6 mL/min，Huang 等（2016）成功分离了 Cu(II)-EDTA、Cu(II)-乙二胺三乙酸、Cu(II)-乙二胺二乙酸、Cu(II)-乙二胺乙酸及草酸异羟肟酸铜。

表 4.5　Cu(II)-EDTA 及其分解产物的 HPLC 分离条件

时间/min	流动相 A 体积分数/%	流动相 B 体积分数/%
0	5	95
4	5	95
6	30	70
14	30	70
18	5	95
20	5	95

HPLC 为 high performance liquid chromatography，高效液相色谱法；引自 Huang 等（2016）

除常见的 C18 色谱柱外，其他色谱柱也可用于重金属络合物的分离。例如，Hernandez 等（2018）采用 CS5A 离子交换柱（长 250 mm，内径 4 mm，粒径 9 μm），以 2 mol/L 硝酸/纯水混合液为流动相，流速为 1.1 mL/min，实现了 Cr(III)-EDTA 与 Cr(VI)的同步分离。为缓解重金属对生物体造成的危害，当重金属离子进入生物体后，生物体会自发合成生物配体将高毒性游离态金属离子转化为毒害作用较小的络合态金属。为研究人体视网膜中 Zn、Fe、Cu 的形态，Rodríguez-Menéndez 等（2018）利用液相色谱-电感耦合等离子体-质谱技术对视网膜中提取的可溶性蛋白进行分析。笔者课题组使用尺寸排阻色谱柱获得了各重金属物质的分子量分布（流动相为 pH=7.4 的三羟甲基氨基甲烷-盐酸缓冲液，流速为 0.6 mL/min），并根据配体的分子量判断出重金属的配位情况。Schaumlöffel 等（2003）同样利用装配尺寸排阻色谱柱的液相色谱-电感耦合等离子体-质谱系统分析了植物乳胶中的 Ni(II)络合物（流动相为 pH=6.8 的乙酸铵缓冲液，流速为 0.75 mL/min），发现其中含有 Ni(II)-烟草胺、柠檬酸镍及其他 5 种结构未知的稳定 Ni(II)络合物。

此外，置换反应的前处理有望成为重金属络合物检测的补充策略（Hsu et al.，2003；Nirel et al.，1998；Nowack et al.，1996）。该策略是在液体样品中加入过量强配体，使重金属与投加的强配体结合，从而使样品中原有配体由络合态转变为游离态，最终通过液相色谱分离检测游离配体。该方法克服了重金属络合物难以分离的问题，但缺陷也较为突出，包括：①游离态配体物质吸光能力往往不强，导致液相色谱图信号强度较弱，检测灵敏度较低；②配体物质通常仅对波长小于 254 nm 的紫外线有明显吸收，该波长下共存物质（如重金属-强配体络合物、氧化剂、催化剂、杂质等）的强吸收信号可能对配体的检测产生干扰；③需要另行探索检测条件以分离游离态配体；④该方法仅对易置换络合物有效，无法用于分析解离速率或络合速率较慢的物种（如部分 Ni(II)及 Cr(III)络合物）。

由已报道案例可知，通过选择合适的流动相和色谱柱，液相色谱可用于“简单”体系中重金属络合物的分析。当多种结构相似的重金属络合物共存时，如何利用液相色谱实现各物质的定量分析仍具有相当的挑战。

4.3.3　毛细管电泳法

毛细管电泳法被广泛应用于药物、生物分子及污染物的检测。毛细管电泳仪通常由进样系统、高压电源、毛细管、检测器及数据输出系统组成。与液相色谱相似，毛细管电泳技术也主要用于液态样品的分析，而两者最显著的区别之一是分离单元中各组分的分离机制。在毛细管电泳中分离单元由一根毛细管构成，在外电场作用下液体样品流经毛细管，各组分因在毛细管中迁移速率不同而被分离。

通常，带电物质在毛细管中的迁移包括两种机制，即电泳与电渗流。其中电泳来源于带电物质与外加电场的直接作用，即在库仑力作用下，带正电荷物质沿电场方向运动，带负电荷物质沿相反方向运动。当库仑力与摩擦力达到平衡后，物质达到稳态并以匀速电泳，其速率表达式为式（4.21）。可以看出，携带净电荷越多、水合半径越小的物质电泳速率越快。对于电渗流，常用的石英毛细管等电点约为 3，在分析条件下其表面通常为带负电的—SiO^-结构，毛细管表面形成双电层并积累等量阳离子。这些阳离子在外电场作用下将沿电场方向迁移，并带动毛细管中的液体向阴极移动。这种由双电层中带电物质带动的流动相整体运动即为电渗流。电渗流速率表达式为式（4.22），各物质的电渗流速率由电解液、毛细管性质及电场强度决定，与物质自身性质无关。

$$v_{电泳} = \frac{QE}{6\pi\eta r} \tag{4.21}$$

$$v_{电渗} = \frac{\varepsilon\xi E}{\eta} \tag{4.22}$$

式中：Q 为目标物质的净电荷；E 为电场强度；η 为流动相黏度；r 为目标物的水力半径；ε 为溶液介电常数；ξ 为毛细管壁 Zeta 电位。

综上所述，样品中各物质迁移速率由电泳及电渗流共同决定。对于大多数离子，其电渗流速率为电泳速率的 5～7 倍，因此各组分通常沿电渗流方向迁移。对于阳离子物质，其电泳方向与电渗流方向相同，因此具有较高迁移速率，将率先从毛细管中流出；对于阴离子物质，其电泳方向与电渗流方向相反，因此迁移速率最慢；中性物质仅受电渗流影响，迁移速率介于阳离子物质与阴离子物质之间。

影响毛细管电泳分析效果的关键因素包括电场方向、电场强度、毛细管材质、缓冲液（即流动相）成分。其中：电场方向决定样品的迁移方向；电场强度决定物质在毛细管中的迁移速率，提升电场强度将减少检测时间，而较低的电场强度有利于提高分离效率；毛细管材质将直接影响其表面 Zeta 电位，从而调控电渗流速率；缓冲液成分不仅影响电渗流速率，而且直接决定各物质在毛细管中的形态。这主要是因为缓冲液的 pH 决定了各物质的（去）质子化程度，从而影响其荷电状态。

此外，在毛细管中加入“固定相”可强化待测物的分离。在重金属络合物分析中，常在缓冲液中加入表面活性剂，当表面活性剂浓度高于临界胶束浓度时，游离的表面活性剂将通过自组装形成胶束，胶束可作为“固定相”与待测物相互作用并改变其保留时间。因此，选择合适的缓冲液是应用毛细管电泳法分析重金属络合物的关键之一。

从分离机制判断，毛细管电泳法可有效分离具有不同电荷与尺寸的物质。由于重金属络合物多为带电小分子，且破络过程中络合物的电荷及尺寸通常发生改变，毛细管电泳法可能是目前最适合分离重金属络合物的分析技术之一。同时，毛细管电泳仪通常装配紫外-可见光阵列检测器，方便对比分析不同波长处测得的色谱图以确认所得信号是否对应目标络合物。目前，毛细管电泳法已广泛应用于重金属络合物相关研究。例如，Vacchina 等（2013）利用毛细管电泳法，以 pH＝7.4 的 20 mmol/L 乙酸铵水溶液为缓冲液，在+30 kV 电压下成功实现水中 Zn(II)-、Cu(II)-、Mn(II)-甘氨酸络合物的分离，并利用联用的 ICP-质谱仪对以上物质进行鉴定。Ionescu 等（2019）进一步发展了该方法，使毛细管电泳-ICP-质谱技术不仅能分析以上 3 种络合物，还可同步分析相应的金属自由离子，相关操作参数为：毛细管长度 85 cm，内径 50 μm，电解液为 pH＝4 的 5 mmol/L 乙酸铵，分离电压+25 kV。

与液相色谱法类似，毛细管电泳法也可利用离子对试剂改变其对重金属络合物的分离性能。Liu 等（1999b）向 pH＝8 的 10 mmol/L NaH_2PO_4-Na_2HPO_4 电解液中加入离子对试剂（包含 0.1 mmol/L 4-（2-吡啶偶氮）间苯二酚、5 mmol/L 四甲基铵及 5 mmol/L 四丁基铵），在+30 kV 电压下成功分离了 Fe(II)、Co(II)、Ni(II)、Cu(II)、Zn(II)与 4-（2-吡啶偶氮）间苯二酚的络合物。再如，以四丁基三甲基溴化铵为离子对试剂，研究人员成功分离了 Cd(II)、Co(II)、Cu(II)、Fe(III)、Hg(II)、Mo(VI)、Sc(III)、V(V)、U(VI)、Y(III)和 Zn(II)与 2、6-二乙酰基吡啶双（N-甲基吡啶酮）的络合物（Timerbaev et al.，1994）。Padarauskas 等（1997）研究发现，利用 pH 为 8.5 的 5 mmol/L 二亚乙基三胺五乙酸（diethylenetriaminepentaacetic acid，DTPA）缓冲液可同步分离 Co(III)、Bi(III)、Fe(III)、Cr(III)、V(IV)、Hg(II)、Pb(II)、Ni(II)、Cu(II)、Co(II)与 DTPA 的络合物，向载液中加入离子对试剂四丁基氯化铵将延长各络合物的迁移时间，但对分离选择性未表现出明显影响。

表面活性剂也是一类常见的离子对试剂。当表面活性剂浓度高于其临界胶束浓度时，表面活性剂将形成胶束准固定相。络合物可在缓冲液相和胶束相间分配，从而影响其保留时间。毛细管电泳分析中常用的表面活性剂包括十二烷基硫酸钠、十六烷基三甲基溴化铵等（Haddad et al.，1997）。利用这些表面活性剂，研究人员成功分离了 Zn(II)、Cu(II)与原卟啉的络合物（Kiyohara et al.，1993），Co(II)、Cu(II)、Pb(II)、Ni(II)、Fe(II)、Zn(II)、Cd(II)、Cr(III)、Fe(III)与 4-（2-吡啶偶氮）间苯二酚的络合物(Saitoh et al.，1989)，Mn(II)、Cu(II)、Cd(II)、Fe(II)、Zn(II)、Co(II)、Ni(II)、Al(III)与 8-羟基喹啉-5-磺酸的络合物（Timerbaev et al.，1993），Co(III)、Rh(III)、Cr(III)、Pt(II)与乙酰丙酮（acetylacetone，AA）的络合物（Saitoh et al.，1991a），Cd(II)、Pb(II)、Pt(II)、Co(II)、Ni(II)、Bi(III)、Cr(II)、Cu(II)、Hg(II)、Ag(I)与双（2-羟乙基）二硫代氨基甲酸酯的络合物（Hilder et al.，1997），以及 Mn(III)、Co(III)、Zn(II)、Cu(II)与四（4-羧基丙烯基）卟吩的络合物等物质（Saitoh et al.，1991b）。Bürgisser 等（1997）向磷酸盐缓冲液中加入十四烷基三甲基溴化铵，将多种胺羧配体与它们的 Co(II)、Co(III)络合物有效地分离。Owens 等（2000）利用相同的载液条件分离了包括 Cu(II)、Zn(II)、Ni(II)在内的多种金属的 EDTA 与 NTA 络合物。与上述报道不同，Threeprom 等（2006）在分析 EDTA、Fe(III)-EDTA、Pb(II)-EDTA

和 Cu(II)-EDTA 时发现，向磷酸盐缓冲液中无论加入十二烷基硫酸钠、十六烷基三甲基溴化铵或是十四烷基三甲基溴化铵，都无法将 EDTA、Pb(II)-EDTA、Cu(II)-EDTA 有效区分；进一步研究发现，向载液中加入万古霉素可显著提升 Pb(II)-EDTA 与 Cu(II)-EDTA 的分离效果。

事实上，在采用毛细管电泳法分析水中重金属离子时，常常利用配体对水样进行预处理，使重金属离子转化为重金属络合物，再通过分离、检测相应络合物的浓度获得水样中重金属离子浓度。根据重金属离子与配体的络合动力，可采用柱中络合和柱前络合两种方式（Liu et al.，1999a）。目前，用于分析重金属离子的配体包括偶氮染料（Harland et al.，1997）、喹啉类物质、卟啉环类物质（Saitoh et al.，1991b）、二硫代氨基甲酸酯（Tsukagoshi et al.，1997）、胺羧配体（Kobayashi et al.，1998）、双酮类物质（Katsuta et al.，1997）、氰根（Buchberger et al.，1993）等。这些结果证明了毛细管电泳法对重金属络合物的出色分离能力。

除水样中络合物的分析外，毛细管电泳法在探究络合物的氧化分解规律中同样应用广泛。母体络合物在氧化分解中通常会产生多种性质较为接近的子络合物。为区分这些子络合物，一般需要向缓冲液中加入表面活性剂以强化络合物的分离。例如，研究人员利用含有十四烷基三甲基溴化铵的磷酸溶液解析了 Cu(II)-EDTA 与 Ni(II)-EDTA 在不同氧化体系中的分解产物，包括 Cu(II)-NTA、Cu(II)-乙二胺二乙酸、Cu(II)-亚氨基二乙酸、Ni(II)-NTA、Ni(II)-乙二胺二乙酸和 Ni(II)-亚氨基二乙酸等，并由此梳理相关反应路径（Zeng et al.，2016a，2016b；Zhao et al.，2014，2013）。笔者课题组利用含有十六烷基三甲基溴化铵的硼酸溶液作为缓冲液（pH＝10），施加 10 kV 或 16 kV 反向电压，在此条件下成功实现了 Cu(II)-EDTA、Cu(II)-乙二胺三乙酸、Cu(II)-乙二胺二乙酸、Cu(II)-NTA、Cu(II)-亚氨基二乙酸、Cu(II)-乙二胺乙酸的分离和检测（Xu et al.，2017）。

总体而言，毛细管电泳法是较为理想的重金属络合物分析方法。该方法的缺点主要体现在仪器运行稳定性欠佳、测试结果重复性一般、基线易波动等。因此，毛细管电泳方法对重金属络合物的检测极限和定量极限相对较高，在分析低浓度样品时准确性有限，应多次测试，合理取值。

4.3.4 离子色谱法

离子色谱法是一种常用于废水成分分析的色谱技术。与液相色谱仪及毛细管电泳仪类似，离子色谱仪主要由进样系统、分离单元、检测单元及数据输出系统构成。离子色谱仪的分离单元一般为阴离子交换分离柱或阳离子交换分离柱（Michalski，2018）。因此，离子交换是离子色谱的主要分离机制。考虑工业废水中常见重金属络合物多以阴离子形式存在，通常采用阴离子交换柱分离重金属络合物。为强化重金属络合物在离子交换柱中的保留，通常选用碱性淋洗液（即流动相）促进物质去质子化，使重金属络合物携带尽可能多的负电荷。目前关于离子色谱对重金属络合物的分离和检测报道较少，且主要针对简单体系的分析。例如，在碱性淋洗液中，Dionex IonPac CS5A 阳离子交换柱可分离 Fe(II)与吡啶-2,6-二羧酸的络合物（Divjak et al.，1998）。为探究土壤溶液及植物木质部分泌物中金属-EDTA 络合物的含量，Collins 等（2001）将离子色谱与质谱联用，发现当采用 2 mmol/L Na_2CO_3 淋洗液时，尽管多种络合物可被 Dionex AS5 离子色谱柱分离，但检测效果并不理想；进而开发了由 2.5 mmol/L $(NH_4)_2CO_3$、9.7 mmol/L NH_4OH 和 4%（体积分数）甲醇组成的复合淋洗液，最终实现了对 Al(III)、Cd(II)、Cu(II)、Co(II)、Mn(II)、Ni(II)、Pb(II)、Zn(II)与 EDTA 的络合物的定量分析。Tófalvi 等（2013）使用 AS9-HC 离子色谱柱，在 $Na_2CO_3/NaHCO_3$ 淋洗液中将 EDTA、反式-1,2-二胺-环己烷-四乙酸与它们的 Cu(II)、Zn(II)络合物有效分离。Chen 等（2008）选择 30 mmol/L $(NH_4)_2HPO_4$（pH 7.5）淋洗液，利用阴离子交换柱将 Mn(II)、Co(II)、Ni(II)、Cu(II)、Zn(II)、Pb(II)等金属的 EDTA 络合物分离，并利用串联的 ICP-质谱对各络合物进行定量分析。受限于分离机制，离子色谱法在单次检测中难以同时分析阴离子型污染物与阳离子型污染物，且不适合用于电中性物质的分析。总而言之，离子色谱法在重金属络合物分析中仍具有相当的局限性。

尽管离子色谱法并非重金属络合物分析的第一选择，但其对小分子带电物质的检测效果突出。在破络过程中，一般配体最终被氧化分解为小分子物质（多为小分子酸），分析这些小分子产物对认识重金属络合物的分解路径、相关元素的环境归趋、破络后溶液的环境毒性等具有至关重要的作用。至今，借助离子色谱法，研究人员已在破络过程中成功测得甘氨酸、马来酸、乙醇酸、乙醛酸、甲酸、乙酸、草酸、草氨酸、硝酸根、亚硝酸根等破络产物（Wang et al.，2018；Huang et al.，2016），离子色谱法有望在重金属络合物的破络研究中得到广泛应用。

4.3.5 薄膜扩散梯度分析法

为尽量减少样品在采集、运输、储存和前处理等过程中的形态转化和环境干扰，薄膜扩散梯度分析法可在不影响母体溶液浓度和周围环境的前提下原位在线收集目标物质，是一种有效的形态分析方法。

薄膜扩散梯度分析装置的核心由扩散相和结合相两部分组成。扩散相的材质是可改性的水凝胶膜，具有较多细小微孔，允许自由离子或者小分子重金属络合物选择性透过。结合相一般为含有多种可与重金属配位的树脂基材料（如 Chelex 100），主要起到快速富集目标物的作用（Gao et al.，2019）。利用环境-扩散相-结合相之间的重金属扩散梯度，根据菲克第一定律即可计算获取介质中元素的有效态含量和分布信息。

除游离态外，弱结合态也可被作为有效态考虑，这主要取决于络合物的稳定程度和分子大小。当重金属与胶体或大分子有机质结合时，若络合物尺寸大于扩散相孔隙，则不属于有效态范畴（Menegário et al.，2017）。例如，Pb 络合物在扩散相中的扩散系数随着配体尺寸的增大而降低，对应的配体顺序依次为二甘醇酸、NTA、富里酸和腐殖酸。类似地，Cu(II)-EDTA 属于惰性金属络合物，而柠檬酸铜则是相对不稳定络合物，通过薄膜扩散梯度分析法直接提取柠檬酸铜络合物的比例远高于 Cu(II)-EDTA。Yapici 等（2008）利用薄膜扩散梯度分析法测量了城市污水和采矿废水中 Cd、Ni、Cu、Pb、Co 和 Zn 的形态（包括游离态和有效态），发现测量值与模型计算值基本一致。虽然该方法很难进一步区分重金属的无机形态与小分子量的有机络合形态，但通过调整结合相种类、扩散相厚度及扩散相孔隙大小，理论上可控制有效态的具体组分。Scally 等（2003）在组装薄膜扩散梯度分析系统中使用了不同厚度（0.16～2 mm）的水凝胶扩散层，随着扩散层厚度的增加，可供金属络合物（Cu(II)-NTA 和 Ni(II)-NTA）分解的时间也增加，从而通过控制金属络合物分解的程度实现了络合物分解速率常数的测定。

4.3.6　纳米光学传感器分析法

贵金属纳米级结构材料具有诸多独特而有趣的理化和光学特性，例如局部表面等离子体共振（localized surface plasmon resonance，LSPR）、表面增强拉曼散射、非线性光学性质和量子化充电现象等。其中纳米金颗粒（Au nanoparticles，Au NPs）具有化学合成可控、稳定性高和易于表面修饰等优点，同时其 LSPR 特征峰随颗粒大小、形状和粒子间距的改变发生位移，溶液颜色也随之呈现出一定变化，可作为用于比色分析法设计的理想光学信号单元（Akshaya et al.，2020）。Elghanian 等（1997）采用标记的 Au NPs 作为靶向检测寡核苷酸的特异性探针，开创了 Au NPs 比色分析方法的先河。经过二十多年的探索研究，发展出了基于纳米探针距离变化、形貌刻蚀和催化特性等特征的多种比色检测策略和方法（Hua et al.，2021）。其中，基于 Au NPs 距离变化的比色分析法应用最为广泛，其特异性识别过程如图 4.1 所示。

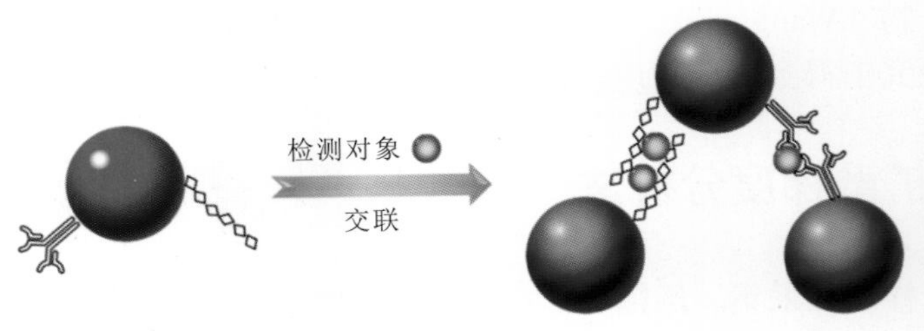

图 4.1　“聚集型”纳米探针检测原理示意图

化学还原法合成的原始 Au NPs 可作为光学信号输出平台，但本身不具备分析识别能力。对目标物的选择性识别依赖在金表面修饰的特异性识别单元，如低分子有机酸（如甘氨酸、半胱氨酸和巯基乙酸等）、生物大分子（如核酸适配体、抗体和酶等蛋白质）（Sagle et al.，2011）。这类识别单元结构中往往带有—SH、—NH_2 等官能团，通过 Au—S 或 Au—N 等强键合作用将配体分子牢牢固定在颗粒表面（Akshaya et al.，2020）。此外，配体分子与 $AuCl_4^-$ 的静电结合作用也是常用的表面修饰策略，如十六烷基三甲基溴化铵和三聚氰胺的修饰（Zakaria et al.，2013）。除络合基团外，识别单元结构中往往同时含有与待测物特异性结合的功能基团。当目标物存在时，与配体间的特异性识别结合将拉近单分散纳米粒子之间的距离，使其发生团聚，配体则起到“绳索牵引”的作用。团聚后的 Au NPs 将产生新的耦合共振形式，表现在紫外可见光谱上即为 LSPR 特征峰展宽甚至红移，同时伴随溶液表观颜色由红色向蓝灰色的变化。对重金属离子的识别过程主要依靠重金属与配体络合作用、静电吸引或特殊金属离子的催化作用。例如，通过控制还原剂用量合成两种尺寸大小的 Au NPs，利用分子中的巯基—SH 将谷胱甘肽结合在 Au NPs 表面（Yu et al.，2016）。由于谷胱甘肽与 Pb(II)的络合稳定常数高于其他金属离子，当 Pb(II)存在时，与谷胱甘肽的特殊亲和性将诱导单分散的 Au NPs 自组装成“核心-卫星”有序结构，LSPR 特征吸收峰由 520 nm 红移至 650 nm 处，金溶胶的颜色也发生由红色到蓝色的变化。蒋兴宇团队利用带相反电荷的 10-巯基癸磺酸钠和（10-巯基癸基）-三甲基溴化铵组合成两性离子修饰在 Au NPs 表面，实现对三价金属阳离子 Fe^{3+}、Al^{3+}和 Cr^{3+}的测定（Zheng et al.，2016），而三价金属通过静电相互作用降低 Au NPs 表面电位，导致纳米颗粒聚集。变价金属离子往往具有较强的催化活性，如 Cu(II)/Cu(I)、Ni(II)/Ni(I)和 Fe(III)/Fe(II)，其中 Cu(I)催化叠氮化物和炔烃偶极环加成反应在比色分析策略中应用最为广泛（Shen et al.，2013）。将双链 DNA 链分离成以叠氮化物和炔基为末端短链结构，通过静电作用吸附在 Au NPs 上并起到分散稳定性作用，抗坏血酸还原 Cu(II)得到的 Cu(I)能够催化叠氮基团与炔基加成反应，使 DNA 链杂交并脱离 Au NPs 表面，Au NPs 胶体稳定性被破坏并最终团聚。目前，基于纳米探针的比色分析法已被广泛应用于多种无机重金属离子（如 Pb^{2+}、Ni^{2+}、Cd^{2+}、Hg^{2+}和 Cr^{3+}）的特异性检测中。然而，络合态重金属由于具有稳定的化学结构和饱和的力场，中心金属原子缺乏被纳米探针特异性识别的轨道。因此，发展可用于重金属络合形态分析的探针比色分析法仍十分具有挑战性。

针对这一问题，笔者课题组以电镀、制革等行业废水中典型的重金属络合物为分析目标，提出污染物形态调控与优化纳米探针表面识别单元相结合的策略，构建多种新型纳米分析传感界面，发展针对络合态重金属的识别新模式，探索并证明其潜在实际应用价值。

1. 污染物形态调控策略

NTA 与 Cr(III)的络合稳定常数为 21.2，远高于大多数有机配体。这种强相互作用赋予 NTA 功能化的纳米探针对铬类化合物选择性识别的能力。此外，低 pH 下有机配体的质子化也是设计络合态重金属纳米探针的关键。在强酸性环境中 Cr(III)-有机配体络合物首先发生质子化解络合，使中心 Cr(III)原子产生部分可用空轨道，从而与修饰在 Au NPs 上的特异性识别单元 NTA 配位。通过络合物的桥连作用，诱导单分散的 Au NPs 发生聚集，进而导致光谱学性质的改变，实现对络合态重金属 Cr(III)的选择性检测，其原理如图 4.2 所示。该纳米探针可定量识别废水中多种难去除的 Cr(III)-羧基配合物（包括 Cr(III)-乳酸、Cr(III)-丙二酸、Cr(III)-草酸、Cr(III)-酒石酸、Cr(III)-柠檬酸和 Cr(III)-EDTA），其实用性在河水、化工园区废水和制革废水中 Cr(III)络合物的定量检测中得到了进一步验证。

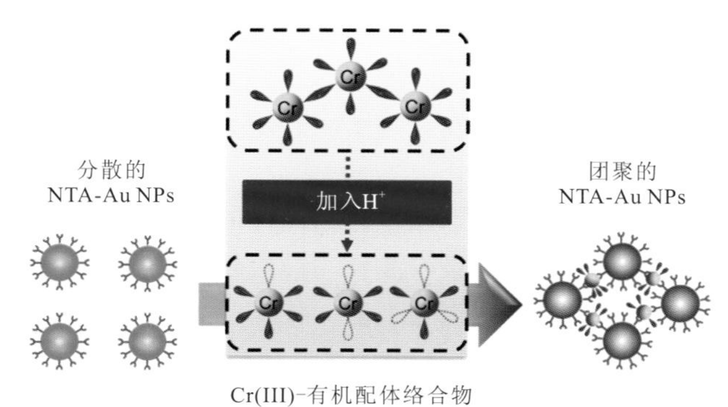

图 4.2　NTA 功能化 Au NPs 的比色测定 Cr(III)-有机络合物的原理示意图

引自 Chen 等（2020a）

2. 特殊识别模式构建

除配位作用外，静电作用也会显著影响 Au NPs 溶胶的稳定性，特别是碱性条件下，重金属-有机络合物往往以高密度负电荷形式存在，因此，静电作用有望成为纳米金探针分析重金属-有机络合物的新策略。笔者课题组选用阳离子表面活性剂三丁基十六烷基溴化膦（tributylhexadecylphosphonium，THPB）取代传统的羧基修饰剂作为纳米金探针表面的特异性识别单元，通过强静电吸引和疏水作用的协同实现了水中阴离子型 Cr(III)-羧酸络合物的专一识别，这一策略可避免游离态同源 Cr(III)的干扰（Chen et al.，2020b）。以 Cr(III)-柠檬酸为模型络合物进行研究发现，络合态 Cr(III)独特的高密度负电特性和极慢的络合/解络合动力学强化了 Cr(III)-柠檬酸和 THPB-Au NPs 之间的相互作用（图 4.3），溶液中共存的多种干扰物质（包括常见阴阳离子、有机小分子和其他金属-柠檬酸络合物）对探针识别性能的影响可忽略不计。该检测过程可通过裸眼定性识别和紫外可见光谱定量分析，检出限分别为 8.0 μmol/L 和 0.29 μmol/L，均远低于我国工业废水中总铬排放限值（约 30 μmol/L）。在真实水样基质中，该探针对 Cr(III)络合物的定量检测结果与 ICP-发射光谱法检出值基本一致，表明其在 Cr(III)络合物分析方面具有良好的应用前景。

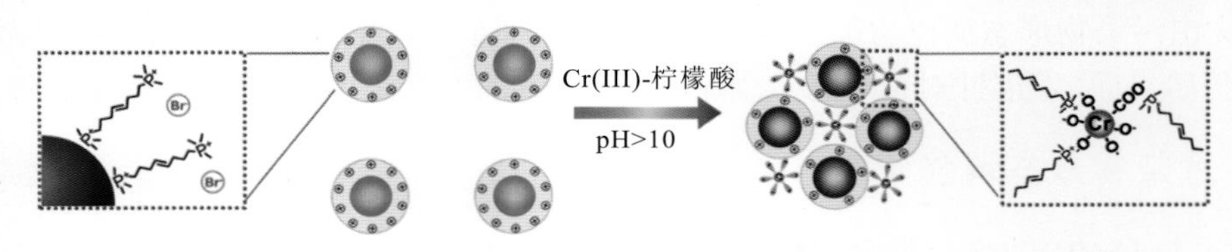

图 4.3　THPB 介导的 Au NPs 比色检测 Cr(III)-柠檬酸示意图

引自 Chen 等（2020b）

除以上方法外，气相色谱、pH 滴定分析、质谱等方法在络合物分析中也有应用实例，然而由于方法的局限性（如样品预处理过程烦琐、物种间区分度不高等），在相关领域应用较为有限或需要与其他技术联用。

4.3.7　络合特性与络合物结构分析方法

配位特征和结构分析是络合物分析中的又一难题。许多时候，即使已明确络合物的中心金属与配体，仍然难以判断络合物的配位方式、空间构型等。这无疑给络合物理化性质的预测乃至去除方法的选择、开发造成了阻碍。为解决这一问题，科研人员尝试了不同方法对络合物进行表征。

在已报道的方法中，紫外可见光谱法是较为简便的一种，它考察络合特征的主要依据是络合物吸收峰的波长。这是因为吸收波长与前线轨道能级相关，当金属外层 d 轨道为前线轨道时，吸收波长取决于 d 轨道分裂能。根据晶体场理论，络合强度较高的络合物通常具有较高晶体场稳定化能，其分裂能较大。相应地，络合物前线轨道能级差较大，使吸收波长蓝移。此外，紫外可见光谱法可提供络合物中局部结构或化学键信息。例如，Ma 等（2016）尝试合成双 Salamo 配体型 Cu(II)络合物并利用紫外可见光谱法表征合成产物。结果表明，对于非络合态配体，在 267 nm 和 309 nm 波长处出现吸收峰，分别归因于苯环和肟结构的 π-π^*跃迁；对于该配体与 Cu(II)形成的络合物，在 370 nm 与 388 nm 处出现新的吸收峰，这是由于配体中酚羟基氧原子的 pπ 轨道电子向 Cu(II)的空 d 轨道发生跃迁，表明配体中的酚羟基可与 Cu(II)发生络合作用。

由于特定元素的电子结合能与其所处化学环境直接相关（Cano et al.，2020），XPS 常用于考察原子与外界环境的相互作用。尽管影响目标元素电子结合能的因素较为复杂，但其 XPS 谱线结合能通常随电子云密度的增大而下降。水中常见的羧基、氨基、羟基等强络合基团往往具有较强的供电子能力，研究人员可根据金属及常见配位原子的价层电子结合能来推测络合物的配位情况。例如，Hoste 等（1983，1982）利用 XPS 对 Cu(II)-硫代二乙酸、Cu(II)-硫代二丙酸、Cu(II)-二硫代二丙酸等多种含硫 Cu(II)络合物进行表征，可发现 Cu(II)-硫代二乙酸中硫的 2p3/2 轨道电子结合能与非络合态配体相比增大了 0.4 eV，这主要是因为 Cu(II)与硫的相互作用促进了硫原子中孤对电子的离域，表明在 Cu(II)-硫代二乙酸中 Cu(II)与硫具有较强相互作用。与之相反，对于 Cu(II)-硫代二丙酸和 Cu(II)-二硫代二丙酸，硫的价电子结合能与未络合的配体相似，表明这两种络合物中 Cu(II)不与硫配位或配位作用较弱。为探究 Cu(II)与羧基的配位情况，研究人员测试了氧的 1 s 轨道电子结合能，发现与 Cu(II)配位使电子结合能下降了 0.6～0.7 eV，表明羧酸从非络合态配体中的共价键形式 O═C—O—H 转变为离子型 O═C—O^-—Cu^{2+}，由此可推测在各络合物中羧基均参与配位。

红外光谱法是另一种常用的络合结构表征方法。与紫外线及可见光不同，红外线频率较低，其能量通常不足以引发电子向高能级跃迁。然而红外线频率与众多基团中化学键的振动及转动频率相匹配，当入射红外线频率与某种结构的振动或转动频率相同时，分子将吸收红外线并跃迁至较高的振动或转动能级。因此，红外光谱法分析络合物的基本原理主要为利用具有连续波长的红外线照射目标样品，获得红外吸收图谱后与数据库比对，依据红外吸收峰位置判断金属形成了何种化学键（Zhang et al.，2019）。Venugopal 等（2019）将 Cu(II)、Ni(II)、Co(II)与偶氮染料络合，析出络合物后利用红外光谱进行表征。结果显示，所有络合物的 N—H 键伸缩振动峰位置均较为接近，而羰基和偶氮结构的信号位置变化较大，由此推测—NH—和—NH_2可能不是主要络合结构，而羰基和偶氮结构参与了与金属离子的络合。笔者课题组曾利用红外光谱研究柠檬酸铁的光化学分解。对比光照前后柠檬酸铁溶液的红外光谱，发现与羧基对应的吸收峰衰减明显，而其他结构对应信号无明显变化，表明柠檬酸铁在光照下主要发生了脱羧反应（Xu et al.，2015）。

在金属价态分析中已经提到，X 射线技术可获得详细的配位信息，包括不同配位层中的配位原子种类、数量及键长，这可为重金属络合物结构解析提供重要信息（Busato et al.，2021）。例如，尽管柠檬酸铜、Cu(II)-EDTA 等络合物受到人们的长期关注，然而其详细的配位结构却无定论。Phillips 等（2013）结合红外光谱与 X 射线吸收技术，解析了上述铜络合物在不同 pH 水溶液中的结构。对于 Cu(II)-柠檬酸，当溶液呈酸性时，柠檬酸对 Cu(II)表现为二齿配体，Cu(II)与 4 个水分子及柠檬酸中的 1 个羧基和 1 个羟基络合；而在碱性溶液中，柠檬酸对 Cu(II)表现为三齿配体，Cu(II)与 3 个水分子及柠檬酸中的 2 个羧基和 1 个羟基络合。对于 Cu(II)-EDTA，酸性条件下 EDTA

的2个氨基和2个羧基与Cu(II)配位，碱性环境中EDTA的2个氨基和3个羧基参与Cu(II)的成键。

4.3.8 分析方法的综合运用

目前常用的重金属络合物分析方法可满足大部分实验室研究需求。然而，当分析对象为实际污废水时，单一分析方法往往无法准确解析水中重金属络合物。这主要是由于实际水体水质复杂，除重金属离子及其络合物外，通常还含有大量背景物质。特别是实际废水不仅常含有高浓度无机盐，还可能共存着大量成分未知的工业添加剂、药物、农药、染料等物质。在此类水质环境中，人们难以预测重金属以何种形态赋存，也无法通过色谱技术中的标准样品对比法确定重金属络合物的种类与浓度；同时，共存基质可能对检测结果产生不同程度的干扰，甚至使样品无法直接测试。对于该类水样，通常需要联合应用多种检测与表征技术，以抽丝剥茧的方式逐步分析。笔者课题组近年来针对实际废水中重金属络合物的形态解析进行了持续尝试并取得了阶段性进展。下面将对其中的代表性案例展开介绍。

1. 碱沉淀后制革废水残留铬的形态分析

在利用碱沉淀法处理制革废水时发现，即使投加大量 NaOH 或 $Ca(OH)_2$，水中的Cr(III)残留量仍大于 8 mg/L，表明水中很可能存在络合态 Cr(III)（Wang et al.，2016）。为解析残留在水中的 Cr(III)的形态，可首先按照尺寸筛分对水样进行分级。具体做法是将水样依次通过 450 nm、220 nm、100 nm 孔径的微滤膜，随后再分别通过孔径为 13 nm、8 nm、5 nm、4 nm、3 nm、2 nm 的纳滤膜，收集各级过滤后的滤液并分析其中 Cr(III)、总有机碳（total organic carbon，TOC）及总氮（total nitrogen，TN）含量。结果（图 4.4）表明，无论采用 NaOH 还是 $Ca(OH)_2$ 处理废水，最终剩余 Cr(III)和有机碳物质的尺寸均主要集中在小于 4 nm 和 13～100 nm 区间。与 Cr(III)和有机碳不同，大部分含氮物质尺寸集中在 2 nm 以下，表明含氮基团不是 13～100 nm 区间 Cr(III)络合物的主要络合结构。由于含氮单宁酸是制革生产的重要添加剂，研究人员认为废水中含氮物质主要来自单宁酸的水解。Zeta 电位测试和氢柱固相萃取实验结果表明，Cr(III)络合物主要为阴离子或中性分子形式。利用凝胶色谱分析 13～100 nm 和小于 4 nm 的馏分，结果显示，Cr(III)物质的分子量主要集中在 22～40 kDa 和 378～2 450 Da。红外光谱结果表明，13～100 nm 样品的红外图谱与聚氧乙烯醚类物质的图谱高度相似，而小于 4 nm 样品在醚键位置也出现吸收峰。两个样品与石英的接触角均小于水，表明样品中可能存在表面活性剂类物质。考虑聚氧乙烯醚类物质是常见的表面活性剂，推测该类物质可能是样品的主要成分。

随后，利用超高效液相色谱-质谱联用仪（ultra performance liquid chromatograph-mass spectrometer，UPLC-MS）对样品进行分析，发现小于 4 nm 样品在 7.30 min 和 7.82 min 出现两个峰。质谱结果表明 7.30 min 峰中出现两组群信号，对于各组群，其相邻峰质荷比差均为 44.026，对应 OCH_2CH_2 结构。根据族群的质荷比，推测对应物质的化学式分别为 $CH_3(CH_2)_9(OCH_2CH_2)_nOH$（$n$=3～20）和 $CH_3(CH)_6(CH_2)_3(OCH_2CH_2)_nOH$（$n$=6～19），属于聚氧乙烯醚类表面活性剂，与红外光谱结果一致。对于 7.82 min 的峰，质谱中出

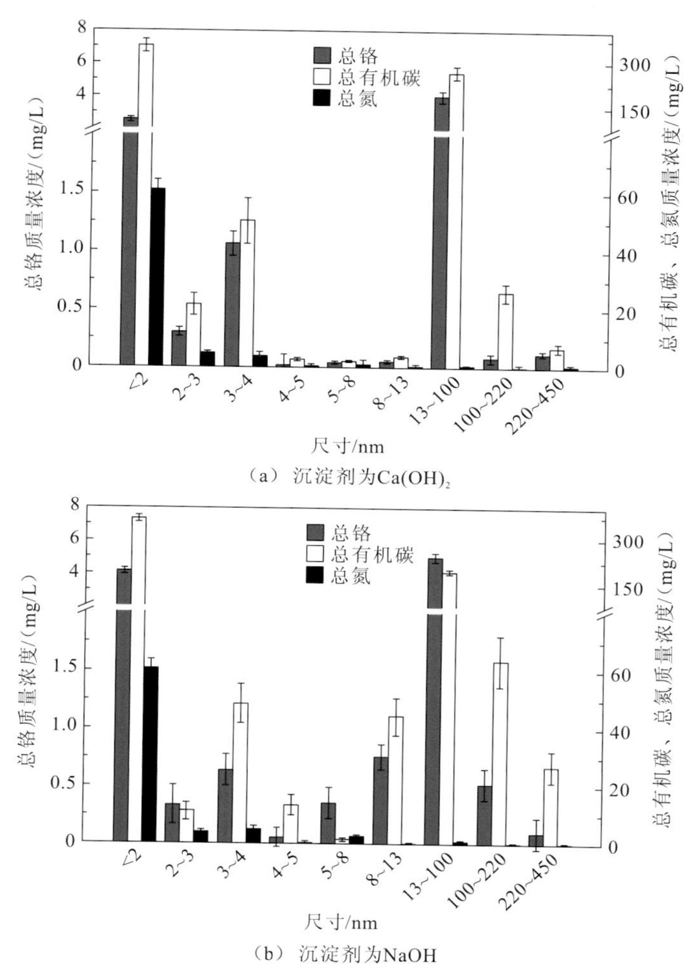

（a）沉淀剂为$Ca(OH)_2$

（b）沉淀剂为NaOH

图 4.4　经碱沉淀的制革废水中总铬、总有机碳、总氮的尺寸分布图

引自 Wang 等（2016）

现 6 个组群。这些信号主要来源于三种母分子，包括 $CH_3(CH)_4(CH_2)_{13}(OCH_2CH_2)_nOH$（$n$=13～20）、$CH_3(CH)_2(CH_2)_7(OCH_2CH_2)_nOH$（$n$=7～21）和 $CH_3(CH)_6(CH_2)_5(OCH_2CH_2)_nOH$（$n$=12～23），同样属于聚氧乙烯醚类表面活性剂。综合考虑光谱、色谱、质谱实验结果和 Cr(III)配位特性，研究人员对<4 nm 和 13～100 nm 尺寸的 Cr(III)络合物的结构进行了推测，结果如图 4.5 所示。

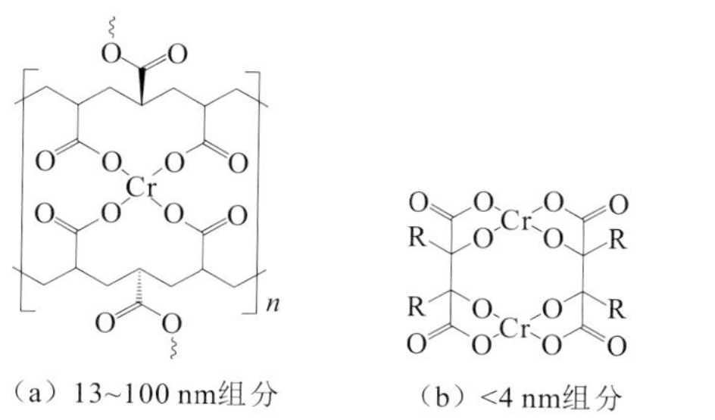

（a）13~100 nm组分　　（b）<4 nm组分

图 4.5　Cr(III)络合物结构组分中 Cr(III)络合物结构推测

–R 代表聚氧乙烯醚和脂肪类结构；引自 Wang 等（2016）

2. 镀镍废水处理过程中镍的形态分析

为探究镀镍废水处理过程中镍的形态变化，对采样地电镀废水进行 4 个步骤的处理：物化处理、生化处理、芬顿氧化处理、曝气生物滤池处理，取每个处理单元的出水分别进行分析对比。研究发现，在芬顿氧化处理后，废水中总镍浓度下降得最显著，表明废水中络合态镍可能占比较大，而芬顿氧化工序基本实现了破络（Wang et al.，2019a）。通过连续过滤的方式将含镍物质按尺寸分级，结果表明废水中的镍几乎均以溶解态小分子形式存在。对于溶解态物质，尽管尺寸排阻色谱（size exclusion chromatography，SEC）可提供更详细的分子量信息，但是由于废水中有大量可见光吸收的背景物质，常规尺寸排阻色谱配备的紫外检测器无法准确获得含 Ni(II)物质的信息。为解决这一问题，研究人员将 ICP-质谱作为检测器分析色谱的流出液。在这项工作中，SEC-ICP-质谱及离子色谱-ICP-质谱（阴离子与阳离子分别考察）技术被用于 Ni(II)物质的分析，选择合适的同位素即可解析检测结果。阴离子色谱-ICP-质谱结果显示，含 Ni(II)物质主要带负电荷或呈电中性。含 Ni(II)物质在阳离子色谱图中的 3.07 min 和 5.37 min 出峰。尽管后者与 Ni(II)-EDTA 的保留时间非常相近，但 SEC-ICP-质谱结果表明水样中含 Ni(II)物质的分子量明显小于 Ni(II)-EDTA，且含 Ni(II)物质的分子量在处理过程中逐渐减小，表明配体可能被逐渐分解。这一结论也得到了 UPLC-MS 结果的印证。根据 UPLC-MS 结果可推测各处理单元出水中含 Ni(II)物质的化学式（表 4.6）。相应地，随着处理过程的推进，物质的不饱和度逐渐下降。以上结果证实了各处理单元对水中 Ni(II)络合物的分解作用。

表 4.6　不同工艺出水中测得的 Ni(II)络合物

样品	质荷比	化学式	物种	误差/（ppm）	不饱和度
S1	955.970 9	$C_{21}H_{40}N_5NiO_{20}P_7$	$[M-H]^-$	0.01	8.0
	325.018 6	$C_7H_{10}N_9NiO_3$	$[M-H]^-$	0.82	7.5
	955.970 9	$C_{21}H_{40}N_5NiO_{20}P_7$	$[M-H]^-$	0.05	8.0
S2	441.101 7	$C_{13}H_{22}N_9NiO_5$	$[M-H]^-$	1.19	7.5
	325.018 7	$C_7H_{10}N_9NiO_3$	$[M-H]^-$	0.52	7.5
	526.987 5	$C_{11}H_{18}N_7NiO_{10}P_2$	$[M-H]^-$	0.15	7.5
S3	441.101 8	$C_{13}H_{22}N_9NiO_5$	$[M-H]^-$	0.73	7.5
	362.981 5	$C_{10}H_{16}N_2NiO_5P_2$	$[M-H]^-$	0.27	5.0
	325.018 7	$C_7H_{10}N_9NiO_3$	$[M-H]^-$	0.18	7.5
	955.971 0	$C_{21}H_{40}N_5NiO_{20}P_7$	$[M-H]^-$	0.11	8.0
	608.990 1	$C_{14}H_{29}N_4NiO_9P_5$	$[M-H]^-$	1.30	5.0
S4	526.987 4	$C_{11}H_{18}N_7NiO_{10}P_2$	$[M-H]^-$	0.13	7.5
	444.984 4	$C_{11}H_{20}NNiO_{10}P_2$	$[M-H]^-$	0.15	3.5
	362.981 5	$C_{10}H_{16}N_2NiO_5P_2$	$[M-H]^-$	0.11	5.0
	280.978 3	$C_3H_8N_6NiO_6$	$[M-H]^-$	0.69	3.0

注：1 ppm=10^{-6}；引自 Wang 等（2019a）

电镀废水水质较为复杂，特别是含有大量红外、可见光响应物质，使部分测试、表征方法无法直接用于水质分析。研究人员通过建立合适的联用技术克服了这一困难，进一步推动了废水中重金属络合物分析技术的发展。

3. 镀镍废水中镍络合物的分析与去除

络合物分析的主要目标之一是实现络合物与重金属的高效去除。上述研究虽然获得了较为可信的络合物化学式，但并未指出所得结论如何服务于废水处理。由形态分析指导的高效废水处理案例仍十分欠缺。

笔者课题组仍以镀镍废水为对象，探究了水中镍的形态。基于离子色谱-ICP-质谱和高效液相色谱-高分辨质谱（high performance liquid chromatography-high resolution mass spectrometry，HPLC-HRMS）技术，推测废水中Ni(II)络合物主要成分包括$C_{30}H_{17}O_{11}N_3NiS_7^-$、$C_{20}H_{24}O_2N_2NiS^-$，$C_3H_3O_2N_3NiS_3^-$，$C_7H_{10}NNi^-$及$C_{13}H_8O_2Ni$等（Shan et al.，2020），表明大部分络合物的配体中包括含氮基团。据报道，含氮基团常可作为供电子结构促进臭氧的活化分解，产生大量强氧化性羟基自由基用于污染物降解。经实验验证，臭氧氧化法对含氮络合物Ni(II)-EDTA的破络速率高于无氮络合物柠檬酸镍，而传统芬顿法则表现出相反的规律。因此，研究人员认为臭氧氧化法是处理该镀镍废水较好的技术。经离子色谱-ICP-质谱与HPLC-HRMS测试，臭氧氧化法可有效将废水中的Ni(II)络合物破络。HPLC-HRMS测试结果如表4.7所示，臭氧氧化后络合物的种类明显减少，同时络合物的分子量也逐渐下降。同时，物质的H/C与O/C值均明显上升，而不饱和度降低，说明臭氧可进攻配体中的富电子结构，如不饱和键、芳环等。根据上述结果，研究人员提出利用臭氧氧化-树脂吸附法处理该镀镍废液。结果显示，该方法可长时间将出水中总镍质量浓度控制在0.1 mg/L以下，效果良好。

表4.7 利用HPLC-HRMS分析臭氧处理前后电镀废水中的Ni(II)络合物

样品	保留时间/min	化学式	^{58}Ni-质荷比	^{60}Ni-质荷比	不饱和度
S1	9.30	$[C_{30}H_{17}O_{11}N_3NiS_7]^-$	876.822	878.820	24.0
	31.60	$[C_{20}H_{24}O_2N_2Ni_7]^-$	414.092	416.089	10.0
	48.25	$[C_3H_3O_2N_3Ni_3]^-$	266.871	268.869	4.0
	51.11	$[C_7H_{10}NNi]^-$	166.017	168.013	3.5
	59.88	$[C_{13}H_8O_2Ni]^-$	253.986	255.983	10.0
	72.53	—	241.860	243.857	—
S2	8.57	—	—	—	—
	30.49	$[C_{11}H_{16}O_2N_3Ni]^-$	280.059	282.057	5.5
	59.86	$[C_3H_3O_4N_4NiS_3]^-$	312.865	314.863	4.5
	72.26	$[C_{19}H_{35}O_6NNiS]^-$	463.149	465.153	3.0
	72.73	—	225.844	227.842	—

引自Shan等（2020）

随着检测技术与设备的发展和普及，近年来关于复杂甚至真实环境中重金属形态的研究方兴未艾，为重金属行业废水的高效处理提供了重要依据（Xu et al.，2022）。尽管如此，现有技术依然难以实现废水中重金属形态的准确与快捷分析。比如，利用多种谱学手段及联用技术对设备要求较高，从样品预处理到结果分析对操作人员专业素养要求高且费时费力；新型传感器虽然经济方便，但现有传感器种类匮乏，仅能分析少数重金属元素，同时难以获得配体信息。总而言之，水中重金属形态分析对指导水污染控制具有重要意义，但仍有大量技术难题等待研究和技术人员攻克。

参考文献

蒋婷婷, 2018. 重金属离子的定量表面增强拉曼光谱生物传感技术研究. 长沙: 湖南大学.

蓝月存, 罗汉金, 王灿, 2012. 金-钯双金属纳米颗粒修饰玻碳电极阳极溶出伏安法测定三价砷的方法研究. 分析测试学报, 31(4): 459-463.

李靖, 石庆柱, 宋明, 等, 2018. 循环伏安法检测水中微量铬(VI). 分析试验室, 37(5): 529-532.

罗勤慧, 2012. 配位化学. 北京: 科学出版社.

任艺君, 李力, 王小静, 等, 2020. 中国黄、渤海海水中溶解镉的形态研究. 海洋科学进展, 38(2): 263-275.

Akshaya K, Arthi C, Pavithra A, et al., 2020. Bioconjugated gold nanoparticles as an efficient colorimetric sensor for cancer diagnostics. Photodiagnosis and Photodynamic Therapy, 30: 101699.

Baars O, Abouchami W, Galer S J, et al., 2014. Dissolved cadmium in the Southern Ocean: Distribution, speciation, and relation to phosphate. Limnology and Oceanography, 59(2): 385-399.

Barr-David G, Charara M, Codd R, et al., 1995. EPR characterisation of the Cr(V) intermediates in the Cr(VI/V) oxidations of organic substrates and of relevance to Cr-induced cancers. Journal of the Chemical Society, Faraday Transactions, 91(8): 1207-1216.

Bi Z, Salaün P, Van Den Berg C M, 2013. The speciation of lead in seawater by pseudopolarography using a vibrating silver amalgam microwire electrode. Marine Chemistry, 151: 1-12.

Bodappa N, Su M, Zhao Y, et al., 2019. Early stages of electrochemical oxidation of Cu(111) and polycrystalline Cu surfaces revealed by in situ Raman spectroscopy. Journal of the American Chemical Society, 141(31): 12192-12196.

Bonnitcha P D, Hall M D, Underwood C K, et al., 2006. XANES investigation of the Co oxidation state in solution and in cancer cells treated with Co(III) complexes. Journal of Inorganic Biochemistry, 100(5-6): 963-971.

Brausam A, Van Eldik R, 2004. Further mechanistic information on the reaction between Fe^{III}(EDTA) and hydrogen peroxide: Observation of a second reaction step and importance of pH. Inorganic Chemistry, 43(17): 5351-5359.

Buchberger W, Semenova O P, Timerbaev A R, 1993. Metal ion capillary zone electrophoresis with direct UV detection: Separation of metal cyanide complexes. Journal of High Resolution Chromatography, 16(3): 153-156.

Buck K N, Sohst B, Sedwick P N, 2015. The organic complexation of dissolved iron along the US

GEOTRACES (GA03) North Atlantic Section. Deep Sea Research Part II: Topical Studies in Oceanography, 116: 152-165.

Bürgisser C S, Stone A T, 1997. Determination of EDTA, NTA, and other amino carboxylic acids and their Co(II) and Co(III) complexes by capillary electrophoresis. Environmental Science & Technology, 31(9): 2656-2664.

Busato M, Lapi A, D'angelo P, et al., 2021. Coordination of the Co^{2+} and Ni^{2+} ions in Tf_2N^- based ionic liquids: A combined X-ray absorption and molecular dynamics study. The Journal of Physical Chemistry B, 125(24): 6639-6648.

Cano A, Reguera L, Avila M, et al., 2020. Charge redistribution effects in hexacyanometallates evaluated from XPS data. European Journal of Inorganic Chemistry, 2020(1): 137-145.

Chen N, Pan B, 2020a. A preliminary exploration on Au nanoparticles-mediated colorimetric analysis of Cr(III)-carboxyl complexes in synthetic and authentic water samples. Chemical Engineering Journal, 387: 124079.

Chen N, Pan B, 2020b. Tributylhexadecylphosphonium modification strategy to construct gold nanoprobes for the detection of aqueous Cr(III)-organic complexes. Analytical Chemistry, 93(3): 1811-1817.

Chen Z, Sun Q, Xi Y, et al., 2008. Speciation of metal-EDTA complexes by flow injection analysis with electrospray ionization mass spectrometry and ion chromatography with inductively coupled plasma mass spectrometry. Journal of Separation Science, 31(21): 3796-3802.

Cmuk P, Piantanida I, Mlakar M, 2009. Iron(III) - complexes engaged in the biochemical processes in seawater. I. Voltammetry of Fe(III) - succinate complexes in model aqueous solution. Electroanalysis, 21(23): 2527-2534.

Collins R N, Onisko B C, Mclaughlin M J, et al., 2001. Determination of metal-EDTA complexes in soil solution and plant xylem by ion chromatography-electrospray mass spectrometry. Environmental Science & Technology, 35(12): 2589-2593.

Companys E, Galceran J, Pinheiro J, et al., 2017. A review on electrochemical methods for trace metal speciation in environmental media. Current Opinion in Electrochemistry, 3(1): 144-162.

Das K, Beyene B B, Datta A, et al., 2018. EPR and electrochemical interpretation of bispyrazolylacetate anchored Ni(II) and Mn(II) complexes: Cytotoxicity and anti-proliferative activity towards human cancer cell lines. New Journal of Chemistry, 42(11): 9126-9139.

Divjak B, Franko M, Novič M, 1998. Determination of iron in complex matrices by ion chromatography with UV-Vis, thermal lens and amperometric detection using post-column reagents. Journal of Chromatography A, 829(1-2): 167-174.

Do Nascimento F H, Masini J C, 2012. Complexation of Hg(II) by humic acid studied by square wave stripping voltammetry at screen-printed gold electrodes. Talanta, 100: 57-63.

Durante C, Cuscov M, Isse A A, et al., 2011. Advanced oxidation processes coupled with electrocoagulation for the exhaustive abatement of Cr-EDTA. Water Reseach, 45(5): 2122-2130.

Elghanian R, Storhoff J J, Mucic R C, et al., 1997. Selective colorimetric detection of polynucleotides based on the distance-dependent optical properties of gold nanoparticles. Science, 277(5329): 1078-1081.

Ellwood M J, 2004. Zinc and cadmium speciation in subantarctic waters east of New Zealand. Marine

Chemistry, 87(1-2): 37-58.

Flieger J, Tatarczak-Michalewska M, Blicharska E, et al., 2017. HPLC identification of copper(II)-trans-resveratrol complexes in ethanolic aqueous solution. Journal of Chromatographic Science, 55(4): 445-450.

Gao Y, Zhou C, Gaulier C, et al., 2019. Labile trace metal concentration measurements in marine environments: From coastal to open ocean areas. Trends in Analytical Chemistry, 116: 92-101.

Gispert J R, 2008. Coordination chemistry. Weinheim: Wiley-VCH.

Haddad P R, Macka M, Hilder E F, et al., 1997. Separation of metal ions and metal-containing species by micellar electrokinetic capillary chromatography, including utilisation of metal ions in separations of other species. Journal of Chromatography A, 780(1-2): 329-341.

Harland G, Mcgrath G, Mcclean S, et al., 1997. Use of large volume sample stacking for improving limits of detection in the capillary electrophoretic determination of selected cations. Analytical Communications, 34(1): 9-11.

Hernandez F, Jitaru P, Cormant F, et al., 2018. Development and application of a method for Cr(III) determination in dairy products by HPLC-ICP-MS. Food Chemistry, 240: 183-188.

Hilder E, Bogan D, Haddad P, 1997. Separation of metal bis(2-hydroxyethyl)dithiocarbamate complexes by micellar electrokinetic capillary chromatography. Analytical Communications, 34(2): 63-65.

Hoste S, Huys C, Schaubroeck J, et al., 1982. An ESCA study on the structure of sulphur-nitrogen chelating agents and their metal complexes. Spectrochimica Acta Part A: Molecular Spectroscopy, 38(6): 709-712.

Hoste S, Van De Vondel D, Huys C, et al., 1983. Study of the bonding in Cu(II)-complexes with thiocarboxylates by means of IR, XPS and UV-VIS spectroscopy. Spectrochimica Acta Part A: Molecular Spectroscopy, 39(11): 963-966.

Hsu H, Sedlak D L, 2003. Strong Hg(II) complexation in municipal wastewater effluent and surface waters. Environmental Science & Technology, 37(12): 2743-2749.

Hua Z, Yu T, Liu D, et al., 2021. Recent advances in gold nanoparticles-based biosensors for food safety detection. Biosensors and Bioelectronics, 179: 113076.

Huang X, Xu Y, Shan C, et al., 2016. Coupled Cu(II)-EDTA degradation and Cu(II) removal from acidic wastewater by ozonation: Performance, products and pathways. Chemical Engineering Journal, 299: 23-29.

Ionescu C, Grill P, Witte H, et al., 2019. Accurate quantification of metal-glycinates-sulphate complexes and free metals in feed by capillary electrophoresis inductively coupled plasma mass spectrometry. Journal of Trace Elements in Medicine and Biology, 56: 207-212.

Jaime-Pérez N, Kaftan D, Bína D, et al., 2019. Mechanisms of sublethal copper toxicity damage to the photosynthetic apparatus of *Rhodospirillum rubrum*. Biochimica et Biophysica Acta (BBA): Bioenergetics, 1860(8): 640-650.

Katsuta S, Nakatani T, 1997. Evaluation of distribution constants of lanthanoid(III) acetylacetonates between sodium dodecyl sulfate micelles and water by micellar capillary electrophoresis. Journal of Colloid and Interface Science, 195(2): 404-407.

Kaur V, Malik A K, 2007. A new method for simultaneous determination of Co(II), Ni(II) and Pd(II) as morpholine-4-carbodithioate complex by SPME-HPLC-UV system. Talanta, 73(3): 425-430.

Kim J M, Baars O, Morel F O M, 2015a. Bioavailability and electroreactivity of zinc complexed to strong and weak organic ligands. Environmental Science & Technology, 49(18): 10894-10902.

Kim T, Obata H, Kondo Y, et al., 2015b. Distribution and speciation of dissolved zinc in the western North Pacific and its adjacent seas. Marine Chemistry, 173: 330-341.

Kiyohara C, Saitoh K, Suzuki N, 1993. Micellar electrokinetic capillary chromatography of haematoporphyrin, protoporphyrin and their copper and zinc complexes. Journal of Chromatography A, 646(2): 397-403.

Kobayashi J, Shirao M, Nakazawa H, 1998. Simultaneous determination of anions and cations in mineral water by capillary electrophoresis with a chelating agent. Journal of Liquid Chromatography & Related Technologies, 21(10): 1445-1456.

Kundu S, Shen L Q, Somasundar Y, et al., 2020. TAML-and buffer-catalyzed oxidation of picric acid by H_2O_2: Products, kinetics, DFT, and the mechanism of dual catalysis. Inorganic Chemistry, 59(18): 13223-13232.

Kutin Y, Cox N, Lubitz W, et al., 2019. In situ EPR characterization of a cobalt oxide water oxidation catalyst at neutral pH. Catalysts, 9(11): 926.

Laborda E, Olmos J M, Molina Á, 2016. Transfer of complexed and dissociated ionic species at soft interfaces: A voltammetric study of chemical kinetic and diffusional effects. Physical Chemistry Chemical Physics, 18(15): 10158-10172.

Laddha A P, Nalawade V V, Gharpure M, et al., 2020. Development and validation of HPLC method for determination of sodium copper chlorophyllin: A food colorant and its application in pharmacokinetic study. Chemistry & Biodiversity, 17(8): e2000223.

Laglera L M, Sukekava C, Slagter H A, et al., 2019. First quantification of the controlling role of humic substances in the transport of iron across the surface of the Arctic Ocean. Environmental Science & Technology, 53(22): 13136-13145.

Lawrance G A, 2013. Introduction to coordination chemistry. Hoboken: John Wiley & Sons.

Liang S, Hu X, Xu H, et al., 2021. Mechanistic insight into the reaction pathway of peroxomonosulfate-initiated decomplexation of EDTA-Ni^{II} under alkaline conditions: Formation of high-valent Ni intermediate. Applied Catalysis B: Environmental, 296: 120375.

Liu B F, Liu L B, Cheng J K, 1999a. Analysis of inorganic cations as their complexes by capillary electrophoresis. Journal of Chromatography A, 834(1-2): 277-308.

Liu B F, Liu L B, Cheng J K, 1999b. Analysis of metal complexes in the presence of mixed ion pairing additives in capillary electrophoresis. Journal of Chromatography A, 848(1-2): 473-484.

Ma J C, Dong X Y, Dong W K, et al., 2016. An unexpected dinuclear Cu(II) complex with a bis(salamo) chelating ligand: Synthesis, crystal structure, and photophysical properties. Journal of Coordination Chemistry, 69(1): 149-159.

Menegário A A, Yabuki L N M, Luko K S, et al., 2017. Use of diffusive gradient in thin films for in situ measurements: A review on the progress in chemical fractionation, speciation and bioavailability of metals in waters. Analytica Chimica Acta, 983: 54-66.

Michalski R, 2018. Ion chromatography applications in wastewater analysis. Separations, 5(1): 16.

Nirel P M, Pardo P E, Landry J C, et al., 1998. Method for EDTA speciation determination: Application to sewage treatment plant effluents. Water Research, 32(12): 3615-3620.

Nowack B, Kari F G, Hilger S U, et al., 1996. Determination of dissolved and adsorbed EDTA species in water and sediments by HPLC. Analytical Chemistry, 68(3): 561-566.

Owens G, Ferguson V K, Mclaughlin M J, et al., 2000. Determination of NTA and EDTA and speciation of their metal complexes in aqueous solution by capillary electrophoresis. Environmental Science & Technology, 34(5): 885-891.

Padarauskas A, Schwedt G, 1997. Capillary electrophoresis in metal analysis: Investigations of multi-elemental separation of metal chelates with aminopolycarboxylic acids. Journal of Chromatography A, 773(1-2): 351-360.

Phillips C L, Regier T Z, Peak D, 2013. Aqueous Cu(II)-organic complexation studied in situ using soft X-ray and vibrational spectroscopies. Environmental Science & Technology, 47(24): 14290-14297.

Rodríguez-Menéndez S, Fernández B, García M, et al., 2018. Quantitative study of zinc and metallothioneins in the human retina and RPE cells by mass spectrometry-based methodologies. Talanta, 178: 222-230.

Sagle L B, Ruvuna L K, Ruemmele J A, et al., 2011. Advances in localized surface plasmon resonance spectroscopy biosensing. Nanomedicine, 6(8): 1447-1462.

Saitoh K, Kiyohara C, Suzuki N, 1991a. Mobilities of metal β-diketonato complexes in micellar electrokinetic chromatography. Journal of High Resolution Chromatography, 14(4): 245-248.

Saitoh T, Hoshino H, Yotsuyanagi T, 1989. Separation of 4-(2-pyridylazo)resorcinolato metal chelates by micellar electrokinetic capillary chromatography. Journal of Chromatography A, 469: 175-181.

Saitoh T, Hoshino H, Yotsuyanagi T, 1991b. Micellar electrokinetic capillary chromatography of porphinato chelates as a spectrophotometric approach to sub-femtomole detection of metal chelates. Analytical Sciences, 7(3): 495-497.

Scally S, Davison W, Zhang H, 2003. In situ measurements of dissociation kinetics and labilities of metal complexes in solution using DGT. Environmental Science & Technology, 37(7): 1379-1384.

Schaumlöffel D, Ouerdane L, Bouyssiere B, et al., 2003. Speciation analysis of nickel in the latex of a hyperaccumulating tree *Sebertia acuminata* by HPLC and CZE with ICP MS and electrospray MS-MS detection. Journal of Analytical Atomic Spectrometry, 18(2): 120-127.

Serrano N, Díaz-Cruz J M, Ariño C, et al., 2003. Comparison of constant-current stripping chronopotentiometry and anodic stripping voltammetry in metal speciation studies using mercury drop and film electrodes. Journal of Electroanalytical Chemistry, 560(2): 105-116.

Shan C, Yang B, Xin B, et al., 2020. Molecular identification guided process design for advanced treatment of electroless nickel plating effluent. Water Research, 168: 115211.

Shen Q, Li W, Tang S, et al., 2013. A simple 'clickable' biosensor for colorimetric detection of copper(II) ions based on unmodified gold nanoparticles. Biosensors and Bioelectronics, 41: 663-668.

Somasundar Y, Burton A E, Mills M R, et al., 2021. Quantifying evolving toxicity in the TAML/peroxide mineralization of propranolol. iScience, 24: 101897.

Somasundar Y, Shen L Q, Hoane A G, et al., 2018. Structural, mechanistic, and ultradilute catalysis portrayal of substrate inhibition in the TAML-hydrogen peroxide catalytic oxidation of the persistent drug and micropollutant, propranolol. Journal of the American Chemical Society, 140(38): 12280-12289.

Sosa G L, Zalts A, Ramírez S A, 2016. Complexing capacity of electroplating rinsing baths: A twist to the resolution of two ligand families of similar strength. Journal of Analytical Science and Technology, 7: 1-6.

Speight J, 2005. Lange's handbook of chemistry. New York: McGraw-Hill.

Sun S, Shan C, Yang Z, et al., 2022. Self-enhanced selective oxidation of phosphonate into phosphate by Cu(II)/H_2O_2: Performance, mechanism, and validation. Environmental Science & Technology, 56(1): 634-641.

Threeprom J, Som-Aum W, Lin J M, 2006. Determination of Pb(II), Cu(II) and Fe(III) with capillary electrophoresis using ethylenediaminetetraacetic acid as a complexing agent and vancomycin as a complex selector. Analytical Sciences, 22(9): 1179-1184.

Timerbaev A, Semenova O, Bonn G, et al., 1994. Determination of metal ions complexed with 2, 6-diacetylpyridine bis(N-methylenepyridiniohydrazone) by capillary electrophoresis. Analytica Chimica Acta, 296(2): 119-128.

Timerbaev A, Semenova O, Bonn G, 1993. Metal ion capillary zone electrophoresis with direct UV detection: Comparison of different migration modes for negatively charged chelates. Chromatographia, 37(9-10): 497-500.

Tófalvi R, Horváth K, Hajós P, 2013. High performance ion chromatography of transition metal chelate complexes and aminopolycarboxylate ligands. Journal of Chromatography A, 1272: 26-32.

Town R M, Van Leeuwen H P, 2016. Intraparticulate metal speciation analysis of soft complexing nanoparticles: The intrinsic chemical heterogeneity of metal-humic acid complexes. The Journal of Physical Chemistry A, 120(43): 8637-8644.

Tromp M, Moulin J, Reid G, et al., 2007. Cr K-edge XANES spectroscopy: Ligand and oxidation state dependence: What is oxidation state. AIP Conference Proceedings, 882(1): 699-701.

Tsukagoshi K, Miyamoto K, Saiko E, et al., 1997. High-sensitivity determination of emetine dithiocarbamate copper(II) complex using the electrogenerated chemiluminescence detection of tris(2, 2'-bipyridine) ruthenium(II). Analytical Sciences, 13(4): 639-642.

Vacchina V, Ionescu C, Oguey S, et al., 2013. Determination of Zn-, Cu- and Mn-glycinate complexes in feed samples and in-vitro and in-vivo assays to assess their bioaccessibility in feed samples. Talanta, 113: 14-18.

Venugopal N, Krishnamurthy G, Bhojyanaik H, et al., 2019. Synthesis, spectral characterization and biological studies of Cu(II), Co(II) and Ni(II) complexes of azo dye ligand containing 4-amino antipyrine moiety. Journal of Molecular Structure, 1183: 37-51.

Volkart P A, Gassen R B, Nogueira B M, et al., 2017. Antitumor activity of resveratrol is independent of Cu(II) complex formation in MCF-7 cell line. Bioorganic & Medicinal Chemistry Letters, 27(15): 3238-3242.

Vukosav P, Mlakar M, 2014. Speciation of biochemically important iron complexes with amino acids: L-aspartic acid and L-aspartic acid-glycine mixture. Electrochimica Acta, 139: 29-35.

Vukosav P, Mlakar M, Tomišić V, 2012. Revision of iron(III)-citrate speciation in aqueous solution: Voltammetric and spectrophotometric studies. Analytica Chimica Acta, 745: 85-91.

Vukosav P, Tomišić V, Mlakar M, 2010. Iron(III)-complexes engaged in the biochemical processes in seawater. II. Voltammetry of Fe(III)-malate complexes in model aqueous solution. Electroanalysis, 22(19): 2179-2186.

Wang D, He S, Shan C, et al., 2016. Chromium speciation in tannery effluent after alkaline precipitation: Isolation and characterization. Journal of Hazardous Materials, 316: 169-177.

Wang D, Yang B, Ye Y, et al., 2019a. Nickel speciation of spent electroless nickel plating effluent along the typical sequential treatment scheme. Science of the Total Environment, 654: 35-42.

Wang H, Yan Q, Yang Q, et al., 2019b. The size fractionation and speciation of iron in the Longqi hydrothermal plumes on the Southwest Indian Ridge. Journal of Geophysical Research: Oceans, 124(6): 4029-4043.

Wang Q, Zhao L, Zhao H, et al., 2019c. Complexation of luteolin with lead(II): Spectroscopy characterization and theoretical researches. Journal of Inorganic Biochemistry, 193: 25-30.

Wang T, Cao Y, Qu G, et al., 2018. Novel Cu(II)-EDTA decomplexation by discharge plasma oxidation and coupled Cu removal by alkaline precipitation: Underneath mechanisms. Environmental Science & Technology, 52(14): 7884-7891.

Whitby H, Van Den Berg C M, 2015. Evidence for copper-binding humic substances in seawater. Marine Chemistry, 173: 282-290.

Xie B, Shan C, Xu Z, et al., 2017. One-step removal of Cr(VI) at alkaline pH by UV/sulfite process: Reduction to Cr(III) and in situ Cr(III) precipitation. Chemical Engineering Journal, 308: 791-797.

Xing G, Sardar M R, Lin B, et al., 2019. Analysis of trace metals in water samples using NOBIAS chelate resins by HPLC and ICP-MS. Talanta, 204: 50-56.

Xu Z, Gao G, Pan B, et al., 2015. A new combined process for efficient removal of Cu(II) organic complexes from wastewater: Fe(III) displacement/UV degradation/alkaline precipitation. Water Research, 87: 378-384.

Xu Z, Shan C, Xie B, et al., 2017. Decomplexation of Cu(II)-EDTA by UV/persulfate and UV/H_2O_2: Efficiency and mechanism. Applied Catalysis B: Environmental, 200: 439-447.

Xu Z, Wu T, Cao Y, et al., 2020a. Dynamic restructuring induced Cu nanoparticles with ideal nanostructure for selective multi-carbon compounds production via carbon dioxide electroreduction. Journal of Catalysis, 383: 42-50.

Xu Z, Wu T, Cao Y, et al., 2020b. Efficient decomplexation of heavy metal-EDTA complexes by Co^{2+}/peroxymonosulfate process: The critical role of replacement mechanism. Chemical Engineering Journal, 392: 123639.

Xu Z, Zhang Q, Li X, et al., 2022. A critical review on chemical analysis of heavy metal complexes in water/wastewater and the mechanism of treatment methods. Chemical Engineering Journal, 429: 131688.

Yapici T, Fasfous I I, Murimboh J, et al., 2008. Investigation of DGT as a metal speciation technique for municipal wastes and aqueous mine effluents. Analytica Chimica Acta, 622(1-2): 70-76.

Yi H, Zhang G, Xin J, et al., 2016. Homolytic cleavage of the O-Cu(II) bond: XAFS and EPR spectroscopy evidence for one electron reduction of Cu(II) to Cu(I). Chemical Communications, 52: 6914-6917.

Yu Y, Hong Y, Gao P, et al., 2016. Glutathione modified gold nanoparticles for sensitive colorimetric detection of Pb^{2+} ions in rainwater polluted by leaking perovskite solar cells. Analytical Chemistry, 88(24): 12316-12322.

Zakaria H M, Shah A, Konieczny M, et al., 2013. Small molecule-and amino acid-induced aggregation of gold nanoparticles. Langmuir, 29(25): 7661-7673.

Zeng H, Liu S, Chai B, et al., 2016a. Enhanced photoelectrocatalytic decomplexation of Cu-EDTA and Cu recovery by persulfate activated by UV and cathodic reduction. Environmental Science & Technology, 50(12): 6459-6466.

Zeng H, Tian S, Liu H, et al., 2016b. Photo-assisted electrolytic decomplexation of Cu-EDTA and Cu recovery enhanced by H_2O_2 and electro-generated active chlorine. Chemical Engineering Journal, 301: 371-379.

Zhang X, Huang P, Zhu S, et al., 2019. Nanoconfined hydrated zirconium oxide for selective removal of Cu(II)-carboxyl complexes from high-salinity water via ternary complex formation. Environmental Science & Technology, 53(9): 5319-5327.

Zhao X, Guo L, Hu C, et al., 2014. Simultaneous destruction of nickel(II)-EDTA with TiO_2/Ti film anode and electrodeposition of nickel ions on the cathode. Applied Catalysis B: Environmental, 144: 478-485.

Zhao X, Guo L, Zhang B, et al., 2013. Photoelectrocatalytic oxidation of Cu^{II}-EDTA at the TiO_2 electrode and simultaneous recovery of Cu^{II} by electrodeposition. Environmental Science & Technology, 47(9): 4480-4488.

Zhao Y, Chang X, Malkani A S, et al., 2020. Speciation of Cu surfaces during the electrochemical CO reduction reaction. Journal of the American Chemical Society, 142(2): 9735-9743.

Zheng W, Li H, Chen W, et al., 2016. Recyclable colorimetric detection of trivalent cations in aqueous media using zwitterionic gold nanoparticles. Analytical Chemistry, 88(7): 4140-4146.

第 5 章　基于选择性吸附分离的重金属废水深度处理方法

在实际废水中，现行重金属排放标准日趋严格，实现微量重金属的深度净化是污水达标排放的关键，特别是吸附剂对微量污染物的选择吸附特性及原理。本章将重点介绍重金属选择性吸附基本理论、选择性螯合吸附剂、金属化合物及复合纳米吸附材料用于水中重金属深度净化的特性和挑战。

5.1　重金属选择性吸附基本理论

5.1.1　软硬酸碱理论

早在 1923 年，美国化学家路易斯（Lewis）提出经典路易斯酸碱理论，即凡是能够接受电子对的物质称为酸，而能够提供电子对的物质称为碱。路易斯酸碱理论扩大了酸碱的范围，广泛应用于化学的众多领域中（刘小娣 等，2017）。1963 年，皮尔逊（Pearson）针对路易斯酸碱理论，提出著名的软硬酸碱理论（hard-soft-acid-base，HSAB），将路易斯酸碱按照硬酸（碱）、软酸（碱）、交界酸（碱）进行系统分类。

软硬酸碱理论是一种用于解释酸碱化学性质及其反应的经典理论。软硬酸碱理论的基础是酸碱电子论，即以电子对得失作为判定酸、碱的标准。一般认为：将原子或者原子团半径小、正电荷数高、可极化程度低的酸称为硬酸，反之称为软酸；将电负性高、极化性低、难被氧化的配位原子称为硬碱，反之称为软碱；一些极化力和变形性介于软、硬酸碱之间的酸碱称为交界酸碱（Pearson，1968）。常见软硬酸碱分类如表 5.1 和表 5.2 所示。

表 5.1　常见软硬酸分类表

硬酸	交界酸	软酸
H^+，Li^+，Na^+，K^+，	Fe^{2+}，Co^{2+}，	$Co(CN)_5^{3-}$，Pd^{2+}，Pt^{2+}，Pt^{4+}，Cu^{2+}，Ag^+，
Be^{2+}，Mg^{2+}，Ca^{2+}，	Ni^{2+}，Cu^{2+}，	Au^+，Cd^{2+}，Hg^+，Hg^{2+}，CH_3Hg^+，BH_3，
Sr^{2+}，Mn^{2+}，Al^{3+}，	Zn^{2+}，Rh^{3+}，	$Ga(CH_3)_3$，$GaCl_3$，
Cr^{3+}，Co^{3+}，Fe^{3+}，	Ir^{3+}，	$GaBr_3$，GaI_3，Tl^+，
Ga^{3+}，In^{3+}，	Ru^{3+}，Os^{2+}，	$Tl(CH_3)_3$，CH_2（取代碳烯）
$Al(CH_3)_3$，$AlCl_3$，	$B(CH_3)_3$，	π 接受体（三硝基苯，醌类，四氰基乙烯等）
AlH_3，BF_3，BCl_3，	GaH_3，	HO^+，RO^+，RS^+，
$B(OR)_3$，Si^{4+}，Sn^{4+}，	R_3C^+，	RSe^+，Te^{4+}，Rte^+，Br_2，Br^+，I_2，I^+，ICN，
CH_3Sn^{3+}，$(CH_3)_2Sn^{2+}$，RCO^+，CO_2，	$C_6H_5^+$，	O，Cl，Br，I，N，M^0（金属原子）
NC^+，N^{3+}，As^{3+}，RPO_2^+，$ROPO_2^+$，	Pb^{2+}，Sn^{2+}，	
RSO^{2+}，$ROSO^{2+}$，SO_3，Cl^{5+}，Cl^{7+}，	NO^+，Sb^{3+}，	
I^{5+}，I^{7+}，HX（能形成氢键的分子）	Bi^{3+}，SO_2	

注：R 代表烷基官能团

表 5.2　常见软硬碱分类表

硬碱	交界碱	软碱
NH_3，RNH_2，N_2H_4， ROH，RO^-，R_2O， CH_3COO^-，CO_3^{2-}，NO_3^-，R_3As，PO_4^{3-}， SO_4^{2-}，ClO_4^-，F^-， Cl^-	$C_6H_5NH_2$，C_5H_5N， N^{3-}，N_2， NO_2^-，SO_3^{2-}，Br^-	H^-，R^-，C_2H_4，C_6H_6， CN^-，RNC，CO， SCN^-， R_3P，R_2S，RSH， RS^-，$S_2O_3^{2-}$，I^-

注：R 代表烷基官能团

软硬酸碱相互作用的基本原理是软酸优先与软碱相结合，即“硬亲硬，软亲软，软硬结合不稳定”。硬酸和硬碱可以结合生成离子键、高极性键或者稳定的络合物，反应速度快；同理，软酸和软碱也可以通过共价键得到稳定的络合物；而软酸和硬碱（或硬酸和软碱）只能形成弱的化学键或者不稳定的络合物（李炳坤，2018）。

软硬酸碱理论在水污染控制领域广泛用于高效吸附剂设计、解析吸附剂与重金属间选择性强弱等方面，有助于研制兼具稳定性和选择性的优异吸附材料。例如：为了获得结构稳定的金属有机骨架（MOF），研究发现以羧酸盐为基础的配体（硬碱）与高价金属离子（硬酸），或氮杂环配体（软碱）与低价过渡金属离子（软酸）间成键可构建稳定的骨架结构（Yuan et al.，2018）。此外，还可根据软硬酸碱理论，设计特定官能团选择性去除微量重金属离子，例如将氨基和硫醇官能团引入 UiO-66 金属有机骨架中，分别作为硬碱位和软碱位，从而达到选择性去除重金属的目的（Ali et al.，2021）。Gao 等（2022）合成了聚乙烯亚胺（PEI）基复合纳米材料，其中，聚乙烯亚胺的伯胺和仲胺活性基团属于交界碱，可与类似交界酸的 Pb(II)稳定络合，而水中的 Ca(II)、Mg(II)和 Na(I)竞争离子属于硬酸，较难与聚乙烯亚胺作用，从而实现对水中 Pb(II)的高选择性吸附。

5.1.2　表面络合理论

金属氧化物/氢氧化物是自然界中最常见的一类矿物，例如 MnO_2、FeOOH、TiO_2 等在氧化物-水溶液界面中往往与溶液中配位水结合形成羟基化表面，即表面具有大量的羟基（—OH）官能团，这些羟基位点能够与诸多金属离子稳定络合，称为表面络合作用。20 世纪 70 年代，瑞士著名水化学家 Werner Stumm 首次提出对水合氧化物的专属吸附作用应属于配位化学范畴，认为颗粒物界面—OH、H^+与金属离子的结合属于表面络合作用（Stumm，1992）。一般认为，金属氧化物表面络合作用往往伴随羟基质子/脱质子化过程，同时与金属、配体间作用形成多元络合物，如下所示。

表面羟基质子化和脱质子化反应：

$$S-OH_2^+ \rightleftharpoons S-OH+H^+ \tag{5.1}$$

$$S-OH \rightleftharpoons S-O^-+H^+ \tag{5.2}$$

表面羟基脱质子，与金属阳离子 M^{Z+}之间反应，生成二元络合物：

$$S-OH+M^{Z+} \rightleftharpoons S-OM^{(Z-1)+}+H^+ \tag{5.3}$$

$$2S-OH+M^{Z+} \rightleftharpoons (S-O)_2M^{(Z-2)+}+2H^+ \tag{5.4}$$

如存在配体（阴离子或弱酸）L，则可生成三元络合物：

$$S—OH+M^{Z+}+L \rightleftharpoons S—OML^{(Z-1)+}+H^+ \tag{5.5}$$

此外，配体 L 也可与羟基中的 OH^-发生交换反应：

$$S—OH+L \rightleftharpoons S—L^+ +OH^- \tag{5.6}$$

$$2S—OH+L \rightleftharpoons S_2—L^{2+}+2OH^- \tag{5.7}$$

如果 L 是多齿配体，还可生成另一种三元络合物：

$$S—OH+L+M^{Z+} \rightleftharpoons S—LM^{(Z+1)+}+OH^- \tag{5.8}$$

表面络合作用的形式有多种，根据与配体络合位置不同，主要可分为外核配位作用和内核配位作用。外核配位为表面羟基通过氢键或静电引力而形成的络合作用，作用力相对较弱。内核配位根据羟基与配体配位方式的不同，分为单齿络合、双齿络合等（汤鸿霄，1993），其对水中重金属往往表现出较强的作用力，是实现选择吸附净化的重要驱动力。表面络合作用原理如图 5.1 所示。

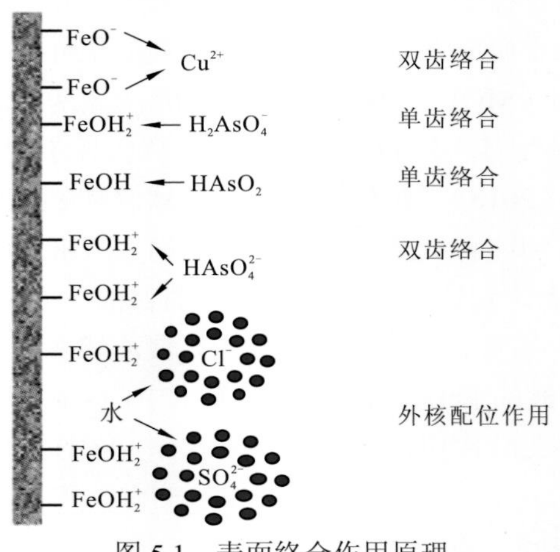

图 5.1　表面络合作用原理

引自 Puttamraju 等（2006）

近年来，基于金属化合物表面络合作用原理，大量研究设计了新型吸附剂并用于水中重金属的选择去除。例如，铁氧化物具有大比表面积和丰富的含氧配体，可通过形成双齿络合去除水中 Pb(II)（Bargar et al.，1997）。此外，表面羟基位点-重金属的络合机制与溶液化学特性相关，在低 pH（<4.5）条件下，Pb(II)-水铁矿体系可形成单齿络合物（Trived et al.，2003），而 Pb(II)在极低浓度时，其在针铁矿、磁铁矿表面吸附则主要以双齿络合为主（Templeton et al.，2003）。事实上，早在 20 世纪 90 年代，美国科学家 Dzombak 等（1990）利用表面络合模型系统研究了铁氧化物在土壤和水体系的络合行为及吸附机制。最近，高水平微观表征手段的引入，大大提升了对该类氧化物微尺度及重金属选择吸附机制的解析水平。通常认为金属氧化物与重金属等无机污染物之间能够形成稳定的内核配位作用，主要通过单齿配位和双齿配位两种作用机制实现对水中重金属的深度净化。中国科学院景传勇研究员团队利用扩展 X 射线吸收精细结构（EXAFS）光谱及原子模拟理论计算证实了钛氧化物络合过程中特有的价键结构（Hu et al.，2015），同济大学张伟贤教授团队借助球差校正扫描透射电镜为零价铁

及其氧化物与重金属的还原-络合过程提供了直接证据（Ling et al.，2015）。

5.1.3 螯合配位理论

1893 年瑞士化学家 Werner 提出了配位键、配位数和配位化合物（简称配合物）结构的基本概念，并用立体化学观点阐明了配合物的空间构型和异构现象，奠定了配位化学的基础。该理论认为：大多数化学元素表现出两种类型的化合价，即主价和副价；元素形成配合物时倾向于主价和副价都能得到满足；元素的副价指向空间确定的方向。1920 年 Morgan 等提出螯合作用是一种特殊的配位作用（Nesterenko et al.，2007），而配合物的实质就是含有配离子的化合物和配位分子的统称。

大多数配合物存在内外双层界面，内界由中心原子与配体组成，外界则由平衡电荷的离子构成，其结构如图 5.2 所示。

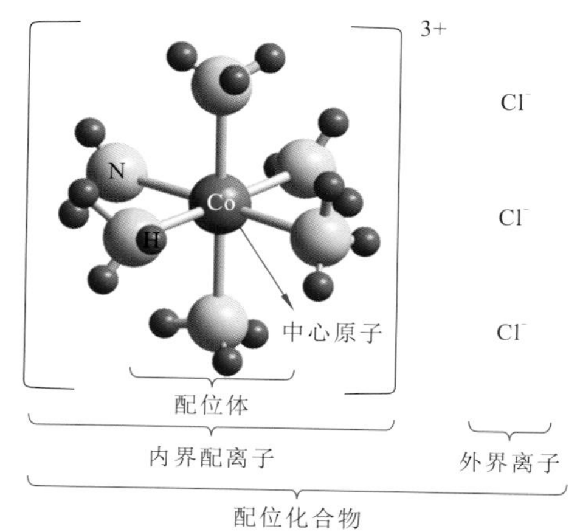

图 5.2 配位化合物的结构示意图

配合物的种类主要由中心原子数目、配体种类、配合物价键和配体齿数决定。其中，按照配体齿数可将配合物分为简单配合物和螯合物两类。由单基配体与中心离子配位形成的配合物称为简单配合物，又称单基配合物，如$[Co(NH_3)_5(H_2O)]Cl_3$、$K[PtCl_3(NH_3)]$、$[Cu(NH_3)_4]SO_4$ 等。螯合物是指由中心原子与多齿配体（含有两个或两个以上配位原子的配体）形成的环状配合物，而形成螯合物的化学反应称为螯合反应，配位原子数目多为 2～14 齿不等。螯合物具有优异的化学稳定性，主要取决于金属离子、配体和螯合环。具体而言：①金属离子与配体形成螯合物一般遵循软硬酸碱理论，适配的软硬酸碱体系直接决定了螯合物的稳定性（Ayers et al.，2006）；②相比于单齿配体，多齿配体与金属离子形成的螯合物稳定性更高；③螯合物的稳定性与螯合环的大小及成环数目有关，当配位原子相同时，形成的螯合环越多，螯合物越稳定。与芳香环相似，一般六元环最为稳定，例如 β-乙酰丙酮（醇式）失去一个 H^+后，与金属离子 M^{2+}形成配位，所得六元环具有较高的稳定性。

随着技术不断发展，螯合配位作用也被逐渐应用于选择性吸附分离废水中的重金属。特别是用螯合官能团对多孔载体进行化学修饰，进而用于重金属废水的深度处理。Zhang 等（2018）制备异丙基黄原酸酯与双酚 A 改性的螯合树脂，其对 Cu(II)、Cr(III)、Ni(II) 等多种重金属离子均表现出较高的吸附选择性。重金属螯合剂中的配位原子以 S、N、O 为主，其中以 S 为配位原子的螯合剂应用较广泛，如二硫代氨基甲酸盐类（DTC 类）、黄原酸酯类、三巯三嗪三钠盐类（TMT 类）、三硫代碳酸钠类（STC 类）等。Yan 等（2019）合成了一种磁性二硫代氨基甲酸酯螯合树脂，其中配位 S 原子可与 Cu 离子发生强螯合作用，对水中 Cu 的去除率高达 99%。Shaaban 等（2013）利用丙烯腈与 N,N'-亚甲基双丙烯酰胺的共聚反应，研制了含二硫代氨基甲酸酯基团的新型螯合树脂，对 Hg(II)、

Cd(II)、Pb(II)等重金属离子均具有较强的螯合亲和力，最大吸附量分别为 2.3 mmol/g、1.94 mmol/g 和 1.14 mmol/g，且经 5 次循环再生后去除率仍可保持 90%以上，实现了对废水中重金属的分离与深度去除。

5.1.4 晶格置换（内化）理论

晶格置换（内化）是自然界中常见的一种现象，一般认为矿物/晶体结构中某种原子或离子原有晶格位置被性质类似、大小相近的其他原子或离子置换，有时还伴随从晶体表层向晶格内层迁移。早期研究以地学为主线，多以矿物对金属的内化作用为主，探究如方解石、稀土、赤铁矿等固体材料对 Cr、Cd、Ni 等金属的内化，发现在地质变化过程中很多稳定的矿物也会与溶液中的离子反应，进而发展出内化现象研究的多种方法学（Fernandes et al.，2008；Alexandratos et al.，2007），并探讨了多种机制和内化过程中物质迁移转化规律（Gorski et al.，2017）。最近，基于内化作用的环境行为得到广泛关注，主要用于探究重金属/砷等污染物在环境中迁移转化的规律，发展了基于多种矿物的含重金属废水去除方法（Ahmed et al.，2008）。内化过程的机制主要包含三类：①原子交换或晶格取代；②溶解-重结晶；③固相扩散。这三种机制往往不会单一存在，而是多种机制交融作用。目前，内化现象及其机制仍存在争议，有些研究表明在水处理过程中并没有观察到如地质过程中发现的现象，有些内化现象仅发生在材料表层几纳米（甚至几埃），难以有效探测（Bracco et al.，2018）。但内化现象与材料结构、溶液化学条件、研究手段等都密切相关，仍然具有很大的研究空间。

内化过程的影响因素很多，如污染物形态和溶液化学条件会显著影响内化过程，溶质饱和度不同也可引发不同的内化过程。不同金属间如 Al(III)和 Sb(V)也会形成竞争内化，竞争可置换的晶格，相关过程和机制如图 5.3 所示。内化过程也会影响材料的结构

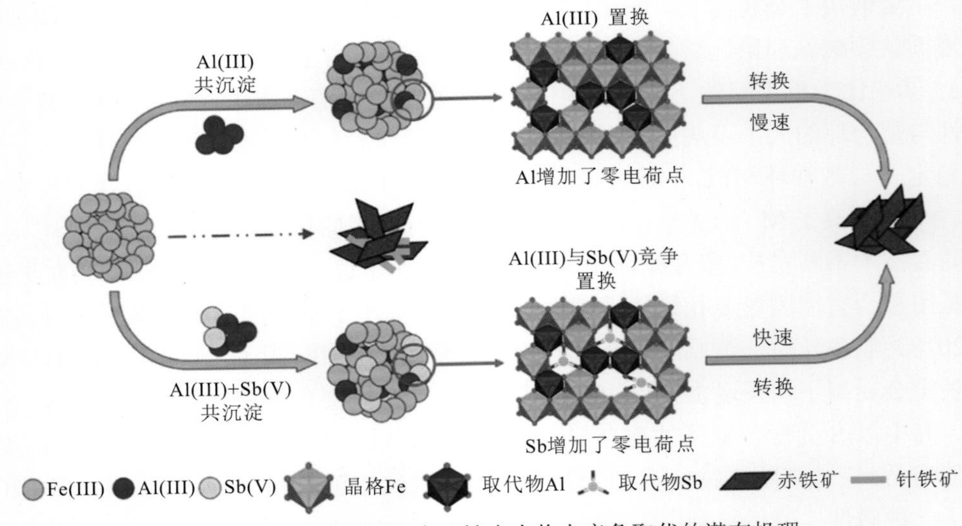

图 5.3 Al(III)和 Sb(V)在亚铁水合物上竞争取代的潜在机理

引自 Ye 等（2021）

特征，如具有显著晶格缺陷的材料，在内化和固相扩散时更具有优势，其中主要是暴露晶面的分子结构特性对内化作用具有显著影响。例如，钨酸盐离子的存在能够调控氧化锌纳米线的晶面生长方向，这与钨酸根离子在每个氧化锌晶面上的配位结构有关（Liu et al.，2020）。

Gorski 等（2017）总结了自然界中多种矿物对重金属等污染物的内化过程，包括方解石、石膏、水铁矿、磁铁矿等，对内化机理的研究可以帮助重新认识矿物-污染物作用过程，从而发展出基于矿物的环境污染修复技术，见表 5.3。方解石由于具有高杂质容量等特性，能够通过共沉淀、晶体生长过程来置换捕获重金属。Zhang 等（2020a）探究了方解石对 Ni(II)、Zn(II)的吸附内化过程，二价金属阳离子能够与 Ca(II)发生置换反应，使方解石结构发生转变，从而降低水中重金属浓度。Ahmed 等（2008）利用天然方解石吸附废水中的 Cd(II)，发现 Cd(II)与 Ca(II)晶格置换及晶体内层迁移过程长达 200 天；而同样利用方解石除氟的研究发现，Cd(II)在吸附过程中的内化现象显著抑制了氟的吸附去除（Cai et al.，2018）。由此可见，内化研究具有较大的环境意义，对研究污染物迁移转化、开发污染物控制/修复技术具有启发性。

5.1.5 离子交换理论

离子交换是最常见的重金属去除方法，目前大量吸附剂（如离子交换树脂、沸石等）基于离子交换原理实现了对重金属的高效净化，其基本原理是溶液中的离子与吸附剂界面可交换离子进行交换（图 5.4）。按照可交换离子的荷电性质差异，离子交换剂可分为阳离子交换剂和阴离子交换剂，分别用于不同荷电性质重金属的分离净化。选择性是离子交换剂实现重金属净化的关键，其作用能力与重金属的价态、功能基团、重金属作用力强弱和可交换离子价态等相关。此外，离子交换过程最大的优势是可再生性，以重金属为例，吸附饱和的离子交换剂可借助强酸、螯合剂、高盐溶液等实现重金属的脱附和吸附剂的再生-重复利用。

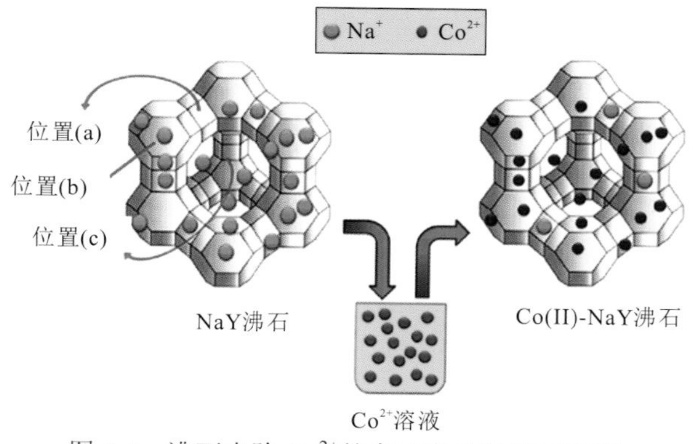

图 5.4　沸石去除 Co^{2+}的离子交换过程示意图

引自 Malik 等（2019）

目前，有关离子交换应用最广泛的吸附剂是离子交换树脂，早在 20 世纪 30 年代，各种功能的离子交换树脂逐步研发出来，并用于药物提纯、水软化、环境修复等众多领

表 5.3　晶格置换（内化）关键机制

内化机制	作用过程	影响因素	案例
原子交换/晶格取代	同构置换 阳离子交换 同格交换 仿生过程（人工过程，自然界中可能难以出现）	暴露晶面特性 离子半径 晶格尺寸 晶格缺陷 配位环境 电荷平衡 溶液饱和度	O^{2+}被OH^-及F^-替代 Si^{4+}被Al^{3+}及As^{5+}替代 Al^{3+}被Be^{2+}、Ca^{2+}、Fe^{2+}替代 不同金属如 Al 和 Sb 也会形成竞争内化（图 5.3），竞争可替换的格点 不同结构下阳离子交换演化过程 仿生过程内化，金属有机物络合物为晶核形成晶体结构（Kim et al.，2011）
固溶体形成（概念上属于原子交换的一类）	替换［原子交换（同上）］ 原子间隙填补	原子半径 晶格缺陷 溶液饱和度	单项转化，$FePO_4$到$LiFePO_4$的转化过程，可能解释很多内化过程的热力学驱动力
溶解-沉淀-重结晶	晶须形成-纳米级假晶现象 各向同性溶解-重结晶 各向异性溶解-重结晶 氧化还原驱动输送带（Zarzycki et al.，2015）	pH 有机配体 晶面特性 氧化还原条件 纳米尺寸 时间 溶液饱和度	$PbCO_3$完全替换$CaCO_3$过程 Pb-HAP 内化过程，晶须形成和假晶显现（在纳米尺寸下发生），没有观察到原子置换（Altree-Williams et al.，2015；Putnis，2014；Kim et al.，2011）
固态扩散	一般水处理情况下难以发生，也难以观测到，可通过理论计算推演 空位间隙机理	限域 温度 时间 晶格缺陷 氧化还原条件	限域条件下可观测到固态扩散速率加快（Holmberg et al.，2009） 理论固态扩散速率可能因材料结构特性和溶液化学条件与实际具有显著差异，判断是否存在固态扩散是一个难点

域。离子交换树脂主要由三维网状高分子骨架和功能基团组成，其中活性功能基团固定于骨架结构，通过可交换离子与目标重金属相互作用，实现对废水中游离态重金属的高效去除。例如，含有磺酸基的聚苯乙烯阳离子交换树脂对 Pb(II)、Cd(II)、Zn(II)等多种重金属均表现出优异的吸附性能，其选择性顺序为 Pb(II)＞Cu(II)＞Cd(II)＞Zn(II)，吸附后的树脂可用盐酸和氯化钠混合溶液高效再生。此外，研究发现，不同功能基团对重金属的作用力及选择性也存在显著差异。当用于实际废水处理时，由于水中存在大量 Ca(II)、Mg(II)、Na(I)等离子，含有磺酸基的阳离子交换树脂工作容量显著降低，而研发具有一定螯合功能的离子交换剂已成为近年来重点研究的方向之一。如 Jiang 等（2011）研发了含有功能亚氨基二乙酸酯基团的螯合离子交换剂 Lewatit TP-207，其对 Cr(III)的最大吸附容量为 0.341 mmol/g；巯基交换树脂对废水中 Hg 离子表现出超强的选择吸附能力，且不受废水中高含盐量和共存有机质的影响，可将水中微量 Hg 降至 5 μg/L 以下（匡春燕，2021）。需要关注的是：当水中共存一定量大分子有机物，如腐殖酸、富里酸等，其往往占据大量可交换活性位点，从而降低对重金属离子的净化能力。因此，提升离子交换剂抗有机污染能力也是近年来重点发展的研究领域。

5.1.6 Donnan 平衡理论

近年来，Donnan 平衡原理在水污染控制技术创新方面得到广泛关注。早在 1924 年，英国物理化学家 Frederick George Donnan 发现并提出了 Donnan 膜平衡理论，认为渗析平衡体系存在半透膜，膜的一侧为固定荷电的大离子（如蛋白质离子）或者胶体粒子，其不能自由通过半透膜，受静电平衡影响，体系中能自由透过膜的小离子（游离态离子）在膜两侧形成不均衡分布，即产生 Donnan 膜平衡。近年来，这一理论在水中微量重金属深度净化领域得到广泛应用，以水污染控制中常用的离子交换树脂为例（图 5.5）：在离子交换树脂/水界面上，具有固定高负电荷（R^-）的阳离子交换树脂对水相中阳离子（如重金属）具有富集效应，而对共存阴离子产生静电排斥作用，导致吸附剂/水界面离子分配不均衡，大量荷正电重金属离子在树脂界面浓缩。同理，当水相中加入类似高正电荷（R^+）阴离子交换树脂时，其更适宜吸附氟离子、砷酸根等阴离子型污染物（Sarkar et al.，2010)。因此，在固液两相界面，吸附剂固定荷电特性可以用来调控离子在两相的分布，

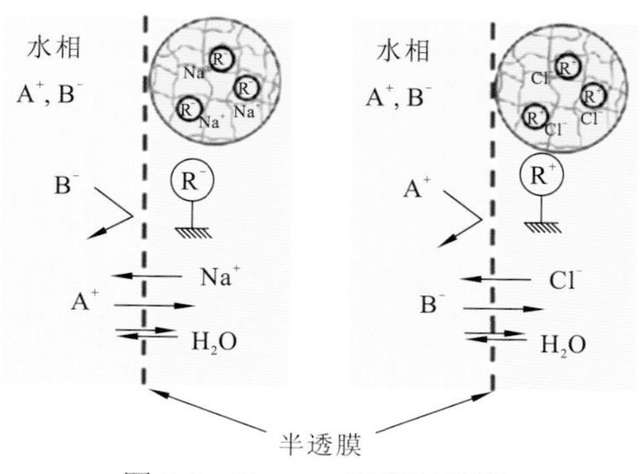

图 5.5　Donnan 平衡示意图

从而实现对微量重金属离子的富集和选择性去除。

笔者课题组基于 Donnan 平衡原理研制了系列耦合功能纳米复合材料，其原理是将纳米氧化锆、氧化铁通过前驱体引入-原位沉积技术负载于大孔离子交换树脂，载体界面修饰具有 Donnan 膜效应的磺酸基团，能够对水中微量重金属表现出预富集-强化扩散作用，进而嵌入的高活性纳米粒子实现对微量重金属的选择性净化。研究发现，Donnan 膜对重金属富集效应与重金属浓度呈负相关，重金属浓度越低，越有助于 Donnan 膜富集度的提升，能够实现微量重金属在吸附剂界面 100～30 000 倍浓缩，而基于 Donnan 平衡原理设计的纳米复合材料，有效突破了常规吸附剂驱动微量重金属传质困难、净化深度不高的技术瓶颈（Zhang et al.，2008）。

此外，需要关注的是载体荷电性质与目标污染物的匹配性，载体不同荷电功能基团对重金属深度净化性能也存在显著差异，季胺基（荷正电）和磺酸基（荷负电）修饰的纳米氧化锆复合树脂对水中重金属 Pb(II)均表现出优异的静态吸附容量，而在高速固定床吸附过程中，其工作应用容量则表现出显著差异，处理量分别为 300 BV 和 2 400 BV，这主要归因于荷正电季胺基对 Pb(II)产生 Donnan 排斥效应，从而降低了纳米复合树脂工作容量。类似的荷电匹配也发生在磷酸盐、氟及砷酸根等阴离子型污染物去除过程中，而具有 Donnan 富集效应的磺酸基团则是更好的选择（Zhang et al.，2013）。

5.2　螯合吸附法

螯合吸附是利用吸附剂表面或其所含的官能团对重金属离子进行选择性分离的一种方法，根据具有的官能团种类，吸附剂可分为胺基类、巯基类、羟基类或羧基类螯合吸附剂；根据吸附剂材料来源，则可分为天然螯合吸附剂及人工合成的螯合吸附剂。螯合吸附剂去除重金属的主要吸附机理是利用其官能团中的氮、氧、硫、磷等原子上的孤对电子与金属离子的空轨道形成配位键，从而有效地将环境中的重金属离子吸附去除。

5.2.1　多胺基类螯合材料

多胺基类螯合材料是指利用伯胺基、仲胺基和吡唑等含氮官能团与重金属离子进行螯合配位的一类吸附剂（徐超 等，2014）。根据吸附剂基体骨架的不同，多胺基类螯合材料可以分为改性无机吸附剂、改性生物质吸附剂和高分子合成吸附剂等几大类。

目前，多胺改性的无机吸附剂主要以二氧化硅、蒙脱土等硅基材料为基体（Zhang et al.，2015b），利用基体上的硅羟基与硅烷偶联剂或表面活性剂进行反应实现对基体表面的胺化改性。天然生物质改性吸附剂则主要以壳聚糖（Li et al.，2021）和纤维素（Huang et al.，2018b）为基体材料，利用基体自身所带的羟基、羧基等官能团与多胺类试剂反应形成初步的胺化基体，之后利用迈克尔（Michael）加成反应等进一步提高材料中胺基的含量，以此强化吸附材料对重金属的螯合性能，如图 5.6（a）所示。常见的高分子螯合吸附剂主要可分为苯乙烯-二乙烯苯树脂、丙烯酸树脂和合成纤维等几类，以苯乙烯-二乙烯苯树脂为例，对其胺化改性的方法主要有酰胺甲基化法、氯甲基化法和曼尼希（Mannich）反应法（魏荣卿 等，2005）。其中氯甲基化法由于化学反应效率高而被广泛应用，图 5.6（b）所示为基于氯甲基化法多胺类螯合树脂吸附剂的制备过程。

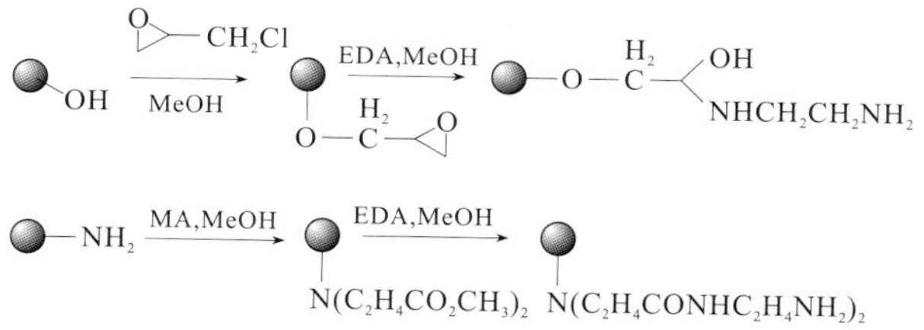

（a）天然生物吸附剂

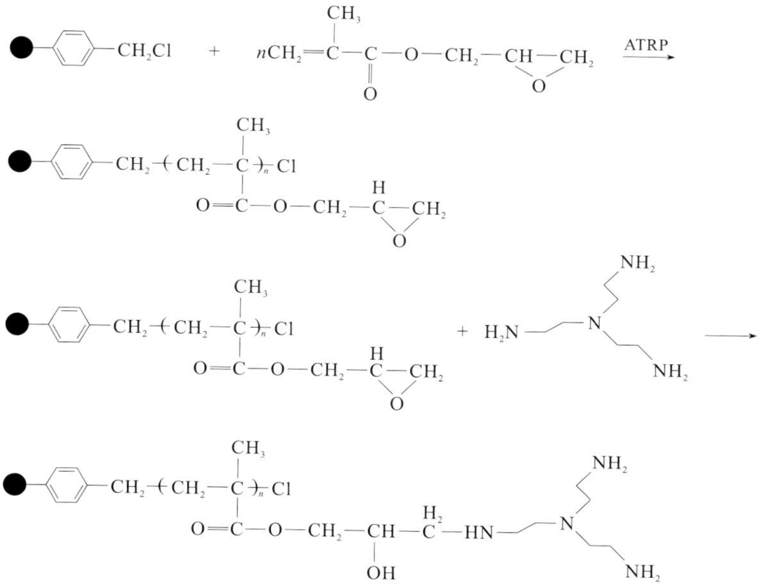

（b）多胺型螯合树脂

图 5.6　部分原始基体胺化改性过程

（a）引自徐超等（2014）；（b）引自 Chen 等（2018b）

根据螯合配位理论，氮原子具有一对孤对电子表现出 Lewis 碱的特性，而重金属离子则呈现 Lewis 酸的特性，因此多胺基类螯合吸附剂能够通过自身伯胺、仲胺和叔胺等官能团与重金属离子形成较为稳定的配位键（Jiang et al.，2019）。根据欧文-威廉姆斯（Irving-Williams）顺序，多胺基类螯合吸附剂对重金属离子的选择吸附能力为：Cu(II)>Ni(II)>Pb(II)>Fe(II)>Co(II)>Mn(II)（Diniz et al.，2005）。重金属离子的水合半径、绝对电负性、水解常数等物化性质都与吸附性能密切相关，其中电负性是影响吸附选择性的主要因素，电离电势越大的重金属离子电负性越高，对氮原子上的孤对电子的静电引力越大，从而被优先吸附（Liu et al.，2008）。Wang 等（2020a）制备了一种成本低廉、高效且环境友好的新型多胺-吡啶接枝壳聚糖吸附剂，利用吸附剂表面的胺基和吡啶结构螯合水中铜离子，从而实现了在酸性和含盐废水中选择性去除重金属铜，其吸附机理如图 5.7 所示。

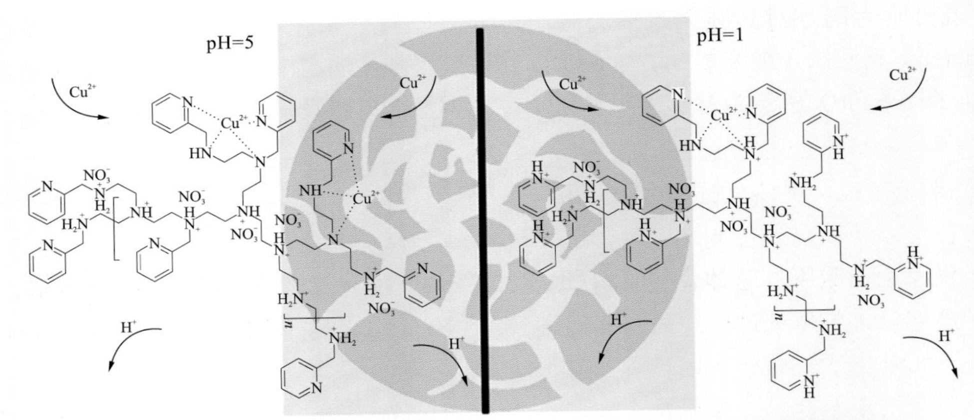

图 5.7　多胺–吡啶接枝壳聚糖小球对盐酸型废水中的Cu(II)的吸附机理

引自 Wang 等（2020a）

在实际废水处理应用过程中，当吸附剂表面结合过量的重金属离子，或其表面部分氨基发生质子化作用时，吸附剂表面带正电，从而抑制吸附剂对水体中重金属离子的进一步去除。针对这一现象，有研究发现一些多胺类螯合材料对重金属离子的吸附量会随着溶液中无机盐浓度的升高而增加，表现出一种“盐促现象”（Liu et al.，2006）。这是因为溶液中较高浓度的阴离子能够平衡吸附剂表面所带正电荷，在一定程度上屏蔽表面电荷对金属离子的静电斥力，并强化材料表面氨基活性，从而进一步实现对水体重金属污染的深度净化。南京大学刘福强教授团队制备的多胺螯合纳米纤维，利用“盐促效应”这一机制成功在含盐废水中将材料对铅离子的吸附量提高近一倍，且该多胺改性纳米纤维还具有吸附速率快、再生容易等优点，不仅适用于工矿行业产生的高浓度重金属污染废水，还能实现对微污染天然水体的深度净化（范佩 等，2021）。

5.2.2　羟/羧基类螯合材料

羟/羧基类螯合材料是指利用羟基、羧基等含氧官能基团螯合重金属离子的一类吸附剂的总称（Yang et al.，2019a）。根据吸附材料基体骨架的不同，可以将该类螯合吸附材料分为天然高分子吸附剂和高分子合成吸附剂两类。以天然高分子材料作为基体的羟/羧基类螯合吸附剂通常具有较高的生物相容性，具有可生物降解、易再生等优点（Godiya et al.，2019），目前被广泛用作重金属废水深度净化的吸附材料主要有海藻酸盐（Gao et al.，2020）、果胶（Li et al.，2022）和纤维素（李宗红 等，2019）等。这些天然高分子吸附剂表面丰富的羟基和羧基对重金属离子具有较强的亲和力，可与大部分二价和三价阳离子发生螯合作用，因而对重金属离子表现出优良的选择吸附性能。常见的高分子合成吸附剂主要有螯合树脂和水凝胶，通常依靠离子交换作用和络合作用去除水中的重金属。

然而，一些高分子吸附材料的吸附容量较低，为了进一步提升材料对重金属离子的吸附性能，则需要对吸附剂进行改性处理，改性方法可以分为物理改性和化学改性。物理改性通常是将高分子吸附剂与吸附性能优良的无机材料杂化共混，利用有机-无机复合结构的优势和特性，显著提升对重金属的吸附性能。例如，通过静电纺丝、低温致孔剂成孔等方法可以将海藻酸钠、果胶等天然高分子材料与膨润土、蒙脱石、沸石等无机矿物进行结合（Mohammadi et al.，2019）。化学改性的方式通常较多，主要包括氧化改性（Zhou et al.，2014）、醚化改性（Yan et al.，2011）和表面接枝改性（Li et al.，2006b）。氧化改性方法可以通过控制反应条件和使用弱氧化剂实现对吸附剂基体的部分氧化，通常该方法不会对吸附剂基体骨架结构产生损坏。通过部分氧化能使羟基氧化为羧基、羰基或烯醇等功能性官能团，从而生成具有不同溶液化学性质的吸附材料（Verma et al.，2020）。醚化反应也是一种常见且重要的天然吸附剂改性方法，通过分子链上的羟基在碱性条件下与烷基化试剂反应生成一系列衍生物。根据醚化反应接枝分子上取代基的不同，纤维素醚类产品可分为单一醚类和混合醚类。表面接枝反应通常以吸附剂表面的羟基为纽带，与小分子、低聚物或其他聚合物连接成键。接枝共聚反应接入改性基团可以赋予吸附剂基体更广泛的使用范围和更长的使用寿命。常见的化学改性方法如图 5.8 所示。

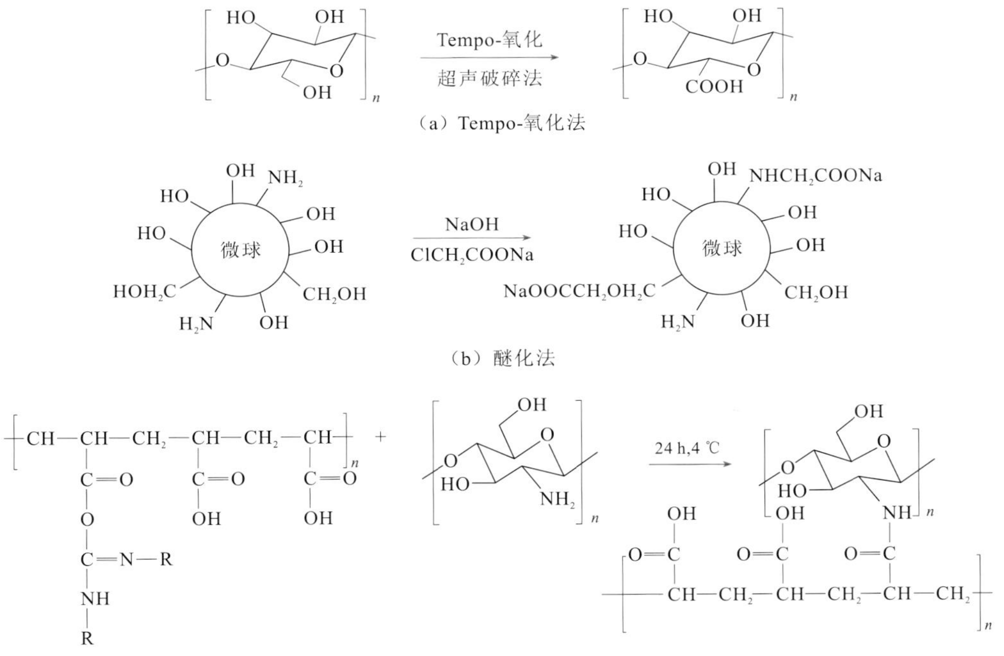

（a）Tempo-氧化法

（b）醚化法

（c）表面接枝法

图 5.8　常见化学改性方法

（a）引自 Zhou 等（2014）；（b）引自 Yan 等（2011）；（c）引自 Li 等（2006b）

根据软硬酸碱理论，以氧为配位原子的螯合基团大多属于硬碱型，该类吸附剂对属于硬酸的重金属离子如碱金属、碱土金属及 Fe(III)、Al(III)等离子具有良好的配位作用。在吸附过程中羟基或羧基这些官能团充当电子供体，将电子转移或共享给重金属离子，形成共价键或离子键，整个吸附过程既受静电吸引的影响，又受配位作用的影响。以海藻酸钠基吸附剂对重金属离子的吸附为例，其吸附机理主要有离子交换作用、羟基等富电子基团与重金属离子的螯合配位作用、吸附材料表面的静电相互作用，以及光照条件下材料自身还原性组分对重金属离子的还原去除作用，如图 5.9 所示（Gao et al., 2020）。

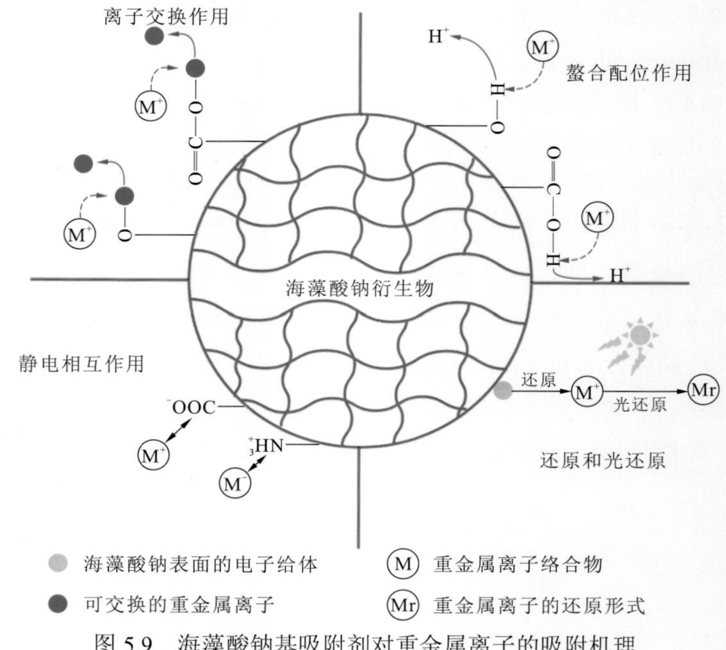

图 5.9 海藻酸钠基吸附剂对重金属离子的吸附机理

目前，羟/羧基类螯合材料在水体重金属离子的深度净化领域具有广泛的应用前景，Kam 等（2018）比较了氨基、羟基和羧基对不同碳材料改性后的除铅性能，研究发现羟/羧基改性比胺化改性的普适性更高，吸附性能的提升也更加稳定。此外，羟/羧基类螯合材料对水中贵金属和重金属离子均表现出优异的吸附性能，通过表面改性可以提高天然基体材料的机械强度和抗酸碱稳定性，同时有助于强化材料在复杂水环境中的选择吸附性能。Li 等（2006b）利用聚丙烯酸接枝对壳聚糖表面进行功能化，显著增加了材料中羧基含量，可以在较宽的 pH 范围内实现对 Pb(II)的快速吸附，且具有良好的再生性能，极大拓展了该吸附材料的实际应用空间。

5.2.3 巯基类螯合材料

巯基，即氢硫基（—SH），是由氢和硫两种原子组成的一类重要的官能团，在生物、医药、功能化材料等众多应用领域具有十分重要的地位。巯基类螯合材料是指主要以巯基官能团为螯合配位反应基团的一类吸附剂的总称。根据吸附剂基体来源的不同，可以将巯基类螯合吸附剂分为天然吸附剂和高分子合成吸附剂两类。其中天然的基体材料又分为无机吸附材料和有机吸附材料，目前常见无机吸附材料主要是蒙脱石、膨润土等天然矿物质，有机吸附材料则主要有秸秆、稻壳等生物质材料。

研究表明利用巯基改性的天然吸附剂对水体重金属的吸附性能显著提升。朱霞萍等（2013）以（3-巯丙基）三甲氧基硅烷改性蒙脱石，改性后的蒙脱石对 Cd(II)的饱和吸附容量提升了 38 倍。Fu 等（2021）采用溶液共混法制备了巯基凹凸棒石，对 Pb(II)和 Cd(II)

的饱和吸附量分别为 65.57 mg/g 和 22.71 mg/g，比天然凹凸棒石分别提高了 57.74%和 31.96%。此外，改性后的有机生物质材料也表现出对重金属离子优良的吸附性能。高宝云等（2012）以玉米秸秆、二甲基甲酰胺、巯基乙酸等为原料，通过化学修饰方法制备了巯基改性玉米秸秆粉吸附剂，研究表明它能够去除多种水体重金属，特别是对 Cd(II)、Pb(II)、Cu(II)、Zn(II)和 Hg(II)等多种重金属具有广谱吸附特性。邓华等（2018）以木薯秸秆（CS）、巯基乙酸等为原料，制备了巯基改性木薯秸秆，研究结果表明改性后的材料形成更加丰富的孔道结构且比表面积增大，从而更有利于吸附去除水体中的 Cd(II)。

高分子合成吸附剂是指一类多孔性、交联的高分子聚合物，又称吸附树脂。巯基螯合树脂则是在树脂骨架上键连巯基而形成的功能性吸附树脂，其能以离子键或配位键的形式有选择地螯合特定的重金属离子，从而实现废水的深度净化。巯基螯合树脂制备工艺简单，对金属离子具有较强的亲和力，选择性高，因此近年来以巯基为功能基团的螯合树脂得到了广泛的应用。Pan 等（2021）利用 γ 射线诱导甲基丙烯酸缩水甘油酯（GMA）聚合，并将其接枝到聚丙烯（PP）基体上，进一步对材料进行巯基化，从而制备成 PP-g-GMA@MEA，研究表明该材料对 Ag(I)具有极高的选择吸附性，其吸附机理如图 5.10 所示。

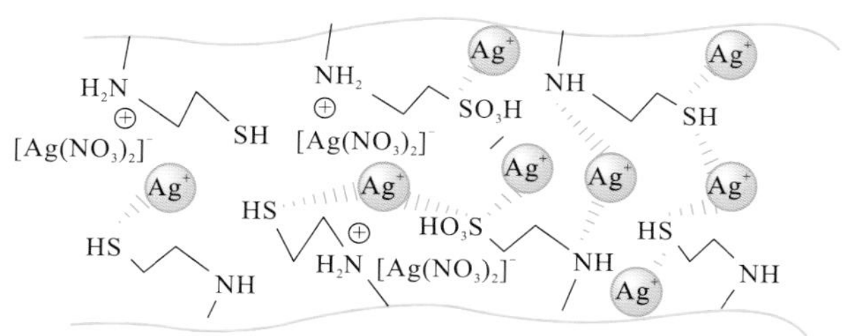

图 5.10　PP-g-GMA@MEA 在高酸度下对 Ag^+的吸附机理

引自 Pan 等（2021）

尽管巯基螯合树脂对重金属离子具有良好的选择吸附特性，但其吸附容量仍不够理想。为了进一步提高材料的吸附性能，张光华等（2010）以环硫氯丙烷和多乙烯多胺为原料，通过交联反应合成了巯基胺型螯合树脂（PA 树脂），并用氯乙酸对该树脂进行酸化，最终合成了巯基胺型羧酸螯合树脂（PAC 树脂），合成路线如图 5.11 所示。研究表明，该树脂在实验条件下对模拟电镀废水中的 Cu(II)表现出极佳的吸附去除效果，去除率高达 94.7%，这说明多基团协同巯基的螯合树脂在实际重金属污染废水处理中具有更好的应用前景。

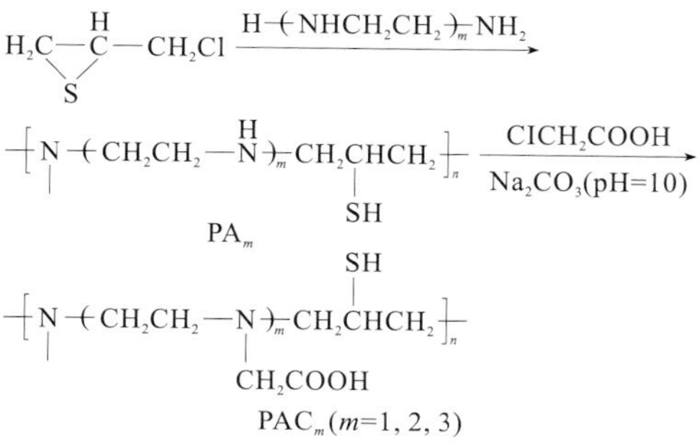

$$\underset{\underset{S}{\diagdown\ \diagup}}{H_2C-\overset{H}{C}}-CH_2Cl \xrightarrow{H\text{-}(NHCH_2CH_2)_m\text{-}NH_2}$$

$$\text{-}[\underset{|}{N}\text{-}(CH_2CH_2-\overset{H}{N})_m\text{-}CH_2\underset{\underset{SH}{|}}{C}HCH_2]_n\text{-} \xrightarrow[Na_2CO_3(pH=10)]{ClCH_2COOH}$$

PA_m

$$\text{-}[\underset{\underset{CH_2COOH}{|}}{N}\text{-}(CH_2CH_2-N)_m\text{-}CH_2\overset{\overset{SH}{|}}{C}HCH_2]_n\text{-}$$

$PAC_m(m=1, 2, 3)$

图 5.11　巯基胺型羧酸螯合树脂的合成路线

巯基类螯合吸附剂在性能上具有两个突出特点：①原料易得，成本低廉，制备工艺简单，易于实现规模化生产，从而利于普及推广；②吸附容量大，选择性较强，可在实际应用过程中实现对目标重金属污染的特异性分离和去除。而决定巯基类螯合树脂对重金属吸附性能优劣的关键在于其表面能够与重金属离子形成配位螯合作用的配体。根据软硬酸碱理论，巯基基团属于软碱，这表明巯基类螯合吸附剂更易与 Ag(I)、Pt(II)、Pd(II)、Hg(II)、Hg(I)等具有软酸性质的重金属离子形成稳定的配合物，因此可适用于废水中贵金属的分离回收。

5.2.4 离子印迹类吸附材料

离子印迹技术是一种能够对复杂水环境中某种特定离子进行选择性吸附和回收的高效吸附分离技术，其基本原理是利用目标模板与功能单体上的官能团配位结合，由于目标重金属与共存离子之间存在溶解度、电荷和尺寸上的微小差异，从而形成具有特定结构的复合物。该复合物在交联剂和引发剂的作用下共聚，具有稳定的空间结构，再利用洗脱液去除模板离子，从而形成具有固定大小、形状和基团排列的“识别空腔”。这一“识别空腔”与模板重金属离子高度匹配，从而实现重金属离子的选择性吸附（Fu et al.，2016；Chen et al.，2011b）。

离子印迹聚合物的合成过程主要由目标模板、功能单体、交联聚合方法和基体（仅针对表面印迹聚合物）4 个要素控制。目标模板通常指印迹过程中的靶离子，比如重金属离子。功能单体可提供与模板相互作用的官能团，功能单体与目标重金属之间相互作用强弱决定了识别位点的准确性和选择性。离子印迹聚合物常用的交联聚合方法主要基于两种机制：连锁聚合机理（如自由基聚合）和逐步聚合机理（如酚醛、胺醛缩合和溶液凝胶聚合等）（Huang et al.，2018a）。常见的自由基聚合主要包括本体聚合、悬浮聚合、乳液聚合、沉淀聚合。自由基聚合方法虽然过程简单、成本低廉，但其制备的离子印迹聚合物结构形貌难以控制，且识别位点易受损伤。与自由基聚合方法相比，利用逐步聚合机理合成的印迹聚合物具有更佳的刚性、热稳定性、化学稳定性及操作灵活性（Wang et al.，2018a）等优点。但通过自体交联聚合制备的印迹聚合物存在模板包埋较深难以脱附、传质速率慢、吸附容量小、再生性能差等问题。

为了克服以上问题，将吸附位点分散在基体的表面，表面印迹聚合物应运而生（Fu et al.，2016）。基体是表面印迹聚合物特有的组成部分，表面印迹聚合物的合成需要将功能单体与基体材料相结合（图 5.12），识别位点主要固定在基体的表面以加快传质速度，并提高循环再生能力。目前，表面离子印迹聚合物使用比较广泛的基体主要为：以硅胶（Fan et al.，2012）、硅藻土（Miao et al.，2020）为主的硅材料；以氧化石墨烯（Islam et al.，2021）、碳纳米管（Turan et al.，2018）为主的碳材料；以 Fe_3O_4（Cen et al.，2017）为主的磁性纳米颗粒，以及其他基体材料，如树脂（Sun et al.，2021）、膜（Liu et al.，2020）等。

Xie 等（2020）以 Cd(II)和 Pb(II)为双模板制备了一种离子印迹聚合物，该材料对两种离子的分离都表现出良好的选择性和稳定性，经过 8 个吸附-脱附循环后，该材料对 Cd(II)和 Pb(II)的吸附容量仅下降了 6.1%和 6.3%。Hu 等（2021）以一种水溶性微生物多

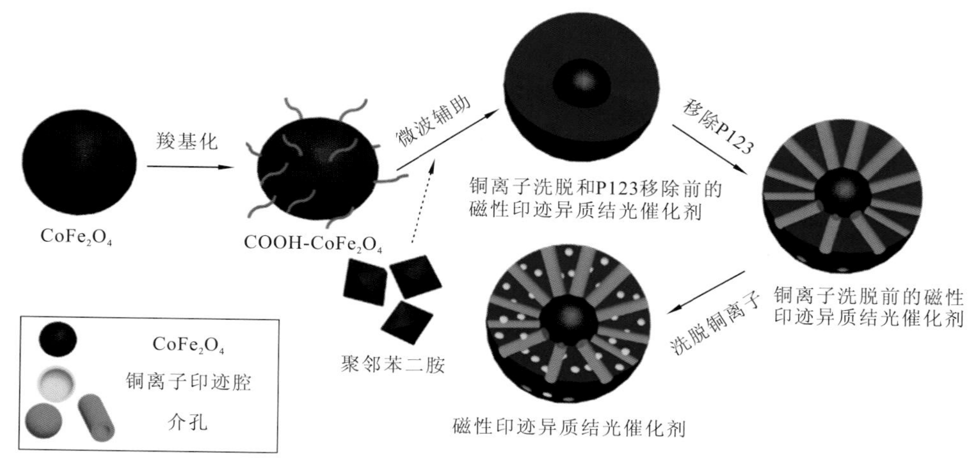

图 5.12　以 $CoFe_2O_4$ 为基体的表面印迹聚合物合成示意

糖——索拉胶为配体、氧化石墨烯为基体，采用冰模板法合成了一种 Hg(II)印迹多孔海绵，该材料具有大量互相连通的三维孔道结构，且具有良好的机械性能，对 Hg(II)表现出良好选择吸附性的同时，克服了石墨烯基体易团聚、难回收的问题。除了双离子模板，离子/分子双模板也是一种常见的印迹手段。如图 5.13 所示，Liu 等（2018）首次采用皮克林（Pickering）乳液聚合法制备了多孔的印迹聚合物，通过孔内表面上的溴代异丁酰溴引发原子自由基聚合，将 Cu(II)印迹聚合物接枝到λ-氯氟氰菊酯（LC）印迹聚合物泡沫的孔道中，这不仅可以获得具有双识别位点的多孔吸附剂，而且可以有效减少二次印迹过程中识别位点的掩盖。这一方法为制备分子/离子双印迹吸附剂，实现对水中重金属和有机污染物的同步去除提供了一种新思路。

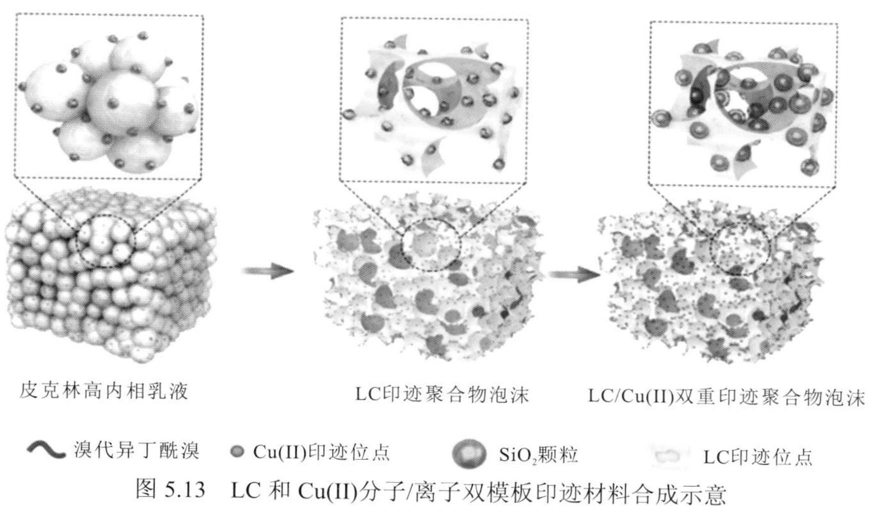

图 5.13　LC 和 Cu(II)分子/离子双模板印迹材料合成示意

目前，离子印迹聚合物的制备工艺优化日趋精细，合成的材料功能多样，能够根据具体需求赋予材料磁、光、热响应等特性。表面印迹聚合材料和分子/离子双模板印迹材料等新型吸附剂的发展在进一步克服离子印迹类材料自身局限性的同时，为处理更复杂的实际水污染问题，如重金属/有机共污染废水，提供了新的发展思路。近年来，利用离子印迹技术联合其他废水净化工艺深度处理重金属污染废水也得到了广泛的研究，如与光催化技术或与膜分离技术联合等（Donato et al.，2021）。虽然在实验条件下，联用技术对各种重金属废水表现出优良的处理效果，但目前联用技术发展尚不成熟，在实际应用过程中仍然存在许多局限性。以离子印迹膜材料为例，尽管研究者已经提出了多种制备离子印迹膜的方法，但其制备工艺复杂、成本较高，且制备过程中容易引入杂质，导致膜的理化性质不稳定（Lu et al.，2019）。因此，将离子印迹技术更好地用于重金属废水的处理，扬长避短，充分发挥离子印迹技术在重金属特异性吸附方面的技术优势将是未来重要的发展方向之一。

5.2.5 生物质类吸附材料

生物质及其衍生物通常具有丰富的羧基、羟基、氨基等活性基团，能够对重金属离子表现出优异的亲和性，且其来源广泛易得、成本低廉、环境友好，因此被认为是一类极具发展潜力的重金属吸附剂。目前生物质类吸附材料主要有三种：具有生物活性的微生物（细菌、真菌和藻类等），植物和动物机体组织或副产品（植物的根、茎、叶和动物的皮、壳等），以及生物体内分泌或产生的天然高分子有机物（如橡胶、纤维素、甲壳素等），如图 5.14 所示。

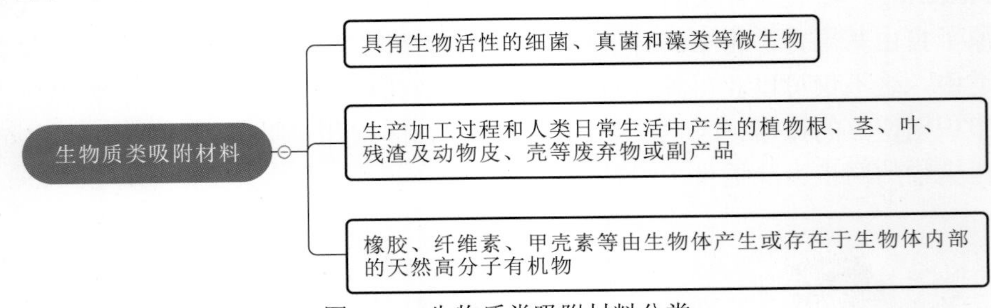

图 5.14 生物质类吸附材料分类

由于微生物细胞都具有较大的比表面积，且细胞表面的羧基、羟基、氨基等活性基团对多种重金属离子均具有良好的亲和性，微生物可通过生物累积、转化过程吸收分离水体中的重金属离子。基于这些特性，20 世纪 90 年代初研究者开始利用各种具有生物活性的微生物处理水体中的重金属污染。研究表明，微生物中的真菌更易培养，且对重金属表现出较好的吸附特性，能够有效去除水中的 Zn(II)、Cu(II)、Cd(II)、Pb(II)、Ni(II)、Fe(II)、Mn(II)和 Cr(IV)等多种重金属离子（Ahluwalia et al.，2007）。而碱处理的黑曲霉能有效吸附水中的 Cd(II)、Cu(II)、Zn(II)、Ni(II)和 Co(II)，其吸附量高达自身重量的 10%（Akthar et al.，1996）。然而，利用微生物去除水中重金属离子需要提供适宜微生物生长繁殖的环境，且微生物去除水中的重金属离子所需时间较长，去除效果也容易受到水质及微生物自身条件的影响，这些都会极大地增加在实际应用过程中的处理成本。

为了获得成本更加低廉的生物质吸附材料，基于废物再利用的环保理念，研究者开始将目光聚焦到一些日常生产生活中产生的生物质废弃物上。例如，Krishnani 等（2008）的研究表明稻壳对 Ni(II)、Zn(II)、Cd(II)、Mn(II)、Co(II)、Cu(II)、Hg(II)和 Pb(II)具有一定的去除效果，最大吸附容量分别为 0.196 mmol/g、0.219 mmol/g、0.147 mmol/g、

0.189 mmol/g、0.181 mmol/g、0.248 mmol/g、0.226 mmol/g 和 0.286 mmol/g。此外，研究人员还发现花生残渣对重金属离子也表现出优异的净化特点，这是因为植物的秸秆、果皮、果壳中含有较高比例的纤维素、木质素，其中广泛存在的氨基、羰基、酚类、醚类和醇类等极性官能团使这类废弃生物质表现出对重金属离子较好的吸附去除能力（Taşar et al.，2014）。

尽管这些废弃的动植物机体/组织能够对水体重金属离子表现出一定的吸附性能，但其吸附容量通常较低，且机械强度差，选择性吸附效果不佳。因此，研究者通过各种方法对这类生物质废弃物进行改性，从而有效提升材料对重金属的吸附去除性能。常见的改性方法如图 5.15 所示，物理改性主要有压裂、切割、研磨、碳化等，化学改性则利用酸、碱或无机盐对生物质材料进行处理。通过改性能够调控材料的颗粒尺寸，提高材料自身的比表面积，进而提升对重金属的吸附能力。如张华丽等（2020）分别利用 NaOH 和 HNO_3 改性玉米秸秆，研究表明酸、碱改性后的材料表面光滑，结晶指数高，且对水体中 Cu(II)的吸附性能明显增强，吸附能力依次为碱改性秸秆>酸改性秸秆>未改性秸秆。Rungrodnimitchai（2010）利用 NaOH 联合微波热处理方法对水稻秸秆进行改性，改性后的材料对 Cd(II)、Cr(III)和 Pb(II)表现出良好的吸附性能，特别是对 Pb(II)，反应 30 min 即可去除体系中 99%的 Pb(II)。尽管通过物理化学改性能有效提升生物质材料对重金属的吸附性能，但并不能改善该类生物质材料机械强度较低的缺陷，因此通过经济可行的改性方式提高材料的机械强度，增强材料的稳定性和循环再生能力，是该类生物质吸附剂需要解决的主要问题。

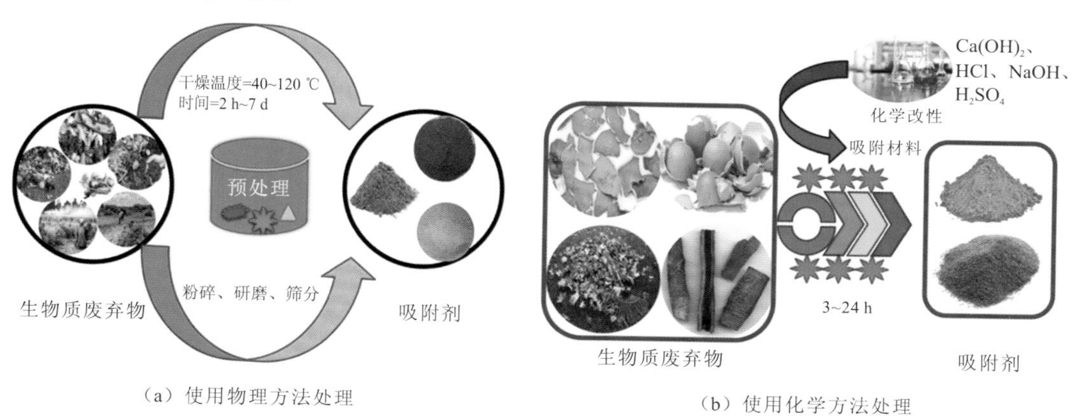

（a）使用物理方法处理　　（b）使用化学方法处理

图 5.15　生物质废弃物的吸附材料改性处理

引自 Bilal 等（2021）

从生物质中提取出来的天然生物高分子材料，如橡胶、纤维素、甲壳素等，通常具有独特的形貌结构、优良的化学稳定性，以及对重金属离子的高灵敏度和选择性。此外，该类材料来源广泛，再生容易，兼具环境友好特性，因此是一类非常有发展潜力的水体重金属吸附材料（Fouda-Mbanga et al.，2021）。纤维素是自然界中含量最丰富的天然生物高分子，尽管作为重金属离子吸附剂而言，其形貌结构、机械强度及对重金属的吸附性能并不理想，但纤维素中富含大量极性基团，易于进行物理或化学修饰，通过适当的改性即可显著提高纤维素的应用潜力和空间。特别是纳米纤维素的尺寸效应，使其表现出更加优良的物理化学特性。Jain 等（2017）制备了一种聚苯胺改性的纳米纤维素，研究表明这一吸附材料对 Cr(III)和 Cr(VI)均表现出极佳的吸附去除性能，其吸附量和去除率分别达到 47.06 mg/g，94.12%（Cr(III)）和 48.92 mg/g，97.84%（Cr(VI)）。目前，纳米纤维素及其衍生材料由于具有良好的亲水性能，易于调控的长径比、比表面积和形貌结构，量子尺寸效应，以及良好的功能化潜力等优点而得到广泛的应用，已经在重金属废水处理领域成为一种有望替代商业碳基材料的新型功能吸附剂。

5.2.6 碳基功能材料

碳基功能材料是应用极为广泛的吸附剂材料，往往具有丰富的孔结构和表面官能团，可吸附去除水中多种污染物，包括各种有机污染物、无机阴离子和重金属离子等。本小节以生物炭、碳纳米管和石墨烯等常见碳基材料为例，从材料的特性、制备和对重金属吸附去除应用方面展开介绍。

生物炭是由生物质在无氧或缺氧条件下经热解或水热炭化过程转化得到的，具有丰富的表面功能基团、优良的吸附能力及环境友好等优点（Liang et al.，2021），是水处理领域中应用非常广泛的一类碳基吸附剂。如图 5.16 所示，对生物炭材料进行物理改性，可以有效地提高材料的比表面积、孔隙率、表面电荷性质等；化学改性则能赋予生物炭材料表面丰富多样的活性官能团，以实现对各种水体污染物的吸附去除。其中，针对水体重金属离子的吸附去除机理主要有还原作用和表面络合作用。为了赋予生物炭材料更丰富多样的功能，研究人员进一步制备了各种生物炭复合材料，主要可分为磁性生物炭复合材料、生物炭负载纳米金属氧化物/氢氧化物复合材料，以及其他功能性生物炭复合材料。

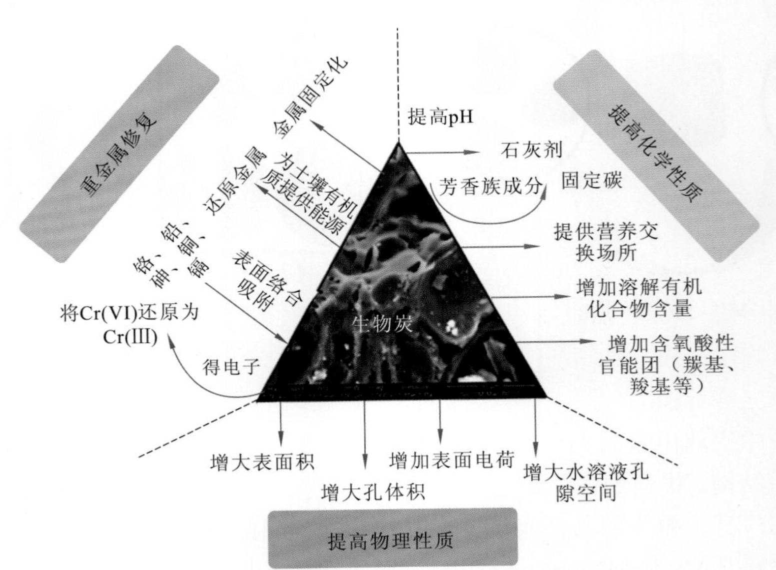

图 5.16 改性后的生物炭的性能提高

引自 Rajapaksha 等（2016）

Chen 等（2011a）将具有磁性的铁氧化物负载于生物炭表面制成磁性生物炭复合材料，该材料不仅有利于分离和回收，提高吸附剂的循环利用性能，而且磁性铁氧化物的负载进一步增加了材料的比表面积和吸附位点，从而促进重金属离子的选择吸附去除。最近，一些研究表明将纳米氧化镁或锰氧化物负载到生物炭上，可实现对水中 Pb(II)、As(V)、Cu(II)、Cd(II)等污染物的高效深度净化（Zhao et al.，2021；Wang et al.，2019a）。此外，研究者还制备了各种生物炭复合材料，并深入探索改性生物炭对重金属的主要去除机理，如图 5.17 所示。负载了纳米金属及金属氧化物的生物炭吸附剂能够通过静电引力和表面共沉淀作用去除重金属离子；而对生物炭表面进行还原、氧化修饰后，改性的生物炭吸附剂则可通过离子交换和表面络合作用去除水体中的重金属污染物（Wang et al.，2019a）。

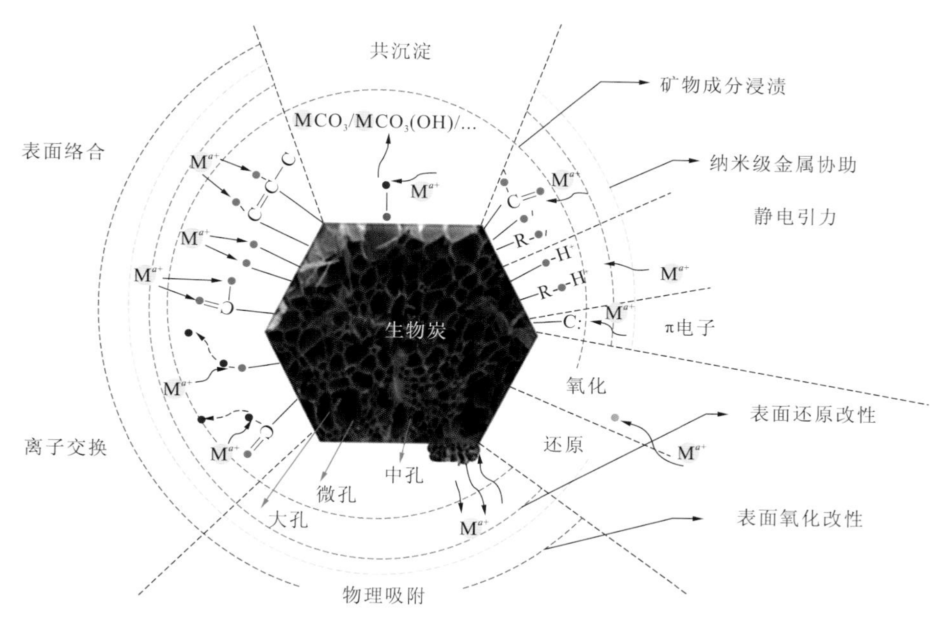

图 5.17 改性生物炭对重金属污染物的主要去除机理

引自 Wang 等（2019a）

碳纳米管是由碳原子经 sp^2 杂化形成关闭或开放的蜂巢状原子排列、卷曲产生的管状碳结构，根据石墨烯片层数不同，可分为单壁碳纳米管和多壁碳纳米管。碳纳米管作为一维纳米材料，六边形结构连接完美，有较大的比表面积和理想的中孔结构，是去除水中重金属的理想材料。

单壁碳纳米管是由一个单一的圆柱形石墨烯层组成，两端覆盖着一个半球形的碳网络，柱体的闭合是因为生长过程中包含了五边形和七边形的 C—C 结构。单壁碳纳米管具有多孔结构、较高的比表面积、易于进行表面功能化等物理化学特性。Anitha 等（2015）利用一些功能基团对单壁碳纳米管进行改性，并对比分析了改性前后的单壁碳纳米管对水中的 Cd(II)、Cu(II)、Pb(II)和 Hg(II)吸附动力学行为，研究表明改性后的单壁碳纳米管对重金属离子的吸附容量提高了 1.5～2.3 倍。多壁碳纳米管（multi-walled carbon nanotubes，MWCNT）是由多层的圆柱形石墨烯层组成，层与层之间无序排列。相较于单壁碳纳米管，多壁碳纳米管具有更高的抗拉强度。科研工作者利用共沉淀法制备了一系列多壁碳纳米管与纳米金属氧化物的复合材料，如 MWCNTs-Fe_2O_3、MWCNTs-ZrO_2等，这类多壁碳纳米管复合吸附材料能够高效去除水中 Cr(VI)、As(III)等金属及类金属污染物（Yu et al.，2011；Yang et al.，2009）。尽管碳纳米管作为吸附剂材料表现出多种优势，但该类吸附剂对重金属离子的吸附效率易受反应的 pH 和温度等因素的影响，同时碳纳米管的制备成本较高，目前无法实现大规模生产，这些问题都限制了碳纳米管材料在实际水处理过程中的应用。

石墨烯是碳原子以 sp^2 杂化呈蜂巢状网络排列的二维新型纳米材料，是具有大比表面积、高机械强度和独特物理化学性质的纳米碳基材料。常见的制备方法有机械剥离法、氧化还原法、碳化硅外延生长法、Hummer 法和化学气相沉积法。而当石墨烯材料表面含有大量含氧官能团（如羟基、羧基和环氧基）成为氧化石墨烯时，材料在兼具石墨烯自身比表面积大、机械强度高、化学稳定性好的同时，还形成了更易进行改性修饰的亲水性表面，有利于在水环境中吸附去除各种重金属污染物。研究表明氧化石墨烯及其复合材料能够在实验室条件下成功去除多种水体重金属污染物，如 Cr(III)、Cr(VI)、Cu(II)和 Pb(II)等（Duru et al.，2016）。研究可知，石墨烯及其复合材料对水体重金属离子的吸附机理主要是依靠静电引力、离子交换和表面络合作用（Peng et al.，2017）。然而，与碳纳米管类似，尽管石墨烯及其复合材料具有诸多优良的物理化学特性，且环境友好，是极佳的吸附剂材料，但目前其制备成本高昂，限制了石墨烯及其复合材料在实际水污染处理过程中的应用。

5.2.7 螯合吸附法应用展望

为了获得经济绿色有效的水体重金属吸附材料，一系列富含—COOH、—OH、—NH_2等配位基团的天然高分子材料引起了广泛的关注。同时，碳纳米管、氧化石墨烯等具有优越物理化学性能的“超级碳材料”的发现也为吸附材料的发展注入了新的活力。但吸附剂分离回收困难、易于团聚、对目标污染物选择吸附能力差等问题依然严重限制着各种新型吸附材料在实际废水处理中的应用。为了克服上述问题，水处理材料正趋向于高效能、低毒无公害、复合化、多功能的方向发展。因此，为了实现对水体重金属污染物的特异性高效去除，研究者基于各新型材料制备出能够针对性去除重金属离子的螯合吸附剂，使其既表现出对重金属离子良好的吸附特性，又具有良好的循环利用性能。尽管这类新型螯合吸附剂有广阔的发展前景，但为了更好地实现规模化应用，仍需对以下方面展开进一步研究。

（1）对新型吸附剂进行系统的实际应用性能评估。目前，虽有大量的关于新型螯合吸附剂合成方面的研究，但大多集中于实验室模拟实验，围绕吸附剂性能和机理进行分析，很少进行充分的连续柱吸附实验及基于实际情况的扩大实验，特别是针对实际工业或生活废水处理的应用性研究较少。

（2）加强对吸附材料实用性的评估。“经济”和“绿色”是发展实际水处理吸附材料的重点课题，尽管一些天然的高分子材料来源广泛、成本低廉，但为了实现对重金属的高效去除，往往会对原有的天然吸附材料进行精细的改性再加工，从而提高了吸附剂制备成本。因此，需要加大吸附材料的实用性评估。

综上所述，螯合吸附剂正向着经济、高效、绿色的方向发展，以天然高分子材料和碳纳米材料为支撑的新型吸附剂打开了绿色螯合吸附剂的大门，但其在经济适用和对生态环境安全无害方面仍需进一步展开系统性研究，且其对重金属极佳的特异性吸附能力也不容忽视。随着碳材料和天然高分子材料的不断开发，以及各种材料制备改性技术的持续发展，新型螯合吸附剂必将有更加广阔的应用前景。

5.3　金属化合物选择吸附法

本节将以重金属选择吸附理论为基础，重点介绍纳米过渡金属氧化物、M(IV)磷酸盐、层状双金属氢氧化物（LDHs）、二维层状二硫化钼、金属有机骨架（MOF）、MXenes等金属化合物对重金属污染物的选择性吸附特性与原理。

5.3.1　纳米过渡金属氧化物

纳米过渡金属氧化物主要包括纳米铁氧化物、锰氧化物、钛氧化物、锌氧化物、镁氧化物、锆氧化物、铈氧化物等，通常具有较大的比表面积、较高的吸附容量和较快的吸附速率，并兼具高稳定性、生物相容性及可重复利用性（Hua et al.，2012）（图 5.18）。此外，通过调控纳米过渡金属氧化物的表面电荷和活性官能团，它能够同时高效吸附重金属阴/阳离子。

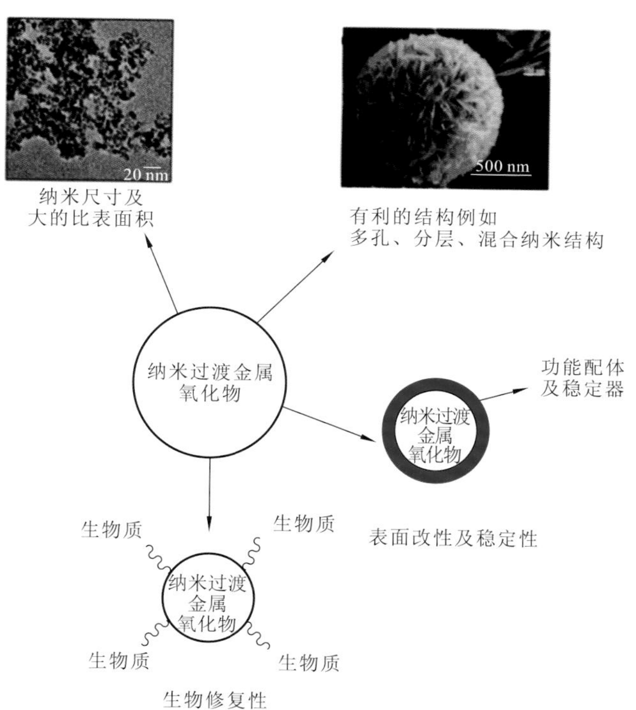

图 5.18　水处理中纳米过渡金属氧化物吸附剂的特点

引自 Wang 等（2020b）

纳米过渡金属氧化物常用的合成方法有化学沉淀法、溶胶-凝胶法、溶剂热法、超声波/微波辅助法、热分解法、微乳和多元醇技术等（Chen et al.，2018a）。Chen 等（2010）采用沉淀法，以 HCl 与 $FeCl_3$ 溶液反应合成了宽 10～15 nm 的 α-FeOOH 纳米线，又以 $Fe_2(SO_4)_3$ 与 NaOH 溶液反应合成了粒径为 75 nm 的 Fe_2O_3 纳米粒子。Chang 等（2003）采用溶胶-凝胶法制备了粒径为 40～80 nm、比表面积为 287.4 m^2/g 的纳米 Al_2O_3。Wang 等（2010）以溶剂热法合成了厚度为 10～15 nm 的多孔 ZnO 纳米片，其孔径为 5～20 nm，比表面积为 147 m^2/g。

一般来说，吸附过程主要涉及本体扩散、薄膜扩散和颗粒内扩散，而实现重金属选择性去除的关键是促进金属离子与吸附剂表面活性位点的有效结合。如图 5.19 所示，在水处理过程中，由于纳米过渡金属氧化物的结构特征和 H_2O 分子的附着，其表面往往呈一定的负电性，并存在大量的羟基等含氧基团，纳米过渡金属氧化物能够通过静电引力、离子交换和内核配位作用吸附水中的重金属离子。而 Fe_3O_4、MnO_2、TiO_2 和 CeO_2 等纳米过渡金属氧化物还能通过诱导氧化还原反应去除水中多价态重金属离子，如 Cr(III)/Cr(VI)、As(III)/As(V)、Sb(III)/Sb(V)等。此外，表面沉淀作用也是一种重要的吸附机制，一些未改性的纳米金属氧化物（MgO、ZnO 等）容易发生水合反应生成金属氢氧化物，而水中的重金属阳离子会与纳米金属氧化物表面的 OH^- 反应形成难溶的沉积物。如 Chai 等（2021）研究发现 MgO 纳米颗粒能够通过表面沉淀和离子交换作用协同去除水体中的 Cd(II)和 Pb(II)。

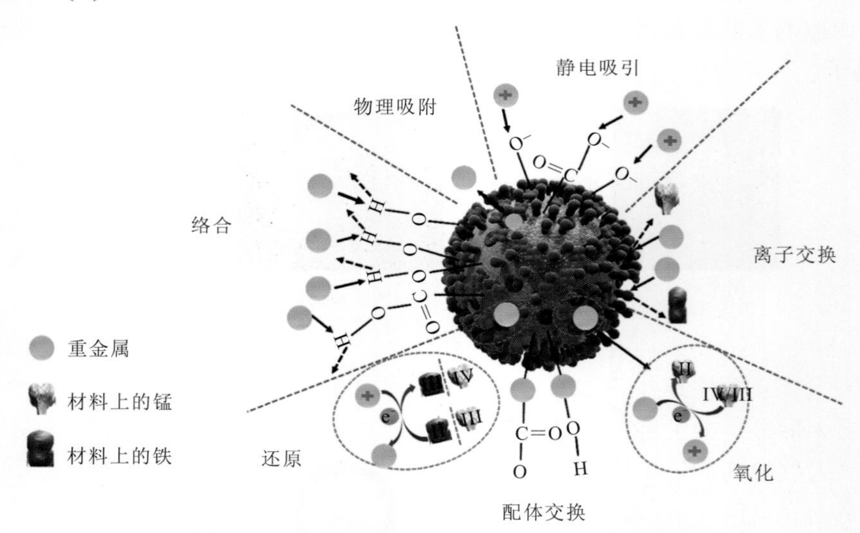

图 5.19　铁锰氧化物纳米材料去除重金属的机理图

引自 Li 等（2022）

在各类纳米过渡金属氧化物中，纳米铁氧化物是最具代表性的一种，其具有表面电荷含量大、含氧官能团丰富、内核配位能力强及便于磁性分离等特点。纳米铁氧化物对不同的重金属离子的去除机制不同，如图 5.20 所示，研究表明水中 Pb(II)主要通过双齿络合吸附到一些铁氧化物表面，而其对 Cu(II)的吸附则以共边构型进行络合，低浓度的 Ni(II)多以单齿或双齿络合的方式吸附到铁氧化物表面，而随着 Ni(II)浓度升高，Ni(II)会在铁氧化物表面逐渐形成多齿络合物。除铁氧化物外，纳米锰氧化物由于具有大比表面积和多晶结构，同样被认为是一类能够有效吸附去除水体中重金属污染物的纳米过渡金属氧化物。Mishra 等（2007）研究发现层片状的纳米 MnO_2 能够有效去除 Pb(II)、Cd(II)、Ni(II)、Cu(II)等重金属离子，而重金属离子不仅可以吸附在 MnO_2 层片表面，而且还能被固定在堆叠的 MnO_2 纳米片层层间。此外，含有多价态 Mn 的纳米锰氧化物还具有独特的氧化还原特性，能够通过氧化-吸附协同作用去除水体中的 As(III)。与此同时，纳米氧化镁、氧化锆、二氧化铈等来源广泛、成本低廉且环境友好的纳米过渡金属氧化物同样被证明是良好的重金属吸附材料。Gao 等（2008）制备的 MgO 纳米花具有较大的比表面积和丰富的表面活性位点，在处理高浓度铅铬废水时（Pb(II)和 Cd(II)质量浓度分别为 100 mg/L），能够快速去除体系中几乎全部的 Pb(II)和 Cd(II)，吸附后质量浓度分别为 0.007 mg/L 和 0.05 mg/L，远低于我国《地表水环境质量标准》（GB 3838—2002）相关要求（Cd(II)质量浓度$<$0.01 mg/L，Pb(II)质量浓度$<$0.1 mg/L）。Zheng 等（2012）通过沉淀法制备了纳米 ZrO_2 颗粒，研究表明该材料对 As(III)的吸附容量高达 1.85 mmol/g。Cao 等（2010）设计制备了一种粒径为 260 nm 的 CeO_2 空心球，CeO_2 纳米球内部中空结构可增强纳米粒子的空间分散性，并促进水中重金属离子吸附传质过程。

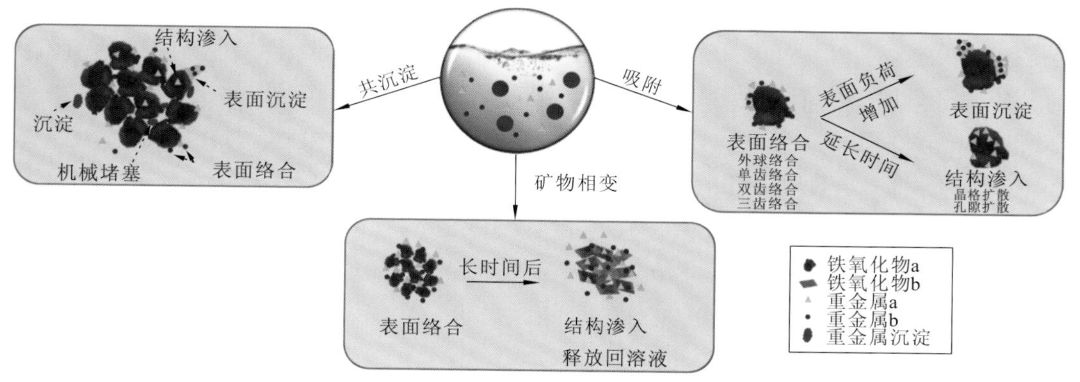

图 5.20　纳米铁氧化物截留重金属的机理

引自 Shi 等（2021）

由此可见，纳米过渡金属氧化物具有优异的吸附性能、制备成本低廉及易于改性等优点，是一类很有发展前景的吸附剂。但在实际应用中，纳米粒子存在固液分离难和流体阻力大等技术瓶颈。为了解决纳米金属氧化物自身的应用困难，目前将高活性纳米粒子负载于大颗粒载体（如活性炭、硅胶和沸石等）研制成担载型纳米复合功能材料是一种行之有效的改良策略。

5.3.2　M(IV)磷酸盐

M(IV)磷酸盐是一类具有纳米尺度层间距的层状化合物，主要包括两种结构晶体，即热力学稳定的α-$M(HPO_4)_2 \cdot H_2O$ 和亚稳定的γ-$M(H_2PO_4)_2 \cdot 2H_2O$（M＝Zr/Ti/Hf 等）（Zhang et al，2020b）。由于良好的物理化学性能和独特的插入反应特性，M(IV)磷酸盐具有广阔的发展前景。这类材料结构特点是晶体结构规整，同一平面的原子以共价键相结合，而相邻层的原子之间则为非共价键。M(IV)磷酸盐层间可以插入种类各异的客体，结构具有可设计性和可调节性。同时，M(IV)磷酸盐在热稳定性、抗辐射性和耐磨性等方面优于大部分有机吸附剂，对重金属离子具有吸附容量高、吸附速率快和选择性强等众多优势。

M(IV)磷酸盐一般具有多种晶相，不同的晶相具有不同的层状空间和晶体结构，以目前应用最为广泛的磷酸锆（$Zr(HPO_4)_2 \cdot H_2O$，简写为 ZrP）为例，常见的磷酸锆晶相主要有α-ZrP 和γ-ZrP，如图 5.21 所示。ZrP 晶体的制备方法主要包括水热法、固相反应法、溶胶-凝胶法、微波法、化学沉淀法和超声波法等。如利用 $ZrOCl_2 \cdot 8H_2O$ 与 H_3PO_4 和 HF 同时混合，通过简单的化学沉淀法就可以合成层状 ZrP 晶体；而如果将 $ZrCl_4$ 先溶于 HCl 中，然后在室温下与 H_3PO_4 反应，则可制备出非晶态的 ZrP（Pan et al.，2007）。研究表明无论是 ZrP 晶体还是非晶态 ZrP 都对 Pb(II)具有优异的吸附性能，但非晶态 ZrP 表现出更好的选择性。这主要是因为 Pb(II)是路易斯酸，易与呈路易斯碱性的正磷酸根相互作用，而在此基础上，非晶态 ZrP 还能与水中的 Pb(II)产生内核配位作用，从而表现出对 Pb(II)更好的选择性（Jiang et al.，2008）。然而 ZrP 对 Cd(II)的吸附能力明显减弱，这是因为 Cd(II)呈路易斯弱酸性，与路易斯强碱性的正磷酸根无法稳定结合，因此 ZrP 只能通过静电作用吸附水中的 Cd(II)，不仅去除效率不佳，且难以实现对 Cd(II)的选择性吸附。为了利用 ZrP 实现对多种重金属污染的有效去除，需要有针对性地对 ZrP 进行改性。例如，Zhang 等（2009）通过向 ZrP 表面引入呈路易斯弱碱性的硫醇基团，有效实现了对水中 Cd(II)的高选择性去除。

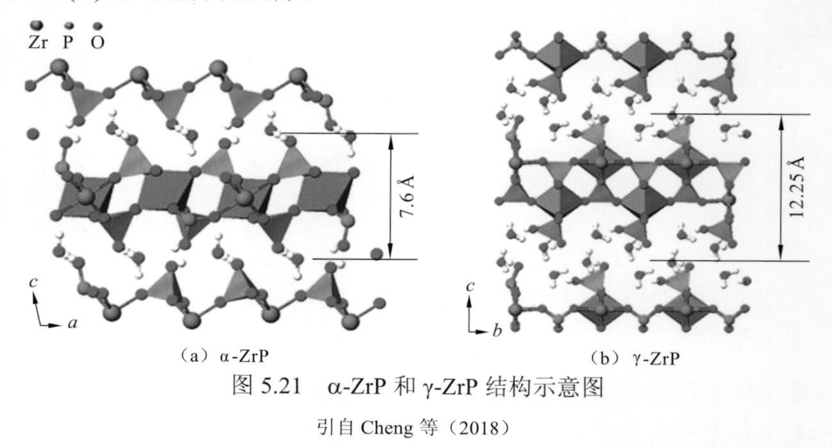

（a）α-ZrP （b）γ-ZrP

图 5.21 α-ZrP 和 γ-ZrP 结构示意图

引自 Cheng 等（2018）

然而 ZrP 粉体的机械强度不高，且压降过大，无法直接用于固定床或流动系统中，因此限制了 ZrP 在实际水处理中的进一步应用。为此，研究者进一步将 ZrP 负载到各类基体材料上，制备成 ZrP 纳米复合材料。例如，Zhang 等（2011）将 ZrP 负载于大孔阳离子交换树脂（D001）上，研制成 ZrP-D001 纳米复合材料，并用于去除水体中微量 Pb(II)。一方面，树脂基体荷电磺酸基不仅提高了 ZrP 的分散性，还能调控 ZrP 晶粒的生长尺寸，通过纳米粒子的尺寸效应提升对重金属的吸附能力；另一方面，ZrP-D001 所形成的 Donnan 效应可以进一步强化复合材料对 Pb(II)的预富集-吸附去除。此外，介孔聚苯乙烯（mesoporous polystyrene，MPS）或凝胶型阳离子交换剂（N001）也是非常理想的担载材料，通过原位生长 ZrP 纳米粒子，可以制备出含有超细亚稳态 ZrP 颗粒的复合材料，相较于常规的 ZrP，它对重金属离子表现出更加优异的选择吸附性能（Pan et al.，2022；Zhang et al.，2020b）。

与 ZrP 相比，磷酸钛（$Ti(HPO_4)_2 \cdot H_2O$，简写为 TiP）具有更大的层间距，离子交换能力更强，是目前亟待进一步开发利用的 M(IV)磷酸盐材料。已有研究表明，非晶态层状 TiP 可实现对水中 Pb(II)、Cd(II)和 Zn(II)的选择性吸附，吸附机理以静电吸引与内核配位协同作用为主（Jia et al.，2008）。相似地，研究者也将纳米 TiP 负载于 D001 树脂上，通过制备成 TiP-D001 复合材料强化对水中 Pb(II)的吸附去除（Jia et al.，2009）。研究发现与 ZrP 不同的是，TiP 晶体比无定形 TiP 具有更强的离子交换能力，Wang 等（2014）制备了规则的花状 α-TiP 晶体，该材料比常规 TiP 表现出更强的除铅性能；进一步利用钛酸丁酯的醇解产生的黏附作用将 TiP 纳米花负载于树脂载体表面，从而获得了更有利于实际水处理工艺的纳米 TiP 复合材料。

5.3.3 层状双金属氢氧化物

层状双金属氢氧化物（LDHs）是水滑石和类水滑石化合物的统称，是由两种或两种以上金属元素组成的具有水滑石层状晶体结构的氢氧化物。LDHs 结构如图 5.22 所示，主体层板由金属氢氧化物八面体共用棱边构成，即 3 个八面体共用端部的羟基，其组成通式可表示为$[M^{2+}_{1-x}M^{3+}_x(OH)_2]^{x+}[(A^{n-})_{x/n} \cdot yH_2O]^{x-}$，其中 M^{2+} 和 M^{3+}分别是位于主体层板内的二价和三价金属阳离子，M^{2+}一般是 Mg(II)、Ni(II)、Co(II)，M^{3+}一般是 Al(III)、Mn(III)、Fe(III)等。A^{n-}是位于层间的阴离子，可能为碳酸根、硝酸根和氯离子等。x 为 $M^{3+}/(M^{2+}+M^{3+})$的物质的量比。常见的 LDHs 材料有 MgAl-LDHs、ZnAl-LDHs 和 NiAl-LDHs 等。常见的 LDHs 的合成方法主要有共沉淀法、离子交换法、水热合成法和机械化学合成法，各种合成方法的优缺点如表 5.4 所示。

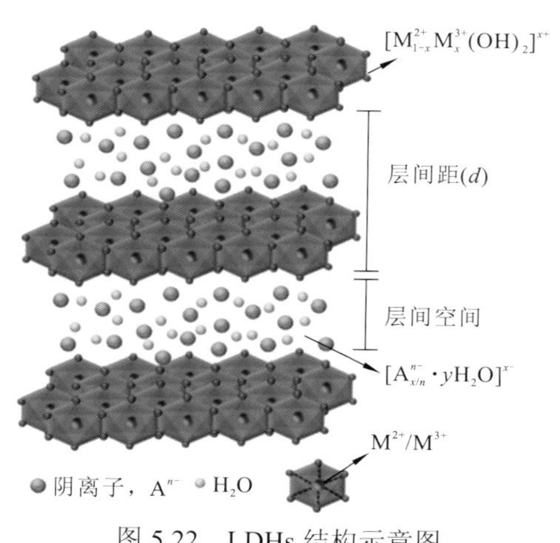

图 5.22 LDHs 结构示意图
引自 Mishra 等（2018）

表 5.4 不同合成方法的优缺点

合成方法	优点	缺点
共沉淀法	合成过程简单	合成时间长，颗粒不均匀
离子交换法	可插入各种阴离子基团	易引入杂质原子
水热合成法	结晶度好，尺寸可控	产量比较低
机械化学合成法	低污染，高活性	结晶度较低

引自 Tang 等（2020）

由于 LDHs 的阳离子层与阴离子之间的结合力较差，阴离子很容易被其他阴离子或分子取代，当 LDHs 作为重金属吸附剂时，其层间阴离子的种类和数量可以根据所吸附的目标重金属离子的性质进行调控。除层间阴离子的种类和数量外，LDHs 的大小和形状也与其重金属的吸附性能密切相关。有研究表明，随着粒径的减小，MgAl-LDHs 对 As(V)的吸附速率逐渐加快（Li et al.，2006c）。为进一步强化 LDHs 的吸附性能，研究者制备了不同形貌的 LDHs，如图 5.23 所示，其中由 LDHs 层片堆叠形成花球状 LDHs 比普通的 LDHs 对重金属离子具有更好的吸附容量和效率，这可能是因为具有这一特殊微观形貌的 LDHs 材料具有丰富的孔道结构和更大的比表面积，更利于重金属离子在吸附剂-水相界面上的传质过程。

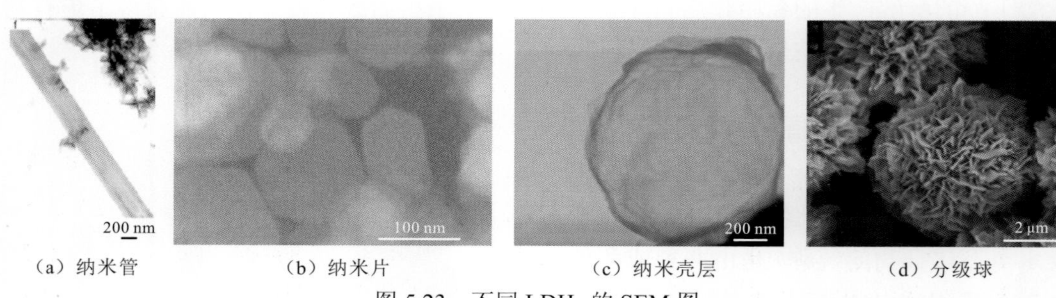

（a）纳米管　（b）纳米片　（c）纳米壳层　（d）分级球

图 5.23　不同 LDHs 的 SEM 图

（a）引自 Zhao 等（2009）；（b）引自 Rahman 等（2018）；（c）引自 Li 等（2006a）；（d）引自 Li 等（2014）

LDHs 去除重金属离子的吸附机理主要包括静电作用、络合和同晶置换作用（Chi et al.，2018）。首先，LDHs 可以通过静电引力使水中的重金属离子向 LDHs 界面富集；同时在静电引力的驱动下，LDHs 可以通过离子交换、表面络合等作用进一步强化对重金属离子的吸附去除。此外，当重金属离子的离子半径等物理化学性质与 LDHs 晶体骨架中的金属离子相近时，LDHs 材料也能够通过同晶置换作用去除水中的重金属离子。LDHs 由于具有易调节的层间结构，便于作为插层模板研发各种 LDHs 衍生复合材料。例如研究者根据软硬酸碱理论，将 $Mo_3S_{13}^{2-}$ 和 MoS_{14}^{2-} 等硫化物插入 MgAl-LDHs 中，利用硫化物与重金属离子形成较强的共价键，实现对重金属离子的高效去除，研究表明该材料的吸附容量相比于未改性的 MgAl-LDHs 提高了 2～3 倍（Yang et al.，2022；Ma et al.，2017）。Ling 等（2016）利用氮掺杂碳（nitrogen doped carbon，NC）水凝胶和 FeMn-LDHs 进行复合制备成 NC-FeMn-LDHs，研究表明 NC-FeMn-LDHs 能够快速吸附去除水中的 Pb(II)，仅在 2 min 内就可以达到吸附平衡，最大吸附容量高达 344.8 mg/g。

5.3.4　二维层状二硫化钼

MoS_2 是一种天然矿物质，具有金属光泽，在自然界中 MoS_2 有 2H 型和 3R 型，晶体结构分别为二层型和三层型，均具有片层结构。由 Mo 原子层夹杂在两层 S 原子之间构成六角结构，层内以强共价键连接，层间 S 原子之间则形成弱范德瓦耳斯力，每层 MoS_2 间距约为 0.69 nm（Enyashin et al.，2011），如图 5.24 所示。MoS_2 晶体是间接带隙的电子跃迁，带隙为 1.29 eV，层数越少带隙越大，因此具有可调节带隙的特性。同时 MoS_2 的制备成本低廉，且对重金属离子表现出优良的吸附性能，因此在水体重金属处理领域引起了广泛关注。

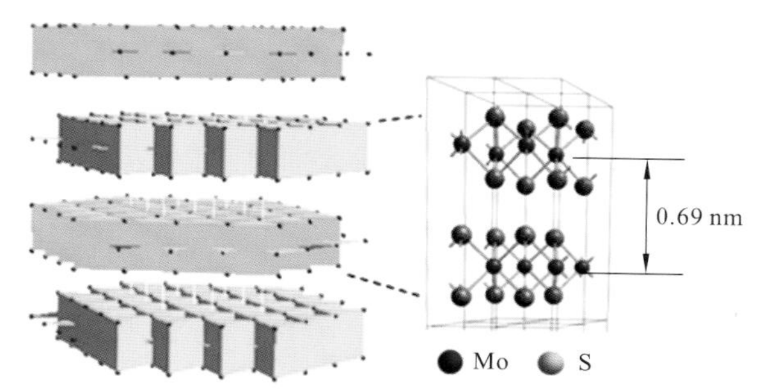

图 5.24　MoS_2的层状结构示意图

引自 Hwang 等（2011）

MoS_2的制备主要有物理法和化学法，物理法包括微机械剥离法、超声法和离子嵌入法等，化学法主要包括化学剥离法、化学气相沉积法和溶剂热法等（Najmaei et al.，2015）。微机械剥离法是通过研磨等外力对固体 MoS_2 进行剥离，从而得到单层的 MoS_2 纳米片，但该方法耗时耗力，制备的 MoS_2 形貌不可控，且产量较低。超声法是将 MoS_2 置于具有高溶解性的溶剂中，在超声作用下溶剂分子插入本体中，得到片层 MoS_2。离子嵌入法是将特定离子插入 MoS_2 片层中，再利用超声进行剥离。化学剥离法则是利用插层剂，将 MoS_2 剥离形成纳米片层。但这类通过物理化学方法破坏 MoS_2 层间范德瓦耳斯力的剥离方法，其插层及剥离过程的速率不可控，所需要的制备时间较长。化学气相沉积法则是在高温和惰性气体的保护下，将单质 Mo 和 S 升华为气态，并最终生成 MoS_2 沉积下来。溶剂热法是通过调节时间和水含量等反应条件，将硫源和钼源混合于溶剂中，然后在高温高压下得到 MoS_2。溶剂热法制备工艺简便，耗能不高，且能有效控制 MoS_2 的合成形貌和物理化学性质。因此，溶剂热法是目前制备纳米 MoS_2 片层最为常用的方法。

纳米 MoS_2 片具有大比表面积、高反应活性和优异的吸附性能，目前被广泛应用于重金属废水的深度净化。例如，Wang 等（2018b）通过聚乙烯吡咯烷酮和聚乙烯亚胺对 MoS_2 进行改性，两种改性后的 MoS_2 对 Cr(VI)的最大吸附量可分别达到 142.2 mg/g 和 84.9 mg/g，均是改性前的 4 倍。这是因为 Cr(VI)首先通过静电引力吸附到材料表面，然后被改性后 MoS_2 上的酰胺基团捕获进入 MoS_2 层间，从而有效提高了材料的吸附容量。而 Gao 等（2016）也发现 MoS_2-聚苯胺复合材料（PANI@MoS_2）在 pH 为 1.5 时对 Cr(VI)的吸附量仍然可高达 623.2 mg/g，这主要归因于 PANI@MoS_2 表面的胺基和亚胺基与 Cr(VI)络合的作用。Aghagoli 等（2017）制备了还原氧化石墨烯（reduced graphene oxide，rGO）负载 MoS_2 纳米复合材料，研究表明该材料对水中 Pb(II)和 Ni(II)具有优异的吸附性能，最大吸附容量分别高达 322 mg/g 和 294 mg/g。这主要是因为 MoS_2-rGO 具有丰富的缺陷和较高的表面电子密度，促进了金属离子在活性位点的高度富集。为了实现对 Hg(II)的高效吸附，Jia 等（2017）通过制备多层纳米 MoS_2，使其层间的 S 原子充分暴露，利用 S 离子与 Hg(II)之间较强的络合作用，强化材料对水中 Hg(II)的吸附去除，研究表明该材料的最大吸附容量高达 2 506 mg/g。Song 等（2018）通过制备 MoS_2/Fe_3O_4 纳米复合材料实现了对水中 Hg(II)的高效去除，合成方法如图 5.25 所示。

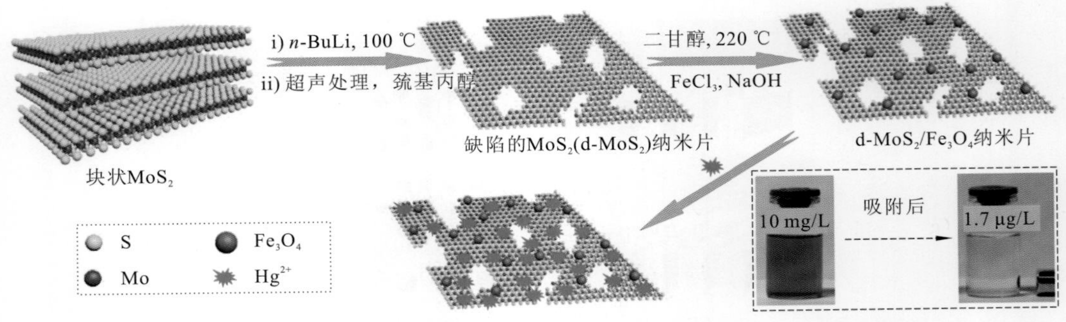

图 5.25　从水中去除 Hg(II)的 MoS_2/Fe_3O_4 纳米复合材料的合成方法

插图为用有缺陷的 MoS_2/Fe_3O_4 吸附剂去除前后的 Hg(II)水溶液的照片

虽然 MoS_2 基复合材料具有较强的机械稳定性、大比表面积、可调控带隙和优异的电荷转移性，但在商业化应用时，还有许多挑战需要克服：①提高 MoS_2 的性能，尽可能地增加活性位点；②提高 MoS_2 在极端化学条件下的稳定性；③使用低成本和简化的制备过程合成材料；④开展生物相容性和实际可行性相关评价等。

5.3.5　金属有机骨架

金属有机骨架（MOF）是一种由含氧、氮等多齿有机配体与金属离子通过配位键自组装形成的晶体材料，具有规则纳米孔道和三维周期性的网络结构。几种常见的 MOF 结构如图 5.26 所示。目前已报道的 MOF 种类高达 20 000 多种，孔径范围从几埃到几十埃，比表面积大，最高可达 10 000 m^2/g，具有比表面积大、化学稳定性高、骨架可功能化、孔结构可调、吸附位点多等优点（Rojas et al.，2020）。

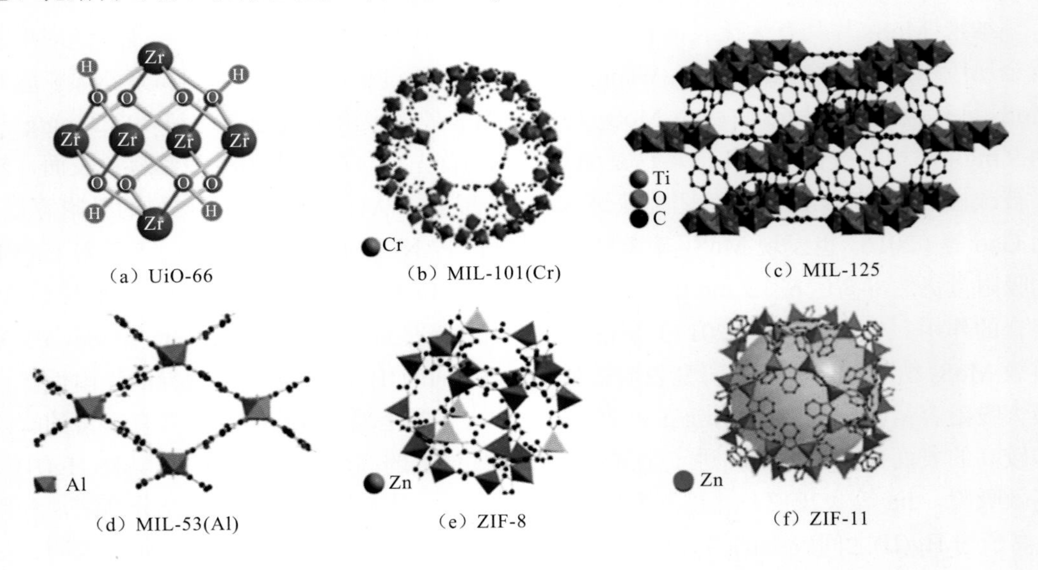

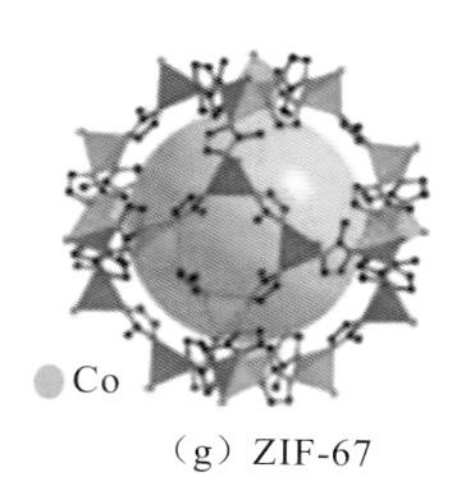

(g) ZIF-67

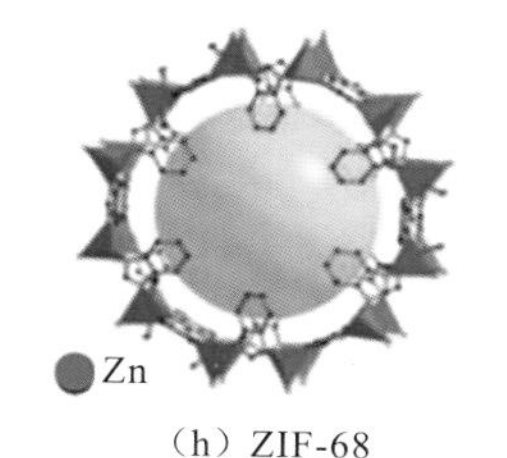

(h) ZIF-68

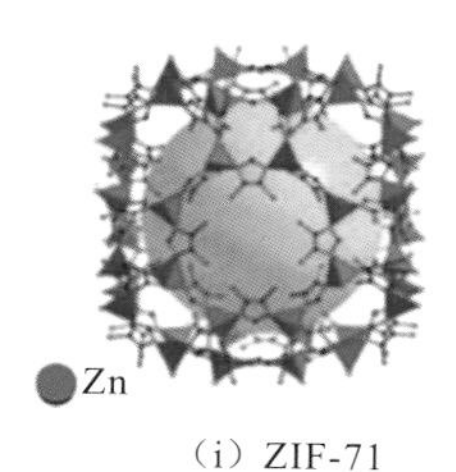

(i) ZIF-71

图 5.26 几种 MOF 结构示意图

引自 Li 等（2020a）

MOF 的合成主要包括溶剂热法、电化学法、后合成修饰法等（Stock et al.，2012）。溶剂热法是将金属离子和有机配体放入溶剂，并在反应釜中进行加热制备而成。此方法设备简单，运行稳定，但制备时间长且易出现杂质。电化学法是利用金属阳极和配体溶液间的电化学反应获得 MOF。该方法条件温和且用时较短，但目前并未实现大规模应用。后合成修饰法是在保持原有框架的前提下，通过化学反应进行修饰，获得独特功能基团和活性中心（Cohen，2012）。

近年来，MOF 因具有较大的孔隙率、丰富的官能团及可调的孔结构等特点，被认为是一种能够高效去除废水中重金属离子的优异吸附剂。吸附机理主要包括静电作用、离子交换和配位作用等。例如，Zhu 等（2012）研究发现 MIL-100(Fe)对 As(V)的吸附容量分别约为纳米氧化铁颗粒和商用氧化铁粉末的 6 倍和 36 倍，这主要是因为在吸附过程中 MOF 为 As(V)提供了更多的吸附活性位点，能够促进水中 As(V)向材料内部的传质扩散，且 Fe—O—As 键的形成能够进一步强化 As(V)的吸附去除。相似地，Lv 等（2019）制备了 NiO/Ni@C400 MFC 复合材料，通过化学吸附协同络合作用实现了在 100 min 内快速吸附水中 As(V)，吸附量高达 454.9 mg/g。Mao 等（2017）通过液相原位自组装的方法制备了 ZIF-8@rGO 气凝胶，对 Cd(II)的吸附容量达 101.1 mg/g，吸附机理主要是离子交换和静电引力协同作用，如图 5.27 所示。Li 等（2020b）制备的 Fe_3O_4@UiO-66@UiO-67/CTAB MFC 对水中 Cr(VI)的吸附容量可达 932.1 mg/g，一方面是因为表面改性的十六烷基三甲基溴化铵（CTAB）阳性基团与 Cr(VI)之间形成的较强的静电吸引作用，另一方面，

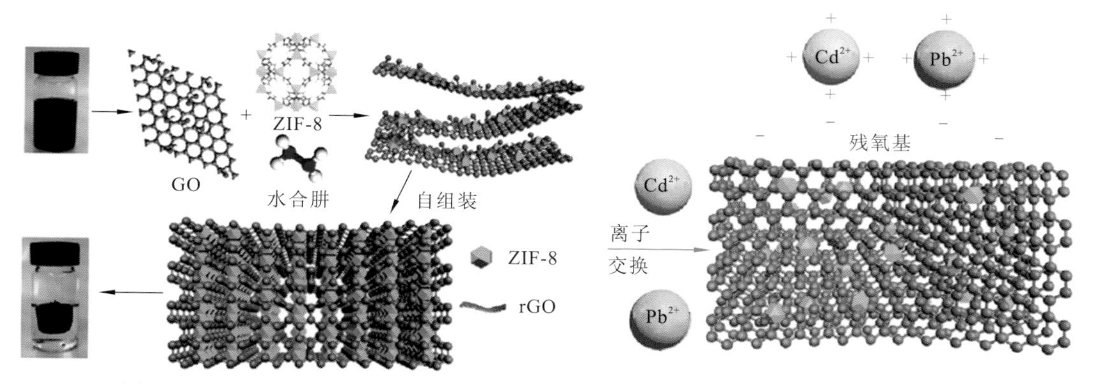

(a) ZIF-8纳米颗粒与rGO自组装形成ZIF-8/rGO复合水凝胶　(b) ZIF-8/rGA通过离子交换和静电吸附去除重金属离子

图 5.27 ZIF-8/rGO 复合水凝胶的合成及 ZIF-8/rGA 去除重金属机制

引自 Mao 等（2017）

UiO-66@UiO-67的富氧基团之间的范德瓦耳斯力和氢键作用同时增强了该材料对Cr(VI)的吸附能力。Huang等（2015）制备了一种能高效吸附水中Hg(II)的MOF材料——HKUST-1 MFC，研究表明该材料对Hg(II)的吸附量可达264 mg/g。

总体而言，MOF基材料在水体重金属污染处理方面表现出优异的吸附能力、快速的吸附动力学和较高的选择性。然而，在材料的使用过程中，仍存在金属溶出导致的二次污染、粉体不宜回收且循环再生性能不佳等问题。未来的研究应将重点放在扩大MOF应用潜力，并发展研制绿色安全、易回收、循环利用性强、稳定性高、成本低的MOFs基复合材料。

5.3.6 MXenes

2011年，Naguib首先成功制备了Ti_3C_2 MXenes，至此开发出了一种新型二维碳/钛化合物，并克服了许多传统二维材料（金属氧化物、聚合物、过渡金属基二卤化物和石墨烯等）组分简单、功能性不强等问题，作为典型类石墨烯材料引发了广泛的关注（Zhan et al.，2020；Bhimanapati et al.，2015）。制备MXenes材料需要以$M_{n+1}AX_n$作为前驱体（$M_{n+1}AX_n$为三元层状碳化物或氮化物的通式，其中M代表过渡金属，A代表第IIIA或IVA主族元素，X代表碳或氮，$n=1, 2, 3$），并用氢氟酸刻蚀$M_{n+1}AX_n$中A层元素制备得到。所得的MXenes材料的晶体结构与所用的前驱体$M_{n+1}AX_n$相一致，图5.28中显示了$M_{n+1}AX_n$及经过氢氟酸处理后得到的MXenes材料的形貌特征（Chauhan et al.，2018；Yang et al.，2017）。$M_{n+1}AX_n$是六方晶系，属于P36/mmc空间群，主要由金属层（M-X）与氮/碳化物层（A）交替堆叠的晶体结构，具有特殊的化学键：M-X之间以强共价键和离子键结合，M-A之间以较弱的共价键和金属键结合。因此，在氢氟酸溶液中，A层原子容易被刻蚀，M-X层原子则共同构成二维的原子晶体，形成MXenes，图5.29展示了元素周期表中常见的可用于构建MXenes的元素。MXenes的结构可以描述为n+1层过渡金属元素M覆盖n层X元素，目前已确认的3种不同MXenes结构为M_2X、M_3X_2和M_4X_3。与石墨烯的单原子结构相比，MXenes结构具有更稳定的M和X双原子，且MXenes的表面含有更加丰富的表面官能基团，主要包括—OH、—F和═O等，其独特的物理化学结构赋予MXenes材料良好的金属导电性、表面亲水性及优异的力学性能（Muñiz et al.，2016）。

（a）Ti_3AlC_2 MAX相粉末

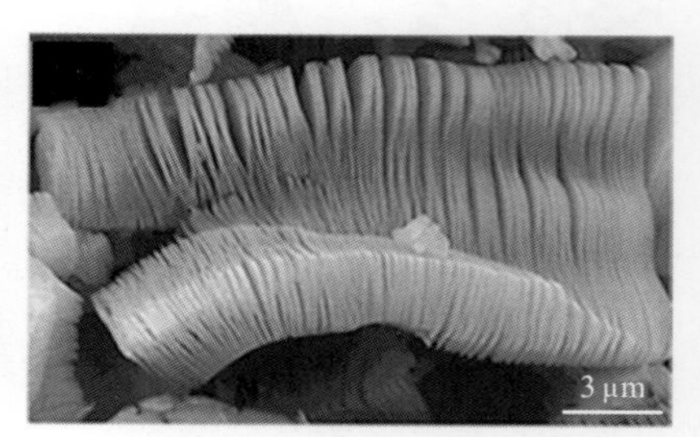

（b）Ti_3C_2 MXenes粉末

图5.28　Ti_3AlC_2 MAX相粉末和Ti_3C_2 MXenes粉末的SEM图像

引自Naguib等（2012）

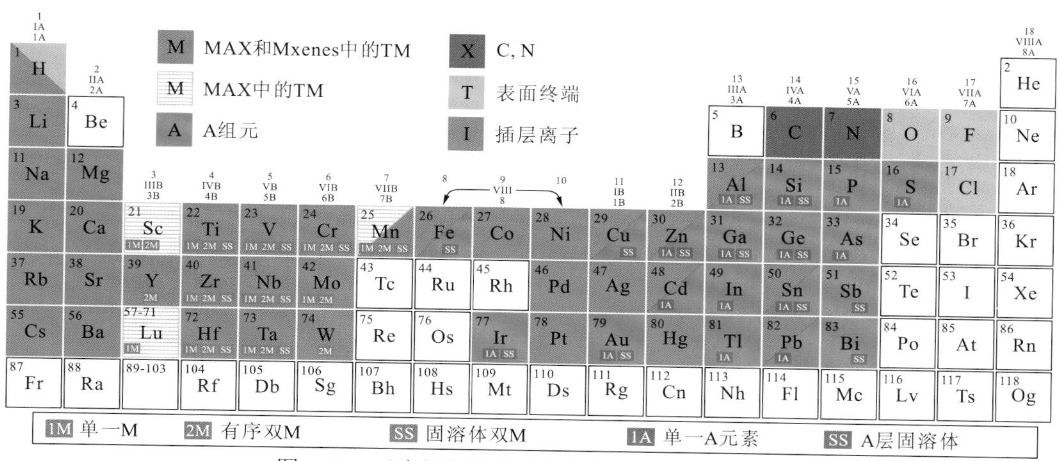

图 5.29　元素周期表中用于构建 MXenes 的元素

引自 Atulba 等（2019）

MXenes 较大的比表面积和丰富的高活性官能团，使其成为一类极具发展潜力的水处理吸附材料，目前已成功应用于水中 Pb(II)和 Cr(V)的去除（Ying et al.，2015）。而在各类 MXenes 材料中，Ti_3C_2 是作为重金属吸附剂被广泛研究的 MXenes 材料，它能够在室温下通过将 Ti_3AlC_2 浸入氢氟酸中直接制备得到。Ying 等（2015）利用 $Ti_3C_2T_x$ 吸附去除水中的 Cr(VI)，研究表明在室温和 pH = 5 的反应条件下，Cr(VI)的吸附容量可达 250 mg/g。这是因为在酸性条件下，Cr(VI)首先通过静电作用吸附在 MXenes 的羟基表面；然后，Cr(VI)被还原为 Cr(III)，同时生成 TiO_2；最后，Cr(III)与 MXenes 上的 Ti—O 键反应，形成 Ti—O—Cr(III)结构。另外，$Ti_3C_2T_x$ MXenes 同样能够有效去除水中的 Cu(II)，最大吸附容量为 78.4 mg/g，是商用活性炭的 2.7 倍。另有研究表明在水溶液中，Li(I)、Na(I)、Mg(II)和 K(I)等阳离子很容易自发地插层到 Ti_3C_2 层之间，且阳离子插层有利于拓宽 MXenes 的层间距，从而增强 MXenes 层和表面官能团之间的相互作用（Wu et al.，2010）。通常情况下，Ti 对金属离子尤其是重金属具有很高的吸附作用力。在 MXenes 中，Ti—OH 和 Ti—F 位点在发生阳离子取代后可以成为一些重金属离子的特异性吸附位点，提供对重金属的优先吸附，同时 MXenes 的层状结构也能在一定程度上抵抗水中其他干扰离子的影响，从而增强对目标金属污染物的选择性去除。例如，Peng 等（2014）通过对 MXenes 材料简单的碱化处理得到了 $Ti_3C_2(OH/ONa)\text{-}xF_{2-x}$(Alk-MXenes)，研究表明 Alk-MXenes 对 Pb(II)表现出优异的吸附能力，其吸附容量为 140 mg/g，这正是因为 Pb(II)与羟基势阱内的氧原子形成较强的共价键。

5.3.7　纳米金属化合物对重金属净化特性及挑战

纳米金属化合物比表面积较大、化学稳定性高、制备工艺简便、易实现量产，特别是在吸附重金属方面，其独特的物理化学性质不仅能为重金属的吸附提供多样性的活性位点，实现对水中各类重金属污染物的有效去除；而且，由于金属化合物形貌结构可控且易于进行修饰改性，还能够根据实际需要对材料进行功能化，实现对一些目标重金属污染物的选择性去除；此外，纳米尺度的金属化合物能够通过自身的尺寸效应进一步强化对重金属污染物的吸附能力，通过物理化学协同吸附作用实现对水体中一些痕量重金属污染的深度净化，是一类极具发展前景的吸附材料。

然而纳米金属化合物在实际水处理中的应用研究尚处于初级阶段，目前依然面临一些挑战：①金属化合物多呈粉末状，特别是纳米金属化合物，这使其在实际水处理过程中存在流体阻力大、难以分离且损耗较高的问题；②在一些复杂或极端的水质条件中，金属氧化物自身结构受到破坏，导致金属离子溶出可能形成二次污染，这一潜在危害需要在实际的水处理过程中进行真实、合理、有效、系统的评估；③尽管纳米金属氧化物作为水体重金属吸附剂在实验室的研究中已经取得了斐然的成果，但利用纳米金属氧化物进行水处理扩大化、工程化的研究依然欠缺，因此难以获得较为可靠的工程化应用参数。综上，在后续的研究中，应当重点关注并解决纳米金属氧化物材料在实际水处理应用中存在的问题，从而不断强化材料的应用性能。

5.4　基于复合纳米材料的重金属深度处理方法

纳米粒子由于其独特的小尺寸、高活性特质，是近二十年来涌现出的最具环境修复潜力的新生力量，特别是在微量重金属深度净化领域。但纳米粒子受自身超细尺寸所限，在重金属去除过程中存在固液分离困难、流体阻力大等应用瓶颈，极大限制了纳米吸附剂的规模化应用。复合纳米技术是纳米粒子迈向工程应用的重要途径和技术手段，其基本设计思路是将纳米粒子负载于纳米孔大颗粒载体（如活性炭、硅胶、高分子化合物、沸石等），研制担载型复合吸附材料（Zhang et al.，2016b）。该类吸附材料能够有效解决纳米粒子固液分离难、流体阻力大等应用瓶颈，实现纳米粒子固定化和稳定化，且嵌入的纳米粒子对微量重金属表现出超强作用力，进一步促进对水中低浓度污染物的净化深度。因此，该类复合吸附材料的成功研制及发展为纳米材料工程化应用提供了可能和重要途径。

复合纳米材料本质上是多相固体材料，主要包括多孔介质和嵌入的活性纳米粒子。图 5.30 所示为几种典型的复合纳米材料的结构，与常规纳米粒子相比，复合纳米材料在纳米粒子分散、稳定和可回收方面的性能均有显著提高（Zhang et al.，2016b），从而弥补纳米尺度与介观尺度之间的差距，特别是在纳米限域下，纳米粒子活性、晶体形态、降污速率等方面均显著区别于宏观本体环境（Zhang et al.，2020b）。因此，研制复合纳米材料被认为是水处理纳米技术从实验室研究走向大规模应用最具前景的途径。本节主要介绍复合纳米材料的制备方法及原理、对重金属深度净化特性、再生及回用，以及纳米限域效应和应用展望。

5.4.1　复合纳米材料制备方法及原理

复合纳米材料制备中广泛应用的基体材料包括碳基、矿物基和聚合物基，常用的担载纳米颗粒包括零价金属、金属氧化物及金属磷酸盐等，其制备方法主要包括浸渍法、共沉淀法和原位合成法等（Zhao et al.，2011）。而载体的选取对复合纳米材料应用性能具有重要影响，基于载体不同物理性质、化学结构，其制备方法也不尽相同（Zhang et al.，2016b）。本小节主要介绍碳基、矿物基、聚合物基典型复合纳米材料的制备方法和原理。

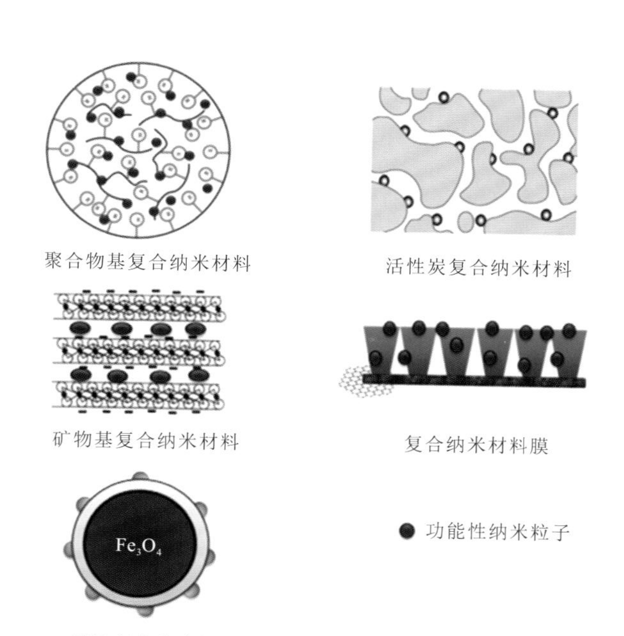

图 5.30　几种典型的复合纳米材料的结构

碳基材料具有比表面积大、热稳定性好、机械强度高等特点，代表性材料如碳纳米管、石墨烯、活性炭、生物炭等。活性炭往往具有丰富的微孔结构和亲水表面（Arcibar-Orozco et al.，2012），纳米粒子负载通常采用前驱体浸渍法、共沉淀法、水热法，具有制备简单、高效的优点。然而，纳米粒子大量载入，往往会堵塞微孔结构，导致重金属传质速率低，粒子利用率不高。生物炭主要源于生物质材料的炭化，其大孔结构在一定程度上缓解了重金属传质速率低的问题，但其宽广不均一的孔道结构诱导纳米粒子团聚和生长，降污活性显著降低。碳纳米管、石墨烯是新一代高性能碳基功能材料，其极大的比表面积（达 50～2 630 m^2/g）赋予它对活性纳米粒子搭载及材料复合更多的优势和特色。以氧化石墨烯为例，其独特的二维平面结构和强 π-π 作用力可方便纳米粒子通过简单的化学沉积法制备，图 5.31 为氧化石墨烯基多孔反尖晶石镍铁氧体复合纳米材料制备示意图，其获得的纳米

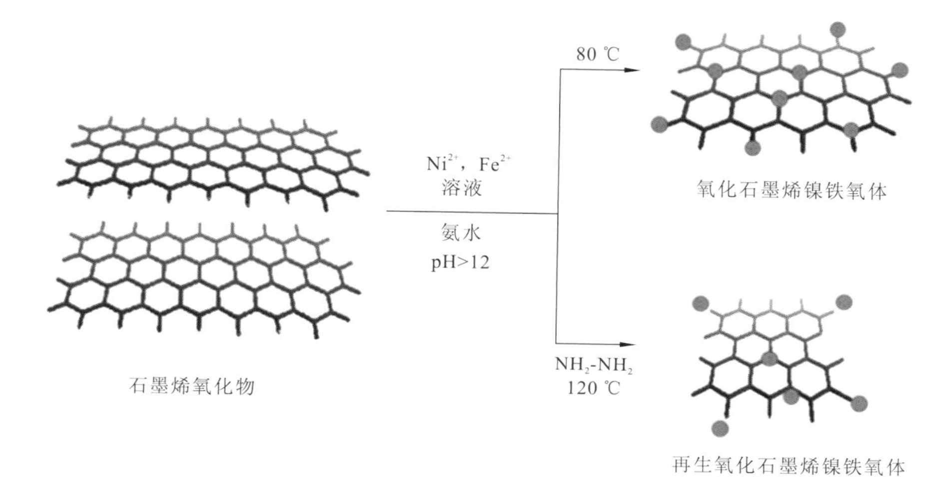

图 5.31　氧化石墨烯基多孔反尖晶石镍铁氧体复合纳米材料制备示意图

铁酸镍呈单分散，复合材料尺寸为 30～32 nm，其降污能力也尤为突出，对 As(III)和 As(V)的吸附容量分别达到 59.52 mg/g 和 81.30 mg/g（Lingamdinne et al.，2016）。虽然，石墨烯、碳纳米管等优异的碳基载体具有显著制备优势和降污表现，但其在水污染控制中固液分离困难、价格昂贵、难以规模生产，大大限制其应用前景。

较石墨烯等碳基复合纳米材料，相对廉价易得的天然矿物也可作为优异的载体用于复合纳米材料的制备，如沸石、膨润土、黏土等。沸石为一种天然而廉价的多孔性矿物质，其天然的内部结构提供了丰富的结合位点，方便通过前驱体引入-原位沉积实现复合纳米材料的合成（Zhang et al.，2016b）。例如，Hashemian 等（2014）采用 Fe 盐引入-原位沉积合成了 Fe_3O_4/膨润土复合纳米材料，其对 Co(II)的吸附量为 18.76 mg/g。事实上，矿物自身天然孔道结构差异较大，而嵌入纳米粒子尺寸分布极不均匀，往往导致对典型重金属吸附容量不高。此外，碳基/矿物质基复合纳米材料的载体仅为担载作用，作用相对单一，难以对重金属净化过程起到强化促进作用，纳米粒子负载更多依赖载体物理结构的差异。

高分子聚合物是人工合成的一类多孔材料，可调控的孔道结构和表面功能化特性使其在工业催化、化工分离等领域应用广泛，最典型的如离子交换树脂、离子交换膜等（Zhao et al.，2011）。聚合物基复合纳米材料（polymer nanocomposites，PNCs）结合了纳米粒子和聚合物基质的固有优势（Pan et al.，2014b）。一般而言，PNCs 可以通过将纳米粒子嵌入聚合物交联结构中制备（Mahdavian et al.，2010），合成方法主要分为直接合成法和原位合成法两种，如图 5.32 所示。

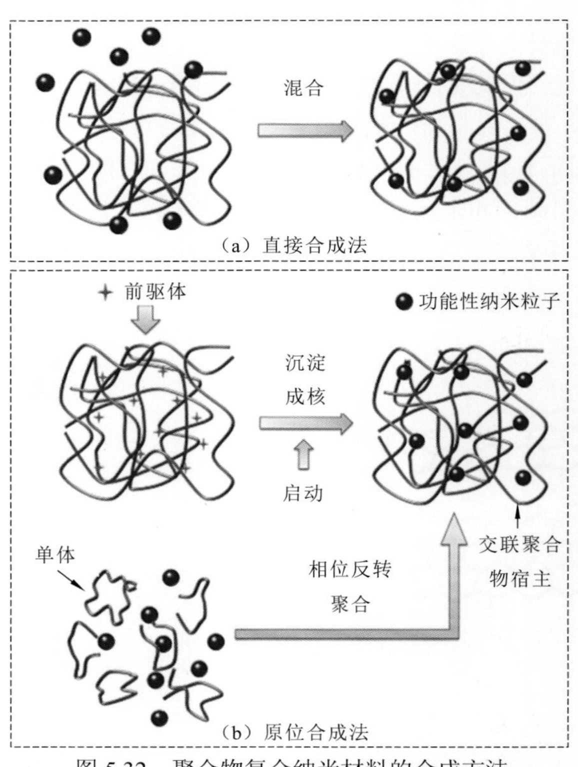

图 5.32　聚合物复合纳米材料的合成方法

直接合成法首先分别制备纳米和聚合物支撑体，然后通过熔融或机械力等方法进行复合（Yew et al.，2006；Zhang et al.，2004；Liang，2004；Chen et al.，2004）。直接合成时，可直接引入功能性纳米粒子并嵌入聚合物中。原位合成法则主要通过纳米粒子的前驱体首先在聚合物孔隙中吸附或浸渍，然后通过原位沉淀和特定引发剂成核的方式进行合成。目前，原位合成法被广泛应用于 PNCs 的制备，许多过渡金属氧化物或硫化物等均可以通过原位合成法稳固负载于聚合物相中，如图 5.33 所示。

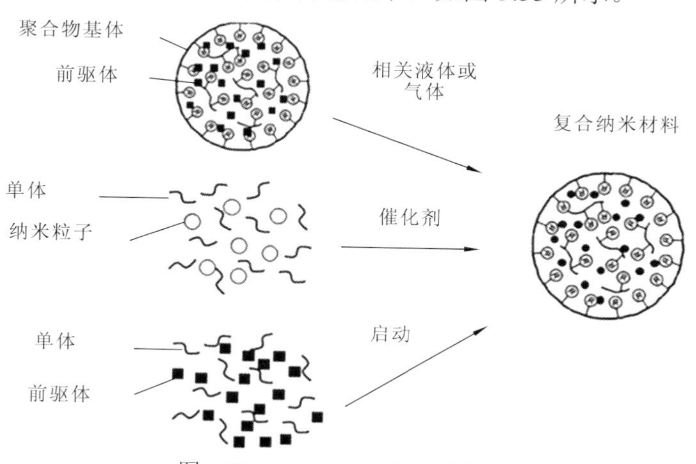

图 5.33　PNCs 原位合成示意图

树脂基复合纳米材料是近年来最具应用潜力的重金属吸附材料，笔者课题组研发了纳米氧化铁、氧化锆复合功能树脂，并用于水中重金属、砷、氟等多种污染物的深度净化（Zhang et al.，2017，2015a；Pan et al.，2014a，2013）。相比常规复合纳米材料，载体功能树脂具有独特的交联聚苯乙烯结构，对纳米粒子包裹稳定性显著加强，此外，载体表面易修饰诸如磺酸基、季氨基（$—SO_3^-H/—CH_2N^+(CH_3)_3Cl$）等官能团，其荷电特性促进并提升了嵌入纳米颗粒的分散及活性，此外，在重金属深度净化方面，可通过预富集-强化渗透实现对微量重金属的高效去除，即 Donnan 效应（Li et al.，2016）。随着聚苯乙烯结构交联密度的增大，通过孔径效应可以得到较小尺寸的固定化纳米颗粒，从而增强其活性。为了获得更小尺寸的纳米粒子，科研工作者做了大量的尝试，研究发现，通过“闪速冷冻法”可方便制备均孔聚苯乙烯载体，进而获得亚 10 nm 高活性氧化铁复合纳米材料（Pan et al.，2017），而更为简便的方式则是用凝胶树脂孔溶胀-纳米粒子嵌入方式制备（Fang et al.，2021），如图 5.34 所示，由于凝胶树脂超细孔道，可获得高活性亚 5 nm 氧化锆复合树脂。

复合纳米吸附树脂突破了纳米颗粒材料水处理工程化应用瓶颈，目前已实现了吨级量产，并在含重金属典型工业废水的深度治理与资源化工程应用中取得了显著效果。

5.4.2　复合纳米材料对重金属深度净化特性

重金属的深度净化是水体安全控制的关键。通常而言，废水中大量重金属主要通过化学沉淀、絮凝等方法去除，而低浓度重金属的深度净化一直是水污染控制领域的挑战。

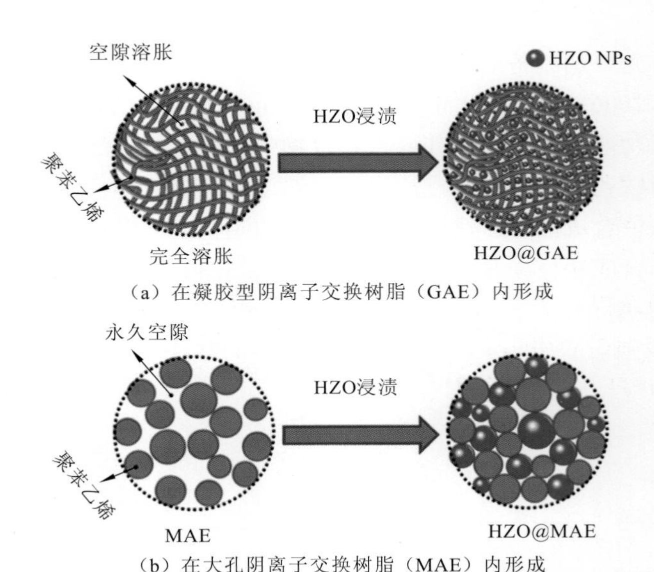

（a）在凝胶型阴离子交换树脂（GAE）内形成

（b）在大孔阴离子交换树脂（MAE）内形成

图 5.34　在 GAE 和 MAE 内形成水合氧化锆纳米粒子（HZO NPs）示意图

复合纳米材料的研发与应用为重金属废水深度净化提供了重要途径，复合纳米材料同时兼具纳米粒子活性和载体功能性的优点，在环境深度净化领域展现出广阔的研究价值和应用前景。例如，Khan 等（2013）将纳米 ZrO_2 固定在纤维素基质上，研制了纤维素/ZrO_2 复合纳米材料，其对 Ni(II)具有较高的选择性，吸附量为 79 mg/g。Liu 等（2012）合成了 5%（质量分数）氧化石墨烯/壳聚糖复合材料，对 Au(III)和 Pd(II)的吸附量分别达到 1 077 mg/g 和 217 mg/g，此外，一些矿物复合纳米材料由于廉价易得也受到广泛关注和研究，羟基磷灰石/沸石复合纳米材料（HAp/NaP）用于处理水中 Pb(II)和 Cd(II)的最大吸附量分别为 55.55 mg/g 和 40.16 mg/g。目前而言，复合纳米材料研制主要依赖多孔载体（如碳材料、矿物、聚合物等）与无机纳米粒子的耦合，其实际应用性能也主要依赖负载纳米粒子与重金属的相互作用，例如，纳米粒子担载量、尺寸及活性，晶体结构等都对重金属去除选择性和容量产生较大影响。此外，水体共存阳离子（如 Ca^{2+}/Na^{+}等）及共存有机络合物、腐殖酸等也会对复合纳米材料应用性能产生负面作用。然而，目前相关研究相对匮乏，特别是在常规复合纳米材料中，纳米粒子活性及选择性对净污性能起着决定作用，而载体在水处理过程中仅为担载作用，进一步开发载体功能化净污特性是近年来研究的重点和挑战。

复合纳米树脂在水体重金属深度净化领域中的表现尤为突出，较常规负载型复合纳米材料，复合纳米树脂载体高分子链交联结构及功能化特性，为重金属深度净化性能提升带来新的契机。围绕该研究领域，笔者课题组进行了相关研究，例如将 Li/Al LDH 担载在聚苯乙烯阴离子交换树脂上，所得的复合纳米材料在 3～12 的 pH 范围内均表现出优异的化学稳定性，而常规 LDH 只能稳定地存在于 pH 4～10 的环境中，这主要是因为聚苯乙烯交联结构能够构建异于宏观水体的水化学环境，提升纳米粒子的稳定性（Cai et al.，2016）。Zhang 等（2016a）通过在交联聚苯乙烯树脂上负载纳米氧化镧，制备了一种新型复合纳米材料 La-201，并发现它能够抵抗高浓度腐殖酸的影响，这主要归因于聚苯乙烯高分子交联结构对大分子腐殖酸的阻隔作用。除载体高分子交联结构独特作用以外，载体功能化高荷电基团在提升重金属净化深度方面也颇具优势。Su 等（2010）在系统探究纳米氧化铁、氧化锰等系列复合纳米树脂基础上，发现载体修饰类似磺酸基、季胺基等强荷电官能团对微量重金属、砷等污染物具有预富集-强化扩散的 Donnan 效应，显著提升了复合纳米材料对重金属净化动力学和嵌入纳米粒子的利用率（Pan et al.，2010a，2010b，2009；Su et al.，2009），而这种对微量重金属的富集效应相较于常规复合纳米材料提升了上千倍。载体纳米孔荷电环境的构建，能够增强颗粒表面斥力，进而提升纳米粒子分散及提高活性。例如，Zhang 等（2015a，2013）研制了纳米氧化锆复合树脂，发现载体修饰不同功能基团能够影响嵌入纳米氧化锆的分散及活性，高荷电基团（$—SO_3H$/$—CH_2N(CH_3)_3Cl$）存在有助于获得小尺寸纳米粒子，进而提升对 Pb(II)的去除能力，可将微量 Pb(II)污染水净化至 1 μg/L 水平，与世界卫生组织（WHO）饮用水标准相比降低了一个数量级，荷电磺酸基复合纳米树脂去除 Pb(II)的作用如图 5.35 所示。

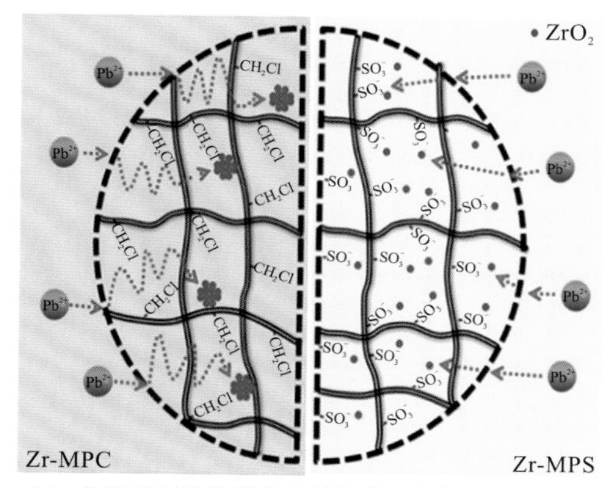

（a）负载氧化锆纳米粒子的聚苯乙烯树脂（MPS）中荷电磺酸基团对Pb(II)吸附的作用示意图

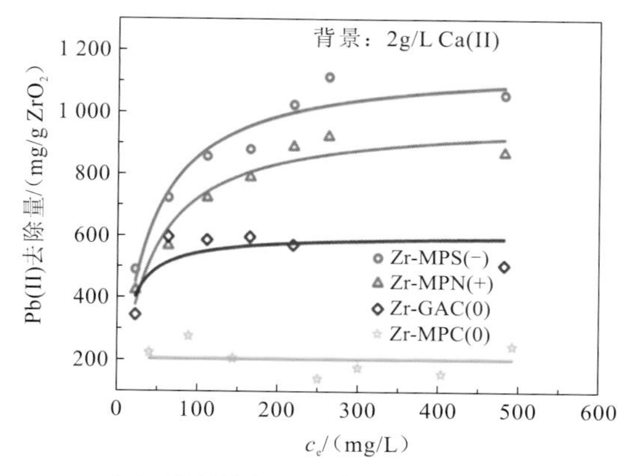

（b）4种材料在298 K时对Pb(II)的等温吸附图

图 5.35 荷电基团对 Pb(II)吸附作用示意图

为了进一步提升复合纳米材料对重金属离子的净化能力，研究人员围绕如何获得小尺寸纳米粒子开展了研究工作。南京大学张孝林课题组 Pan 等（2017）通过闪速冷冻法制备了系列均孔聚苯乙烯树脂，进而获得 2.0 nm、3.3 nm 和 7.3 nm 系列纳米氧化铁复合树脂，其对 As(V)的吸附容量相比常规α-FeOOH 纳米棒（18 nm × 90 nm）提高了 10～15 倍，然而该方法对均孔载体制备工艺要求较高。Fang 等（2022a）研究发现凝胶树脂溶胀可获得亚 5 nm 均孔结构，方便原位生成小尺寸（<5 nm）纳米氧化锰复合材料，与常规复合纳米树脂相比，其具有更加丰富的 Mn—O 结构，对镍的吸附容量提升了 1.32 倍。

复合纳米材料适用于水中微量重金属的深度净化，而亚 10 nm 粒子的形成及载体功能化的设计是提升其净化能力的关键。此外，从工程角度而言，实现复合纳米材料的高效再生和重复利用也是研究工作者需重点关注的议题。

5.4.3 复合纳米材料的再生及回用

复合纳米材料工程应用的关键环节之一是实现再生和循环利用，因此有效实现重金属的脱附和纳米粒子的再生从而降低成本，已成为复合纳米材料水处理应用的重要挑战。本小节将从复合纳米材料的再生及回用方法和载体结构特性强化再生方面进行介绍。

一般而言，酸碱溶液是实现复合纳米材料再生的常用办法，其再生效率取决于嵌入纳米粒子的化学特性及与重金属间作用能力强弱。对于阳离子型重金属Pb(II)、Cd(II)、Cu(II)等，通常采用双组分酸+盐组合来实现，最常用的有质量分数1%～5%的HCl/HNO_3、3%～10%的$NaCl/Ca(NO_3)_2/CaCl_2$等。例如，生物炭-纳米氧化锰复合材料用于水中Cu(II)的去除，采用0.1 mol/L HCl+5% $CaCl_2$可实现材料99%的再生和重复利用（Wan et al.，2020）。对于含有巯基的硫代磷酸锆复合纳米树脂，同样条件下，需要借助6 mol/L HCl完成对Pb(II)、Cd(II)、Zn(II)的高效（97%）再生，这主要归因于巯基与重金属间强作用力影响（Zhang et al.，2009）。此外，以纳米金属氧化物为嵌入纳米粒子，其独特的形态转化机制更有利于再生的进行。以纳米氧化铁为例，在酸性条件下，其形态由中性Fe—OH转化为质子化的$Fe—OH_2^+$，能够通过强静电排斥实现典型重金属的脱附（Pan et al.，2010a）。对于Cr(VI)、As(III/V)等阴离子型重金属，碱液（如质量分数3%～5%的NaOH溶液）由于具有较强的交换势，通常用于复合纳米材料的高效再生。除酸碱以外，一些有机螯合剂也可用于复合纳米材料的再生和循环利用，如乙二胺四乙酸（EDTA）、丁二酮肟等（Ji et al.，2021），但采用螯合剂要对其应用成本特别关注，此外，螯合剂往往会与纳米粒子作用，导致二次污染和纳米粒子失活。近年来，高级氧化技术（如芬顿、光催化等）也被用于复合纳米材料的再生，然而这一方法并不适用于有机载体材料，其产生的强氧化性自由基可能对复合纳米材料产生破坏（Unuabonah et al.，2014）。

除了采用化学脱附剂，载体纳米结构及功能化对复合纳米材料再生极有可能具有重要作用。例如：纳米氧化镧对磷酸根具有强烈的吸附作用，然而其应用瓶颈在于形成高稳定$LaPO_4$难以再生，研究发现，12% NaOH在100℃下的磷回收率仅为4.81%，用50% NaOH在140℃下可实现95.6%磷再生，而季铵基修饰氧化镧复合材料在10 % NaOH、60℃的温和条件下即可获得95%磷酸盐回收和10个周期的稳定运行，大大降低了脱附用量（Xie et al.，2014）。这主要归因于载体纳米孔结构下，荷正电的季铵基能够高度富集水中OH^-，显著提升了脱附剂在纳米孔微环境的活度，进而降低了脱附用量和操作条件。然而，目前有关纳米孔结构和功能化强化重金属再生方面的研究相对较少，结合载体化学结构和脱附剂、选取发展新的复合纳米材料脱附方法是今后研究的重要方向。

5.4.4 纳米限域效应

复合纳米材料由于具有独特的纳米尺寸效应和载体多孔结构，已表现出优异的重金属深度净化特性，相关研究主要围绕载体功能化、纳米粒子尺寸及担载量的调控等进行。近年来，研究发现载体空间对纳米粒子形成限域结构，当空间尺寸被限制在很小的纳米尺度时，与宏观本体相比，限域空间内物质的相行为及相关化学反应路径发生显著变化，进而影响了复合纳米材料的净污行为与机制。本小节从水分子的结构和行为、晶体成核与生长、化学反应三个方面进行介绍。

限域空间的溶液化学特性会产生与宏观本体溶液显著的差异，进一步影响对重金属的深度净化性能。研究发现纳米空间限域下水分子形成“水笼”，其运动速率和动能仅为原来的 0.25～0.4，而金属离子水合能在限域环境中显著降低，极有可能增强与纳米粒子配位的能力（Fumagalli et al.，2018；Kuo et al.，2013）。空间限域下，水分子氢键网络结构发生重排，使得 H^+含量大大增加且传输速率显著加快；纳米空间内水的动力黏度系数相比开放体系提升了 7 个数量级，限域空间溶液化学性质的显著差异，极有可能对重金属与纳米颗粒的作用过程产生重要影响（Munoz-Santiburcio et al.，2013；Major et al.，2006）。例如：聚苯乙烯限域下，H^+活度与开放体系存在显著差异，进而提升了负载纳米氧化铁对 Cu(II)的吸附容量（Qiu et al.，2012）。

纳米限域在热力学和动力学上对纳米粒子成核/结晶产生重要影响。限域空间能够实现纳米粒子生长由热力学主导转化为由动力学主导，进而影响纳米粒子的晶体形态/取向。例如，笔者课题组以孔径为 7.9 nm 的聚苯乙烯为限域载体，成功研制了具有热力学稳定的亚稳态 γ-相磷酸锆晶体，较开放体系形成的α-ZrP，亚稳 γ-ZrP 的 P—O 键长变短、键能增强，对水中重金属 Pb(II)的吸附分配系数（K_d）提高了 10～90 倍[图 5.36（a）]。此外，限域空间下，化学反应与开放体系截然不同，极有可能产生不同的产物或高活性物种。例如传统芬顿反应以·OH 为主要活性物种，反应选择性较差，而将 Fe(III)氧化物负载于碳纳米管限域空间，与 H_2O_2 发生的芬顿反应活性物种变为 $^1O_2$，其对目标污染物的氧化活性提高了 22 倍[图 5.36（b）]。由此，上述几个例子已经证明了纳米限域效应在环境领域有助于提升复合纳米材料的降污能力，然而在实际应用中仍存在一些挑战。例如，孔径过小会成为重金属离子扩散的障碍，虽然存在许多理想化的一维纳米结构，如碳纳米管，但这与将它们整合到大型、无缺陷的结构中并用于实际应用仍有一定距离。

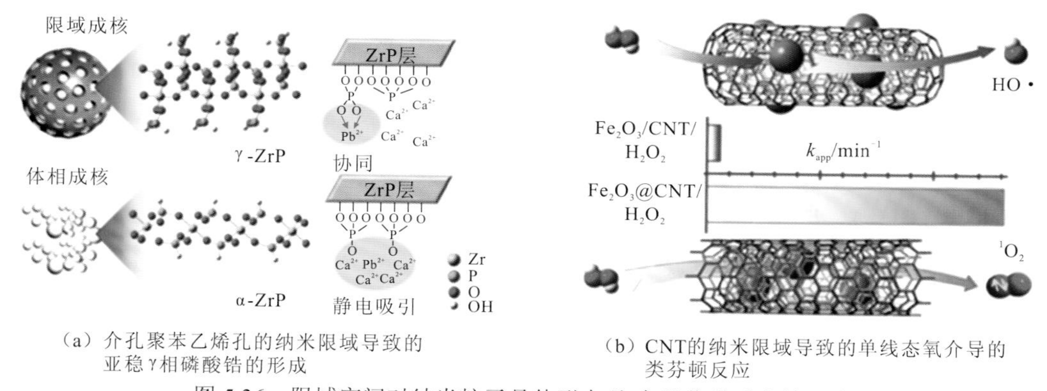

（a）介孔聚苯乙烯孔的纳米限域导致的亚稳γ相磷酸锆的形成

（b）CNT的纳米限域导致的单线态氧介导的类芬顿反应

图 5.36 限域空间对纳米粒子晶体形态/取向及化学反应的影响

（a）引自 Zhang 等（2020b）；（b）引自 Yang 等（2019b）

5.4.5 复合纳米材料应用展望

复合纳米材料由于独特的纳米小尺寸/高活性、限域效应、载体功能特性已发展成为新一代重金属深度净化材料，特别是以树脂基复合纳米材料为代表系列产品，实现了规模化生产和技术应用。尽管如此，复合纳米材料作为一类最具前景的吸附剂，其工程应用过程仍存在一些问题亟待突破和发展。

（1）以树脂基复合纳米材料为例，由于载体具有较宽的孔结构，其形成的纳米粒子往往具有不均一性，存在纳米粒子堆砌、颗粒团聚现象，大大影响了纳米小尺寸、高活性特性。因此，发展窄分布亚 10 nm 颗粒的复合材料是工程应用亟待突破的问题。此外，大量纳米粒子负载往往导致孔道堵塞，在高速流体柱吸附应用过程中，纳米粒子利用率不高，提升复合纳米材料利用效率、加快污染传质速率是规模应用效率提升的关键。

（2）冶金、电镀、皮革是主要重金属污染行业，生产过程中大量使用络合剂，如 EDTA、氨三乙酸、柠檬酸等，产生的工业废水污染物组分十分复杂，同时含有大量的稳定剂、光亮剂、表面活性剂等有机物，使废水中 Pb、Cu、Ni、Cr 等重金属以稳定的络合物形式存在，具有鲜明的有机-无机（重金属）复合污染特征。不同于常规离子态重金属，常规化学沉淀、吸附难以实现络合态重金属的深度净化。研发基于高级氧化技术、发展选择破络方法，是实现复合纳米材料进一步工程应用的重要方向。此外，共存有机物往往与重金属形成竞争作用，对部分活性位点产生不可逆吸附，研发具有有机物排阻功能的复合纳米材料是推动其工程应用的重要挑战。

参考文献

邓华, 严发, 陆志诚, 等, 2018. 巯基改性木薯秸秆对 Cd(II)吸附性能的研究. 水处理技术, 44(6): 57-61.

范佩, 邱金丽, 于伟华, 等, 2021. 多胺螯合纳米纤维高效去除 Pb(II)的特性与机制. 土木与环境工程学报(中英文), 43(2): 182-189.

高宝云, 邱涛, 李荣华, 等, 2012. 巯基改性玉米秸秆粉对水体重金属离子的吸附性能初探. 西北农林科技大学学报(自然科学版), 40(3): 185-190.

李炳坤, 2018. 软硬酸碱原则在环境科学中的应用. 化工管理(1): 66-67.

李宗红, 潘远凤, 肖惠宁, 等, 2019. 改性纤维素对重金属吸附的研究进展. 金属世界(1): 36-41, 51.

刘小娣, 党元林, 孙瑞雪, 2017. 软硬酸碱理论在无机化学教学中的应用. 山东化工, 46(19): 131-132.

匡春燕, 2021. 离子交换法处理含汞污水. 环保与节能(19): 54-56.

汤鸿霄, 1993. 环境水质学的进展: 颗粒物与表面络合(上). 环境化学进展(1): 25-41.

魏荣卿, 朱建星, 刘晓宁, 等, 2005. Mannich 反应制备氨基树脂及由其制备的螯合树脂的吸附性能. 现代化工(6): 30-33.

徐超, 刘福强, 凌晨, 等, 2014. 多胺类螯合吸附剂对重金属离子吸附分离的研究进展. 离子交换与吸附, 30(1): 87-96.

张光华, 刘林涛, 胡晓虹, 等, 2010. 一种巯基胺型羧酸螯合树脂的制备及其吸附性能. 精细化工, 27(4): 400-404.

张华丽, 齐若男, 谢嵬旭, 等, 2020. 改性玉米秸秆对 Cu^{2+}吸附性能研究. 工业水处理, 40(2): 71-74.

朱霞萍, 刘慧, 谭俊, 等, 2013. 巯基改性蒙脱石对 Cd(II)的吸附机理研究. 岩矿测试, 32(4): 613-620.

Aghagoli M J, Shemirani F, 2017. Hybrid nanosheets composed of molybdenum disulfide and reduced graphene oxide for enhanced solid phase extraction of Pb(II) and Ni(II). Microchimica Acta, 184: 237-244.

Ahluwalia S S, Goyal D, 2007. Microbial and plant derived biomass for removal of heavy metals from wastewater. Bioresource Technology, 98(12): 2243-2257.

Ahmed I A M, Crout N M J, Young S D, 2008. Kinetics of Cd sorption, desorption and fixation by calcite: A long-term radiotracer study. Geochimica et Cosmochimica Acta, 72(6): 1498-1512.

Akthar M N, Sastry K S, Mohan P M, 1996. Mechanism of metal ion biosorption by fungal biomass. Biometals, 9: 21-28.

Alexandratos V G, Elzinga E J, Reeder R J, 2007. Arsenate uptake by calcite: Macroscopic and spectroscopic characterization of adsorption and incorporation mechanisms. Geochimica et Cosmochimica Acta, 71(17): 4172-4187.

Ali S, Zuhra Z, Ali S, et al., 2021. Ultra-deep removal of Pb by functionality tuned UiO-66 framework: A combined experimental, theoretical and HSAB approach. Chemosphere, 284: 131305.

Altree-Williams A, Pring A, Ngothai Y, et al., 2015. Textural and compositional complexities resulting from coupled dissolution-reprecipitation reactions in geomaterials. Earth-Science Reviews, 150: 628-651.

Anitha K, Namsani S, Singh J K, 2015. Removal of heavy metal ions using a functionalized single-walled carbon nanotube: A molecular dynamics study. The Journal of Physical Chemistry A, 119(30): 8349-8358.

Arcibar-Orozco J A, Avalos-Borja M, Rangel-Mendez J R, 2012. Effect of phosphate on the particle size of ferric oxyhydroxides anchored onto activated carbon: As(V) removal from water. Environmental Science & Technology, 46(17): 9577-9583.

Atulba S L S, Jang J H, Park M, 2019. TiO_2-pillared magadiite and its arsenic adsorption capacity. Journal of Porous Materials, 26: 311-318.

Ayers P W, Parr R G, Pearson R G, 2006. Elucidating the hard/soft acid/base principle: A perspective based on half-reactions. The Journal of Chemical Physics, 124: 194107-194115.

Bargar J R, Jr G E B, Parks G A, 1997. Surface complexation of Pb(II) at oxide-water interfaces: I. XAFS and bond-valence determination of mononuclear and polynuclear Pb(II) sorption products on aluminum oxides. Pergarmon, 61(13): 2617-2637.

Besha A T, Tsehaye M T, Aili D, et al., 2019. Design of monovalent ion selective membranes for reducing the impacts of multivalent ions in reverse electrodialysis. Membranes, 10: 7.

Bhimanapati G R, Lin Z, Meunier V, et al., 2015. Recent advances in two-dimensional materials beyond graphene. ACS Nano, 9(12): 11509-11539.

Bilal M, Ihsanullah I, Younas M, et al., 2021. Recent advances in applications of low-cost adsorbents for the removal of heavy metals from water: A critical review. Separation and Purification Technology, 278: 119510.

Bo S, Ren W, Lei C, et al., 2018. Flexible and porous cellulose aerogels/zeolitic imidazolate framework (ZIF-8) hybrids for adsorption removal of Cr(IV) from water. Journal of Solid State Chemistry, 262: 135-141.

Bracco J N, Lee S S, Stubbs J E, et al., 2018. Simultaneous adsorption and incorporation of Sr^{2+} at the barite (001)-water interface. The Journal of Physical Chemistry C, 123(2): 1194-1207.

Cai J, Zhang Y, Pan B, et al., 2016. Efficient defluoridation of water using reusable nanocrystalline layered double hydroxides impregnated polystyrene anion exchanger. Water Research, 102: 109-116.

Cai Q Q, Turner B D, Sheng D C et al., 2018. Application of kinetic models to the design of a calcite permeable reactive barrier(PRB) for fluoride remediation. Water Research, 130: 300-311.

Cao C Y, Cui Z M, Chen C Q, et al., 2010. Ceria hollow nanospheres produced by a template-free microwave-assisted hydrothermal method for heavy metal ion removal and catalysis. The Journal of

Physical Chemistry C, 114(21): 9865-9870.

Cen S, Li W, Xu S, et al., 2017. Application of magnetic Cd^{2+} ion-imprinted mesoporous organosilica nanocomposites for mineral wastewater treatment. RSC Advances, 7(13): 7996-8003.

Chai W S, Cheun J Y, Kumar P S, et al., 2021. A review on conventional and novel materials towards heavy metal adsorption in wastewater treatment application. Journal of Cleaner Production, 296: 126589.

Chang G, Jiang Z C, Peng T Y, et al., 2003. Preparation of high-specific-surface-area nanometer-sized alumina by sol-gel method and study on adsorption behaviors of transition metal ions on the alumina powder with ICP-AES. Acta Chimica Sinica, 61(1): 100-103.

Chauhan A, Hoffmann J, Litvinov D, et al., 2018. High-temperature low-cycle fatigue behavior of a 9Cr-ODS steel: Part 2, Hold time influence, microstructural evolution and damage characteristics. Materials Science and Engineering A, 730: 197-206.

Chen B, Chen Z, Lv S, 2011a. A novel magnetic biochar efficiently sorbs organic pollutants and phosphate. Bioresource Technology, 102(2): 716-723.

Chen J, Wang G, Zeng X, et al., 2004. Toughening of polypropylene-ethylene copolymer with nanosized $CaCO_3$ and styrene-butadiene-styrene. Journal of Applied Polymer Science, 94(2): 796-802.

Chen L, Xu S, LI J, 2011b. Recent advances in molecular imprinting technology: Current status, challenges and highlighted applications. Chemical Society Reviews, 40(5): 2922-2942.

Chen Y, Fan Z, Zhang Z, et al., 2018a. Two-dimensional metal nanomaterials: Synthesis, properties, and applications. Chemical Reviews, 118(13): 6409-6455.

Chen Y, Zhao W, Wang H, et al., 2018b. Preparation of novel polyamine-type chelating resin with hyperbranched structures and its adsorption performance. Royal Society Open Science, 5(2): 171665.

Chen Y H, Li F A, 2010. Kinetic study on removal of copper(II) using goethite and hematite nano-photocatalysts. Journal of Colloid Interface Science, 347(2): 277-281.

Cheng Y, Wang D, X, Jaenicke S, et al., 2018. Mechanochemistry-based synthesis of highly crystalline γ-zirconium phosphate for selective ion exchange. Inorganic Chemistry, 57(8): 4370-4378.

Chi L, Wang Z, Sun Y, et al., 2018. Crystalline/amorphous blend identification from cobalt adsorption by layered double hydroxides. Materials, 11(9): 1706.

Cohen S M, 2012. Postsynthetic methods for the functionalization of metal-organic frameworks. Chemical Reviews, 112(2): 970-1000.

Diniz C V, Ciminelli V S T, Doyle F M, 2005. The use of the chelating resin Dowex M-4195 in the adsorption of selected heavy metal ions from manganese solutions. Hydrometallurgy, 78(3-4): 147-155.

Donato L, Drioli E, 2021. Imprinted membranes for sustainable separation processes. Frontiers of Chemical Science and Engineering, 15: 775-792.

Duru İ, Ege D, Kamali A R, 2016. Graphene oxides for removal of heavy and precious metals from wastewater. Journal of Materials Science, 51: 6097-6116.

Dzombak D A, Morel F M M, 1990. Surface complexation modeling: Hydrous ferric oxide. New York: John Wiley & Sons Ltd.

Enyashin A N, Yadgarov L, Houben L, et al., 2011. New route for stabilization of 1T-WS_2 and MoS_2 phases. The Journal of Physical Chemistry C, 115(50): 24586-24591.

Fan Z, Shen J, Li R, et al., 2012. Synthesis and adsorption behavior of surface Cu(II) ion-imprinted poly(allylamine)-silica gel material. Polymer-Plastics Technology and Engineering, 51(13): 1289-1295.

Fang Z, Deng Z, Liu A, et al., 2021. Enhanced removal of arsenic from water by using sub-10 nm hydrated zirconium oxides confined inside gel-type anion exchanger. Journal of Hazardous Materials, 414: 125505.

Fang Z, Wang H, Zhang K, et al., 2022a. Enhanced removal of nickel(II) from water by utilizing gel-type nanocomposite containing sub-5 nm hydrated manganese(IV) oxides. Separation and Purification Technology, 297: 121457.

Fang Z, Zhang K, Zhang X, et al., 2022b. Enhanced water decontamination from methylated arsenic by utilizing ultra-small hydrated zirconium oxides encapsulated inside gel-type anion exchanger. Chemical Engineering Journal, 430: 132641.

Fernandes M M, Stumpf T, Rabung T, et al., 2008. Incorporation of trivalent actinides into calcite: A time resolved laser fluorescence spectroscopy(TRLFS) study. Geochimica et Cosmochimica Acta, 72(2): 464-474.

Fouda-Mbanga B G, Prabakaran E, Pillay K, 2021. Carbohydrate biopolymers, lignin based adsorbents for removal of heavy metals (Cd^{2+}, Pb^{2+}, Zn^{2+}) from wastewater, regeneration and reuse for spent adsorbents including latent fingerprint detection: A review. Biotechnology Reports, 30: e00609.

Fu C, Zhu X, Dong X, et al., 2021. Study of adsorption property and mechanism of lead(II) and cadmium(II) onto sulfhydryl modified attapulgite. Arabian Journal of Chemistry, 14(2): 102960.

Fu J Q, Wang X Y, Li J H, et al., 2016. Ion imprinting technology for heavy metal ions. Progress in Chemistry, 28(1): 83-90.

Fumagalli L, Esfandiar A, Fabregas R, et al., 2018. Anomalously low dielectric constant of confined water. Science, 360: 1339-1342.

Gao C, Zhang W, Li H, et al., 2008. Controllable fabrication of mesoporous MgO with various morphologies and their absorption performance for toxic pollutants in water. Crystal Growth & Design, 8(10): 3785-3790.

Gao J, Jiang S, Zhang H, et al., 2021. Facile route to bulk ultrafine-grain steels for high strength and ductility. Nature, 590: 262-267.

Gao W, Song M R R Y, Zhao X, et al., 2022. Efficient heavy metal sequestration from water by Mussel-inspired polystyrene conjugated with polyethyleneimine(PEI). Chemical Engineering Journal, 429: 132599-132610.

Gao X, Guo C, Hao J, et al., 2020. Adsorption of heavy metal ions by sodium alginate based adsorbent: A review and new perspectives. International Journal of Biological Macromolecules, 164: 4423-4434.

Gao Y, Chen C, Tan X, et al., 2016. Polyaniline-modified 3D-flower-like molybdenum disulfide composite for efficient adsorption/photocatalytic reduction of Cr(VI). Journal of Colloid and Interface Science, 476: 62-70.

Giannakopoulou F, Haidouti C, Gasparatos D, et al., 2016. Characterization of multi-walled carbon nanotubes and application for Ni^{2+} adsorption from aqueous solutions. Desalination and Water Treatment, 57(25): 11623-11630.

Godiya C B, Liang M, Sayed S M, et al., 2019. Novel alginate/polyethyleneimine hydrogel adsorbent for cascaded removal and utilization of Cu^{2+} and Pb^{2+} ions. Journal of Environmental Management, 232:

829-841.

Gorski C A, Fantle M S, 2017. Stable mineral recrystallization in low temperature aqueous systems: A critical review. Geochimica et Cosmochimica Acta, 198: 439-465.

Hashemian S, Saffari H, Ragabion S, 2014. Adsorption of cobalt(II) from aqueous solutions by Fe_3O_4/bentonite nanocomposite. Water, Air, & Soil Pollution, 226: 2212.

Holmberg V C, Panthani M G, Korgel B A, 2009. Phase transitions, melting dynamics, and solid-state diffusion in a nano test tube. Science, 326: 405-407.

Hu S, Yan L, Chan T, et al., 2015. Molecular insights into ternary surface complexation of arsenite and cadmium on TiO_2. Environmental Science & Technology, 49(10): 5973-5979.

Hu X, Yan L, Wang Y, et al., 2021. Ion-imprinted sponge produced by ice template-assisted freeze drying of salecan and graphene oxide nanosheets for highly selective adsorption of mercury(II) ion. Carbohydrate Polymers, 258: 117622.

Hua M, Zhang S, Pan B, et al., 2012. Heavy metal removal from water/wastewater by nanosized metal oxides: A review. Journal of Hazardous Materials, 211-212: 317-331.

Huang L, He M, Chen B, et al., 2015. A designable magnetic MOF composite and facile coordination-based post-synthetic strategy for the enhanced removal of Hg^{2+} from water. Journal of Materials Chemistry A, 3(21): 11587-11595.

Huang Y, Wang R, 2018a. Review on fundamentals, preparations and applications of imprinted polymers. Current Organic Chemistry, 22(16): 1600-1618.

Huang Z, Huang Z, Feng L, et al., 2018b. Modified cellulose by polyethyleneimine and ethylenediamine with induced Cu(II) and Pb(II) adsorption potentialities. Carbohydrate Polymers, 202: 470-478.

Hwang H, Kim H, Cho J, 2011. MoS_2 nanoplates consisting of disordered graphene-like layers for high rate lithium battery anode materials. Nano Letters, 11(11): 4826-4830.

Islam A, Javed H, Chauhan A, et al., 2021. Triethylenetetramine-grafted magnetite graphene oxide-based surface-imprinted polymer for the adsorption of Ni(II) in food samples. Journal of Chemical & Engineering Data, 66(1): 456-465.

Jain P, Varshney S, Srivastava S, 2017. Synthetically modified nano-cellulose for the removal of chromium: A green nanotech perspective. IET Nanobiotechnology, 11(1): 45-51.

Ji C, Zhang J, Jia R, et al., 2021. Sorption enhancement of nickel(II) from wastewater by ZIF-8 modified with poly(sodium 4-styrenesulfonate): Mechanism and kinetic study. Chemical Engineering Journal, 414: 128812.

Jia F, Zhang X, Song S, 2017. AFM study on the adsorption of Hg^{2+} on natural molybdenum disulfide in aqueous solutions. Physical Chemistry Chemical Physics, 19(5): 3837-3844.

Jia K, Pan B, Lv L, et al., 2009. Impregnating titanium phosphate nanoparticles onto a porous cation exchanger for enhanced lead removal from waters. Journal of Colloid and Interface Science, 331(2): 453-457.

Jia K, Pan B, Zhang Q, et al., 2008. Adsorption of Pb^{2+}, Zn^{2+}, and Cd^{2+} from waters by amorphous titanium phosphate. Journal of Colloid and Interface Science, 318(2): 160-166.

Jiang P, Pan B, Pan B, et al., 2008. A comparative study on lead sorption by amorphous and crystalline zirconium phosphates. Colloids and Surfaces A: Physicochemical and Engineering Aspects, 322(1-3): 108-112.

Jiang S Y, Gao B, Dong B, 2011. Ion exchange behaviors of Ca(II) and Mg(II) on Lewatit MonoPlus TP 207 and TP 208 chelating resins. Advanced Materials Research, 347-353: 937-951.

Jiang Y, Liu C, Huang A, 2019. EDTA-functionalized covalent organic framework for the removal of heavy-metal ions. ACS Applied Materials & Interfaces, 11(35): 32186-32191.

Kam C S, Leung T L, Liu F, et al., 2018. Lead removal from water - dependence on the form of carbon and surface functionalization. RSC Advances, 8(33): 18355-18362.

Khan S B, Alamry K A, Marwani H M, et al., 2013. Synthesis and environmental applications of cellulose/ZrO_2 nanohybrid as a selective adsorbent for nickel ion. Composites Part B: Engineering, 50: 253-258.

Kim Y Y, Ganesan K, Yang P, et al., 2011. An artificial biomineral formed by incorporation of copolymer micelles in calcite crystals. Nature Materials, 10: 890-896.

Krishnani K K, Meng X, Boddu V M, 2008. Fixation of heavy metals onto lignocellulosic sorbent prepared from paddy straw. Water Environment Research, 80(11): 2165-2174.

Kuo Y H, Tseng Y R, Chiang Y W, 2013. Concurrent observation of bulk and protein hydration water by spin-label ESR under nanoconfinement. Langmuir, 29(45): 13865-13872.

Kyzas G Z, Travlou N A, Deliyanni E A, 2014. The role of chitosan as nanofiller of graphite oxide for the removal of toxic mercury ions. Colloids and Surfaces B: Biointerfaces, 113: 467-476.

Lei Z, Liu X, Wu Y, et al., 2018. Enhanced strength and ductility in a high-entropy alloy via ordered oxygen complexes. Nature, 563: 546-550.

Li H, Shan C, Zhang Y, et al., 2016. Arsenate adsorption by hydrous ferric oxide nanoparticles embedded in cross-linked anion exchanger: Effect of the host pore structure. ACS Applied Materials & Interfaces, 8(5): 3012-3020.

Li J, Wang H, Yuan X, et al., 2020a. Metal-organic framework membranes for wastewater treatment and water regeneration. Coordination Chemistry Reviews, 404: 213116.

Li J, Yang Z L, Ding T, et al., 2022. The role of surface functional groups of pectin and pectin-based materials on the adsorption of heavy metal ions and dyes. Carbohydrate Polymers, 276: 118789.

Li K K, Zou G D, Jiao T F, et al., 2018. Self-assembled MXene-based nanocomposites via layer-by-layer strategy for elevated adsorption capacities. Colloids and Surfaces A: Physicochemical and Engineering Aspects, 553: 105-113.

Li L, Ma R, Iyi N, et al., 2006a. Hollow nanoshell of layered double hydroxide. Chemical Communications(29): 3125-3127.

Li L, Xu Y, Zhong D, et al., 2020b. CTAB-surface-functionalized magnetic MOF@MOF composite adsorbent for Cr(VI) efficient removal from aqueous solution. Colloids and Surfaces A: Physicochemical and Engineering Aspects, 586: 124255.

Li M, Kuang S, Kang Y, et al., 2022. Recent advances in application of iron-manganese oxide nanomaterials for removal of heavy metals in the aquatic environment. Science of the Total Environment, 819: 153157.

Li N, Bai R, 2006b. Highly enhanced adsorption of lead ions on chitosan granules functionalized with poly(acrylic acid). Industrial & Engineering Chemistry Research, 45(23): 7897-7904.

Li S, Li Y, Fu Z, et al., 2021. A 'top modification' strategy for enhancing the ability of a chitosan aerogel to efficiently capture heavy metal ions. Journal of Colloid and Interface Science, 594: 141-149.

Li Y, Dadwhal M, Shahrivari Z, et al., 2006c. Adsorption of arsenic on layered double hydroxides: Effect of the particle size. Industrial & Engineering Chemistry Research, 45(13): 4742-4751.

Li Z, Yang B, Zhang S, et al., 2014. A novel approach to hierarchical sphere-like ZnAl-layered double hydroxides and their enhanced adsorption capability. Journal of Materials Chemistry A, 2(26): 10202-10210.

Liang J Z, 2004. Melt extrusion properties of ABS and ABS-Quasinano-$CaCO_3$ composite. Journal of Elastomers & Plastics, 36(4): 363-374.

Liang L, Xi F, Tan W, et al., 2021. Review of organic and inorganic pollutants removal by biochar and biochar-based composites. Biochar, 3: 255-281.

Ling L, Liu W J, Zhang S, et al., 2016. Achieving high-efficiency and ultrafast removal of Pb(II) by one-pot incorporation of a N-doped carbon hydrogel into FeMg layered double hydroxides. Journal of Materials Chemistry A, 4(26): 10336-10344.

Ling L, Zhang W X, 2015. Enrichment and encapsulation of uranium with iron nanoparticle. Journal of American Chemical Society. Soc. 137(8): 2788-2791.

Lingamdinne L P, Choi Y L, Kim I S, et al., 2016. Porous graphene oxide based inverse spinel nickel ferrite nanocomposites for the enhanced adsorption removal of arsenic. RSC Advances, 6: 73776-73789.

Liu C, Bai R, Hong L, 2006. Diethylenetriamine-grafted poly(glycidyl methacrylate) adsorbent for effective copper ion adsorption. Journal of Colloid and Interface Science, 303(1): 99-108.

Liu C, Bai R, San Ly Q, 2008. Selective removal of copper and lead ions by diethylenetriamine-functionalized adsorbent: Behaviors and mechanisms. Water Research, 42(6-7): 1511-1522.

Liu J, Nagashima K, Yamashita H, et al., 2020. Face-selective tungstate ions drive zinc oxide nanowire growth direction and dopant incorporation. Communications Materials, 1(1): 1013-1098.

Liu J X, Pan J M, Ma Y, et al., 2018. A versatile strategy to fabricate dual-imprinted porous adsorbent for efficient treatment co-contamination of lambda-cyhalothrin and copper(II). Chemical Engineering Journal, 332: 517-527.

Liu L, Li C, Bao C, et al., 2012. Preparation and characterization of chitosan/graphene oxide composites for the adsorption of Au(III) and Pd(II). Talanta, 93: 350-357.

Liu Y, Hu D, Hu X, et al., 2020. Preparation and characterization of chromium(VI) ion-imprinted composite membranes with a specifically designed functional monomer. Analytical Letters, 53(7): 1113-1139.

Lu J, Qin Y, Wu Y, et al., 2019. Recent advances in ion-imprinted membranes: Separation and detection via ion-selective recognition. Environmental Science: Water Research & Technology, 5(10): 1626-1653.

Lv Z, Fan Q, Xie Y, et al., 2019. MOFs-derived magnetic chestnut shell-like hollow sphere NiO/Ni@C composites and their removal performance for arsenic(V). Chemical Engineering Journal, 362: 413-421.

Ma L, Islam S M, Xiao C, et al., 2017. Rapid simultaneous removal of toxic anions $HSeO_3^-$, SeO_3^{2-}, and SeO_4^{2-}, and metals Hg^{2+}, Cu^{2+}, and Cd^{2+} by MoS_4^{2-} intercalated layered double hydroxide. Journal of the American Chemical Society, 139(36): 12745-12757.

Mahdavian A R, Mirrahimi M A S, 2010. Efficient separation of heavy metal cations by anchoring polyacrylic acid on superparamagnetic magnetite nanoparticles through surface modification. Chemical Engineering Journal, 159(1-3): 264-271.

Major R C, Houston J E, Mcgrath M J, et al., 2006. Viscous water meniscus under nanoconfinement. Physical Review Letters, 96(17): 177803.

Malik L A, Bashir A, Qureashi A, et al., 2019. Detection and removal of heavy metal ions: A review. Environmental Chemistry Letters, 17: 1495-1521.

Mao J, Ge M, Huang J, et al., 2017. Constructing multifunctional MOF@rGO hydro-/aerogels by the self-assembly process for customized water remediation. Journal of Materials Chemistry A, 5(23): 11873-11881.

Miao Y, Zhang H, Xie Q L, et al., 2020. Construction and selective removal of Cd ion based on diatom-based Cd(II) ion-imprinted composite adsorbent. Colloids and Surfaces A: Physicochemical and Engineering Aspects, 598: 124856.

Mishra G, Dash B, Pandey S, 2018. Layered double hydroxides: A brief review from fundamentals to application as evolving biomaterials. Applied Clay Science, 153: 172-186.

Mishra S P, Vijaya, 2007. Removal behavior of hydrous manganese oxide and hydrous stannic oxide for Cs(I) ions from aqueous solutions. Separation and Purification Technology, 54(1): 10-17.

Mohammadi R, Azadmehr A, Maghsoudi A, 2019. Fabrication of the alginate-combusted coal gangue composite for simultaneous and effective adsorption of Zn(II) and Mn(II). Journal of Environmental Chemical Engineering, 7(6): 103494.

Muñiz J, Rincón M E, Acevedo-Peña P, 2016. The role of the oxide shell on the stability and energy storage properties of MWCNT@TiO nanohybrid materials used in Li-ion batteries. Theoretical Chemistry Accounts, 135(7): 181.

Munoz-Santiburcio D, Wittekindt C, Marx D, 2013. Nanoconfinement effects on hydrated excess protons in layered materials. Nature Communications, 4(1): 44780.

Naguib M, Mashtalir O, Carle J, et al., 2012. Two-dimensional transition metal carbides. ACS Nano, 6(2): 1322-1331.

Najmaei S, Yuan J, Zhang J, et al., 2015. Synthesis and defect investigation of two-dimensional molybdenum disulfide atomic layers. Accounts of Chemical Research, 48(1): 31-40.

Nan J, Guo X, Xiao J, et al., 2021. Nanoengineering of 2D MXene-based materials for energy storage applications. Small, 17(9): 1902085.

Nesterenko P N, Jones P, 2007. Recent developments in the high-performance chelation ion chromatography of trace metals. Journal Separation Science, 30(11): 1773-1793.

Pan B, Li Z, Zhang Y, et al., 2014a. Acid and organic resistant nano-hydrated zirconium oxide (HZO)/polystyrene hybrid adsorbent for arsenic removal from water. Chemical Engineering Journal, 248: 290-296.

Pan B, Qiu H, Pan B, et al., 2010a. Highly efficient removal of heavy metals by polymer-supported nanosized hydrated Fe(III) oxides: Behavior and XPS study. Water Research, 44(3): 815-824.

Pan B, Wan S, Zhang S, et al., 2014b. Recyclable polymer-based nano-hydrous manganese dioxide for highly efficient Tl(I) removal from water. Science China Chemistry, 57: 763-771.

Pan B, Wu J, Pan B, et al., 2009. Development of polymer-based nanosized hydrated ferric oxides(HFOs) for enhanced phosphate removal from waste effluents. Water Research, 43(17): 4421-4429.

Pan B, Xiao L, Nie G, et al., 2010b. Adsorptive selenite removal from water using a nano-hydrated ferric oxides (HFOs)/polymer hybrid adsorbent. Journal of Environmental Monitoring, 12(1): 305-310.

Pan B, Xu J, Wu B, et al., 2013. Enhanced removal of fluoride by polystyrene anion exchanger supported hydrous zirconium oxide nanoparticles. Environmental Science & Technology, 47(16): 9347-9354.

Pan B, Zhang Q, Du W, et al., 2007. Selective heavy metals removal from waters by amorphous zirconium phosphate: Behavior and mechanism. Water Research, 41(14): 3103-3111.

Pan S, Shen J, Deng Z, et al., 2022. Metastable nano-zirconium phosphate inside gel-type ion exchanger for enhanced removal of heavy metals. Journal of Hazardous Materials, 423: 127158.

Pan S, Zhang X, Qian J, et al., 2017. A new strategy to address the challenges of nanoparticles in practical water treatment: Mesoporous nanocomposite beads via flash freezing. Nanoscale, 9(48): 19154-19161.

Pan X H, Fu L X, Wang H, et al., 2021. Synthesis of novel sulfydryl-functionalized chelating adsorbent and its application for selective adsorption of Ag(I) under high acid. Separation and Purification Technology, 271: 118778.

Pearson R G, 1968. Hard and soft acids and bases, HSAB: Part 1: Fundamental principles. Journal of Chemical Education, 45(9): 581-587.

Peng, Q, Guo J, Zhang Q, et al., 2014. Unique lead adsorption behavior of activated hydroxyl group in two-dimensional titanium carbide. Journal of the American Chemical Society, 136(11): 4113-4116.

Peng W, Li H, Liu Y, et al., 2017. A review on heavy metal ions adsorption from water by graphene oxide and its composites. Journal of Molecular Liquids, 230: 496-504.

Putnis A, 2014. Why mineral interfaces matter. Science, 343: 1441-1442.

Puttamraju P, Sengupta A K, 2006. Evidence of tunable on-off sorption behaviors of metal oxide nanoparticles: Role of ion exchanger support. Industrial & Engineering Chemistry Research, 45(22): 7737-7742.

Qiu H, Zhang S, Pan B, et al., 2012. Effect of sulfate on Cu(II) sorption to polymer-supported nano-iron oxides: Behavior and XPS study. Journal of Colloid and Interface Science, 366(1): 37-43.

Rahman M T, Kameda T, Kumagai S, et al., 2018. A novel method to delaminate nitrate-intercalated MgAl layered double hydroxides in water and application in heavy metals removal from waste water. Chemosphere, 203: 281-290.

Rajapaksha A U, Chen S S, Tsang D C W, et al., 2016. Engineered/designer biochar for contaminant removal/ immobilization from soil and water: Potential and implication of biochar modification. Chemosphere, 148: 276-291.

Rojas S, Horcajada P, 2020. Metal-organic frameworks for the removal of emerging organic contaminants in water. Chemical Reviews, 120(16): 8378-8415.

Rungrodnimitchai S, 2010. Modification of rice straw for heavy metal ion adsorbents by microwave heating. Macromolecular Symposia, 295(1): 100-106.

Sarkar S, Sengupta A K, 2010. The Donnan membrane principle: Opportunities for sustainable engineered processes and materials. Enviromental Science & Technology, 44(4): 1161-1166.

Shaaban A F, Fadel D A, Mahmoud A A, et al., 2013. Synthesis and characterization of dithiocarbamate chelating resin and its adsorption performance toward Hg(II), Cd(II) and Pb(II) by batch and fixed-bed column methods. Journal of Environmental Chemical Engineering, 1(3): 208-217.

Shi M, Min X, Ke Y, et al., 2021. Recent progress in understanding the mechanism of heavy metals retention by iron (oxyhydr)oxides. Science of the Total Environment, 752: 141930.

Song Y, Lu M, Huang B, et al., 2018. Decoration of defective MoS_2 nanosheets with Fe_3O_4 nanoparticles as superior magnetic adsorbent for highly selective and efficient mercury ions (Hg^{2+}) removal. Journal of Alloys and Compounds, 737: 113-121.

Stock N, Biswas S, 2012. Synthesis of metal-organic frameworks(MOFs): Routes to various MOF topologies, morphologies, and composites. Chemical Reviews, 112(2): 933-969.

Stumm W, 1992. Chemistry of the solid-water interface. New York: Wiley InterScience.

Su Q, Pan B, Pan B, et al., 2009. Fabrication of polymer-supported nanosized hydrous manganese dioxide(HMO) for enhanced lead removal from waters. Science of the Total Environment, 407(21): 5471-5477.

Su Q, Pan B, Wan S, et al., 2010. Use of hydrous manganese dioxide as a potential sorbent for selective removal of lead, cadmium, and zinc ions from water. Journal of Colloid and Interface Science, 349(2): 607-612.

Suh J, Park T E, Lin D Y, et al., 2014. Doping against the native propensity of MoS_2: Degenerate hole doping by cation substitution. Nano Letters, 14(12): 6976-6982.

Sun Y, Gu Y, Zha Q, 2021. A novel surface imprinted resin for the selective removal of metal-complexed dyes from aqueous solution in batch experiments: ACB GGN as a representative contaminant. Chemosphere, 280: 130611.

Tang Z, Qiu Z, Lu S, et al., 2020. Functionalized layered double hydroxide applied to heavy metal ions absorption: A review. Nanotechnology Reviews, 9(1): 800-819.

Taşar Ş, Kaya F, Özer A, 2014. Biosorption of lead(II) ions from aqueous solution by peanut shells: Equilibrium, thermodynamic and kinetic studies. Journal of Environmental Chemical Engineering, 2(2): 1018-1026.

Templeton A S, Spormann A M, Gordon E, 2003. Speciation of Pb(II) sorbed by burkholderia cepacia/goethite composites. Enviromental Science & Technology, 37(10): 2166-2173.

Trived P, Dyer J A, Sparks D L, 2003. Lead sorption onto ferrihydrite: 1: A macroscopic and spectroscopic assessment. Environmental Science & Technology, 37(5): 908-914.

Turan K, Saygili Canlidinç R, Kalfa O M, 2018. Selective preconcentration of trace amounts of Cu(II) with surface-imprinted multiwalled carbon nanotubes. Clean-Soil, Air, Water, 46(1): 1700580.

Unuabonah E I, Taubert A, 2014. Clay-polymer nanocomposites(CPNs): Adsorbents of the future for water treatment. Applied Clay Science, 99: 83-92.

Verma B, Balomajumder C, 2020. Surface modification of one-dimensional carbon nanotubes: A review for the management of heavy metals in wastewater. Environmental Technology & Innovation, 17: 100596.

Wan S, Qiu L, Li Y, et al., 2020. Accelerated antimony and copper removal by manganese oxide embedded in biochar with enlarged pore structure. Chemical Engineering Journal, 402: 126021.

Wang J, Liu X, Xie M, et al., 2018a. Preparation of bulk ion-imprinted materials. Progress in Chemistry, 30(7): 989-1012.

Wang J, Wang X, Zhao G, et al., 2018b. Polyvinylpyrrolidone and polyacrylamide intercalated molybdenum disulfide as adsorbents for enhanced removal of chromium(VI) from aqueous solutions. Chemical Engineering Journal, 334: 569-578.

Wang J, Zhang W, Yue X, et al., 2016. One-pot synthesis of multifunctional magnetic ferrite-MoS_2-carbon dot nanohybrid adsorbent for efficient Pb(II) removal. Journal of Materials Chemistry A, 4(10): 3893-3900.

Wang L, Shi C, Wang L, et al., 2020b. Rational design, synthesis, adsorption principles and applications of metal oxide adsorbents: A review. Nanoscale, 12(8): 4790-4815.

Wang L, Wang Y, Ma F, et al., 2019a. Mechanisms and reutilization of modified biochar used for removal of heavy metals from wastewater: A review. Science of the Total Environment, 668: 1298-1309.

Wang L L, Ling C, Li B S, et al., 2020a. Highly efficient removal of Cu(II) by novel dendritic polyamine-pyridine-grafted chitosan beads from complicated salty and acidic wastewaters. RSC Advances, 10(34): 19943-19951.

Wang X, Cai W, Lin Y, et al., 2010. Mass production of micro/nanostructured porous ZnO plates and their strong structurally enhanced and selective adsorption performance for environmental remediation. Journal of Materials Chemistry, 20(39): 8582-8590.

Wang X, Yang X, Cai J, et al., 2014. Novel flower-like titanium phosphate microstructures and their application in lead ion removal from drinking water. Journal of Materials Chemistry A, 2(19): 6718-6722.

Wu Y P, Wang B, Ma Y F, et al., 2010. Efficient and large-scale synthesis of few-layered graphene using an arc-discharge method and conductivity studies of the resulting films. Nano Research, 3: 661-669.

Xie C, Huang X, Wei S, et al., 2020. Novel dual-template magnetic ion imprinted polymer for separation and analysis of Cd^{2+} and Pb^{2+} in soil and food. Journal of Cleaner Production, 262: 121387.

Xie J, Wang Z, Lu S, et al., 2014. Removal and recovery of phosphate from water by lanthanum hydroxide materials. Chemical Engineering Journal, 254: 163-170.

Yan H, Dai J, Yang Z, et al., 2011. Enhanced and selective adsorption of copper(II) ions on surface carboxymethylated chitosan hydrogel beads. Chemical Engineering Journal, 174(2-3): 586-594.

Yan P, Ye M, Guan Z, et al., 2019. Synthesis of magnetic dithiocarbamate chelating resin and its absorption behavior for ethylenediaminetetraacetic acid copper. Process Safety and Environmental Protection, 123: 130-139.

Yang L, Xie L, Chu M, et al., 2022. $Mo_3S_{13}^{2-}$ intercalated layered double hydroxide: Highly selective removal of heavy metals and simultaneous reduction of Ag^+ ions to metallic Ag^0 ribbons. Angewandte Chemie, 61(1): e202112511.

Yang S, Li J, Shao D, et al., 2009. Adsorption of Ni(II) on oxidized multi-walled carbon nanotubes: Effect of contact time, pH, foreign ions and PAA. Journal of Hazardous Materials, 166(1): 109-116.

Yang X, Wan Y, Zheng Y, et al., 2019a. Surface functional groups of carbon-based adsorbents and their roles in the removal of heavy metals from aqueous solutions: A critical review. Chemical Engineering Journal, 366: 608-621.

Yang X L, Qiu T S, 2017. Influence of aluminum ions distribution on the removal of aluminum from rare earth solutions using saponified naphthenic acid. Separation and Purification Technology, 186: 290-296.

Yang Z, Qian J, Yu A, et al., 2019b. Singlet oxygen mediated iron-based Fenton-like catalysis under nanoconfinement. Proceedings of the National Academy of Sciences, 116(14): 6659-6664.

Ye C, Ariya P A, Fu F, et al., 2021. Influence of Al(III) and Sb(V) on the transformation of ferrihydrite nanoparticles: Interaction among ferrihydrite, coprecipitated Al(III) and Sb(V). Journal of Hazardous Materials, 408: 124423.

Yew S P, Tang H Y, Sudesh K, 2006. Photocatalytic activity and biodegradation of polyhydroxybutyrate films containing titanium dioxide. Polymer Degradation and Stability, 91(18): 1800-1807.

Ying Y L, Liu Y, Wang X Y, et al., 2015. Two-dimensional titanium carbide for efficiently reductive removal of highly toxic chromium(VI) from water. ACS Applied Materials & Interfaces, 7(3): 1795-1803.

Yu S, Liu Y, Ai Y, et al., 2018. Rational design of carbonaceous nanofiber/Ni-Al layered double hydroxide nanocomposites for high-efficiency removal of heavy metals from aqueous solutions. Environmental Pollution, 242: 1-11.

Yu X Y, Luo T, Zhang Y X, et al., 2011. Adsorption of lead(II) on O_2-plasma-oxidized multiwalled carbon nanotubes: Thermodynamics, kinetics, and desorption. ACS Applied Materials & Interfaces, 3(7): 2585-2593.

Yuan S, Feng L, Wang K, et al., 2018. Stable metal-organic frameworks: Design, synthesis, and applications. Advanced Materials, 30(37): 1704303-1704338.

Zarzycki P, Smith D M, Rosso K M, 2015. Proton dynamics on goethite nanoparticles and coupling to electron transport. Journal of Chemical Theory and Computation, 11(4): 1715-1724.

Zhan X, Si C, Zhou J, et al., 2020. MXene and MXene-based composites: Synthesis, properties and environment-related applications. Nanoscale Horizons, 5(2): 235-258.

Zhang Q, Du Q, Hua M, et al., 2013. Sorption enhancement of lead ions from water by surface charged polystyrene-supported nano-zirconium oxide composites. Environmental Science & Technology, 47(12): 6536-6544.

Zhang Q, Du Q, Jiao T, et al., 2015a. Accelerated sorption diffusion for Cu(II) retention by anchorage of nano-zirconium dioxide onto highly charged polystyrene material. Scientific Reports, 5(1): 10646.

Zhang Q, Pan B, Pan B, et al., 2008. Selective sorption of lead, cadmium and zinc ions by a polymeric cation exchanger containing nano-$Zr(HPO_3S)_2$. Environmental Science & Technology, 42(11): 4140-4145.

Zhang Q, Pan B, Zhang W, et al., 2009. Selective removal of Pb(II), Cd(II), and Zn(II) ions from waters by an inorganic exchanger $Zr(HPO_3S)_2$. Journal of Hazardous Materials, 170(2-3): 824-828.

Zhang Q, Pan B, Zhang S, et al., 2011. New insights into nanocomposite adsorbents for water treatment: A case study of polystyrene-supported zirconium phosphate nanoparticles for lead removal. Journal of Nanoparticle Research, 13: 5355-5364.

Zhang Q X, Yu Z Z, Xie X L, et al., 2004. Crystallization and impact energy of polypropylene/$CaCO_3$ nanocomposites with nonionic modifier. Polymer, 45(17): 5985-5994.

Zhang X, Guo J, Wu S, et al., 2020a. Divalent heavy metals and uranyl cations incorporated in calcite change its dissolution process. Scientific Reports, 10(1): 16864.

Zhang X, Huang Q, Liu M, et al., 2015b. Preparation of amine functionalized carbon nanotubes via a

bioinspired strategy and their application in Cu^{2+} removal. Applied Surface Science, 343: 19-27.
Zhang X, Shen J, Pan S, et al., 2020b. Metastable zirconium phosphate under nanoconfinement with superior adsorption capability for water treatment. Advanced Functional Materials, 30(12): 1909014.
Zhang X, Wang Y, Chang X, et al., 2017. Iron oxide nanoparticles confined in mesoporous silicates for arsenic sequestration: Effect of the host pore structure. Environmental Science: Nano, 4(3): 679-688.
Zhang Y, Bian T, Zhang Y, et al., 2018. Chelation resin efficient removal of Cu(II), Cr(III), Ni(II) in electroplating wastewater. Fullerenes, Nanotubes and Carbon Nanostructures, 26(11): 765-776.
Zhang Y, Pan B, Shan C, et al., 2016a. Enhanced phosphate removal by nanosized hydrated La(III) oxide confined in cross-linked polystyrene networks. Environmental Science & Technology, 50(3): 1447-1454.
Zhang Y, Wu B, Xu H, et al., 2016b. Nanomaterials-enabled water and wastewater treatment. NanoImpact, 3-4: 22-39.
Zhao C, Wang B, Theng B K G, et al., 2021. Formation and mechanisms of nano-metal oxide-biochar composites for pollutants removal: A review. Science of the Total Environment, 767: 145305.
Zhao X, Lv L, Pan B, et al., 2011. Polymer-supported nanocomposites for environmental application: A review. Chemical Engineering Journal, 170(2-3): 381-394.
Zhao Y, Xiao F, Jiao Q, 2009. Controlling of morphology of Ni/Al-LDHs using microemulsion-mediated hydrothermal synthesis. Bulletin of Materials Science, 31: 831-834.
Zheng Y M, Yu L, Wu D, et al., 2012. Removal of arsenite from aqueous solution by a zirconia nanoparticle. Chemical Engineering Journal, 188: 15-22.
Zhou Y, Fu S, Zhang L, et al., 2014. Use of carboxylated cellulose nanofibrils-filled magnetic chitosan hydrogel beads as adsorbents for Pb(II). Carbohydrate Polymers, 101: 75-82.
Zhu B J, Yu X Y, Jia Y, et al., 2012. Iron and 1, 3, 5-benzenetricarboxylic metal-organic coordination polymers prepared by solvothermal method and their application in efficient As(V) removal from aqueous solutions. Journal of Physical Chemistry C, 116(15): 8601-8607.

第6章　基于氧化还原的重金属废水深度处理方法

废水中同一重金属元素在价态上往往存在高价、低价等多种化合价，在形态上有游离态和络合态等形式，它们有着明显不同的环境化学行为、环境毒性和生物效应。通常，这些价态和形态特征决定了废水中重金属的特性与行为。针对重金属价态、形态特征构建适配性的处理技术是目前重金属废水处理方向的研究重点。对于毒性较高的低价态重金属，如As(III)、Sb(III)和Tl(I)，可通过氧化方式转化为毒性较低的As(V)、Sb(V)和Tl(III)；对于络合态重金属，一般难以通过传统适用于游离态重金属的去除方法加以高效去除，如化学沉淀、离子交换、吸附等，常采用高级氧化破络方式预处理；对于毒性高的高价态重金属，如Cr(VI)、Se(VI)，往往需要通过化学还原的方式转化为毒性较弱的低价态重金属。以上基于氧化还原原理发展的重金属价态调控和破络技术是当前处理水中不同价态、形态重金属的重要手段。

本章从三方面介绍国内外应对废水中不同价态、形态重金属处理的方法技术及原理：①As、Sb和Tl的价态调控与深度处理方法，包括化学氧化、芬顿/类芬顿氧化、光催化氧化、电化学氧化等价态调控方法；②基于化学氧化破络的重金属废水深度处理方法，包括次氯酸钠氧化、（类）芬顿、臭氧氧化、光/电催化氧化、紫外激发分子内电子转移和金属变价循环强化重金属破络等技术；③基于化学还原的重金属废水深度处理方法，包括常规药剂、零价金属、电化学、光催化和光化学等还原技术。结合笔者课题组的研究进展，系统总结价态调控、氧化破络、化学还原等过程处理重金属废水的技术原理和重要进展，重点分析相关的反应机理，并介绍一些典型的应用案例。

6.1　基于重金属价态调控的深度处理方法

6.1.1　砷的价态调控与深度处理

砷是一种对人体及其他生物体有毒害作用的致癌物质。砷毒性依次为：无机砷(III)＞有机砷(III)＞无机砷(V)＞砷化合物＞元素砷（Mandal et al.，2002）。水体中无机砷主要以As(III)和As(V)两种价态存在，As(III)毒性是As(V)的60倍。絮凝、吸附和离子交换等常用方法不能有效去除As(III)，通常先将As(III)氧化为As(V)后再进行后续处理。这是因为As(III)主要以分子H_3AsO_3形态（pH＝4～9）存在于水环境中，难以通过静电作用去除。依据As(III)氧化与As(V)去除是否同步进行，As(III)的去除方法可分为两步除砷法和一步除砷法。两步除砷法是先将As(III)氧化为As(V)，然后通过吸附等传统方法加以去除。一步除砷法是利用氧化与吸附/混凝双功能的材料或电化学过程同步完成 As(III)氧化与 As(V)吸附/混凝去除。

1. 两步除砷法

两步除砷法是先采用臭氧（O_3）、高锰酸钾（$KMnO_4$）、活性氯（reactive chlorine species，RCS）化学氧化剂或（类）芬顿、光化学、电化学等高级氧化过程将 As(III)氧化为 As(V)，然后再通过吸附、离子交换、膜过滤等常规除砷方法加以去除。

1）普通化学氧化

氧气（O_2）可以直接氧化 As(III)，但其反应速率较慢。Frank 等（1986）发现，在空气存在的情况下，只有少量的 As(III)在 7 天内被氧化；当向含有 200 μg/L As(III)的溶液曝空气时，仅有 25% As(III)在 5 天内被氧化。H_2O_2 对 As(III)有一定的氧化作用，但受 pH 影响较大。Yang 等（1999）研究了 H_2O_2 对 As(III)的氧化情况，在饱和氧气条件下，H_2O_2 含量越高，对 As(III)的氧化效果越好；当 H_2O_2/As(III)=4∶1（物质的量比）时，525 μmol/L As(III)几乎被完全氧化。一些强氧化性物质如 O_3、$KMnO_4$ 和 RCS 等可以高效地将 As(III)氧化为 As(V)。Kim 等（2000）研究发现，地下水中 40 μg/L As(III)在 20 min 内可被 O_3 完全氧化，O_3 氧化速率可以用改进的伪一阶动力学方法描述。Dodd 等（2006）提出，As(III)通过从 O_3 转移得到 O 原子从而被氧化为 As(V)。Khuntia 等（2014）认为在酸性条件下，HO•参与了 O_3 氧化过程，在 pH 为 5 和 6 时，As(III)可能与 HO•和 O_3 同时发生反应。而 $KMnO_4$ 可在碱性条件下与 O_2 共同氧化 As(III)（Li et al.，2014b）。RCS 中的 HClO 和 ClO_2 均可氧化 As(III)，As(III)被 RCS 氧化的化学计量速率为 0.95～0.99 mg 氯气/mg As(III)（Wang et al.，2021b）。As(III)的氧化可能是通过从次氯酸中转移 Cl^+到 As 原子而进行，随后一个瞬态的 As(III)-Cl^+中间体形成，并最终水解为 Cl^-和 As(V)（Dodd et al.，2006）。除了 RCS，NH_2Cl 也可以氧化 As(III)，但是 NH_2Cl 对 As(III)的氧化速率比 Cl_2 要慢几个数量级。Sorlini 等（2010）通过实验对比了 4 种氧化剂次氯酸钠、高锰酸钾、二氧化氯和一氯胺对 As(III)的氧化性能。研究结果表明高锰酸钾氧化性能最好，其次为次氯酸盐、单氯胺和二氧化氯。次氯酸钠、高锰酸钾和一氯胺均对脱盐水和真实地下水中 As(III)具有良好的氧化效果，而二氧化氯对真实地下水中 As(III)的氧化效果优于脱盐水。

2）（类）芬顿氧化

（类）芬顿氧化法可以通过生成 HO•、$SO_4^{\bullet-}$ 等强氧化性物种氧化 As(III)。Katsoyiannis 等（2015）研究了市售的微米尺度零价铁（ZVI）在中性 pH 下对水中 As(III)的氧化作用。研究结果表明，通过增加 ZVI 浓度或添加少量 H_2O_2 可显著提高 As(III)的氧化和去除动力学。在不添加 H_2O_2 时，随 ZVI 投加量从 0.15 g/L 增加至 2.5 g/L，砷去除的半衰期从 81 min 降至 17 min。X 射线吸收光谱证实，在 pH=5～9 时，反应 2 h 内几乎所有的 As(III)都转化为 As(V)。在 0.15 g/L ZVI 悬浮液中加入 9.6 μmol/L H_2O_2，砷去除的半衰期从 81 min 缩短至 32 min，As(III)氧化时间从 77 min 缩短至 8 min。As(III)氧化速率的增加是因为 H_2O_2 与 ZVI 形成了有效的芬顿反应。Xu 等（2021）研究了类芬顿 Cu(II)/S(IV)体系对 As(III)的氧化特性。Cu(II)/S(IV)体系可在 10 min 内将 As(III)完全氧化为 As(V)，而单独 Cu(II)或 S(IV)对 As(III)基本没有氧化作用，表明 Cu(II)/S(IV)可形成有效的类芬顿反应过程，具体反应机制如图 6.1 所示。简单包括：①Cu(II)和 S(IV)络合形成 $CuSO_3$ 配合物，然后内部电子从 S(IV)转移到 Cu(II)，形成 $Cu^{I}(SO_3)_n^{-2n+1}$ 和 SO_3^{-}；②通过一系列自由基链反应将 $SO_3^{\bullet-}$ 转化为 $SO_5^{\bullet-}$、$SO_4^{\bullet-}$ 和过一硫酸盐；③电子从 $Cu^{I}(SO_3)_n^{-2n+1}$ 配合物转移到 O_2，形成 Cu^{II}-$O_2^{\bullet-}$-$(SO_3^{2-})_n$ 和 Cu^{III}-O_2^{2-}-$(SO_3^{2-})_n$；④As(III)被 $SO_4^{\bullet-}$ 和 Cu^{III}-O_2^{2-}-$(SO_3^{2-})_n$ 等氧化物种氧化为 As(V)。

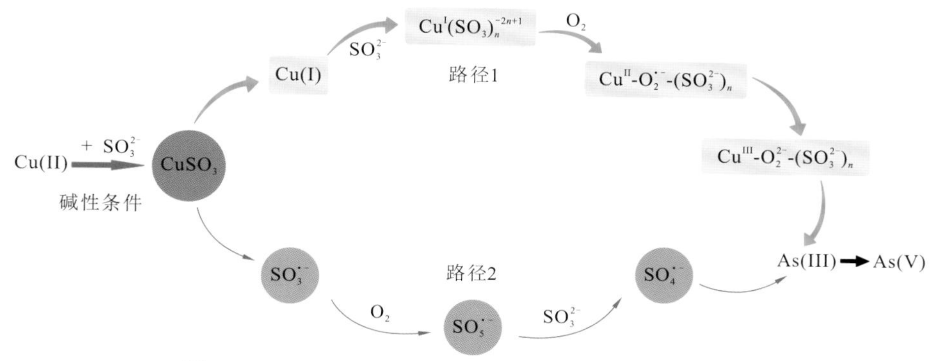

图 6.1 Cu(II)/S(IV)（类）芬顿氧化 As(III)的基本过程

引自 Xu 等（2021）

3）光化学氧化

As(III)本身不能被直接光氧化，但通过辐照溶液中的光敏物质如 H_2O_2、部分有机物、Fe(III)络合物、NO_3^-/NO_2^- 等可产生能够氧化 As(III)的高能瞬态物质，从而通过间接光化学作用氧化 As(III)（Kim et al.，2014；Wang et al.，2012b）。Yang 等（1999）比较了在黑暗和紫外线照射下，不同 H_2O_2 与 As 物质的量比对 525 μmol/L As(III)的氧化作用，研究结果表明，紫外线照射可以加快 HO•生成速率，显著强化对 As(III)的氧化，反应 5 min 后即可将 As(III)完全氧化。许多 Fe(III)配合物具有光活性，可以通过配体到金属的电荷转移机制产生 Fe(II)和相应的瞬态配体自由基。Emett 等（2001）研究发现 Fe(III)-OH 受光激发可生成 HO•和 Fe(III)-氯配合物，受光激发即可生成二氯自由基，两者可加速 As(III)的氧化。紫外线/NO_2^-（或 NO_3^-）可通过 O—N 键的断裂产生氧化物自由基阴离子（$O^{\bullet-}$）和氮氧化物自由基（NO•或 NO_2•），其中 $O^{\bullet-}$ 的快速质子化可以形成 HO•。Kim 等（2014）研究了硝酸盐和亚硝酸盐光解（λ>295 nm）对 As(III)的氧化效果。研究结果表明 NO_2^- 或 NO_3^- 光解产生的 HO•氧化 As(III)为 As(V)。在酸性 pH 条件下，As(III)的紫外光敏氧化作用得到动力学增强，可在 30 min 内将 As(III)完全氧化。大部分溶解性有机物具有光化学活性，可被光激发产生氧化性自由基。在紫外线照射下的三种二酮，即二乙酰（diacetyl，BD）、乙酰丙酮（acetylacetone，AA）和乙酰内酰酮（acetonylacetone，HD），可以在几分钟内将 As(III)氧化为 As(V)并同时还原 NO_3^-（Chen et al.，2017）。研究发现，紫外线照射显著改变了 AA 的氧化还原电位，激发形成的三重态 $^3(AA)^*$ 可以作为半醌类自由基电子穿梭子。对于 As(III)氧化，$^3(AA)^*$ 的效率比苯醌类电子穿梭子高 1～2 个数量级，而 AA 的消耗量比苯醌类低 2～4 个数量级。在紫外线/AA 作用下，As(III)的氧化和 NO_3^- 的还原都得到加速，具体反应过程如图 6.2 所示。在紫外线照射下，AA 被激发到三

重态 $^3(AA)^*$，通过质子耦合电子转移与 As(III)和 NO_3^-发生反应。生成的 H_2AcAc•和 AcAc•进一步与 O_2 反应生成以脂肪酸为主的酸性产物。在 AA 的光解过程中，光解产物 H_2AcAc•与 O_2 反应生成 H_2O_2 和 AA，从而实现了 AA 的循环利用。在 $^3(AA)^*$还原 NO_3^-的过程中，会生成 AcAc•，然后被 O_2 进一步氧化为酸性产物。

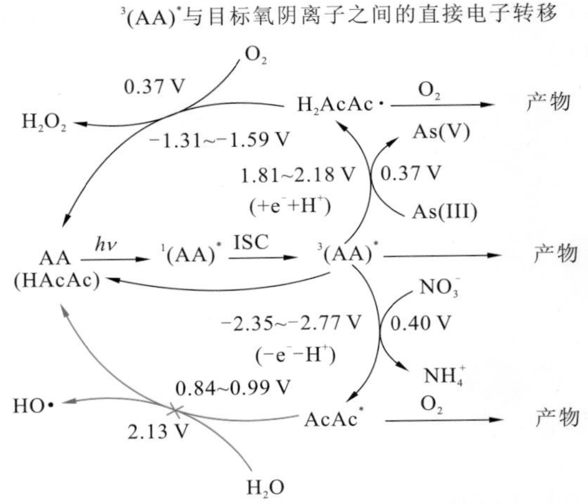

图 6.2　紫外线/AA 氧化 As(III)的示意图

*hν*为光电子，引自 Chen 等（2017）

4）光催化氧化

当能量高于半导体禁带宽度的光子照射半导体时，半导体的价带电子发生带间跃迁，从价带跃迁到导带，从而产生带正电荷的光生空穴和带负电荷的光生电子。光生空穴和光生电子在产生的同时也会部分发生复合，释放出热量。光生空穴的强氧化能力和光生电子的还原能力可使半导体光催化剂发生一系列光催化反应。其中，光生空穴本身及其次生氧化性产物可将 As(III)氧化为 As(V)。大部分半导体可通过光催化作用氧化 As(III)，其中二氧化钛（TiO_2）因具有较高的能带电位、高化学稳定性、无毒无害等优点而被广泛研究。许多学者研究了利用 TiO_2 将 As(III)光催化氧化为 As(V)。然而，TiO_2 吸附光催化氧化产生的 As(V)会导致催化剂逐渐失活；此外，TiO_2 的光量子效率较低。通过掺杂过渡金属可以大大提高 TiO_2 的光催化活性，促进电荷分离和界面电子转移。Vaiano 等（2014）开发了 MoO_x 负载的 TiO_2（简写为 MoO_x/TiO_2），在不同辐照强度和催化剂剂量下，研究了催化剂对 As(III)的光催化氧化反应。光催化氧化实验表明，单独 TiO_2 不能氧化溶液中所有 As(III)，而 MoO_x/TiO_2 可以在 60 min 内将 As(III)完全转化为 As(V)。MoO_x 物种在 As(III)的光催化氧化过程中作为氧化还原催化剂，在紫外线照射下，一方面 Mo^{6+}被缓慢还原为 Mo^{5+}，在还原过程中 Mo^{6+}同时氧化 As(III)，另一方面光生空穴可将 As(III)氧化为 As(IV)，As(IV)可进一步被 HO•氧化为 As(V)。此外，Mo^{5+}可被氧气氧化为 Mo^{6+}，氧气生成 $O_2^{\bullet-}$，生成的 $O_2^{\bullet-}$可将 As(IV)氧化为 As(V)。

5）电催化氧化

电催化氧化是将含 As(III)废水放入电解槽中，通过直流电在阳极上夺取电子使 As(III)氧化为 As(V)。电化学氧化技术结合了两种重要的氧化过程，即直接电催化氧化和间接电催化氧化。直接电催化氧化是在阳极表面直接氧化 As(III)，间接电催化氧化是通过电催化生成 HO•、RCS 等氧化性物质氧化 As(III)。Lacasa 等（2012）以导电金刚石为阳极，分别考察了单室和双室直接电化学氧化系统对砷的氧化去除。结果表明 As(III)到 As(V)的电化学氧化是可逆的，只有在配备阳离子交换膜的双室反应中才能完成 As(III)的完全氧化。对于单室反应，可以获得 70%～90%的 As(III)氧化效果。电流密度是影响系统运行效果的重要参数。单室系统中阳极反应包括电化学直接氧化 As(III)反应和析氧反应，阴极反应包括 As(V)还原反应和析氢反应。Ji 等（2022）采用多步电沉积法在二氧化钛纳米管阵列上合成了新型的多层 TNAs/SnO_2/PPy/β-PbO_2 结构，并考察了其对 As(III)氧化的直接-间接电催化效果。与 TNAs/β-PbO_2 相比，TNAs/SnO_2/β-PbO_2 对 As(III)的转化效率显著提高了 90.72%，反应 50 min 后可将 10 mg/L As(III)氧化 90%以上。参与电催化氧化过程的活性物质包括 $O_2^{\bullet -}$、$SO_4^{\bullet -}$ 和 HO•。

2. 一步除砷法

1）铁锰氧化物氧化-吸附同步除砷

铁锰氧化物如 MnO_2、$MnFe_2O_4$ 等具有良好的表面吸附和氧化还原等反应特性，可在将 As(III)氧化的同时通过吸附作用实现一步去除。Li 等（2012）通过在聚苯乙烯阴离子交换器 D201 中封装铁锰二元氧化物，开发出一种全新的纳米复合材料 D201-Fe/Mn 用于去除水中的砷。与仅封装 Fe(III)氧化物的 D201 相比，D201-Fe/Mn 在 pH = 4～10 内均表现出更高的 As(III)去除率。X 射线光电子能谱分析证实，As(III)在 D201-Fe/Mn 去除过程中被 Mn(IV)氧化物氧化为 As(V)，同时 Mn(IV)被还原为 MnOOH，进一步被还原为 Mn(II)。使用后的 D201-Fe/Mn 可以通过 NaOH-NaCl-NaClO 混合溶液进行再生利用。再生过程中，吸附在催化剂上的砷可以被有效解吸到溶液中，同时 Mn(II)被氧化为 Mn(IV)。尽管铁锰二元氧化物材料对砷的去除效果显著，但是反应生成的纳米到微米尺度的铁锰二元氧化物沉淀物难以回收利用。为了克服这一缺陷，Huang 等（2011）开发了一种 $KMnO_4$ 修饰的铁氧化物 MnBT-4，并将其作为流化床反应器填料用于吸附去除砷。反应过程中，MnBT-4 中的 Fe(II)将 Mn(VII)还原为 Mn(IV)，生成的 FeOOH 被 BT-4 颗粒载体固定。此外，Fe(II)可能会进一步将 Mn(IV)还原为 Mn(II)。反应过程中生成的 MnO_2 可以有效将 As(III)氧化为 As(V)，并通过 FeOOH 和 MnO_2 的吸附作用进一步去除。Qi 等（2018）开发了铁锰氧化物（$MnFe_2O_4$）磁性吸附剂，通过应用超导高梯度磁分离技术，构建了一种针对 As/Sb 去除过程的微尺寸 $MnFe_2O_4$ 吸附剂的原位固液分离装置。含砷原水经 $MnFe_2O_4$ 充分氧化和吸附后，出水和使用过的吸附剂颗粒在恒流泵作用下连续流过超导磁选系统，通过强大磁力将 $MnFe_2O_4$ 颗粒捕获到磁选室内置不锈钢棉上。磁场消除后，采用反洗法去除截留在不锈钢棉上的 $MnFe_2O_4$ 颗粒，经分离再生后可被重新填充到磁选室中多次使用。

纳米零价铁（nanoscale zero valent iron，nZVI）可以与 O_2 作用生成 •OH 氧化 As(III)，此外，nZVI 可以被 O_2 氧化生成铁（氢）氧化物，通过吸附作用去除 As(V)。基于此，笔者课题组结合 ZVI/O_2 的氧化性能和铁氧化物、阴离子交换树脂 N-S 的吸附特性开发了具有双功能树脂支撑的纳米尺寸零价铁（N-S-ZVI）并用于除砷（Du et al.，2013），其微观结构及除砷机制如图 6.3 所示。阴离子交换树脂 N-S 既是载体，也是分散剂，同时还是阴离子吸附剂。在 O_2 作用下，ZVI 被腐蚀为铁（氢）氧化物，在铁（氢）氧化物和 O_2 存在下，吸附在 DUN-S-ZVI 表面的 As(III)首先被氧化为 As(V)，生成的 As(V)被铁（氢）氧化物和阴离子交换树脂吸附去除。在分批实验中考察了 N-S 和 N-S-ZVI 复合材料对 As(III)和 As(V)的去除，结果表明复合材料中的 ZVI 在增强 As(III)去除中起到了关键作用。

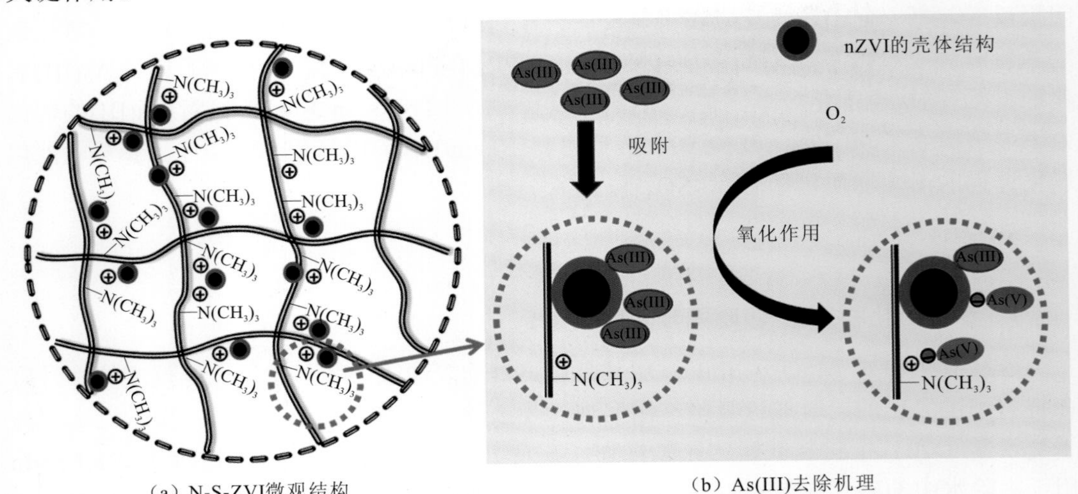

图 6.3　N-S-ZVI 微观结构及去除 As(III)的示意图

引自 Du 等（2013）

2）含氯复合制剂氧化-吸附同步除砷

活性氯（RCS）具有很强的氧化性，通过将 RCS 与特定载体进行共价结合可以制成氧化剂用于砷氧化去除。笔者课题组通过将水合氧化铁纳米粒子嵌入大孔聚苯乙烯共价活性氯基团中，制备了一种用于高效除砷的双功能纳米复合材料 HFO@PS-Cl（Zhang et al.，2017），其微观结构和除砷机制如图 6.4 所示。其中，聚苯乙烯共价活性氯基团作为主体，用于将 As(III)氧化为 As(V)，嵌入 Fe(III)氢氧化物（HFO）纳米颗粒用于 As(V)去除。HFO@PS-Cl 可以在 pH＝5～9 内有效去除 As(III)，反应 20 h 后可将 As(III)去除接近 100%，硫酸盐、氯化物、碳酸氢盐、硅酸盐和腐殖酸对 As(III)去除影响不明显。As(III)的去除是通过两种途径实现的：一种是通过 RCS 氧化 As(III)为 As(V)，然后将 As(V)吸附到 HFO 纳米颗粒上；另一种是通过将 As(III)吸附到 HFO 纳米颗粒上，然后氧化为 As(V)。用碱性次氯酸钠溶液淋洗材料上被吸附的 As(V)，可以恢复复合材料的氧化能力，实现 HFO@PS-Cl 的多次循环使用。填充有 HFO@PS-Cl 的固定床反应器可以处理 1 760 倍床体积的含 As(III)地下水，出水满足饮用水标准（[As]$<$10 μg/L），而填充有其他两种 HFO 纳米复合材料 HFO@PS-N 和 HFO@D201 的固定床反应器在相同条件下只能处理 450 倍和 600 倍床体积的地下水，说明 RCS 基团在 As(III)氧化中发挥了重要作用。此外，Fang 等（2021）进一步研究了硅酸盐对 HFO@PS-Cl 去除水体中 As(III)的影响。研究结果表明，含有 RCS 的聚合物（PS-Cl）可将 As(III)氧化成 As(V)，嵌入的 Fe(III)氧化物能够对砷进行特异性吸附；在 pH＝3～7 内硅酸盐对 HFO@PS-Cl 去除 As(III)的影响可以忽

略不计；以不含 RCS 的聚合物主体内嵌入纳米铁(III)氧化物制成复合材料 HFO@PS-N 进行处理时，出水残余砷质量浓度从 49 μg/L 增加到 166 μg/L，再次证实了 RCS 基团在 As(III)氧化中发挥了重要作用。

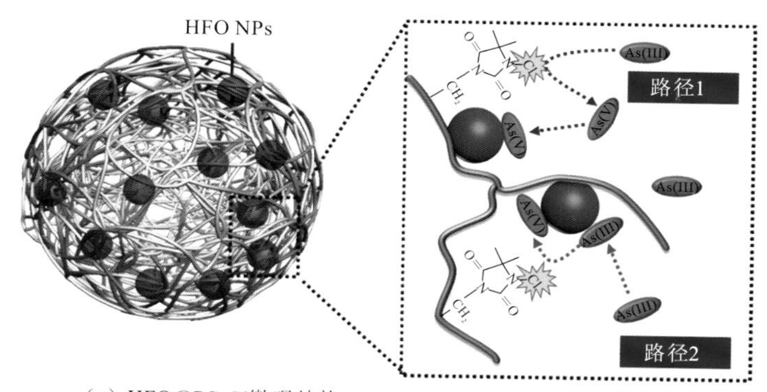

图 6.4 HFO@PS-Cl 微观结构及去除 As(III)的示意图

引自 Zhang 等（2017）

除了将大孔聚苯乙烯作为 RCS 载体，笔者课题组还通过共价作用将氯与市售的阳离子交换树脂 D001 相结合，开发出一种固相氧化还原聚合物（记为 DOX）并用于氧化除砷（Li et al.，2017），其作用机制如图 6.5 所示。As(III)被吸附到 DOX 表面并被 RCS 氧化为 As(V)，而水体中的天然有机物因为其与 DOX 的静电排斥作用和 DOX 的位阻效应，难以向 DOX 内部渗透，所以不会被 RCS 氧化产生消毒副产物。与 RCS 氧化相比，DOX 氧化过程中形成的消毒副产物更少。反应后的 DOX 可以通过次氯酸钠溶液进行再生。流动床反应器实验表明，在 50 BV/h 的体积流量下，填充有 DOX 的流动床反应器可将大于 33 200 BV 的模拟地下水中的 As(III)质量浓度从最初的 200 μg/L 降低到小于 1 μg/L。

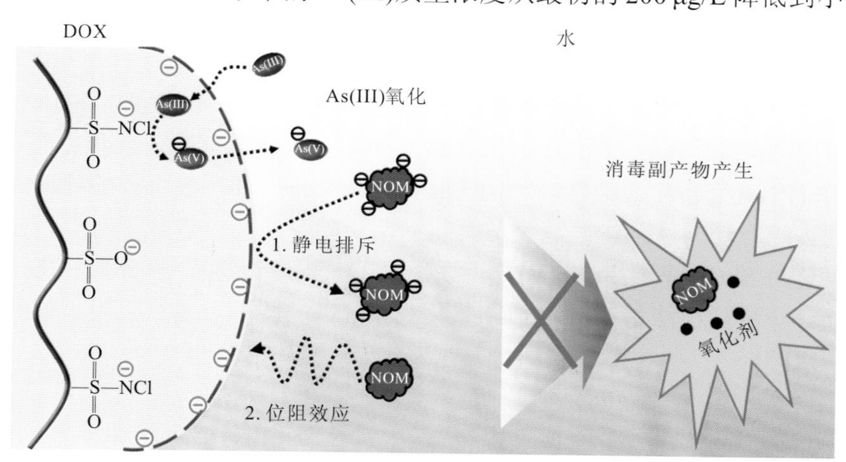

图 6.5 天然有机物存在下 DOX 氧化 As(III)机制

引自 Li 等（2017）

3）电化学氧化-电吸附同步除砷

理论上，电化学过程可生成 HO•氧化 As(III)，而电吸附可以有效吸附 As(V)，结合电化学氧化和电吸附可以达到电化学氧化-电吸附同步除砷。Wang 等（2021a）开发了一种三维分层多孔混合单体电极构建的电化学系统，并将其用于电化学氧化-电吸附同步除砷。电极制备过程中首先将 Fe/Fe_3C 纳米颗粒封装在 N、O 共掺杂碳纳米管（carbon nanotubes，CNTs）中，然后固定在炭化木材（carbonized wood，CW）框架上（材料命名为 Fe/Fe_3C@CNTs/CW）。研究结果表明，在优化条件下可以在 90 min 内将 As(III)去除接近 100%，残留的砷浓度低于世界卫生组织标准。在 Fe/Fe_3C@CNTs/CW-800 阴极上，多相电芬顿反应可以通过溶解氧的两次电子还原原位生成 H_2O_2，H_2O_2 被催化分解生成 HO•，进而 HO•将 As(III)氧化为 As(V)。同时，通过电吸附作用可以将生成的 As(V)固定在 Fe/Fe_3C@CNTs/CW-800 阳极上，从而实现一步除砷。

4）电化学氧化-混凝同步除砷

除了 HO•，氯气可通过与水反应生成强氧化性的 $HClO/ClO^-$，进而将 As(III)氧化为 As(V)。而铁、铝混凝剂可将生成的 As(V)去除。通过电化学反应可以将氧化和混凝结合起来，实现砷的同步电化学氧化-混凝去除。Hu 等（2012）结合氯的氧化性和铝混凝剂的絮凝作用，以 Ti/RuO_2-TiO_2 阳极、Ti 阴极和聚合氯化铝溶液为电解质构建出新型的电化学反应器，其中阳极的析氯反应产生 RCS，阴极的析氢反应产生 Al_{13} 多聚物絮凝剂，实现了电化学生成具有 RCS 和 Al_{13} 多聚物（polymer and active chlorine，PACC）双功能水处理试剂。PACC 可通过阳极生成的 RCS 将 As(III)氧化为 As(V)，然后通过阴极生成的 Al_{13} 多聚物絮凝沉淀 As(V)。研究结果表明，PACC 中每 0.99 mg Cl_2 可氧化 1 mg As(III)，Al_{13} 是去除 As(V)的主要活性铝成分。

6.1.2 锑的价态调控与深度处理

锑（Sb）与砷（As）具有相似的化学性质，两者都在元素周期表的同一族（VA）中。尽管 Sb 和 As 化学性质相似，但它们物理性质相差很大。例如，与 As 相比，Sb 具有相对较大的原子半径（r(Sb)＝1.41 Å，r(As)＝1.21 Å）和较慢的溶液迁移速率。一般而言，As 的去除方法很难直接用到除 Sb 系统中。Sb(III)广泛存在于不同 pH（pH＝2.0～10.4）的水体中（Ungureanu et al.，2015），因其高迁移率和对吸附剂的弱亲和力而难以去除。因此，将 Sb(III)氧化转化为毒性较小的 Sb(V)被认为是一种有效可行的处理方法。当前对 Sb(III)的去除方法与 As(III)去除类似，包括两步除锑法和一步除锑法。两步除锑法是采用化学氧化将 Sb(III)氧化为 Sb(V)，再采用吸附、混凝/絮凝、膜分离、离子交换等方法将锑去除。一步除锑法是在将 Sb(III)氧化为 Sb(V)的同时，通过吸附、混凝等方式加以去除。

1. 两步除锑法

两步除锑法是先利用光化学氧化、光催化氧化等高级氧化过程将 Sb(III)氧化为 Sb(V)，然后再通过吸附、离子交换、膜过滤等常规除锑方法加以去除。

1）光化学氧化

光化学氧化是指周围环境中的物质如腐殖酸、黄铁矿、Fe(III)-有机配合物等吸收光能呈现激发态，从而引发一系列反应产生强氧化性物质并氧化 Sb(III)的过程。Buschmann

等（2005）研究了使用紫外线和可见光对腐殖酸存在时含 Sb(III)河水的光敏氧化动力学。当水体中溶解性有机碳质量浓度为 5 mg/L 时，光诱导氧化反应比暗反应快 9 000 倍，反应遵循伪一级动力学。实验表明天然有机质衍生的激发三重态和/或苯氧基自由基是光激发产生的主要氧化性物质。黄铁矿（二硫化铁）是地壳中含量最丰富的天然硫磺矿物，其在有氧水环境中会发生一系列复杂反应，形成多种自由基和氧化剂，如羟基自由基（HO•）和过氧化氢（H_2O_2）。何孟常教授课题组研究了在有氧和光照下黄铁矿悬浮液对 Sb(III)的氧化性能（Kong et al.，2015），结果表明 Sb(III)在溶液中和在黄铁矿表面均可以被氧化成 Sb(V)，Sb(III)的氧化效率随着 pH 的升高而逐渐增强。黄铁矿氧化 Sb(III)存在多种方式，具体机制如图 6.6 所示。①$\equiv Fe^{II}$ 诱导黄铁矿表面产生 HO•和 H_2O_2。$\equiv Fe^{II}$ 可被 O_2 氧化生成 H_2O_2，同时在硫缺陷部位提供$\equiv Fe^{III}$，$\equiv Fe^{III}$ 与被吸附的水发生反应产生 HO•和 H_2O_2。②Fe^{II} 诱导黄铁矿溶液中产生 HO•、H_2O_2 和 Fe(IV)。溶解的 Fe^{II} 可以与 O_2 反应生成 H_2O_2，在中性和碱性溶液中通过 $Fe^{II}OH^+$和 H_2O_2 的反应生成 Fe(IV)，而在酸性溶液中则通过芬顿反应生成更多的 HO•。③光诱导产生 HO•和 H_2O_2。在光照激发下，黄铁矿悬浮液中可形成 HO•和 H_2O_2。黄铁矿通过以上方式产生的 HO•、H_2O_2 和 Fe(IV)可以将 Sb(III)氧化为 Sb(V)。除了腐殖酸和黄铁矿，有研究表明 Fe(III)络合物也可以在光激发下生成活性氧化物种 $O_2^{\bullet-}$、H_2O_2 和 HO•等并有效氧化 Sb(III)（Feng et al.，2014；Benjamin et al.，2003）。何孟常教授课题组还研究了光辐照 Fe(III)-有机配合物对 Sb(III)的光化学氧化机制（Kong et al.，2016）。Fe(III)-有机配合物可以被光激发生成一系列中间体（H_2O_2 和 Fe(II)-NOM 配合物），通过 Fe(II)-NOM 配合物与 H_2O_2 之间的电子转移反应可以生成强氧化性的 HO•和 Fe(IV)。在不同的 pH 环境下，Sb(III)氧化的主要活性物种不同，在酸性溶液中 HO•是 Sb(III)的主要氧化物种，但在中性环境中 Fe(IV)是 Sb(III)的主要氧化物种。

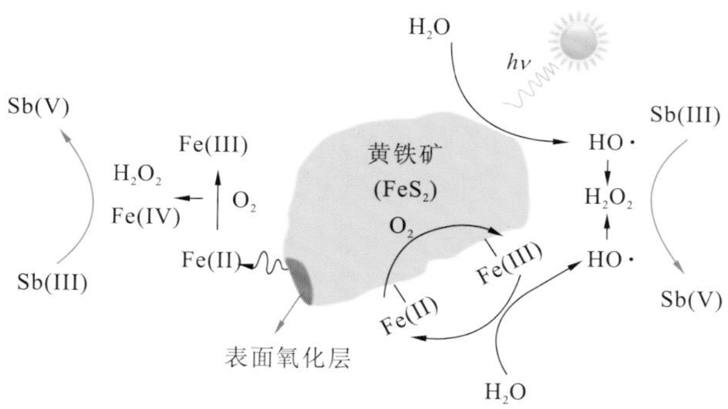

图 6.6　太阳光催化黄铁矿氧化 Sb(III)机制

引自 Kong 等（2015）

2）光催化氧化

光激发半导体可以产生强氧化性的光生空穴，而光生空穴可与水反应生成 HO•等强氧化性自由基，它们可以将 Sb(III)氧化为 Sb(V)。Hu 等（2014）使用不同光照条件（阳光、紫外线、模拟阳光）激发三氧化二锑（Sb_2O_3）的溶解和光催化氧化。结果表明，光照下 Sb_2O_3 的溶解速度加快，溶解的 Sb(III)在光照下被氧化为 Sb(V)。光照下 Sb_2O_3 的整体溶解速率和 Sb(III)的氧化速率分别为 $r=0.08\cdot[OH^-]^{0.63}$ 和 $r_{ox}=0.10\cdot[OH^-]^{0.79}$。光催化 Sb_2O_3

的氧化溶解机制为：首先，Sb_2O_3 在光照下产生光生电子和光生空穴；然后，光生空穴生成了二次产物 HO•，光生电子生成了超氧化物（$O_2^{\bullet -}$），而 $O_2^{\bullet -}$ 经历质子化-还原-质子化反应后生成 H_2O_2，H_2O_2 在光照下进一步分解形成 HO•。所有上述氧化物质（HO•、$O_2^{\bullet -}$ 和 h_{vb}^{+}）都参与了溶解的 Sb(III)的氧化过程。

2. 一步除锑法

1）化学氧化-吸附同步除锑

化学氧化-吸附法中常采用高价铁/锰化合物、（类）芬顿氧化法等将 Sb(III)转化为 Sb(V)，反应中生成的铁、锰氢氧化物具有很强的吸附性，可以有效去除锑。Wang 等（2012a）研究了合成锰矿（MnOOH）对 Sb 的氧化和吸附效果，结果表明反应几分钟后就有 Sb(V)被释放到悬浮液中，反应 30 min 后可将 38.7 μmol/L Sb(III)去除 90%以上。X 射线吸收近边结构分析表明，吸附在锰矿上的主要是 Sb(V)，说明锰矿是一种 Sb(III)的强氧化剂。除了高价锰化合物，氧化铁也可以有效氧化 Sb(III)，通过将氧化铁负载到吸附剂上可以实现对锑的吸附氧化去除。Lin 等（2021）以绿茶提取物为载体，制备了一种将双金属铁/镍纳米颗粒装载到还原氧化石墨烯（rGO）上的纳米复合材料（rGO-Fe/Ni），rGO-Fe/Ni 在 3 h 内对 1.0 mg/L Sb 的去除率达 69.7%，对地下水中 Sb(III)（初始质量浓度为 1 mg/L）的去除率可达 95.7%。去除机制为：rGO 具有大量活性吸附位点，在化学吸附和物理吸附的共同作用下，水溶液中的 Sb(III)被吸附到 rGO-Fe/Ni 表面；继而被吸附的 Sb(III)再被 rGO-Fe/Ni 中的氧化铁组分氧化为 Sb(V)。

nZVI 具有成本低、环保、易于磁分离等优点，通过双电子反应途径激活分子氧产生 H_2O_2，得到的 H_2O_2 可以进一步与 nZVI 释放的 Fe(II)进行芬顿反应生成 HO•，从而将 Sb(III)氧化为 Sb(V)。此外，nZVI 的腐蚀产物如铁氧化物/氢氧化物，可以通过吸附和共沉淀去除 Sb(III)和 Sb(V)，但 nZVI 总体吸附能力偏低、易失活。Liu 等（2020）通过制备硫化纳米零价铁（sulfidated nanoscale zero-valent iron，S-nZVI）实现了高效除锑。在好氧和缺氧条件下，S-nZVI 表现出比原始 nZVI 更高的 Sb(III)去除效率。在有氧条件下，S-nZVI 对 Sb(III)的吸附能力（465.1 mg/g）是原始 nZVI（83.3 mg/g）的近 6 倍。S-nZVI 对 Sb(III)不仅具有高吸附能力，而且在有氧条件下具有良好的氧化能力，52.4%的 Sb(III)可被氧化为 Sb(V)。这主要是因为存在的 S^{2-} 既可以激活 H_2O_2 产生 HO•，又可以加速 Fe^{3+}/Fe^{2+} 的循环以提高芬顿反应的效率。S-nZVI 去除 Sb(III)的机制如图 6.7 所示。Sb(III)的去除是好氧条件下氧化、吸附和共沉淀协同作用的结果。S-nZVI 可以通过双电子途径激活分子氧生成 H_2O_2，其表面存在的硫化亚铁层可以激活 H_2O_2 形成 HO•并将 Sb(III)氧化成 Sb(V)，同时加速电子从 Fe^0 内核向电子受体转移，进而加速 Fe^{2+} 的形成。Fe^{2+} 产生的腐蚀产物，如氧化铁、氢氧化物等，可以通过吸附和共沉淀作用去除 Sb(III)和 Sb(V)。此外，锑也可以通过形成 Fe-S-Sb 沉淀被固定在 S-nZVI 表面而被去除。

2）电化学氧化-吸附同步除锑

根据电极与目标物之间电子传递方式的不同，电化学阳极氧化可以分成两大类：直接氧化和间接氧化。其中，污染物在阳极表面发生电子转移而被氧化为无害物质称为直接氧化，利用阳极产生的具有氧化性较强的自由基降解污染物则称为间接氧化，间接氧

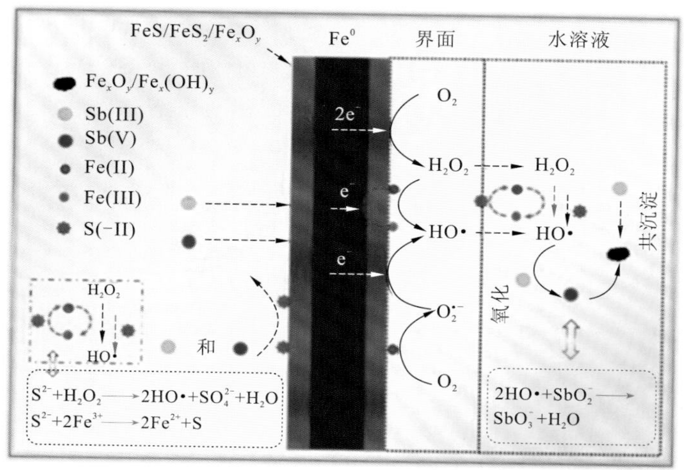

图 6.7 nZVI 氧化去除 Sb(III)的机制示意图

引自 Liu 等（2020）

化过程产生的强氧化性自由基以 HO•为主。当前关于电催化氧化去除锑的研究较少。Liu 等（2019a）设计了一种由一维钛酸盐纳米线和碳纳米管组成的双功能电活性过滤器，用于电化学氧化-吸附同步除锑。研究结果表明 Sb(III)去除动力学和效率随着流量和施加电压的提高而升高，Sb(III)去除率从 0 V 时的 87.5%提高到 2 V 时的 96.2%，表明 Sb(III)首先被电场氧化为 Sb(V)，然后被钛酸盐纳米线吸附去除。这种钛酸盐-碳纳米管混合过滤器可在 pH＝3～11 内有效运行，且不同浓度的硝酸盐、氯离子和碳酸盐对锑的氧化去除影响较小，耗尽的钛酸盐-碳纳米管过滤器可使用氢氧化钠溶液进行再生。

6.1.3 铊的深度处理

铊在溶液中的无机形态主要为 Tl(I)和 Tl(III)，两者均具有很高的毒性。与同族元素铟与镓的三价化合物稳定性相反，一价铊化合物比三价铊化合物更稳定，这主要是因为惰性电子对效应，铊最外层电子排布为 $6s^26p^1$，电子构型稳定，Tl(I)往往难以去除。目前从废水中去除 Tl 的主要方法包括两步除铊法和一步除铊法。两步除铊法是先采用化学氧化、电化学氧化将 Tl(I)氧化为 Tl(III)，然后再采用沉淀法或离子交换法等方法去除铊。一步除铊法是采用氧化-吸附作用除铊。

1. 两步除铊法

两步除铊法通常是先利用氧化剂、自由基、电催化等方式将 Tl(I)氧化为 Tl(III)，然后通过混凝、吸附、化学沉淀等方式去除铊。

1）普通化学氧化

化学试剂如高锰酸钾、高铁酸盐、次氯酸等具有很强的氧化性，可将 Tl(I)氧化为 Tl(III)。Liu 等（2019b）研究了高铁酸盐预氧化和聚氯化铝混凝处理污染源水中的微量铊。结果表明，K_2FeO_4 预氧化联合聚氯化铝混凝可以显著提高微量铊的去除效率。与高锰酸钾预氧化相比，K_2FeO_4 预氧化对铊的去除更有效，用 3 mg/L K_2FeO_4 可去除超过 87%的总铊（初始质量浓度为 0.76 μg/L），残余铊的质量浓度低于 0.1 μg/L。与 Tl(I)相比，Tl(III)更容易被 K_2FeO_4 去除。Zou 等（2020）探讨了高锰酸钾和次氯酸在自然环境 pH 下氧化 Tl(I)的动力学和氧化机制，结果表明碱性条件（pH＝8～10）对高锰酸钾氧化 Tl(I)的影响表现出二阶动力学，主要活性物种为 TlOH，而在 pH＝4～6 时反应产物二氧化锰可以发挥自催化作用氧化 Tl(I)。

2）（类）芬顿氧化

通过（类）芬顿反应生成 HO•，可有效将 Tl(I)氧化为 Tl(III)。Chen 等（2022b）将回收的 Al 饮料罐粉（Al beverage can powder，AlCP）作为零价铝的替代品进行类芬顿反应氧化 Tl(I)，然后通过 pH＝9.5 的碱化诱导 Tl(III)沉淀。结果表明，AlCP 可与 H_2O_2 发生类芬顿反应生成 HO•氧化 Tl(I)，反应 180 min 后可将 90%以上的 Tl(I)（100 μmol/L）氧化为 Tl(III)，类芬顿反应导致的 pH 升高有利于生成 $Tl(OH)_3$ 沉淀。Li 等（2019）使用基于零价铁的类芬顿技术同时去除了水溶液中的铊和有机物，首先通过类芬顿反应将 Tl(I)氧化为 Tl(III)，同时氧化有机物，然后通过混凝作用去除 Tl(III)和有机物。结果表明混凝 pH 和 Fe^0 投加量是同时去除 Tl 和有机物的关键因素，在 Fe^0 用量为 3.8 g/L、[H_2O_2]与 Fe^0 物质的量比为 1∶5、初始 pH 为 2.9、混凝 pH 为 10.5 时，Tl 和 TOC 去除率分别达到 99%和 80%。

3）电催化氧化

电催化可通过直接电氧化或间接电催化方式产生强氧化性物质（如 HO•等）氧化 Tl(I)。Li 等（2016）研究了掺硼金刚石阳极对 Tl(I)的氧化效果。在 Tl(I)质量浓度为 10 mg/L、pH 为 2、电流密度为 5 mA/cm^2 的条件下，99.2%的 Tl(I)在 15 min 内被直接氧化为 Tl(III)。机理研究表明 HO•是 Tl(I)被氧化的主要原因。后续的混凝/沉淀实现了水中总铊的几乎完全去除。通过采用生物能产电进行电催化氧化 Tl(I)，可有效降低能耗。Tian 等（2017）提出了一种采用单室微生物燃料电池（microbial fuel cell，MFC）电驱动一个单室电化学反应器（aerated electrochemical reactor，AER）用于去除地下水中的 Tl(I)的方法。复合装置的运行过程如下：单室 MFC 中的生物阳极通过消耗葡萄糖产电，通过铜线将收集的电子传递至 AER 的阴极，AER 阴极中的 O_2 被还原为 H_2O_2。AER 阳极可催化氧化 Tl(I)为 Tl(III)，并将夺取的电子通过导线传递至 MFC 的阴极，MFC 的阴极将电子通过 O_2 还原为 H_2O。除了 AER 的阳极直接氧化 Tl(I)，AER 阴极生成的 H_2O_2 也可将 Tl(I)氧化为 Tl(III)，生成的 Tl(III)与 Cl^-络合形成 $TlCl_4^-$。实验结果表明，运行 4 h 后，单室 MFC 驱动 AER 可通过电催化氧化作用将 80.5%的 Tl(I)氧化为 Tl(III)。

2. 一步除铊法

一步除铊法是采用氧化与吸附同时作用的方法去除铊。Li 等（2020）通过水热法合成了磁性碳包镍铁氧化物（$NiFe_2O_4$@C）复合材料作为次氯酸盐氧化 Tl(I)的催化剂，同时作为废水中去除 Tl 的吸附剂。与单独的 $NiFe_2O_4$@C 吸附或次氯酸盐氧化相比，$NiFe_2O_4$@C 和次氯酸盐的结合显著提高了 Tl(I)的去除速率和效率。此外，该过程 pH 适用范围宽（6～12），在 pH 为 10 时对 Tl(I)的去除能力为 1 699 mg/g。电子自旋共振谱表明，$NiFe_2O_4@C$ 复合材料诱导了 ClO•，增强了 Tl(I)的氧化和去除。氧化诱导的表面沉淀和表面络合是 $NiFe_2O_4@C$ 去除 Tl(I)的主要机制。Li 等（2021b）等将氧化铁负载在 rGO 片表面，再用二氧化钛进行涂层制备出 $Fe_3O_4@TiO_2$ 修饰的 rGO 纳米片作为过硫酸盐活化剂和高性能吸附剂。由于 rGO 和 Fe(II)的存在，$Fe_3O_4@TiO_2$ 修饰的 rGO 纳米片可以有效地激活过硫酸盐，使 Tl(I)快速地被氧化为 Tl(III)，在 10 min 内可以将初始质量浓度为 8.5 mg/L 的 Tl 去除约 94.7%。Zou 等（2021）通过水热合成活性硅酸铝矿物（active aluminosilicate minerals，AAM）、高锰酸钾和 $Fe(NO_3)_3$ 制备了 Fe-Mn 二元氧化物活化铝硅酸盐矿物（记为 FMAAM），并用于一步去除 Tl(I)。FMAAM 具有介孔结构，比表面积为 73.41 m^2/g，远远大于 AAM 的 0.165 1 m^2/g。FMAAM 在宽 pH 范围（3～10）下对 Tl(I)的吸附性能优异，最大吸附量为 78.06 mg/g，而 AAM 对 Tl(I)的最大吸附量仅为 14.28 mg/g（25 ℃、pH＝7、剂量为 1 g/L）。对吸附剂表面的吸附物进行分析表明，吸附剂表面的 Tl(III)与 Tl(I)的比值为 1.86∶1。这是因为 Tl(I)被吸附到材料表面后被 Mn(II)氧化成 Tl(III)，以 Tl_2O_3 的形式沉淀在 FMAAM 表面。

6.2 基于化学氧化破络的重金属废水深度处理方法

6.2.1 次氯酸钠氧化破络

次氯酸钠（NaClO）是一种强氧化剂，酸性介质下氧化还原电位达 1.482 V，碱性介质下为 0.841 V，具有很强的杀菌消毒效力，可替代漂白粉等氧化剂。NaClO 溶液呈微黄色，有似氯气的气味，能够电离形成 ClO^-，并易水解产生 HClO。HClO 与 ClO^- 具有较强的选择性，易氧化还原性的无机物和含双键、酚羟基等富电基团的有机物。据 Deborde 等（2008）报道，HClO 与 CN^-、NH_4^+、Br^- 等无机物的反应速率较快，反应速率常数达 10^3～10^9 $mol^{-1}\cdot s^{-1}$。HClO 与酚类、杀虫剂和药物等有机物的二级反应速率范围较广，反应速率常数介于<0.1～10^9 $mol^{-1}\cdot s^{-1}$，主要的反应机理包括：①电子转移的氧化反应；②对不饱和键的加成反应；③富电部位的亲电取代反应。

废水中重金属离子易与共存的无机配体（如 CN^-、NH_3 等）及羟/氨羧类有机配体（如柠檬酸、EDTA 等）形成重金属氰化物、重金属氨络合物和重金属-羟羧/氨羧类络合物。NaClO 与上述重金属络合物（heavy metal complexes，HMCs）中的 CN^-、NH_3 等富电配体具有较高的反应活性，因而对含 CN^-、NH_3 等富电配体的 HMCs 具有良好的破络作用。卫世乾（2006）用 NaClO 预破络+Na_2S 混凝沉淀方法处理了模拟含氰冶金废水（主要含有 $Ag(CN)_2^-$、$Zn(CN)_4^{2-}$ 和 $Cu(CN)_3^{2-}$），在温度为 35 ℃、充分反应 12 h 后，$Ag(CN)_2^-$、$Zn(CN)_4^{2-}$ 和 $Cu(CN)_3^{2-}$ 去除率均超过 95%。Shi 等（2015）利用组合氧化剂 H_2O_2+NaClO 处理了铜镍氰化物废水，在 pH_0＝9 和$[0.5H_2O_2+0.5NaClO]_0/[CN^-]_0$＝1∶1 条件下，大部分氰根离子转化为低毒的氰酸根，转化率达 82.6%，同时总铜和总镍去除率均为 90%左右。曹明帅（2019）使用鸟粪石法和折点氯化法联合工艺处理印刷电路板产生的铜氨废水，通过鸟粪石法先去除和回收部分氨氮，再利用次氯酸钠氧化破坏铜氨络合物，在 pH＝9.5 和[N]/[Cl]＝1∶1.6 条件下，氨氮和铜的去除率分别为 98.8%和 99.8%。

羟/氨羧类配体如柠檬酸、酒石酸、EDTA 和 NTA 等结构中含有羟基、氨基等富电基团，也易被 NaClO 氧化，但与重金属络合后的羟/氨羧类配体与 NaClO 的反应活性大大降低。王义等（2019）利用 NaClO 氧化处理了模拟水中多种羟/氨羧铜络合物，包括 Cu(II)-EDTA、Cu(II)-NTA、Cu(II)-柠檬酸和 Cu(II)-酒石酸等。在$[NaClO]_0/[Cu]_0=60$、$pH_0=5$ 和 $t=2$ h 条件下，Cu(II)-EDTA 和 Cu(II)-NTA 中 Cu 去除率不足 2%，Cu(II)-柠檬酸和 Cu(II)-酒石酸中 Cu 去除率分别为 7%和 19%。Liang 等（2021）利用 NaClO 处理了模拟 Ni(II)-EDTA 废水，在$[NaClO]_0=5$ mmol/L、$[Ni(II)]_0=2$ mg/L、$t=60$ min 和 pH=9.5～11.5 条件下，Ni(II)-EDTA 去除率为 10%左右。

6.2.2　（类）芬顿氧化破络

H_2O_2 是一种绿色的环境友好型氧化剂，其标准氧化电位（1.77 V）较低，难以直接氧化以 Cu、Ni、Cr 等为中心原子的 HMCs。在酸性条件下利用 Fe^{2+}催化 H_2O_2 产生的 HO•降解有机污染物的方法称为芬顿氧化，而使用除 Fe^{2+}以外的催化剂来活化 H_2O_2 的方法属于类芬顿氧化。芬顿或类芬顿过程产生的强氧化性 HO•与 HMCs 具有很高的反应活性，可有效破坏金属中心原子与配体中 O、N 等原子间的络合键，进而释放出重金属离子，达到破络的目的。依据氧化破络反应体系的相态，可分为均相和非均相（类）芬顿氧化破络两类。

1. 均相（类）芬顿氧化破络

均相（类）芬顿氧化破络是以液态 Fe^{2+}、Co^{2+}等过渡金属离子为催化剂活化 H_2O_2、过硫酸盐等氧化剂产生 HO•等氧化性物种降解 HMCs 的过程，主要包括 Fe^{2+}/H_2O_2、Fe^{3+}/H_2O_2、Co^{2+}/PMS 和 HCO_3^-/H_2O_2 等体系。Fu 等（2009）对比了芬顿反应（Fe^{2+}/H_2O_2）和类芬顿反应（Fe^{3+}/H_2O_2）处理 Ni(II)-EDTA 的效果，结果显示在 pH=3、$[Fe^{2+}]_0=[Fe^{3+}]_0=1$ mmol/L 条件下，反应 60 min 后，Fe^{2+}/H_2O_2 和 Fe^{3+}/H_2O_2 体系对 Ni(II)的去除率分别为 92.8%和 94.7%。Fe^{3+}/H_2O_2 体系去除 Ni 效率与 Fe^{2+}/H_2O_2 体系接近，可能是因为 Fe(III)-EDTA（$\lg K=25.2$）比 Ni(II)-EDTA（$\lg K=20.1$）具有更大络合稳定常数，使 Fe^{3+}与 Ni(II)-EDTA 发生置换反应释放出 Ni^{2+}，进而促进 Fe^{3+}/H_2O_2 通过后续沉淀过程去除 Ni。

基于过渡金属离子催化剂的（类）芬顿体系操作简便、费用低廉，具有良好的水处理应用价值。笔者课题组将多种过渡金属离子（如 Mn^{2+}、Ni^{2+}和 Co^{2+}等）催化剂与多种氧化剂包括 H_2O_2、过二硫酸盐（persulfate，PS）、过一硫酸盐（peroxymonosulfate，PMS）等一一组合，考察各体系对 Cu(II)-EDTA 的破络效果（Xu et al.，2020）。结果显示，Co^{2+}/PMS 体系破络效果远优于其他体系，在 pH=3 和 Co^{2+}投加量为 0.5 mg/L 条件下，反应 35 min 后 Cu(II)-EDTA 完全破络。利用毛细管电泳仪分析降解产物，证实 Cu(II)-EDTA 在 Co^{2+}/PMS 体系中的破络过程主要遵循 Cu(II)-EDTA→Cu(II)-ED3A→Cu(II)-ED2A→Cu(II)-EDMA 的逐步脱羧路径。进一步研究发现，Co(II)对 PMS 的催化性能与 Co(II)形态有关，游离 Co^{2+}对 PMS 催化性能优异，而当 Co(II)与 EDTA 及其破络产物络合时，其催化能力明显下降。由此推测，Co^{2+}对目标 HMCs 中金属的置换能力将显著影响 Co^{2+}/PMS 体系的破络效率：当置换反应难以发生时，Co(II)主要以 Co^{2+}形式存在，体系氧化效率较高；较高程度的置换将导致络合态 Co(II)成为主要物种，并抑制后续催化氧化性能。通过对不同置换趋势 HMCs 的破络研究，笔者课题组验证上述设想，阐析破络过程中金属形态调控的重要性。

均相(类)芬顿破络过程适用于酸性 pH，但在碱性 pH 下破络效率往往会受到明显抑制。碳酸氢盐/H_2O_2 技术的提出，则弥补了传统芬顿反应在中碱性条件下氧化效率低下的不足。Wang 等（2019）将碳酸氢盐/H_2O_2＋碱沉淀用来去除 Cu(II)-EDTA 和同步沉淀铜，在 pH＝9.3 和 $m(NaHCO_3)=0.64$ g 时，Cu(II)-EDTA 破络率和 Cu 去除率分别达到 92.0% 和 68.3%。HO•、$O_2^{\bullet-}$和 $^1O_2$ 等活性物种进攻 Cu—O 键和 Cu—N 键，生成有机小分子产物并释放出 Cu^{2+}，而后通过碱沉淀以 $Cu_2(OH)_2CO_3$、$CuCO_3$、$Cu(OH)_2$ 和 CuO 等沉淀物形式从溶液中分离。

2. 非均相（类）芬顿氧化破络

非均相（类）芬顿氧化破络是以固态 Fe(II)、Co(II)等金属或金属氧化物为催化剂催化 H_2O_2 生成 HO•等氧化性物质降解 HMCs 的过程。非均相（类）芬顿反应可解决均相（类）芬顿反应过程中 Fe(III)/Fe(II)的循环限制、产生大量铁污泥的问题，且固相催化剂兼具易分离、可重复利用等优点，广受研究者的关注。主要的非均相（类）芬顿破络方法有 ZVI/H_2O_2、黄铁/H_2O_2 和 CuO-CeO_2-CoO_x/H_2O_2。

ZVI 可作为铁源，能不断提供 Fe^{2+}和 Fe^{3+}催化分解 H_2O_2 生成 HO•。Fu 等（2012）应用 ZVI/H_2O_2 去除 Ni(II)-EDTA，结果显示，在 pH＝3 和 ZVI 投加量为 2 g/L 条件下，反应 60 min 后，Ni 和 COD 的去除率分别达到 98.4%和 78.8%。除了 ZVI 可作铁源，黄铁矿（pyrite，FeS_2）溶解后可释放 Fe(II)，也可作为外加铁源，再结合投加的 H_2O_2 即可引发芬顿反应。同时，释放大量的 H^+可维持反应过程的酸性 pH 环境，往往无须调节初始 pH。在不进行 pH 调节下，FeS_2/H_2O_2 体系分别在 pH＝3～11 和 3.2～9.2 均取得对硝基苯和甲草胺的高效降解，具有良好的 pH 耐受范围，因此 FeS_2/H_2O_2 是一种提高芬顿反应效率的重要体系（Liu et al.，2015；Zhang et al.，2014）。

为进一步验证 FeS_2/H_2O_2 工艺对 HMCs 的有效性，笔者课题组以 Cr(III)-柠檬酸为模型污染物，详细考察了该工艺去除铬络合物的降解特性与机理，揭示了 FeS_2 的关键作用（Ye et al.，2018）。在$[Cr]_0=10.4$ mg/L、$[H_2O_2]_0=20$ mmol/L、$[FeS_2]=4$ g/L 和$[ZVI]=1.87$ g/L 条件下，反应 30 min 后总铬去除率大于 90%，TOC 去除率为 37%左右。FeS_2 /H_2O_2 在 $pH_0=3$～9 条件下均能获得较高的总铬去除率，这是因为反应过程中释放大量的 H^+可维持溶液 pH 在 3 附近，且反应全过程有较高浓度的 Fe(II)溶出，这有利于催化 H_2O_2 生成 HO•。此外，生成的 Cr(VI)被水中的 Fe(II)和 FeS_2 还原成 Cr(III)，避免了有毒 Cr(VI)的二次污染。FeS_2/H_2O_2 体系对 Cr(III)-柠檬酸去除机制如图 6.8 所示，FeS_2 与 H_2O_2 反应产生的 Fe(III)再与 FeS_2 反应转化为 Fe(II)，随后 Fe(II)和 H_2O_2 的反应产生了大量的 HO•。形成的 HO•将络合态 Cr(III)氧化成游离态 Cr(VI)，同时氧化所释放的配体。最终，包括 Fe(III)、Fe(II)和 Cr(III)在内的游离金属离子通过共沉淀去除。MATLAB 建模预测结果与实验数据的总体趋势一致，进一步验证了上述机理。

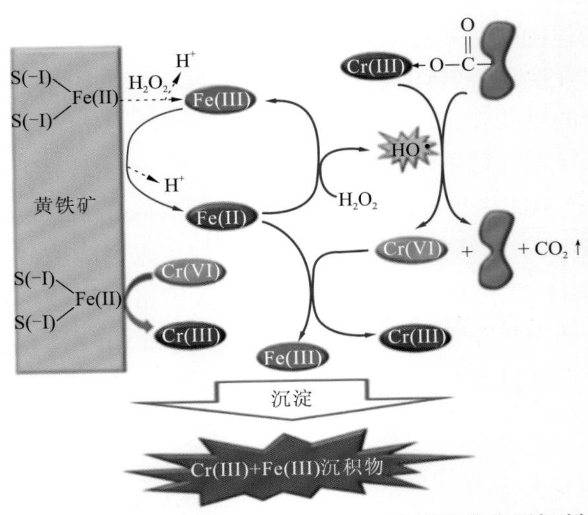

图 6.8　FeS_2/H_2O_2 体系去除 Cr(III)-柠檬酸的作用机制

引自 Ye 等（2018）

除铁元素外，其他金属元素如 Co 也存在多种氧化态（如 Co^{2+}和 Co^{3+}），不同氧化态之间的转换可以将电子有效地转移给 H_2O_2，从而产生 HO•用来降解有机污染物。Liang 等（2019）利用 $CuO\text{-}CeO_2\text{-}CoO_x/H_2O_2$ 体系处理 Ni-柠檬酸废水，结果显示 $CuO\text{-}CeO_2\text{-}CoO_x$ 投加量为 0.3 g/L、反应 60 min 后，Ni(II)-柠檬酸可被完全去除。CoO_x 可变价为 Co^{2+}和 Co^{3+}，氧化还原电位 $E^{\theta}(Co^{3+}/Co^{2+})=1.82$ V，可加速 Cu^{2+}/Cu^{+}之间的循环（$E^{\theta}(Cu^{2+}/Cu^{+})=0.159$ V）活化 H_2O_2 产生自由基，从而加速 Ni-柠檬酸的氧化破络。该催化剂循环 10 次后，催化破络率仍高达 92.3%，表明催化剂良好的可重复利用性能。

6.2.3　臭氧氧化破络

臭氧（O_3）是氧气的一种同素异性体，呈现“V”字形共振分子结构。臭氧在水中不稳定，可自行分解产生 HO•。在水溶液中，臭氧与有机物的反应包括臭氧分子直接氧化和臭氧分解产生的 HO•间接氧化。臭氧分子易与不饱和的芳香化合物、脂肪化合物及一些含特殊基团的化合物如酚类、胺类等反应，而与含氯、硝基、羧基等基团的难降解污染物几乎不反应。臭氧直接反应可分为两种方式：偶极加成反应（或环加成反应）和亲电取代反应（Von Sonntag et al.，2012；Criegee，1975）。偶极加成反应，即臭氧的偶极结构导致臭氧分子偶极加成至 C═C 双键等不饱和键上，导致键的断裂。亲电取代反应是指臭氧分子中带正电荷的氧原子优先进攻电子云密度较高的部位，特别是含—OH、—NH_2 等给电子基的芳环结构分子（Zhao et al.，2008）。间接氧化是利用臭氧在水中分解产生具有强氧化性的自由基，如 HO•、过氧自由基（$O_2^{\bullet-}$）等降解有机污染物的过程，即为臭氧高级氧化技术。该氧化反应是一种无选择性且反应速率较快的反应，反应速率达 $10^8\sim10^9$ $mol^{-1}\cdot s^{-1}$，主要利用 HO•与有机物之间加成反应、夺氢反应、夺电子反应等实现对有机物的降解与矿化（Zhang et al.，2008）。

废水中 EDTA、NTA、柠檬酸、酒石酸等，因富含氨基或羟基等富电基团，与臭氧具有较高的反应活性，但当配体与重金属离子络合后，与臭氧的反应速率显著降低，络合后的反应速率下降了约 4 个数量级（Huang et al.，2016b）。因此，常通过高级氧化过程提高臭氧产生 HO•的效率实现臭氧对重金属络合物的高效破络，常见的反应体系主要包括金属离子/O_3、富电有机物/O_3、固体催化剂/O_3 和电催化/O_3 等。根据所使用催化剂或强化剂的相态，可将促进臭氧产生 HO•的强化破络过程分为均相催化臭氧氧化破络和多相催化臭氧氧化破络。

1. 均相催化臭氧氧化破络

均相催化臭氧氧化通常是通过过渡金属离子催化及紫外线、超声等能量辅助，或通过水体中共存的富电物质（如酚类、胺类化合物）强化等手段促进臭氧产 HO•去污的过程。利用 Mn^{2+}、Fe^{3+}、Co^{3+}等过渡金属离子催化臭氧氧化是较为常用的方式（Wu et al.，2008；Beltrán，2003），研究中发现金属阳离子催化臭氧有两种途径：一种是金属离子直接促进臭氧分解产生 HO•去除污染物，另一种是通过金属离子与有机物形成络合物，然后被 O_3 氧化。Staehelin 等（1985）研究得出，Fe(II)、Cu(II)、Mn(II)等金属离子催化臭氧降解草酸（oxalic acid，OA）、阿特拉津等污染物与芬顿反应类似，即金属离子与 O_3 反应促进 O_3 转化为 HO•，进而快速降解污染物。Pines 等（2002）研究发现在 pH＝5.3～6.7 时，Co^{2+}/O_3 体系对草酸的降解有促进作用，主要反应路径为：首先生成 Co^{3+}-草酸盐，然后 Co^{3+}-草酸盐被 O_3 攻击分解重新生成 Co^{2+}和草酸根，最后草酸根及其产物被氧化。

利用废水中共存的富电物质（如酚类、胺类、天然有机物等）强化臭氧产 HO•，反应速率快、操作简便，具有实际应用前景。Buffle 等（2006）研究显示水体中酚类化合物和胺类化合物可促进臭氧产 HO•，且 HO•产率高于 O_3/H_2O_2 等高级氧化过程。Nöthe 等（2009）证实废水中 DOC 具有显著加快臭氧分解产 HO•的特性，HO•产率达 13%。笔者课题组发现废水中共存的 EDTA 能强化臭氧氧化降解苯甲酸等有机物，主要是依靠 EDTA 及其脱羧产物活化臭氧产 HO•的作用（Huang et al.，2016a）。基于这一特性，进一步探究了臭氧氧化 EDTA-重金属络合物的可行性，深入研究了 EDTA-重金属络合物降解反应动力学和机理。臭氧可高效去除模拟溶液与实际电镀废水中的 Cu(II)-EDTA，Cu(II) 和 TOC 的去除率分别高于 96%和 80% （Huang et al.，2016b）。外加叔丁醇显著抑制 Cu(II)-EDTA 降解，其一级反应动力学常数从 0.334 min^{-1} 降至 0.0231 min^{-1}，降低了 93%，表明绝大部分 Cu(II)-EDTA 的降解是依靠 HO•的氧化作用。高效液相色谱法（HPLC）和高效液相色谱–质谱（high performance liquid chromatography-mass spectrometry，HPLC-MS）联用技术分析鉴定出 Cu(II)-ED3A（m/z＝293）、Cu(II)-ED2A（m/z＝237）、Cu(II)-EDMA（m/z＝178）、Cu(II)-EDA（m/z＝160）、Cu(II)-IMDA（m/z＝196）或 IMDA 和 Cu(II)-草酸羟肟酸（m/z＝168）6 种主要产物，表明臭氧氧化降解 Cu(II)-EDTA 为逐步脱羧过程。臭氧分解动力学和苯甲酸（HO•的指示物）降解动力学证实了脱羧产物具备促进臭氧分解产 HO•的能力，促进顺序为 Cu(II)-ED2A > Cu(II)-EDMA > Cu(II)-EDTA > Cu(II)-IMDA > Cu(II)-EDA。电子顺磁共振结果也显示 Cu(II)-EDTA 存在时 DMPO-OH 加合物信号强度至少增强 2 倍。以上结果充分说明 Cu(II)-EDTA 降解中间产物在臭氧氧化过程中促进了 HO•的生成，从而起到自强化破络的效果。臭氧氧化过程中 Cu(II)-EDTA 降解路径为：首先 HO•进攻—N—(CH_2—COOH)$_2$ 基团上的 N—C 键生成 Cu(II)-ED3A，之后依次形成 Cu(II)-ED2A、Cu(II)-EDMA 和 Cu(II)-EDA，断键规律与 Cu(II)-EDTA 类似，而后 Cu(II)-EDA

被进一步氧化为 Cu(II)-草酸羟肟酸。此外，Cu(II)-ED3A 的—N—CH_2—CH_2—基团上的 N—C 发生断裂生成 Cu(II)-IMDA，进而被氧化分解产生甘氨酸、草氨酸、乙醛酸、OA 和甲酸等小分子有机酸。最后，小分子有机酸被进一步氧化生成 NH_4^+ 和 NO_3^-。伴随着逐步脱羧过程，溶液的 pH 逐步升至 6 左右，破络后释放出的 Cu(II)得以同步沉淀。

笔者课题组在使用臭氧氧化处理化学镀镍废水中发现，Ni(II)络合物的降解规律与 Cu(II)-EDTA 高度一致（Shan et al.，2020）。在臭氧投加量为 20 mg/(min·L)时，反应 30 min 后 Ni(II)的去除效果达到最佳，剩余 Ni(II)质量浓度低于 0.1 mg/L。叔丁醇的加入显著抑制了 Ni(II)的去除，表明 Ni 络合物破络主要依靠 HO•的作用。利用 AIC-ICP-MS 进一步分析了废水中络合态 Ni(II)，在 2.39 min 和 5.32 min 出现两个主峰，在 2.96 min 和 5.01 min 出现两个肩峰，其中 5.32 min 的峰为主要的络合 Ni(II)形态。经臭氧氧化后，两个肩峰和 5.32 min 的峰消失，2.39 min 的峰强度也大大减弱，表明臭氧氧化可有效破坏 Ni(II)络合物。利用 HPLC-HRMS 解析镀镍废水臭氧处理前后 Ni 的形态转化，如图 6.9 所示。处

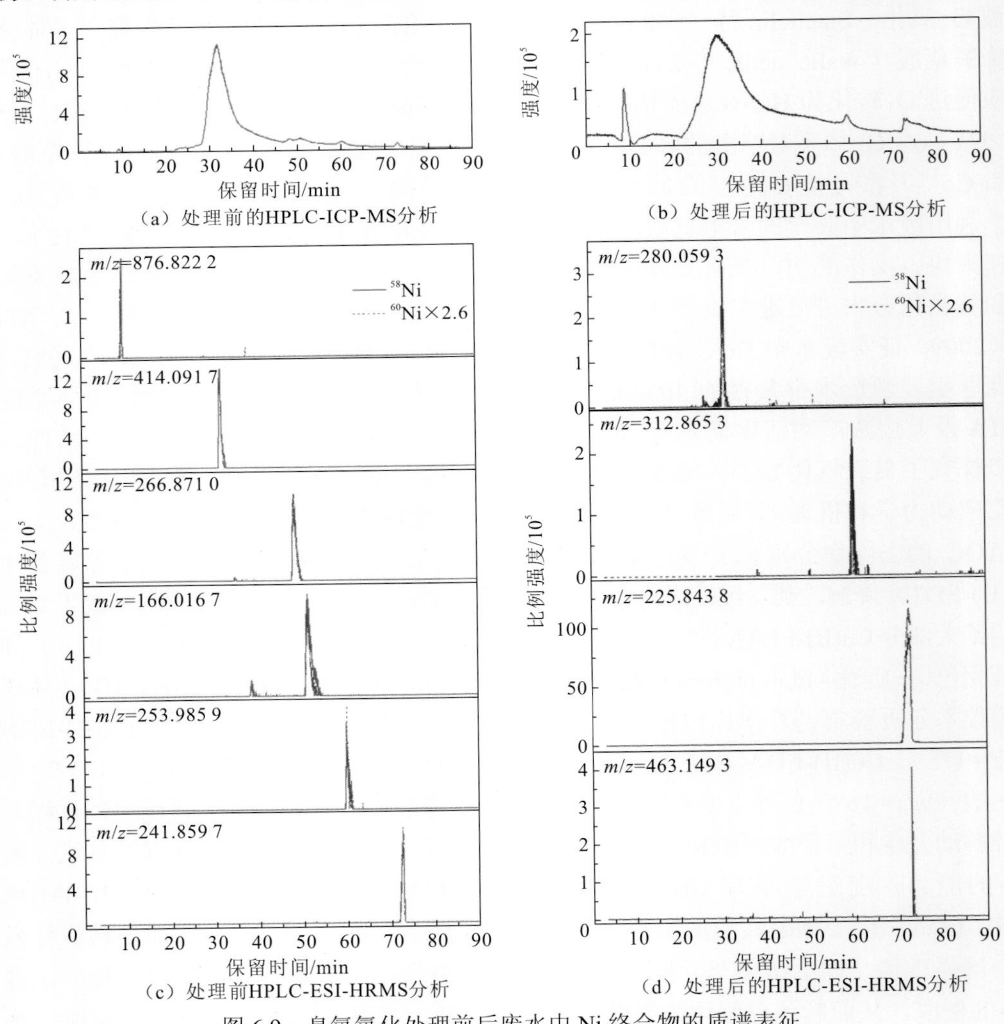

图 6.9 臭氧氧化处理前后废水中 Ni 络合物的质谱表征

引自 Shan 等（2020）

理前，在 9.07 min、31.92 min、48.46 min、50.85 min、60.17 min 和 72.89 min 观察到 6 个特征峰，对应的 *m/z* 分别约为 877、414、267、166、254、242；处理后在 8.57 min、30.32 min、59.51 min、72.64 min 和 73.23 min 出现 5 个特征峰，后 4 个峰对应的 *m/z* 分别约为 280、313、226、463。以上 *m/z* 物质结构中有大量含 N 有机配体，如维生素 B12，与臭氧具有很高的反应活性，进而强化了 Ni(II)络合物的氧化破络。

Zhao 等（2018b）利用芬顿氧化联合臭氧氧化处理 Ni(II)-EDTA 实际废水，结果显示经芬顿反应 10 min 和臭氧反应 30 min 后，Ni(II)和 TOC 去除率分别达到 99.8%和 74.8%。Ni-EDTA 首先被芬顿试剂处理至较低的水平，而后在 Fe^{2+}、H_2O_2 和 O_3 之间的协同作用下，Ni(Ⅱ)-EDTA 及其中间产物被进一步降解和矿化，从而表现出优异的综合降解性能。芬顿/O_3 也可以有效去除电镀废水中 Cu(II)/Ni(II)-EDTA 混合物，优化条件下 Cu(II)和 Ni(II)的去除率均高于 99.7%（Nguyen et al.，2021）。臭氧不仅能有效去除电镀等工业废水中重金属络合物，也适用于污水处理厂生化出水中重金属络合物的去除。Thalmann 等（2018）评估了臭氧氧化对污水处理厂生化尾水中重金属硫化物和重金属-EDTA 络合物的处理效果，结果发现臭氧氧化可以完全去除 CuS、ZnS、CdS 等金属硫化物，效果优于 EDTA-Cu、EDTA-Ni 等络合物。这可能是因为臭氧与 S(II)的反应活性比与—NH_2 的反应活性强得多，对金属硫化物去除更有效。

2. 多相催化臭氧氧化破络

多相催化臭氧氧化是利用金属氧化物或负载于载体上的金属或金属氧化物等催化臭氧氧化污染物的过程。相比均相催化臭氧氧化，多相催化臭氧氧化具有催化剂易分离回收、无二次污染等优点。Guan 等（2020）通过外加商品催化剂材料催化臭氧氧化实现了电镀园区中含 Ni 络合物废水的高效处理，在 pH＝7～10 和进水质量浓度在 1.53～3.51 mg/L 的条件下，出水总镍质量浓度小于 0.1 mg/L，Ni(II)去除率高达 95.6%，可充分满足提标排放的标准。与单独 O_3 相比，催化剂的加入至少减少 25%的臭氧氧化时间，同时催化臭氧在催化剂的表面转化为 HO•，进而有效地降解重金属络合物。在此基础上，Guan 等（2022）进一步评估了连续流催化臭氧氧化处理化学镀镍废水中 Cu(II)/Ni(II)络合物的效能。结果表明，采用同步双向流动运行方式可有效提高总 Ni 和 Cu 的去除，在最佳运行条件下，出水中总 Ni 和 Cu 质量浓度分别低于 0.1 mg/L 和 0.3 mg/L。经 300 天连续运行，处理装置可持续有效地去除总 Ni 和 Cu。但上述催化臭氧氧化破络后需要辅以化学沉淀等方法进一步处理释放出的重金属，会产生一定的危废污泥。

针对这一问题，笔者课题组利用碳基阴极材料直接还原 O_3 或还原氧气原位形成的 H_2O_2 催化 O_3 产生的 HO•，强化对 Cu、Cr 等重金属络合物的破络。同时通过碳基电极的电还原/沉积作用与电吸附作用同步回收 Cu、Cr 等重金属。基于此，构建了面向重金属破络与回收的电催化臭氧氧化体系，大大减少了污泥的产生，实现了重金属络合物高效绿色处理（Chen et al.，2022a，2021）。以石墨毡/Ti（graphite felt coated ti mesh，GF-Ti）为阴极的电催化臭氧体系实现对 Cu(II)-EDTA 高效破络与 Cu 的同步回收，TOC 去除率＞80%，Cu 回收率＞90%。石墨毡/Ti 阴极的扫描电子显微镜与微量分析（scanning electron microscopy coupled with microanalysis，SEM-EDX）、XRD 等表征结果证实，回收的 Cu 以零价铜形式沉积于阴极上。以对氯苯甲酸（*p*-chlorbenzoic acid，*p*-CBA）为

HO•指示物得到电催化臭氧体系的$[HO\bullet]_{ss}$为2.0×10^{-12} mol/L。在通电作用下，液相臭氧质量浓度从3.3 mg/L降至1.3 mg/L以下，可见电场促进了臭氧分解产HO•。而石墨毡/Ti阴极电生H_2O_2的质量浓度不足0.2 mg/L，表明H_2O_2对产HO•的贡献可忽略。通过分析在电解作用下GF-Ti对臭氧分解动力学和*p*-CBA降解动力学的作用，证实GF-Ti阴极还原臭氧促进了HO•的产生。叔丁醇（*tert*-butyl alcohol，TBA）是自由态HO•的抑制剂，100 mmol/L TBA无法完全抑制Cu(II)-EDTA的降解，表明电催化臭氧体系存在吸附态HO•。100 mmol/L TBA存在时，Cu(II)-EDTA降解的伪一级反应常数由0.262 min^{-1}降低至0.090 min^{-1}，由此可知吸附态HO•占比大于1/3。HPLC和HRMS鉴定了Cu(II)-ED3A（*m*/*z*=294）和Cu(II)-ED2A（*m*/*z*=239）两种主要的Cu(II)-EDTA降解产物。低配位数的Cu(II)络合物如Cu(II)-ED2A、Cu(II)-IDA易被阴极直接还原，导致未检测出Cu(II)-EDMA、Cu(II)-EDA、Cu-Gly等可能产物。Cu(II)-EDTA的电催化臭氧破络与Cu同步回收机理如图6.10所示。首先，液相O_3转移至GF-Ti阴极外或内表面（图中（1）），与电场提供的电子作用产生HO•前驱体$O_3^{\bullet-}$(ads)（图中（2））；然后，$O_3^{\bullet-}$水解成吸附态HO•（图中（3）），且部分扩散至溶液转变为自由态（图中（4））；在吸附态和自由态HO•共同作用下，Cu(II)-EDTA发生逐步脱羧，形成的脱羧产物如Cu(II)-ED2A、Cu(II)-EDMA、Cu(II)-EDA和Cu(II)-Gly在GF-Ti阴极上经电还原沉积为Cu^0。

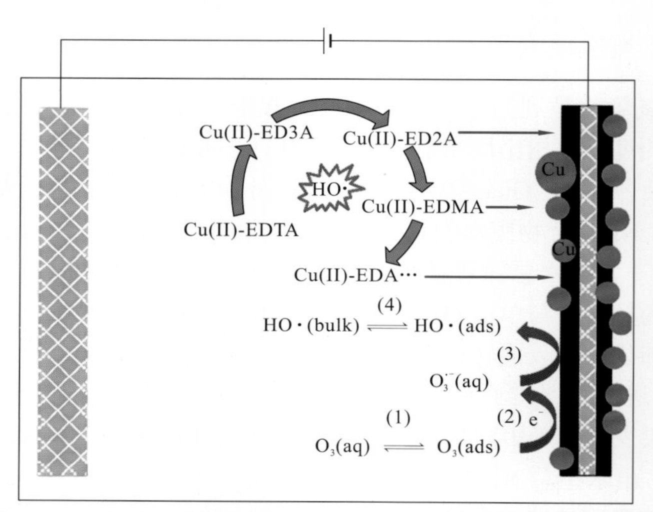

图6.10　电催化臭氧破络Cu(II)-EDTA与Cu同步回收机理示意图

引自Chen等（2021）

高级氧化技术破络处理Cr(III)络合物时极易生成高毒性Cr(VI)（Dai et al.，2010），需采用Fe^{2+}还原及絮凝、电絮凝等方法进行后处理（Li et al.，2014a；Durante et al.，2011），会产生大量的含铬污泥，且铬危废污泥处理处置成本较高。以活性碳纤维（activated carbon fiber，ACF）为阴阳极电催化臭氧体系，在实现Cr(III)络合物高效氧化破络的同时，可有效抑制Cr(VI)累积并实现Cr的回收资源化。配制的Cr(III)-EDTA溶液经电催化臭氧氧化120 min后，总铬去除率达90%，溶液中剩余总铬质量浓度降至1.2 mg/L，且累积的Cr(VI)质量浓度低于0.2 mg/L。Cr(III)-EDTA破络过程中无明显Cr沉淀物产生。使用后的ACF电极采用超声辅助2 mol/L HNO_3浸渍，通过分析浸提液中Cr浓度可知，

ACF 阴极富集了 78.3%去除的 Cr，ACF 阳极聚集了 21.7%去除的 Cr，表明电催化臭氧去除的 Cr 全部回收于电极上。使用前后 ACF 电极的 SEM-EDX、XPS、XRD 等表征结果表明，大部分 Cr 以无定形 $Cr(OH)_3$ 形式沉积于阴极，小部分以 Cr(VI)形态吸附于 ACF 阳极。自由基捕获与指示实验结果证实，Cr(III)-EDTA 破络的主要氧化物种为 HO•，其源于 O_3 与原位产生的 H_2O_2 反应。通过外加 Cu(II)优先络合 Cr(III)-EDTA 破络释放的配体，而后利用 HPLC 分析形成的 Cu(II)络合物，HPLC 谱图变化证明 HO•在电催化臭氧体系优先氧化 Cr(III)为 Cr(VI)，释放出 EDTA，然后 EDTA 被 HO•逐步脱羧降解。形成的 Cr(VI)通过电生 H_2O_2 还原、电吸附和电还原的协同作用达到原位削减。Cr(III)-EDTA 的电催化臭氧降解与 Cr 同步回收及控制 Cr(VI)形成机理如图 6.11 所示。电生 H_2O_2 与 O_3 反应产生的 HO•先进攻 Cr(III)-EDTA 中 Cr(III)生成 Cr(VI)，随后释放 EDTA 并被 HO•氧化降解而逐步脱羧。同时生成的 Cr(VI)通过电还原、电生 H_2O_2 还原和电吸附作用大幅削减，三个过程贡献度分别为 59.1%、21.0%和 19.9%。最终，约 78.3% Cr 通过原位还原中间 Cr(VI)至 Cr(III)，并且 Cr(III)原位沉积于 ACF 阴极，剩余 Cr 通过电容吸附集聚于 ACF 阳极。电生 H_2O_2 在 Cr(III)-EDTA 破络过程中起到了强化 HO•产生和还原中间 Cr(VI)的双重作用。阴极还原作用实现了大部分 Cr 的回收。总而言之，以 ACF 为阴阳极的电催化臭氧体系表现出高效降解 Cr(III)-EDTA、抑制 Cr(VI)累积和同时回收 Cr 的性能。

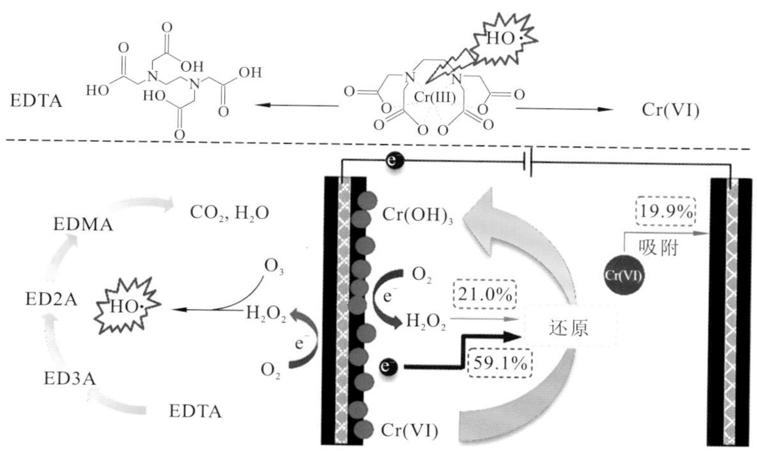

图 6.11　电催化臭氧降解 Cr(III)-EDTA 与同步回收 Cr 及控制 Cr(VI)生成的机理示意图

引自 Chen 等（2022a）

6.2.4　紫外激发分子内电子转移的选择性氧化破络

1. 选择性氧化破络原理

芬顿氧化、臭氧氧化、光化学氧化等高级氧化技术（AOPs）是目前最受欢迎的重金属络合物深度处理方法之一，其基本原理是利用无选择性的 HO•破坏重金属与配体中 N、O 等原子之间的强力键合，从而释放出重金属离子，便于后续化学沉淀等常规手段的高效去除。然而，废水中通常含有大量的稳定剂、光亮剂、表面活性剂等有机物和酸、碱、Cl^-、NO_3^-、SO_4^{2-} 等无机离子，使得大量 HO•被无效消耗，导致破络效率偏低。因此，发展适用于工业废水等复杂水质条件的新型选择性破络技术已成为当前水污染控制领域的研究重点与难点。

在水与废水中，重金属常与羧基、氨羧基及酚羟基等官能团络合，其中羧基和氨羧基络合能力较强。经过比对重金属-有机配合物的稳定常数，发现Fe(III)与大多数含羧基、羟基、氨基或氨羧基的配体（如EDTA、酒石酸、柠檬酸等）的络合常数通常比Cu(II)、Ni(II)等重金属高几个数量级（表6.1）。由此可见，Fe(III)可以从大多数重金属配合物中置换出Cu(II)、Ni(II)等重金属。而且与Cu(II)、Ni(II)等重金属配合物不同，Fe(III)-EDTA、Fe(III)-柠檬酸和Fe(III)-酒石酸等Fe(III)配合物具有优异的光反应活性，在紫外线照射下可以激活配体-金属电荷转移（ligand to metal charge transfer，LMCT）过程，导致有机配体脱羧降解和Fe(III)还原为Fe(II)。

表6.1　重金属有机配合物的稳定常数表

重金属离子	有机配体	配位体数目（n）	稳定常数（$\lg\beta_n$）
Fe(III)	EDTA	1	24.23
	酒石酸	1	7.49
	柠檬酸	1	25
	乙酰丙酮	1，2，3，4	11.4，22.1，26.7
Fe(II)	EDTA	1	14.83
	酒石酸	—	—
	柠檬酸	—	—
	乙酰丙酮	1，2	5.07，8.67
Cu(II)	EDTA	1	18.7
	酒石酸	1，2，3，4	3.2，5.11，4.78，6.51
	柠檬酸	1	12.5
	乙酰丙酮	1，2	8.27，16.34
Ni(II)	EDTA	1	18.56
	酒石酸	1	2.06
	柠檬酸	1，2，3	9.0，4.8，14.3
	乙酰丙酮	1，2，3	6.06，10.77，13.09
Cr(III)	EDTA	1	23
	酒石酸	—	—
	柠檬酸	1	7.63
	乙酰丙酮	—	—

受上述启发，笔者课题组发展了基于紫外激发分子内电子转移策略的选择性氧化组合破络工艺，即Fe(III)置换/紫外线光解/共沉淀（记为Fe(III)/UV/OH），探索并验证了其实际应用性能。Fe(III)/UV/OH实现了对重金属络合物的选择性氧化破络，大幅降低了共存基质的干扰。Fe(III)/UV/OH组合工艺步骤为：第一步，投加Fe(III)，通过置换反应使Fe(III)与羧基结构络合，释放出目标重金属离子；第二步，通过外加光源照射使铁羧结构发生降解破络配体中的羧基，以减弱/消除配体的络合能力，另外，在降解羧基的同时可产生

Fe(II)，Fe(II)对重金属络合物的去除通常具有促进作用；第三步，通过碱沉淀，将目标重金属及铁共同沉淀去除。该组合工艺兼具破络性与非破络性特性。与破络性方法相比，该工艺无须投加常规氧化剂（如次氯酸、H_2O_2、高锰酸钾等），在选择性降解强络合性羟羧、氨羧等基团的同时基本不影响配体的其他结构和基团；且可利用波长范围较宽，相对不易受共存有机物的影响。与非破络性方法相比，该方法将主要络合基团破络，可削弱基质的络合能力，提高处理的稳定性，有望实现多种重金属络合物的经济有效处理。

2. 羟羧/氨羧类络合物的选择性氧化破络

1）Cu(II)/Ni(II)-羟羧/氨羧类络合物的选择性氧化破络

笔者课题组探究了 Fe(III)/UV/OH 工艺去除 Cu(II)-柠檬酸、Cu(II)-酒石酸等 5 种铜络合物的效果（Xu et al.，2015b）。以羟羧类 Cu(II)-柠檬酸为代表物，系统研究了初始 pH、铁投加量、置换时间、光照时间、沉淀 pH 等因素对除铜效果的影响，并通过产物特性分析揭示了除铜机理。结果表明，该工艺对 Cu(II)-柠檬酸等 5 种铜络合物均具有优异的除铜效果，水中残留铜质量浓度从 19.2 mg/L 降至 1 mg/L 以下。处理实际电镀废水（含铜量=338.1 mg/L，TOC=1 559 mg/L，pH=3.4）也取得了令人满意的效果，过程基本不受复杂基质影响，铜去除率高达 99.8%。通过紫外可见吸收光谱验证置换反应的发生及程度，与基于假设计算所得的吸收光谱高度相符，证明 Fe(III)可置换出等物质的量的铜，且置换反应在 5 min 内即可完成。通过分析光解过程中溶液的物质组成，发现降解过程的主要产物包括 3-丙酮二羧酸、丙酮酸和丙酮。比对 Cu(II)-柠檬酸及光解前后溶液的红外光谱，发现在 1 600 cm^{-1} 处的峰来源于 C═O 的不对称振动，与 Fe(III)络合后发生红移。经过紫外线照射后，与羧基有关的峰（1 540 cm^{-1}、1 410 cm^{-1}、1 300 cm^{-1}、1 100 cm^{-1}）强度都明显减弱，进一步证明光解过程主要是脱羧过程。甲醇的加入并未明显抑制溶液中络合物的降解，表明 Fe(III)/Fe(II)的类芬顿过程和羟基铁（$Fe(OH)^{2+}$）在紫外线照射下的光芬顿过程生成的 HO•作用可忽略，而铁羧结构的直接光解起主要作用。Fe(III)/UV/OH 工艺去除 Cu(II)-柠檬酸的机理如图 6.12 所示，具体而言，加入的 Fe(III)与 Cu(II)-柠檬酸中的 Cu(II)发生置换反应，生成柠檬酸铁并释放出游离铜，光照下柠檬酸铁经直接光解，通过 LMCT 过程降解为 3-丙酮二羧酸和丙酮酸，而后加碱通过铁絮凝将铜高效去除。

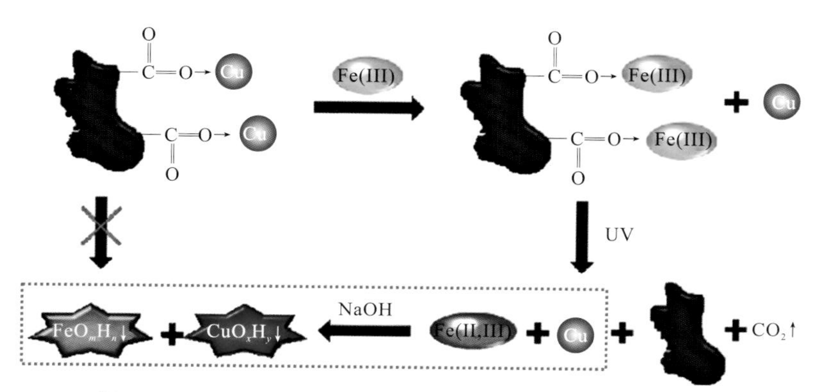

图 6.12　Fe(III)/UV/OH 工艺去除 Cu(II)-柠檬酸的机理示意图

引自 Xu 等（2015b）

为进一步验证 Fe(III)/UV/OH 工艺对 EDTA 和 NTA 等氨羧类铜络合物的有效性，笔者课题组以 Cu(II)-EDTA 为模型污染物，详细考察了组合工艺去除氨羧类铜络合物的降解特性与机理，并通过产物性质分析、模拟平衡计算和无氧实验揭示了 Fe(II)的贡献（Shan et al.，2018b）。Cu(II)-EDTA 去除的最佳条件为：初始 pH = 1.5～3，Fe(III)投加量为 2.7 mmol/L（铁铜物质的量比为 9∶1），置换时间为 5 min，光照时间为 10 min，沉淀 pH = 9～11。Cu(II)-EDTA 去除机理与羟羧类铜络合物去除机理类似，Fe(III)置换 Cu(II)后，Fe(III)-EDTA 的铁羧结构直接光解起主导作用。光解过程原位生成的 Fe(II)对 EDTA 及脱羧产物的再络合可避免 Cu(II)的再络合，从而对 Cu(II)沉淀去除发挥了关键作用。不同铁铜物质的量比对除铜效率影响的实验结果表明，仅当 Fe(II)存在时，铜才有明显的去除，且 Fe(II)浓度越高，铜的去除速率越快。

在羟羧/氨羧类-Cu(II)络合物的基础上，笔者课题组还研究了 Fe(III)/UV/OH 工艺去除 Ni(II)-柠檬酸、Ni(II)-酒石酸、Ni(II)-山梨酸和 Ni(II)-EDTA 4 种羟羧/氨羧类-Ni(II)络合物的可行性（Jiang et al.，2019）。除 Ni(II)-EDTA 外，该工艺对 Ni(II)-柠檬酸、Ni(II)-酒石酸和 Ni(II)-山梨酸 3 种羟羧类镍络合物表现出高效的去除性能。在铁镍物质的量比为 2、光照 5 min 和沉淀 pH=9.5 的条件下，剩余 Ni 质量浓度低于 0.3 mg/L。溶液初始 pH 从 2 升至 3.5 可提高除 Ni 效率，但 pH 继续升至 4 以上会表现出一定的抑制效应。铁镍物质的量比从 1 升高到 3 促进了 Ni 的去除，但进一步升高到 6 则降低了 Ni 去除。这主要是因为过量的 Fe(III)剂量易伴随絮凝物的形成，从而通过内滤光效应阻碍紫外线的渗透，影响光解作用。沉淀 pH>7.5 时残留 Fe 可以忽略不计，但只有 pH>9 才能使残留 Ni 质量浓度低于 0.1 mg/L，从而达到电镀废水的排放标准。去除 Ni(II)络合物机理与 Cu(II)络合物类似，遵循 Fe(III)置换-光解脱羧-共沉淀的机制。在添加 Fe(III)之后，30 s 内柠檬酸镍溶液由浅蓝色变为亮黄色，约 20 min 完成置换反应。紫外线照射后柠檬酸镍发生光解，伴随着 Fe(II)的生成和柠檬酸的脱羧降解。电子顺磁共振和 HO•捕获实验结果表明，光芬顿形成的 HO•对 Fe(III)络合物脱羧作用不明显，而光诱导的 LMCT 过程是脱羧的主要机制。

复杂废水中抗基质干扰性能是评价深度水处理技术应用潜力的重要指标。对比研究三种典型有机化合物（乙二醇、乙酸乙酯和腐殖酸）和两种常见的阴离子（Cl^-和 SO_4^{2-}）对 Fe(III)/UV/OH 工艺和芬顿/NaOH 工艺除 Ni(II)效率的影响。共存 120 mg/L 乙二醇或乙酸乙酯和 50 mg/L 腐殖酸（以 TOC 计）几乎不影响 Fe(III)/UV/OH 工艺除 Ni 效果，但极大地抑制了芬顿/NaOH 工艺对 Ni 的去除。Fe(III)/UV/OH 工艺对实际电镀废水具有优异的处理效果，可将 Ni 质量浓度从初始 2.25 mg/L 降至 0.09 mg/L。芬顿反应形成的 HO•会被共存有机物竞争消耗，大大降低了有机配体降解和游离 Ni 的释放效率，而 Fe(III)-羧基配合物的紫外光解诱导的内电子转移过程属于非自由基氧化过程，比自由基氧化具有更高的选择性。

2）Cr(III)-羟羧/氨羧类络合物的选择性氧化破络

与 Cu(II)、Ni(II)等金属络合物不同，Cr(III)与有机配体的络合/解络合动力学极慢（Gustafsson et al.，2014），理论上 Cr(III)络合物难以通过 Fe(III)置换-光解脱羧-共沉淀过程去除。研究表明，HO•等氧化物种能优先将 Cr(III)络合物中的 Cr(III)氧化成 Cr(VI)，同时释放有机配体（Chen et al.，2022a）。UV/Fe(III)是一种高效的均相光芬顿反应体系，具有操作简单、成本低、反应速率快等优点。Fe(III)光解产生的 HO•能将 Cr(III)氧化成 Cr(VI)，同时光解形成的 Fe(II)可原位还原 Cr(VI)。基于此，笔者课题组探究了 UV/Fe(III)联合碱沉淀（UV/Fe(III)+OH）工艺处理 Cr(III)-羟羧/氨羧类络合物的适用性，并以 Cr(III)-柠檬酸为代表，揭示 UV/Fe(III)+OH 破络特性及 Cr 形态转化机制（Ye et al.，2017）。

UV/Fe(III)+OH 工艺能有效去除 Cr(III)-柠檬酸，在溶液初始 pH=3、光照 30 min 和沉淀 pH=7 条件下，水中残留的总铬质量浓度从初始的 10.4 mg/L 降至 1 mg/L 以下。当 pH 为 2.5～3 时，总铬去除率约为 97%，而 pH 下降至 2 或升高至 4 及以上时，总铬去除效率下降明显。Cr 去除依赖溶液 pH 主要归因于 pH 对 Fe(III)物种分布的影响。当 pH 为 2.5～3 时，Fe(III)主要以 $FeOH^{2+}$形态存在，而当 pH<2 和 pH>3 时，主要以 Fe^{3+}和氢氧化铁胶体存在，显著抑制 HO•产生并导致 Cr 去除率下降。电子顺磁共振和自由基捕获实验结果证实，Cr(III)-柠檬酸破络和 Cr(VI)形成主要依靠 HO•对 Cr(III)的氧化作用。有趣的是，UV/Fe(III)氧化去除 Cr(III)络合物过程中累积的 Cr(VI)可忽略（低于 0.06 mg/L），表明反应形成的中间还原性物质原位参与了 Cr(VI)的还原。Cr(III)-柠檬酸破络过程出现 Fe(III)-柠檬酸，紫外-可见分光光度法（ultraviolet and visible spectrophotometry，UV-Vis）谱表明，破络释放的柠檬酸与 Fe(III)发生再络合，形成的 Fe(III)-柠檬酸在紫外线激发下通过 LMCT 过程生成高达数百微摩尔/升 Fe(II)，可将 Cr(VI)高效还原为 Cr(III)。

Fe(III)/UV/OH 工艺去除 Cr(III)-柠檬酸的机理如图 6.13 所示。具体而言，紫外线激发 $FeOH^{2+}$形成的 HO•优先将 Cr(III)氧化为 Cr(VI)，并释放柠檬酸配体；随后，柠檬酸与 Fe(III)再络合，经光解发生脱羧，Fe(III)被还原为 Fe(II)；形成的 Fe(II)原位还原 Cr(VI)至 Cr(III)，最后通过碱沉淀的方式去除溶液中 Cr(III)、Fe(II)和 Fe(III)等重金属。此外，UV/Fe(III)/OH 工艺对 Cr(III)-酒石酸、Cr(III)-草酸和 Cr(III)-EDTA 等多种羟羧/氨羧类 Cr(III)络合物和实际制革/电镀废水处理效果显著，剩余总铬质量浓度低于 1.5 mg/L，且无 Cr(VI)累积，明显优于芬顿/NaOH 等过程，展示出良好的应用潜力。

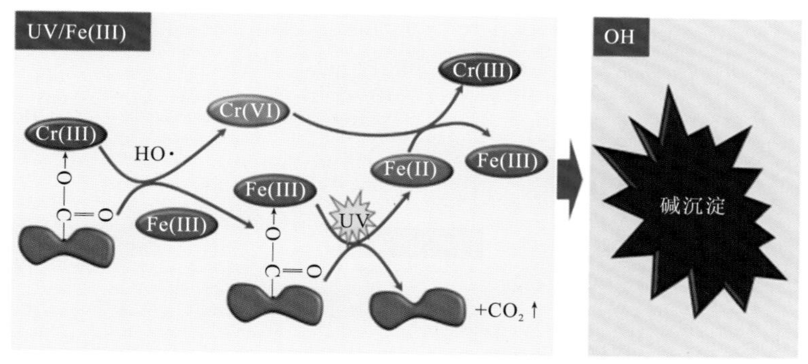

图 6.13 Fe(III)/UV/OH 工艺去除 Cr(III)-柠檬酸的机理示意图

引自 Ye 等（2017）

3. 膦酸盐络合物的选择性氧化破络

有机磷是污/废水中磷元素不可忽视的重要形态，难以被混凝吸附等传统方法有效去除。自 20 世纪 80 年代开始，含 C—P 键的有机膦酸作为一类人工合成的螯合剂，广泛用作阻垢剂、缓蚀剂等。近年来，有文献（Rott et al.，2018，2017）报道在污水处理厂出水中检测到溶解性有机膦酸，主要与钙、镁等离子络合存在。

Fe(III)-有机磷具有良好的光反应活性，且其稳定常数远大于相应的 Ca(II)络合物。基于此，笔者课题组将 Fe(III)/UV/OH 工艺拓展到膦酸盐络合物。在优化条件下，配制溶液中的总磷质量浓度从初始的 1.81 mg/L 可降至 0.17 mg/L（Sun et al.，2019）。此外，该组合工艺处理城市污水处理厂活性污泥工段的进出水效果显著，总磷质量浓度分别从 4.3 mg/L 和 0.9 mg/L 降至 0.23 mg/L 和 0.14 mg/L，明显优于芬顿/共沉淀等工艺过程，具有良好的应用前景。进一步，笔者课题组以 Ca(II)-氨基三亚甲基膦酸（Ca(II)-nitrilotrismethylenephosphonate，Ca(II)-NTMP）为代表，探究了 Fe(III)/UV/OH 降解 Ca(II)-有机膦酸络合物的过程与机理，如图 6.14 所示。具体而言，该组合工艺包括三个基本过程。首先，Fe(III)从 Ca(II)-有机膦酸络合物中取代 Ca(II)形成 Fe(III)-有机膦络合物；然后，在紫外线照射下通过 LMCT 过程激活 Fe-有机膦络合物的光解，形成磷酸盐和其他中间体；最后，在 pH=6 时通过共沉淀作用实现总磷的去除。就 Ca(II)-NTMP 而言，Fe(III)与 Ca(II)-NTMP 发生置换反应形成 Fe(III)-NTMP 并释放 Ca(II)。在紫外线激活下，Fe(III)-NTMP 首先经 LMCT 过程转为 Fe(II)和 NTMP 自由基，其中 PO(OH)O• 单元失去一个电子后形成碳中心自由基（$PO(OH)_2$-$(CH_2)_2$-N-•CH_2）并释放出磷酸盐；随后，亚甲基自由基与 O_2 迅速反应形成 $O_2^{\bullet -}$，并分解为超氧化物和亚胺离子，亚胺离子与

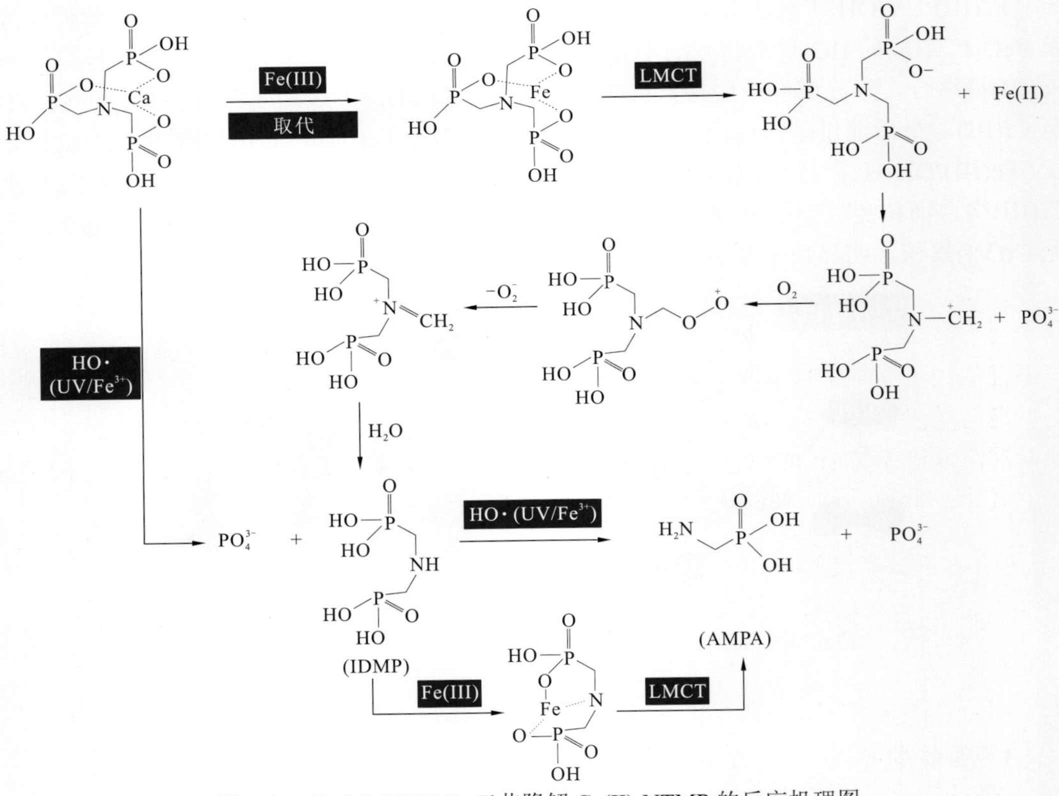

图 6.14　Fe(III)/UV/OH 工艺降解 Ca(II)-NTMP 的反应机理图

引自 Sun 等（2019）

H_2O 进一步反应生成亚氨基二（亚甲基膦酸）（iminodi(methylenephosphonic) acid，IDMP）。同时，UV/Fe(III)形成 HO•进攻 NTMP 分子 C—N 键，裂解形成 IDMP 和氨甲基膦酸（aminomethylphosphonic acid，AMPA）。

利用高级氧化法将有机磷转化为更易去除的无机磷是目前有机膦酸处理最为有效的策略之一。然而，实际污/废水组成复杂、共存基质种类多、浓度高，对目标污染物去除干扰大，高级氧化法的常见活性物种（HO•或 $SO_4^{\bullet-}$等）对目标污染物选择性偏低，往往需要投加过量氧化剂或输入能量才能实现微量污染物的有效去除。因此，提升高级氧化技术抗基质干扰性能，实现有机膦酸的选择性氧化对其深度处理具有重要意义。笔者课题组选取羟基亚乙基二膦酸（1-hydroxyethylidene-1,1-diphosphonic acid，HEDP）为有机膦酸的模型物，发现 Cu(II)/H_2O_2 体系对有机膦酸具有高效的选择性氧化特性（Sun et al.，2022）。在痕量 Cu(II)（仅 0.02 mmol/L）存在下，90.8%的 HEDP（初始物质的量浓度 0.1 mmol/L）在 30 min 内可被 H_2O_2 转化为无机磷（pH=9.5），而同等甚至更高的 H_2O_2 投加量下 UV/H_2O_2（pH=9.5）或芬顿体系（pH=3）则对 HEDP 的转化并不明显。此外，Cu(II)/H_2O_2 对 HEDP 的氧化不受天然有机质（10 mg TOC/L）和多种阴离子包括 Cl^-、SO_4^{2-} 和 NO_3^-（10 mmol/L）的影响。这种高选择性氧化的实现依赖 Cu(II)与 HEDP 络合偶联原位产生 Cu(III)的分子内电子转移过程。利用实际工业废水中残存的微量 Cu(II)作为催化剂，投加一定化学计量的 H_2O_2 也可实现有机膦酸的选择性氧化。除破坏配体络合能力外，这一研究同时也为利用废水基质特性实现微污染物的选择性氧化提供了方法参考。

6.2.5 电化学氧化破络

电化学氧化法是利用阳极的高电位与催化活性直接氧化或通过产生活性自由基间接氧化目标污染物。直接氧化主要依靠电极表面电子传递作用，而间接氧化依靠电化学反应产生的 Cl_2/ClO^-、H_2O_2、HO•等强氧化剂氧化作用。近年来，电化学氧化法以清洁电子为反应试剂、无须添加额外药剂、反应条件温和等特点，在难降解废水处理方面表现出优良的性能，受到学者的广泛关注。电化学氧化法产生的 Cl_2/ClO^-、HO•等强氧化性物质能有效降解 HMCs，同时可通过电絮凝或阴极还原作用实现对游离重金属的同步去除或回收，已成为 HMCs 处理的重要技术手段之一。目前，电化学氧化破络工艺主要包括电氧化-电絮凝/电气浮、电芬顿、压电和电化学膜过滤等。

1. 电氧化-电絮凝/电气浮

电氧化-电絮凝技术不仅可氧化分解有机物，还可有效去除水中带电粒子及悬浮物，兼具氧化、絮凝、气浮等多种功能。Durante 等（2011）采用电氧化-电絮凝工艺处理模拟 Cr(III)-EDTA 废水，以硼掺杂金刚石电极为阳极，Ti/Pt 网为阴极，在恒定电流密度为 320 mA/cm^2 的条件下，EDTA 在 50 min 内几乎完全被矿化。在电絮凝过程中，以铁棒作为牺牲电极，通过氧化溶解持续供给 Fe^{2+}和 Fe^{3+}。结果表明，电絮凝不仅可以去除溶液中的 Cr(III)，还降低了电氧化过程中产生的 Cr(VI)。Li 等（2014a）研究以 SnO_2-Sb_2O_5/Ti 为阳极，采用电氧化-电絮凝法处理含 Cr(III)-丙二酸或 Cr(III)-草酸的模拟钝化废水。

在初始 pH = 8.12 的条件下电氧化 30 min，Cr 在随后的电絮凝过程中几乎被完全去除。以上两项研究表明电氧化-电絮凝不仅可实现对 Cr(III)络合物的高效破络与总铬的有效去除，而且可有效控制 Cr(VI)的产生，在含铬络合物废水的处理中具有很好的应用潜力。

Khelifa 等（2013）开发了一种电生活性氯氧化-电气浮工艺，实现了对 Cu(II)-EDTA/Ni(II)-EDTA 的高效降解，并同步去除了释放的 Cu^{2+}/Ni^{2+}。研究表明，Cl^-的存在显著促进了 Cu(II)-EDTA/Ni(II)-EDTA 的破络，这主要因为在电化学作用下 Cl^-可向活性氯转化，形成的活性氯可以持续氧化降解重金属络合物。碱性条件下，后续电气浮单元可有效分离破络释放的重金属离子，从而达到降解金属络合物的同时去除重金属的目的。Zeng 等（2016b）考察了外加 Cl^-对光电催化氧化降解 Cu(II)-EDTA 与同步回收 Cu 的影响，结果显示 Cl^-显著促进了 Cu(II)-EDTA 降解和 Cu 回收。相比无 Cl^-体系，Cu(II)-EDTA 降解动力学与 Cu 回收动力学反应速率均加快了约 2.3 倍。

2. 电芬顿

Guan 等（2018）采用电芬顿技术处理 Cu(II)-EDTA 水溶液，以铁板为阳极，不锈钢板为阴极，在初始 pH 为 3、49.4 mmol/L H_2O_2 和电流密度为 7.29 mA/cm^2 的条件下，实现了 Cu(II)-EDTA 的高效破络，反应 30 min 即可达到 95%的破络效果。电子顺磁共振结果表明，HO•是主要的氧化破络物种。阳极析出的铁离子作为催化剂和絮凝剂加速了 Cu(II)的去除，同时，阴极的沉积和吸附作用也有助于 Cu(II)的去除。Zhao 等（2018b）探究了电芬顿处理 Cu(II)/Ni(II)-EDTA 混合体系对 Cu(II)、Ni(II)的去除性能。以铁皮作阴阳极，在 pH 为 2、H_2O_2 流速为 6 mL/（L·h）、电流密度为 20 mA/cm^2 的条件下，反应不到 30 min 便可使 Cu(II)和 Ni(II)浓度低于国家排放标准。Wen 等（2018）以石墨管为阳极，三维大孔石墨烯气凝胶为阴极构建电芬顿体系对 Ni(II)-EDTA 进行破络。与前述电芬顿工艺不同，该研究中用于芬顿反应的 H_2O_2 来自阴极还原 O_2，无须人工添加，而因缺少 Fe 牺牲电极，需要额外添加 Fe^{2+}。结果表明，在优化的条件下反应 120 min，Ni(II)-EDTA 去除率为 73.5%。Xie 等（2020）以 Fe^0 为阳极，构建了缺氧/电混凝和有氧/电混凝两步电混凝处理 Cu(II)-EDTA 工艺，在 Fe^0-缺氧/电混凝过程中，Cu(II)-EDTA 可完全转化为 Fe(III)-EDTA；在 Fe^0-有氧电混凝过程中，活化氧产生的 HO•进一步降解 Fe(III)-EDTA。

3. 其他电化学技术

压电技术主要利用压电材料的介导将机械能转化为电能，能有效节省电耗，具有清洁、绿色、方便易得等优点。2019 年，压电技术首次被用于处理重金属络合物（Pan et al., 2019）。该研究采用 40 kHz 超声（200 W）对压电材料 $BaTiO_3$@graphene 施加机械力并产生表面电位。当初始物质的量浓度为 0.1 mmol/L 时，Cu(II)-EDTA 在 3 h 内破络超过 50%，而超声或单纯 $BaTiO_3$@graphene 均未见明显降解。目前多数降解金属络合物的技术依赖强氧化剂（如 HO•），常需要添加高浓度的化学试剂或者提高能量消耗来保证氧化物质的高效产生，而电化学膜过滤可以利用金属络合物催化分解原位形成的 H_2O_2 产生 HO•，具有自强化作用。Li 等（2021a）报道了一种电化学膜过滤系统对 Cu(II)-EDTA 进行破络。在 3 V 的电池电压下，初始物质的量浓度为 0.5 mmol/L 的 Cu(II)-EDTA 在电解 2.5 h 后，Cu(II)-EDTA 去除率为 81.5%，Cu 的回收率达 72.4%。除阳极直接氧化 H_2O 产生的 HO•之外，Cu(II)-EDTA 反应生成的脱羧中间产物（如 Cu(II)-NTA、Cu(II)-IDA）进一步催化阴极原位形成的 H_2O_2 产生 HO•，进而实现了 Cu(II)-EDTA 的自强化破络。

6.2.6 其他化学氧化破络

1. 光（电）氧化破络

光化学氧化法因具有反应速度快、氧化能力强、耗时短、反应条件温和、无二次污染等特点而在重金属破络方面受到研究者青睐。该方法通过氧化剂（H_2O_2、PS 等）或催化剂（Fe^{3+}、半导体 TiO_2 等）在紫外线或可见光的激发或催化作用下，产生具有强氧化性的 HO•进行氧化破络，包括均相光氧化破络法和非均相光催化氧化破络法两大类，主要有 UV/H_2O_2、UV/PS、UV/AA、UV/氯、UV/TiO_2 等体系。

基于 Fe(III)-羧基结构良好的光响应性能，Kim 等（2016）和 Lee 等（2018）研究了光照下 Fe(III)-EDTA 的降解性，发现在酸性或近中性条件下，反应都沿着脱羧途径进行，只是最终降解产物不同。为验证光辐射对其他重金属络合物的降解性能，Lan 等（2016）研究了 UV/H_2O_2 对 Cu(II)-EDTA 的降解，发现在 18 min 内，UV 和 H_2O_2 对 Cu(II)-EDTA 降解率均不足 2%，而 UV/H_2O_2 对其降解率却高达 82.2%。笔者课题组为确定 HO•和 $SO_4^{\bullet-}$ 降解 Cu(II)-EDTA 的反应途径，比较研究了以 HO•为特征的 UV/H_2O_2 和以 $SO_4^{\bullet-}$ 为特征的 UV/PS 氧化 Cu(II)-EDTA 的效果与机理（Xu et al.，2017）。结果表明，两体系对 Cu(II)-EDTA 降解均为逐步脱羧过程，但 UV/PS 对 Cu(II)-EDTA 的氧化速率明显快于 UV/H_2O_2。机理研究显示，在实验条件下，PS 催化分解效率远高于 H_2O_2，使 UV/PS 产生更高的自由基浓度。特别是，Cu(II)-EDTA 降解中间产物引发类芬顿反应产生了自催化效应，加速了 Cu(II)-EDTA 的自催化降解。引入光敏性分子 AA，Cu(II)-EDTA 的光降解速率提高 2～3 倍（Zhang et al.，2019a）。产物鉴定结果表明，AA 通过加速 Cu(I)/Cu(II) 循环促进了光芬顿反应生成活性氧化物种。

近些年，由于 UV/氯可以同时产生 HO•和 RCS（如 Cl•、$Cl_2^{\bullet-}$ 和 ClO•），这些物种在降解有机污染物方面发挥了互补作用。Cl•具有较高的还原电位（2.4～2.5 V）和较强的选择性，可以与许多含有氨基或羧基的化合物（如苯胺和苯甲酸）快速反应。因此，Cl•主导的 UV/氯在高效破坏重金属络合物方面具有很大的潜力。为了验证 UV/氯去除重金属络合物的适用性，笔者课题组研究了 UV/氯对 Cu(II)-EDTA 的降解性能和机理（Huang et al.，2019）。结果表明，UV/氯可高效降解 Cu(II)-EDTA，同时在碱性条件下 Cu 通过生成 CuO 沉淀去除。光辐照过程形成 Cu(II)-EDTA 降解产物如 Cu(II)-ED2A 和 Cu(II)-EDMA 等引发了 LMCT 过程，促进了 Cu(II)/Cu(I)变价循环，实现了 Cu(II)-EDTA 自催化降解。除此之外，UV/氯还能降解 NTA、柠檬酸等其他配体与 Cu(II)的络合物，对实际电镀废水也取得令人满意的处理效果，处理后剩余 Cu 质量浓度小于 1 mg/L。

为了进一步提高光辐射效率，引入半导体介导强化氧化也是促进重金属破络的有效方法。TiO_2 作为应用最广泛的光催化半导体，众多研究揭示了其对 HMC_s 的破络特性。

Madden 等（1997）研究了 Degussa P-25 TiO_2 光催化剂对多种 HMC_s 的降解活性，其顺序为：Cu(II)-EDTA > Pb(II)-EDTA ≫ EDTA > Ni(II)-EDTA ≈ Cd(II)-EDTA ≈ Zn(II)-EDTA ⋙ Cr(III)-EDTA。Kim 等（2003）进一步制备了一种金红石型 TiO_2，在 800 W 高压汞灯照射下，所制备的材料对 Cu(II)-EDTA 和 Pb(II)-EDTA 的处理效果与 Degussa P-25 TiO_2 效果相同。Lee 等（2015）通过静电纺丝-煅烧方法成功制备了一维 TiO_2 纳米纤维，用于 Cu(II)-EDTA 的光催化分解、产氢和铜回收。在 400 W 高压汞灯照射 4 h 下，Cu 还原率可达 90%以上，有机物矿化率可达 57%～71%。

受光生空穴和电子复合的影响，半导体光催化破络效率总体不高。由此引入光电催化（photoelectric catalysis，PEC）技术以进一步提升氧化破络效率。PEC 将光催化剂作为阳极安装在导电基底上，通过施加外部偏置电压将光生电子驱动到阴极，从而延缓电子-空穴对的复合时间。Zhao 等（2015）验证了光电催化可以产生更多的 HO•，证明了光电催化可以延缓光生空穴和电子的复合。在恒流密度为 0.5 mA/cm^2 的条件下，低压汞灯照射 3 h 后，Cu(II)-EDTA 的降解率为 72%，Cu 的回收率达 67%。之后，利用一次性阳极氧化制备的二氧化钛纳米管阵列对氰化 Cu(II)和 Cu(II)-EDTA 进行光电催化降解。结果表明，破络效率随着外加电压的增加和 pH 的降低而提高，同时，EDTA 的存在有利于氰化 Cu(II)的降解。在以上研究的基础上，Zhao 等（2014）研制了连续流动处理 Cu(II)-EDTA 的管式反应器。Cu(II)-EDTA 降解率和 Cu(II)回收率随着水力停留时间的延长、pH 和初始 Cu(II)-EDTA 浓度的降低而升高。2016 年，Zeng 等（2016b）通过外加 H_2O_2/Cl^- 进一步强化光电催化 PEC 降解 HMC_s。200 mmol/L Cl^- 存在时，Cu(II)-EDTA 降解一级动力学常数从 0.047 4 min^{-1} 增加至 0.063 2 min^{-1}。随着 H_2O_2 增加到 50 mmol/L，Cu(II)-EDTA 一级动力学常数从 0.0677 min^{-1} 增加至 0.088 0 min^{-1}。相比于 PEC/H_2O_2，PEC/Cl^- 配体矿化程度较差，且有不同的破络路径，这主要是因为活性氧物种（reactive oxygen species，ROS）向 RCS 转化。此外，在 PEC 体系中引入过硫酸盐（$S_2O_8^{2-}$），可进一步提高 Cu(II)-EDTA 的降解率和 Cu 的回收率（Zeng et al.，2016a）。添加 5 mmol/L $S_2O_8^{2-}$ 时，Cu(II)-EDTA 的降解率从 47.5%升至 98.4%，这主要是因为紫外线和阴极还原作用活化 $S_2O_8^{2-}$ 向 $SO_4^{\bullet-}$ 转化。

2. 等离子体氧化破络

低温等离子体是一种电离气体，通过放电或射线产生。它是由电子、离子、分子、自由基等粒子组成的一种新的物质聚集态，被称为第四态物质。等离子体氧化过程是将气体注入放电反应器，在放电反应器中施加高电场使气体被激发和电离，产生大量的活性物质，如 $^1O_2$、$O_2^{\bullet-}$、O_3 和 HO•。Wang 等（2020）采用等离子体氧化对铜-腐殖酸进行降解以验证等离子体氧化破络效果与机理。实验结果表明，在 15 min 内铜-腐殖酸降解率达 89.3%，这归因于产生的活性氧攻击了铜-氧、铜-氮等不饱和位点，导致酚类、酰胺类、小分子酯和酸的形成。Wang 等（2018）进一步利用等离子体氧化结合碱性沉淀对 Cu(II)-EDTA 的降解进行了探究。放电等离子体在 60 min 内实现了 Cu(II)-EDTA 的完全降解和 82.1%的 TOC 矿化，放电等离子体产生的 $^1O_2$、$O_2^{\bullet-}$、O_3 和 HO•是 Cu(II)-EDTA 逐步脱羧分解的原因。随后，释放的 Cu^{2+} 通过碱沉淀过程沉淀为 $CuCO_3$、$Cu_2CO_3(OH)_2$、CuO 和 $CuO(OH)_2$，从水溶液中得到去除。

3. 零价铁/O_2破络

基于 nZVI 的材料可以通过氧化、还原、混凝和吸附等多种机制来去除水体中的重金属络合物。nZVI 通常由一个内部的 ZVI 核和一个外层的铁氧化物组成，铁氧化物可以充当电子在 ZVI 核与水溶液之间的穿梭媒介（Bae et al.，2018）。nZVI 加入水中会发生一些自发反应过程。首先，表面 ZVI 可以与水或质子直接反应，释放出 Fe^{2+}/Fe^{3+}，然后水解形成铁氢氧化物，导致污染物共沉淀；同时，由 ZVI 或 Fe^{2+}引起的电子转移形成活性氧，可对络合物进行去除；其次，ZVI 或 Fe^{2+}电子转移会诱导溶解氧形成活性物种，以达到对重金属络合物的破络目的；最后，nZVI 具有极大的比表面积，为重金属还原和吸附提供了极好条件。理论上，Fe^0 的氧化将导致 Cu(II)-EDTA 首先被 Fe^{3+} 替换，这是因为 Fe(III)-EDTA（$\lg K=25.2$）的稳定常数明显高于 Cu(II)-EDTA（$\lg K=18.8$），释放的游离 Cu^{2+}通过多种途径被进一步去除，包括沉淀、吸附到 ZVI 的表面及被 ZVI 还原。

Guan 等（2015a）研究发现，弱磁场（weak magnetic field，WMF）可以有效促进 ZVI 对 Cu(II)-EDTA 的降解，其中 Cu(II)的去除速率是未加磁场时的 14.5～87 倍。Fe^0 直接还原 Cu(II)-EDTA 热力学上并不可行，Fe(III)是去除 Cu(II)-EDTA 必要条件但不能实现对 Cu^{2+}的直接去除。Fe(III)与 Cu(II)-EDTA 发生置换是 ZVI 去除 Cu(II)-EDTA 的至关重要步骤，随后释放出的 Cu^{2+}通过 ZVI/Fe(II)还原去除。WMF 加速 ZVI 腐蚀形成 Fe(II)、Fe(III)物种，进而促进 Cu^{2+}的释放和还原吸附。EDTA 和 TOC 在 ZVI/WMF 过程中有一定程度的去除，这归因于腐蚀的 ZVI 和原位形成的铁（氢）氧化物的吸附共沉淀作用。除了 WMF 强化，将 ZVI 负载或进行硫化改性处理也是有效提高 ZVI 对重金属络合物去除的重要策略。笔者课题组使用了阴离子交换剂 D201 固定的 nZVI 对 Cu(II)-EDTA 进行去除（Liu et al.，2017a），发现 Cu 积聚在 D201 颗粒的外层，而在核心区未检测到，且 Cu 与 Fe 的分布空间高度一致。XRD 图谱显示 Cu(II)被还原成 Cu^0，表明 Cu(II)去除是经 nZVI 腐蚀释放 Fe^{3+}置换后通过吸附和还原去除。Li 等（2021c）则采用硫化纳米零价铁 S-nZVI 去除 Cd(II)络合物，结果表明 S-nZVI 对 Cd(II)-EDTA、Cd(II)-DTPA、Cd(II)-柠檬酸、Cd(II)-酒石酸盐和 Cd(II)-Gly 均有很好的去除效果。此外，S-nZVI 还可以在有其他物质影响的条件下去除 Cd(II)。溶解态 Fe(III)与 Cd(II)络合之间的置换反应是 Cd(II)去除的关键，释放出来的 Cd^{2+}最终会以 CdS 或 Fe-O-Cd 附着在 S-nZVI 上。

6.2.7 金属变价循环强化重金属破络

1. 金属变价循环强化破络原理

众多研究表明，基于 AOPs 的重金属破络遵循逐步脱羧过程，即每一步反应脱去一个羧基形成新的中间配体，直至释放出游离重金属（Chen et al.，2022a；Huang et al.，2019）。作为 3d 过渡金属，Cu 等重金属具有与 Fe 类似的化学性质，可以通过类芬顿反应方式，如 Cu(II)/Cu(I)循环，催化过氧化物（如 H_2O_2、PS 等）产生活性氧化物种，如 HO•、$SO_4^{\bullet-}$、Cu(III)等。同时，形成的氨羧/羟羧-重金属络合物（如 Cu(II)-甘氨酸）具有良好的光敏性，在光激发下也能通过LMCT加速金属循环转化，促进活性氧化物种的产生。此外，中间产物与氧化剂再络合形成多配体络合物，在光照作用下通过LMCT过程促进金属变价转化，进而强化氧化物种的形成。因此，AOPs破络形成络合态中间产物可通过类芬顿反应或LMCT过程加速金属变价循环转化，强化活性氧化物种的产生，对重金属络合物破络起到自催化作用。这种自催化过程以络合态中间产物为活化剂，无须额外添加催化剂，符合绿色化学理念，为重金属络合物的高效处理提供了新策略。

基于金属变价循环这一策略，笔者课题组系统探究UV/PS、UV/氯和UV/AA等体系强化Cu(II)络合物的破络特性，揭示破络过程中Cu价态循环转化与形态变化，阐明强化重金属破络的关键机制，并评估该策略的实际应用潜力。此外，金属变价循环强化破络的现象在UV/H_2O_2、电化学膜过滤（electrochemical membrane filtration，EMF）降解Cu(II)-EDTA过程中也得到证实（Li et al.，2021a；Lan et al.，2016）。

2. UV/H_2O_2和UV/PS

Lan等（2016）研究了利用UV/H_2O_2形成的HO•降解Cu(II)-EDTA的特性。随着反应的进行，Cu(II)-EDTA被氧化逐渐转化为脱羧产物，同时因H_2O_2分解为OH^-使溶液pH自发升高。有趣的是，溶液的颜色发生了相应变化，从淡蓝色到黄色后又回到淡蓝色，同时Cu(II)-EDTA降解显著加快。紫外可见吸收光谱、傅里叶红外光谱、拉曼光谱和XPS光谱分析表明黄色物质是含CuO_2的沉淀物。CuO_2的光还原促进了Cu(II)向Cu(I)转化，强化类芬顿过程产生HO•，导致Cu(II)-EDTA的自加速降解。这一结果表明UV/H_2O_2对Cu(II)络合物去除的独特优势。

笔者课题组比较研究了UV/H_2O_2和UV/PS对Cu(II)-EDTA的降解作用（Xu et al.，2017）。UV/H_2O_2对Cu(II)-EDTA的降解能力已被证实，UV/PS对Cu(II)-EDTA的降解速率比UV/H_2O_2高出数倍。两种体系的pH均保持在3时，反应后不产生沉淀物质，但仍观察到Cu(II)-EDTA和TOC得到明显的加速去除，表明破络形成的中间产物发挥了关键作用。利用毛细管电泳分析得出两体系的主要产物为Cu(II)-ED3A、Cu(II)-EDDA与Cu(II)-EDMA，表明Cu(II)-EDTA降解为逐步脱羧过程。利用电子顺磁共振测试揭示了Cu(II)-EDTA及脱羧产物在破络过程中的作用（图6.15）。结果发现Cu(II)-EDTA在两种体系中均不具有催化活性，而释放的Cu^{2+}和大多数脱羧产物可以有效地激活两种过氧化物，特别是PS产生大量的氧化活性物种。因此，光活化过氧化物是Cu(II)-EDTA在起始阶段破络的主要作用，随着Cu(II)-EDTA的降解，中间产物的自增强破络的贡献越来越大。由于Cu(II)对PS具有较高的催化活性，PS去除Cu(II)络合物比H_2O_2更高效。这项研究强调了重金属形态分析对揭示中间产物关键化学特性的科学价值。

3. UV/氯

以Cl•为特征的UV/氯体系在中碱性条件下对Cu(II)-EDTA表现出高效的降解效率，且Cu(II)-EDTA的降解呈先慢后快的自催化两阶段动力学特性（Huang et al.，2019）。增加R_m（$[NaClO]_0/[Cu]_0$）和降低溶液pH加快了Cu(II)-EDTA降解的两阶段动力学。伴随Cu(II)-EDTA降解，破络后释放的Cu形成CuO析出。在R_m=60时，60 min内Cu去除率达到约96%，剩余Cu质量浓度从19.2 mg/L降至1 mg/L。自由基捕获实验和竞争动

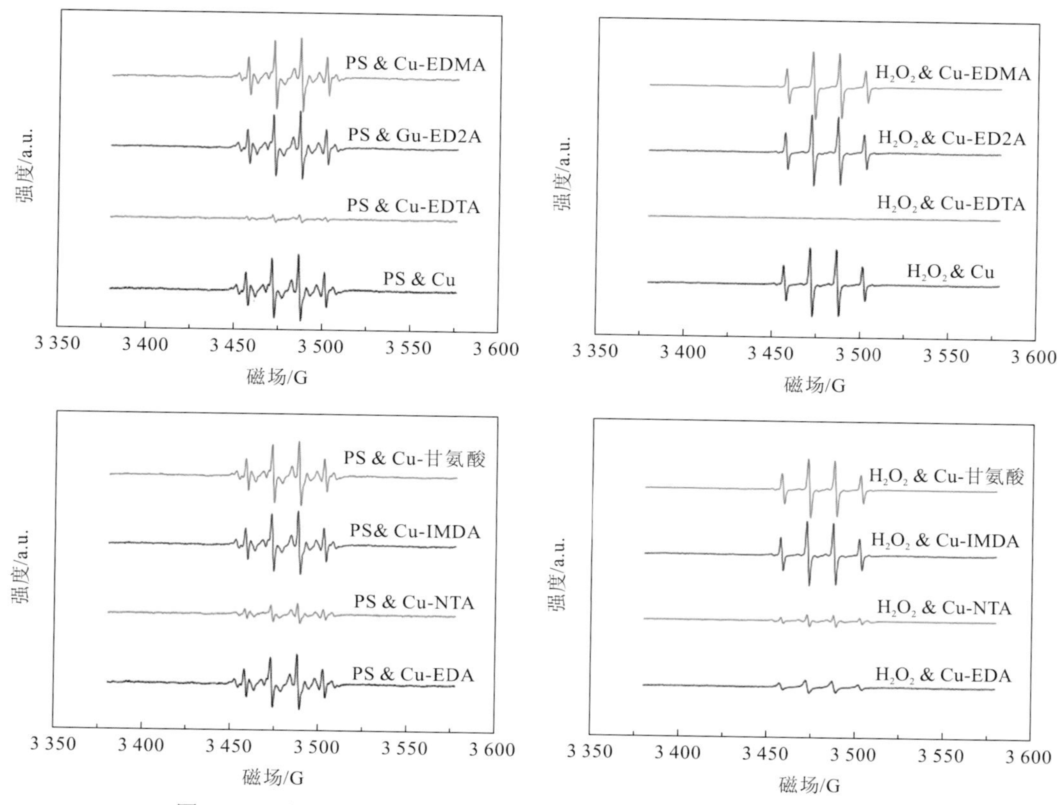

图 6.15　不同形态 Cu(II)与 PS/H_2O_2 的混合物的电子顺磁共振谱图

引自 Xu 等（2017）

力学结果表明主要破络物种为 Cl•，对 Cu(II)-EDTA 降解的贡献高达 95.2%。电子顺磁共振谱图进一步证实 Cl•为主要活性氧化物种。

UV/氯降解 Cu(II)-EDTA 过程观察到 Cu(I)的产生，其浓度随 Cu(II)-EDTA 浓度升高和溶液 pH 下降而升高。Cu(I)具有显著促进氯分解和苯甲酸降解的作用，但对硝基苯降解的促进可忽略，可见 Cu(I)能活化氯分解产生 Cl•。UV-Vis 谱图证实了 Cu(I)与 ClO^-发生络合作用。形成的多元络合物在紫外线辐照下能发生分解并形成黑色 CuO 沉淀，表明 Cu(I)-ClO 络合物可光解强化产生 Cl•，同时生成 CuO 和 Cu(II)络合物。HPLC 和 MS 检测到 Cu(II)-ED3A（$m/z=294$）、Cu(II)-ED2A（$m/z=239$）、Cu(II)-EDMA（$m/z=181$）和 Cu(II)-NTA 等脱羧产物，可见 UV/氯体系中 Cu(II)-EDTA 降解遵循逐步脱羧过程。此外，还测到 3 种 Cu(I)-ClO 络合物（$m/z=403$、345 和 177）和 5 种氯代中间产物（$m/z=385$、329、217、193 和 165）。UV/氯降解 Cu(II)-EDTA 可能的路径如图 6.16 所示。Cl•以夺氢的方式进攻 Cu(II)-EDTA 后通过 LMCT 过程产生 Cu(I)，形成的 Cu(I)立即与 ClO^-发生络合。形成的多元络合物在光激发下经金属至配体的电子转移（metal-to-ligand charge transfer，MLCT）过程产生大量的 Cl•。因此，Cu(II)-EDTA 降解是由 LMCT 和 MLCT 参与的逐步脱羧过程，而且 Cu(II)/Cu(I)氧化还原循环过程强化了 Cl•的产生，从而促进了 Cu(II)-EDTA 的自催化降解。

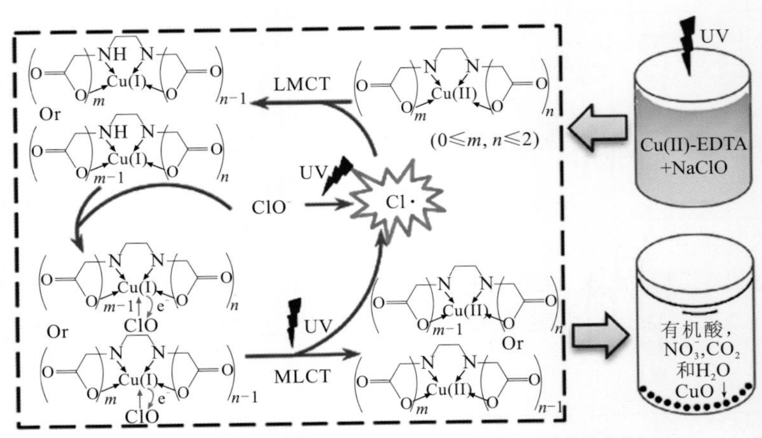

图 6.16　UV/氯降解 Cu-EDTA 的可能路径示意图

引自 Huang 等（2019）

4. UV/AA 和 EMF

研究人员发现乙酰丙酮（AA）可通过光芬顿反应增强对 Cu(II)-EDTA 的破络（Zhang et al.，2019a）。在 0.3 mmol/L Cu(II)-EDTA 和[AA]:[Cu(II)-EDTA] = 1 的条件下，AA 的加入促使 Cu(II)-EDTA 降解速率提高了 2～3 倍，而 Cu(II)-EDTA 的存在使 AA 的光化学分解速率变为之前的 0.25～0.33。中间活性物种和产物鉴定结构分析推测，破络的第一步为 Cu(II)-EDTA 通过 LMCT 过程进行直接光脱羧并产生 Cu^{+}。第二步，形成的 Cu^{+}发生类芬顿反应促进活性物种生成。AA 通过以下两种方式促进了光芬顿反应：①将 Cu^{2+}还原为 Cu^{+}；②AA 的氧化还原反应提供了更多的 H_2O_2。此外，AA 的降解产物可以通过 LMCT 过程促进 Cu(II)-EDTA 的降解。Li 等（2021a）发展了具有自强化破络特性的 EMF 系统，实现了对 Cu(II)-EDTA 的高效破络与 Cu 的回收。Cu(II)-EDTA 降解遵循逐步脱羧过程，主要脱羧产物为 Cu(II)-NTA、Cu(II)-EDDA、Cu(II)-IDA 和 Cu(II)-甘氨酸等。利用电子顺磁共振追踪 Cu^{2+}/H_2O_2、Cu(II)-EDTA/H_2O_2 和 Cu(II)-中间体/H_2O_2 体系的 HO•信号变化特征，结果表明 Cu(II)-中间体具有催化 H_2O_2 的活性，Cu(II)-中间体与原位生成的 H_2O_2 之间的高反应活性是 EMF 体系自增强破络效应的基础。

除 Cu 变价循环强化 Cu(II)络合物破络之外，Liang 等（2021）发现在碱性条件下添加 PMS 可增强对 Ni(II)-EDTA 的氧化破络。反应过程中 PMS 优先攻击 Ni(II)而不是 EDTA，形成具有强氧化性的高价 Ni，进而参与并促进破络过程。进一步研究认为，高价 Ni 以$[EDTA\text{-}Ni^{IV}{=}O]^{2-}$复合物的形式存在，这是一种相当活泼且不稳定的中间体，它会发生自解络形成固体 Ni(III)OOH。Ni(III)OOH 中 Ni(III)与复杂有机分子的螯合能力差，但可与 PMS 之间进一步反应产生 $O_2^{\bullet-}$和 $SO_3^{\bullet-}$等自由基，使 Ni(II)-EDTA 和 EDTA 分子进一步降解和矿化。

6.3 基于化学还原的重金属废水深度处理方法

6.3.1 常规药剂还原

对于废水中 Cr(VI)等高价态高毒性重金属，常用还原性药剂将其还原为低价低毒性金属，再通过化学沉淀法转化成不溶于水的化合物，从而达到去除效果。该类方法为药剂还原法，常用的还原剂有亚铁盐类、硫系化合物、硼氢化钠等，其中亚铁盐类和硫系化合物使用得较多。

1. 亚铁盐类

常用亚铁盐类还原剂包括 $FeSO_4$、$FeCl_2$ 和 FeS 等。酸性（pH＝1～3）条件下 Fe^{2+} 可还原 Cr(VI)生成 Cr(III)，而后用石灰或氢氧化钠调节 pH 至碱性（pH＝9～11），使其生成 $Cr(OH)_3$ 沉淀而去除（Barrera-Díaz et al.，2012）。Cr(VI)还原为 Cr(III)过程中 Fe^{2+} 被氧化为 Fe^{3+}，在弱酸性与碱性 pH 下 Cr(III)与 Fe(III)发生共沉淀，形成 Cr(III)-Fe(III)氢氧化物沉淀。研究表明，在低反应 pH 条件下 Cr(VI)还原效率更高（Chen et al.，2007），溶液 pH＝5～11 时 Cr(III)形成沉淀，但 pH＞12 时 $Cr(OH)_3$ 易复溶。因此，亚铁盐还原 Cr(VI)过程中调控还原反应和沉淀 pH 至关重要。采用亚铁盐还原沉淀法能够使 Cr(VI)有效去除，但加碱沉淀会产生大量铁泥。

2. 硫系化合物

硫系化合物因具有 S^{2-}、S^0 和 S^{4+}等多种还原价态而被广泛用于还原去除 Cr(VI)等高价态重金属污染物，常用硫系还原剂主要包括 SO_2、Na_2SO_3、$NaHSO_3$、$Na_2S_2O_5$、$Na_2S_2O_3$、$Na_2S_2O_4$、H_2S、Na_2S 等。冯西平等（2018）以 Na_2SO_3 和 $NaHSO_3$ 为还原剂、Na(OH)和 $Ca(OH)_2$ 为沉淀剂，研究了还原法对电镀废水中 Cr(VI)的去除效果。研究表明，$NaHSO_3$-Ca(OH)体系对 Cr(VI)的去除效率更高，当 pH＝2 且亚硫酸氢钠投加量为理论值的 1.75 倍时，Cr(VI)去除率达 99.35%。但以氢氧化钙为沉淀剂会产生大量污泥，需要二次处理。此外，亚硫酸钠、亚硫酸氢钠在酸性条件下易生成易挥发、有毒、有臭味的 SO_2（Barrera-Díaz et al.，2012）。

3. 硼氢化钠

硼氢化钠（$NaBH_4$）是一种反应条件温和的还原剂，多被用于 nZVI 或其他纳米金属单质的制备。研究证实 $NaBH_4$ 可直接用于还原 Cr(VI)，且无须额外添加沉淀剂就可自然沉淀 Cr(III)，这是因为 $NaBH_4$ 在水溶液中会水解产生 OH^-，导致体系 pH 升高（Zhao et al.，2018a）。同时，反应过程中会产出较可观的氢，通过添加金属催化剂可以提高氢气的产量，使 $NaBH_4$ 还原除铬体系同时实现除铬与产氢。Zhao 等（2019）的研究结果表明在 Fe-Al 催化剂的存在下，0.1 g $NaBH_4$ 可以还原去除 49.5 mg 的 Cr(VI)并回收约 210 mL 氢气。Liu 等（2016）以 $FeCl_3/NaBH_4$ 体系还原除铬，发现当$[Cr(VI)]_0$＝50 mg/L

时，在 3 min 内去除率达 97.6%～99.9%，明显优于单独 $FeCl_3$ 和 $NaBH_4$。需要说明的是，$NaBH_4$ 主要用于实验室基础研究，受药剂成本、操作安全性等因素制约，工业化应用潜力不大。

6.3.2 零价金属还原

常用零价金属有零价铁、铝和镁等，其还原去除水体中重金属污染物的过程一般包括三方面作用：①还原作用，利用零价金属强还原性直接还原高价态重金属；②微电解作用，零价金属在电极氧化过程中失去电子而还原高价态金属污染物，同时电极反应中产生的原子态氢及 Fe(II)等也起到一定的还原作用；③絮凝吸附作用，零价金属在氧化过程中会产生具有一定吸附效果的氢氧化物沉淀，通过吸附絮凝等过程可去除一定量的污染物。

1. 零价铁还原

ZVI 是一种来源广泛、价格低廉、环境友好的材料。ZVI 氧化还原电位 E^0(Fe(II)/Fe(0))= −0.44 V，是一种还原活性较高的还原剂，可将高价有毒重金属污染物转化为低价态，且本身无毒不易迁移，目前已广泛用于去除水体中的 Cr(VI)、Se(VI)等污染物。然而，ZVI 表面比表面积小，易结块，表面易形成钝化层，大大降低对 Cr(VI)、Se(VI)等污染物的还原效率（Guan et al.，2015b）。为提高 ZVI 反应活性，研究者通过纳米化、强氧化剂介导、硫化、球磨、金属掺杂等手段对 ZVI 进行改性。

1）纳米化

nZVI 具有以金属铁为核心、氧化物为外层的“核-壳”结构。其氧化层由 Fe^{2+}/Fe^{3+} 化合物组成，受合成方法、颗粒大小、保存条件影响，与块状铁表面的钝化膜有明显区别。纳米零价金属表面的氧化物会对电子传输效率产生影响，在实际使用时常通过化学方法除去氧化外壳从而充分激活其还原活性。近几年研究发现，nZVI 氧化外壳由 FeO、Fe_3O_4、Fe_2O_4 组成，在水中会形成 Fe(0)/Fe(II)/Fe(III)混合相，而有适当厚度氧化壳的 nZVI 稳定性更强，更利于实际应用。Hu 等（2019）采用不去除铁氧化外壳的液氮法活化 nZVI，其对 Cr(VI)的去除速率提高了 4～120 倍。nZVI 团聚和不稳定性在一定程度上限制了其在实际污水处理中的应用，为了解决 nZVI 易团聚的问题，研究者尝试用不同的材料作为 nZVI 的支撑载体（Liu et al.，2017b；Qian et al.，2017）。已有研究表明，黏土矿物、碳质材料、树脂等作为 nZVI 的支撑材料能够有效分散 nZVI，减少团聚，从而提高其反应活性。Fu 等（2013）利用硼氢化物还原法合成了树脂负载 nZVI 复合材料并用来处理含铬废水，不仅能够减少 nZVI 集聚，还能够通过还原作用去除水体中 Cr(VI)，在 pH>6.3 时通过化学沉淀作用去除水体中的 Cr(III)。

笔者课题组以聚合物阴离子交换器（D201）为载体原位制备了毫米级外形的复合纳米材料 nZVI@D201，在硫酸盐存在下，由于复合材料的纳米孔限域效应和 Donnan 膜效应（图 6.17），nZVI@D201 对痕量 Se(VI)的去除效果优于 D201、nZVI 及其混合物（Shan et al.，2017）。此外，nZVI@D201 去除痕量 Se(VI)受 pH（3～10）、溶解氧、共存阴离子和腐殖酸的影响可忽略不计。XPS 光谱分析显示，nZVI@D201 中固定的 Se 主要是 Se(IV)，占比 84.9%，表明 Se 主要通过离子交换、吸附和还原的协同得到有效去除。通过多次循环再生，nZVI@D201 能够可持续地用于 Se(VI)的去除。固定床实验结果也表明 nZVI@D201 具有良好的应用前景。

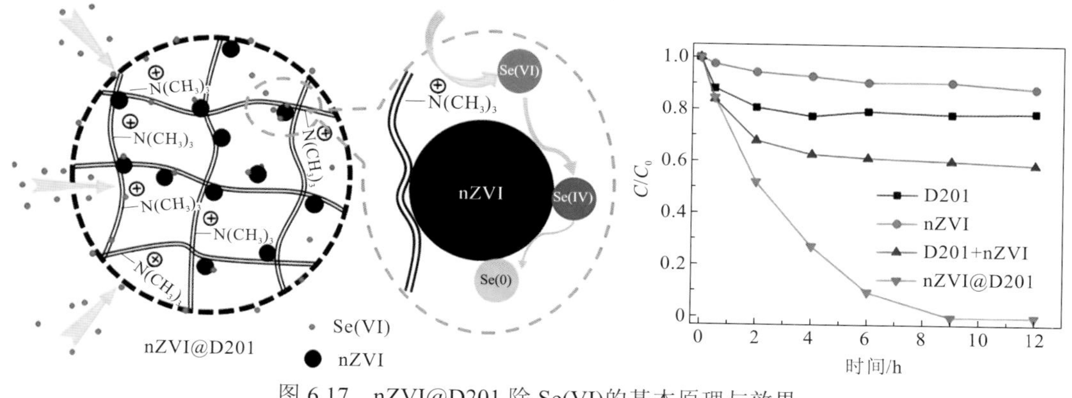

图 6.17 nZVI@D201 除 Se(VI)的基本原理与效果

引自 Shan 等（2017）

2）强氧化剂介导

ZVI 在水中会自发与 O_2 等氧化性物质反应，生成 Fe_xO_y、$Fe_x(OH)_y$、FeOOH 等多种铁基腐蚀产物。利用强氧化剂（如 H_2O_2、$KMnO_4$ 和 NaClO 等）也能够去除 ZVI 表面腐蚀层，其原理主要有两个方面：①强氧化剂与 ZVI 反应生成 Fe(III)络合物；②在强氧化剂作用下，ZVI 表面腐蚀加速，防止其表面钝化。笔者课题组采用 H_2O_2/HCl 对 ZVI 进行了预腐蚀处理，可显著提高 ZVI 还原 NO_3^- 和 Se(VI)的性能（Yang et al.，2018）。经 H_2O_2/HCl 预腐蚀处理的 ZVI（pcZVI），在短时间内（15 min）能实现对 Se(VI)的完全去除（图 6.18）（Shan et al.，2018a）。pcZVI 对高硫酸盐溶液中 Se(VI)的去除效果优于 ZVI（无 H_2O_2 存在时）和酸预处理 ZVI。合成的 pcZVI 悬浮液 pH 为 4.56，呈弱酸性，含有丰富的水相 Fe^{2+}。^{57}Fe 穆斯堡尔谱分析表明，pcZVI 主要由 Fe^0（66.2%）、水合氧化铁（26.3%）和 Fe_3O_4（7.5%）组成。由于其强大的缓冲能力，pcZVI 对 Se(VI)的有效去除可维持在较宽的 pH 范围（3～9）。氯离子、碳酸盐、硝酸盐和常见阳离子（Na^+、K^+、Ca^{2+}和 Mg^{2+}）的存在对 pcZVI 去除 Se(VI)的影响很小，而硫酸盐、硅酸盐和磷酸盐的抑制作用表明吸附 Se(VI)是去除 Se(VI)的先决步骤。水相 Fe^{2+}的消耗与 Se(VI)的去除有关，X 射线吸收近边结构谱揭示 pcZVI 去除 Se(VI)的主要途径是将 Se(VI)逐步还原为 Se(IV)，最终形成 Se(0)（78.2%）。此外，使用 H_2O_2/HCl 预处理 ZVI 也是提高实际废水中 Se(VI)还原去除效率的有效方法（Wu et al.，2018）。结果显示，在酸性条件下，经预处理的 ZVI 可将实际采矿废水中 Se(VI)质量浓度从 93.5 mg/L 降至 0.4 μg/L 以下，效果远优于 HCl 预处理、H_2O_2 预处理等其他体系。这是因为 H_2O_2/HCl 预处理产生了大量还原性腐蚀产物（如 Fe_3O_4、FeO 和 Fe^{2+}），可作为活性介质促进 Se(VI)的吸附和还原。此外，铁氧化物还可以提供表面 Fe^{2+}还原 Se(VI)。处理过程中 ZVI 和 Se 的演变结果表明，Se(VI)的去除主要通过吸附、还原和共沉淀等多种途径实现。

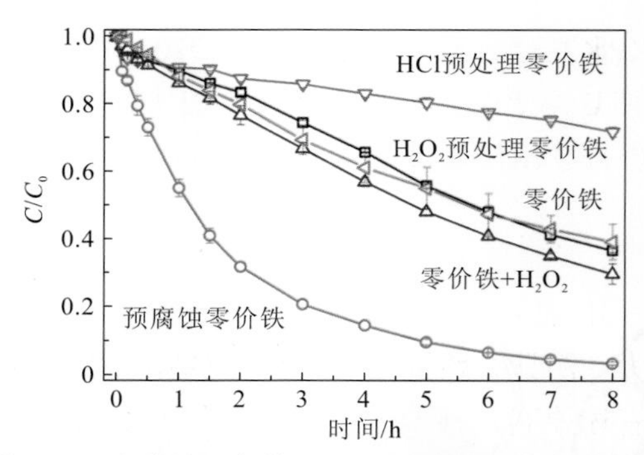

图 6.18　多种处理条件下 ZVI 对 Se(VI)的去除效果

引自 Shan 等（2018a）

与传统 ZVI 单独处理 Se(IV)的低效性能相比，氧化剂（NaClO、H_2O_2、$KMnO_4$）与 ZVI 偶联实现了 Se(IV)的高效快速去除（Li et al.，2018b）。NaClO、H_2O_2、$KMnO_4$ 介导去除 1 mol Se(IV)所需氧化剂的最小剂量分别为 3.94～4.09 mL、3.90～4.33 mol 和 3.29～3.54 mol。Se(VI)去除效率与氧化剂种类有关，$KMnO_4$ 表现出比 NaClO 和 H_2O_2 两种氧化剂更高的 Se(IV)去除效率。这可能是因为 $KMnO_4$ 比 NaClO 和 H_2O_2 可以接受更多来自 ZVI 的电子，且反应过程中生产的副产物 MnO_2 也具有一定的除 Se(IV)能力。

3）硫化/球磨/金属掺杂

nZVI 的硫化（S-nZVI）是通过还原性硫化合物对 nZVI 粒子进行改性，能够增加 nZVI 的反应性和选择性，其中连二亚硫酸盐化合物（$Na_2S_2O_4$）是目前常用的 nZVI 硫化剂。Li 等（2018a）研究了有氧条件下用单质硫球磨及 Na_2S 反应合成的两种硫化 ZVI（标为 $S\text{-}ZVI^{bm}$ 和 $S\text{-}ZVI^{Na_2S}$）对 Cr(VI)的反应性和电子选择性（electron selectivity，ES）。硫化作用显著提高了 ZVI 的反应活性，$S\text{-}ZVI^{bm}$ 和 $S\text{-}ZVI^{Na_2S}$ 对 Cr(VI)的去除速率常数与不含硫的 Cr(VI)的速率常数之比为 1.4～29.9。$S\text{-}ZVI^{bm}$ 和 $S\text{-}ZVI^{Na_2S}$ 对 Cr(VI)的电子选择性为 14.6%和 13.3%，分别是未硫化时的 10.7 倍和 7.5 倍。这主要是因为硫化作用使 ZVI 对 Cr(VI)的还原率大于对溶解氧的还原率。硫化作用增大了 ZVI 的比表面积，FeS_x 层的阴离子选择性有利于 Cr(VI)在 S-ZVI 表面的富集，且 FeS_x 层的高效电子导体作用有利于 Fe^0 核向表面 Cr(VI)的电子转移，从而提升 ZVI 还原 Cr(VI)的性能。

为提高 ZVI 还原重金属能力，笔者课题组以 ZVI、Fe_3O_4 和 $FeCl_2{\cdot}4H_2O$ 三元混合物为原料，通过球磨合成了 $Fe^0/Fe_3O_4/FeCl_2$ 微复合材料（$hZVI^{bm}$）（Yang et al.，2019）。SEM-EDX 和飞行时间二次离子质谱（time-of-flight secondary ion mass spectroscopy，ToF-SIMS）表明，$hZVI^{bm}$（10～20 μm）由 Fe^0 芯外层覆盖约 3.3 μm 厚的壳层组成，壳层表面为 $Fe_3O_4/FeCl_2$ 细颗粒（0.1～2 μm）。当 pH = 3～9 时，反应 30 min $hZVI^{bm}$ 对初始质量浓度 200 mg/L NB 的去除率高于 95%，是 ZVI 的 30 多倍，是 ZVI、Fe_3O_4 和 $FeCl_2{\cdot}4H_2O$ 混合物的 3 倍以上。$hZVI^{bm}$ 反应活性增强是化学和物理两方面协同作用的结果。化学方面，超声波和漂洗对比实验及 XRD 分析直接证明了复合材料中 $Fe_3O_4/FeCl_2$ 镶嵌壳层的存在及 Fe(II)组分的活化作用。物理方面，球磨诱导的颗粒间压实作用是促进还原过程中界面质量/电子传递的关键。此外，利用 Cu、Pb、Pt 等形成 ZVI 核-金属壳结构，通过原电池效应也可增强 ZVI 反应活性。Zhu 等（2018）利用绿色合成法制备了 nZVI/Cu 用于修复 Cr(VI)污染的地下水，当 pH 为 5、温度为 303 K 时，Cr(VI)的去除率可达 94.7%。Pasinszki 等（2020）对 nZVI 进行表面改性，在 nZVI 制备过程中添加高分子和表面电荷物质，以改善 nZVI 胶体性能，从而减轻其团聚。

2. 零价铝

零价铝（zero-valent aluminum，ZVAl）氧化还原电位 $E^0(Al^{3+}/Al^0)=-1.662$ V，具有强还原性和电子转移能力。铝具有两性化学性质，ZVAl 适用 pH 范围比 ZVI 宽，可以扩大到碱性 pH。ZVAl 具有还原高毒性 Cr(VI)等污染物的能力，但表面形成的致密氧化层大大抑制了还原 Cr(VI)的效率。ZVAl 经酸洗去除表面的氧化层后，还原 Cr(VI)的效率显著提高。当 pH=2 时，0.4 g/L 经酸洗的 ZVAl 在 180 min 内能将 Cr(VI)的初始质量浓度从 20 mg/L 降至 0.4 mg/L。机械球磨是一种活化 ZVAl 的简易方法，添加氯化钠颗粒和硬脂酸固体粉末等固体助磨剂可促进零价铝的机械活化。Ren 等（2020）利用液体助磨剂乙醇来提高零级铝对 Cr(VI)的反应性。

掺杂一些活性较低的金属构建 ZVAl 双金属材料也是提高其反应活性的常用手段。近几年，研究较多的 ZVAl 双金属体系主要有 Al/Fe、Al/Pb 和 Al/Cu。Fu 等（2015）以 Al 为双金属核心，通过 Fe 沉积于 Al 表面制备出高效去除 Cr(VI)的 Al/Fe 双金属颗粒。在酸性和中性条件下，Fe/Al 双金属颗粒可以在 20 min 内从废水中彻底去除 Cr(VI)。即使在 pH = 11 时，Cr(VI)去除率也可达 93.5%。原电池效应和大比表面积是双金属颗粒高效去除 Cr(VI)的主要原因。Yang 等（2020）研究利用 γ-Al_2O_3 对 ZVAl 进行了表面改性，显著提高了 ZVAl 还原 Cr(VI)的反应效率。在实际应用中，回收的铝材料如铝箔或铝罐是 ZVAl 的廉价代替品。研究发现，铝箔或铝罐在草酸盐介导下对 Cr(VI)具有较好的还原效果，而且对电镀铬废水处理效果良好（Jiang et al.，2017）。

3. 其他零价金属还原

零价镁（zero-valent magnesium，ZVMg）具有强还原性，其腐蚀产物溶解度高且钝化影响小，能够有效还原去除水体中 Cr(VI)等高价态重金属污染物。Ayyildiz 等（2016）在分批条件下研究了超声/ZVMg 体系对 Cr(VI)的化学还原作用。结果表明，超声显著提升了 ZVMg 对 Cr(VI)的还原性能，作用 60 min 后，投加 5 g/L ZVMg 对 Cr(VI)的还原率约为 20%；当施加 100 W 的功率超声波时，Cr(VI)被完全还原。ZVMg 介导的 Cr(VI)还原效率随着超声波功率和镁用量的增大而增加。联合处理的协同作用归因于超声波处理的表面活化。扫描电子显微镜与 X 射线衍射表征结果表明 Cr(VI)还原产物为镁铬双金属氢氧化物。零价铜在水体中相对稳定，对水中 Cr(VI)有一定的还原作用。用树脂负载的零价铜纳米复合材料，能够通过表面吸附、共沉淀作用或还原反应去除水体中 Cr(VI)。纳米级零价铜在阳离子交换树脂表面均匀分散，且不易集聚成块。此外，微米级锌铜双金属材料在强酸条件下有强还原性，能够快速还原 Cr(VI)。

6.3.3 电化学还原

电化学还原主要是在电化学反应器中通过外加电场使重金属离子定向迁移至阴极

表面，并发生还原、沉积、富集的过程。该方法利用电子作还原剂，无须添加化学药剂，具有去除效率高、占地面积小、污泥量少等特点，可对工业污水中 Cu、Ni、Cr、Zn、Pb 等 30 多种重金属和贵金属离子进行电沉积还原回收。近些年，采用电化学还原去除 Cr(VI)等高价毒性重金属引起广泛关注，先将高价态 Cr(VI)电还原为低价态 Cr(III)，而后利用絮凝、化学沉淀、吸附或同步电沉积等方法去除 Cr(III)。根据铬去除原理，电化学还原法可分为电还原法和电絮凝法。

1. 电还原法

直接电还原可以将 Cr(VI)还原为 Cr(III)，并在一定的水质条件下将 Cr(III)进一步转化为 $Cr(OH)_3$ 或 Cr_2O_3 等加以去除。Golub 等（1989）在三电极体系中研究了石墨毡阴极对 Cr(VI)的电化学还原效果。结果表明，电还原过程先将 Cr(VI)还原为 Cr(III)，然后在高 pH 环境下形成不溶性铬氢氧化物。Rana 等（2004）制备了钛基碳气凝胶电极并考察了其对 Cr(VI)的去除效果。结果表明，降低 pH 和提高电荷可提高对铬的去除率，在高电荷（0.8 Ah）和酸性（pH＝2）条件下，废水中的 Cr 离子浓度可降低 98.5%，这是因为酸性条件下 Cr(VI)可被电还原，并转化为 Cr_2O_3 沉淀。除了通过调控溶液 pH 去除铬，还可在 Cr(VI)还原后通过吸附、混凝等方式去除铬。Ma 等（2021）提出了一种在无膜反应装置中应用碳化硅掺杂碳电极将酸溶液中 Cr(VI)电还原为 Cr(III)、再运用水热沉淀法回收固态铬的方法。研究结果表明，在 1～2.5 V 条件下，Cr(VI)的还原率为 99.5%，γ-CrOOH 是酸性条件下热沉淀得到的主要铬形态。Zhang 等（2009）利用聚（苯胺共氨基酚）（poly(aniline-co-o-aminophenol)，PANOA）改性玻璃碳电极（glassy carbon electrode，GCE）催化还原处理含氯化钠的重铬酸盐溶液。PANOA 修饰的 GCE 在电催化过程中实现了 Cr(VI)的还原，其适用 pH 范围较宽（pH＝4～8）。为降低电催化还原技术的能耗，微生物燃料电池技术被引入电催化还原 Cr(VI)。Mu 等（2021）将人工湿地结合微生物燃料电池（combined with microbial fuel cell，CW-MFC）技术用于 Cr(VI)的去除。他们构建了具有不同填料的上流 CW-MFC 系统，包括生物陶瓷（CW-MFC1）、沸石（CW-MFC2）、方解石（CW-MFC3）和火山岩（CW-MFC4），比较研究了对 Cr 的去除和系统的发电性能。在长运行时间内，填料对 Cr(VI)的吸附可以忽略不计。Cr(VI)的去除率为：CW-MFC4（99.0%）＞CW-MFC2（95.5%）＞CW-MFC3（89.7%）＞CW-MFC1（72.2%）。CW-MFC 系统的输出电压和最大功率密度为：CW-MFC3＞CW-MFC4＞CW-MFC2＞CW-MFC1。大部分 Cr(VI)转化为 Cr(III)沉淀并固定在阳极层，其余固定在底部过滤层。

2. 电絮凝法

电絮凝法通过电还原或电生 Fe(II)将 Cr(VI)还原为 Cr(III)，同步电絮凝过程将 Cr(III)去除。阳极又称牺牲阳极，通常是铝阳极或铁阳极。与常规的电还原除铬后添加化学试剂沉淀除铬相比，该方法不用外加化学试剂，原位生成絮凝剂去除铬。Vasudevan 等（2011）研究了阳极材料电絮凝去除 Cr(VI)的影响，发现由于钝化膜形成或金属溶解率较低，铝合金、低碳钢和铝对铬的去除率分别为 98.2%、87%和 85%，铝阳极对铬的去除率略低于低碳钢。除了电极材料，其他运行条件也对铬的去除有一定影响。Lakshmipathiraj 等（2008）研究了不同电解质对电絮凝除铬的影响。以氯化钠为电解质，电絮凝后 Cr(VI)

浓度降低到检测限（0.1 mg/L）以下，但以硫酸钠和硝酸钠为电解质时，铬去除率显著下降。张建新（2016）分析了 pH、电通量及电流密度对电还原-电絮凝去除铬的影响，发现当 4＜pH＜8 时，除铬率大于 80%；pH＞8 时，除铬率小于 58%，这与 $Al(OH)_3$ 形态受 pH 影响有关；另外，铬去除的效果随电流密度的提高而提高。

6.3.4 光催化还原

相比通过使用还原剂如 ZVI 将 Cr(VI)还原为 Cr(III)，采用半导体光催化还原成本低，不消耗或产生化学物质。半导体是导电性能介于导体与绝缘体之间的一类材料，由充满电子的价带和空的导带组成。导带与价带之间的距离被称为禁带，禁带的宽度决定半导体吸收利用光的范围（Ahmad et al.，2016）。半导体在光激发下可以产生电子-空穴对，其中光生电子可以将 Cr(VI)、Se(VI)、U(VI)等高价重金属还原为对应的低价重金属。

1. 单一半导体光催化还原

常见半导体还原材料有 TiO_2、Fe_2O_3、CdS、MoS_2 等。TiO_2 由于稳定性好、价格低、还原性强等特点，被广泛应用于 Cr(VI)的还原。现今，国内外已有较多的学者对 TiO_2 光催化还原 Cr(VI)、Se(VI)、U(VI)等高价重金属进行了详细研究。Eliet 等（1998）通过时间分辨激光诱导荧光研究了 TiO_2（pH＝4.5～7）对水溶液中 U(VI)的还原作用。研究发现 U(VI)先被吸附到催化剂表面而后被还原，其中，U(VI)通过氢络合物$(UO_2)_3(OH)^{5-}$的形式被完全吸附在 TiO_2 表面。α-Fe_2O_3 是自然界氧化铁的稳定态，理化性质优良，是典型的 n 型窄带隙半导体，带隙能为 2.0～2.2 eV。迄今为止，利用 Fe_2O_3 光催化还原 Cr(VI)的研究较少，尤其是纳米 Fe_2O_3 半导体。虽然 Fe_2O_3 在光催化还原方面有广泛的应用前景，但它自身也存在一些缺点，如电子-空穴对不能跃迁至催化剂本体表面、重复利用率不高等。为解决这一问题，可对 Fe_2O_3 进行形态结构改变或复合其他物质。CdS 半导体光催化材料具有较窄的带隙，价带和导带的位置适宜，并且有较多的制备方法，形貌和晶体结构易调控。MoS_2 作为一种典型的层状过渡金属硫化物，由三个原子层（共价结合的 S-Mo-S）通过范德瓦耳斯力相互作用堆叠在一起。层状结构赋予 MoS_2 纳米材料较大的比表面积及可调节的能带结构（1.2～1.8 eV）。大量研究表明，在可见光照射下，MoS_2 可以进行光催化氧化或还原反应，且 MoS_2 半导体具有更多负导带，有助于可见光下将高价态重金属还原为低价态重金属。Zhang 等（2019b）在无模板下通过温和的水热工艺实现了纳米片组装的 MoS_2 纳米结构的形貌可控制备。通过改变钼酸钠的用量调节 MoS_2 纳米结构的形貌，实现可见光照射下光还原 Cr(VI)。结果表明，由交叉纳米片组成的 MoS_2 纳米花结构具有增强的光催化性能，许多表征被用于研究增强的光还原活性，在反应 3 h 后可去除 60%以上的 Cr(VI)。

2. 复合改性半导体光催化还原

大多半导体载流子复合率较高，导致半导体还原 Cr(VI)等重金属的性能有一定局限性。通过化学改性、元素掺杂、异质结结构构造等方法可拓展半导体的光响应范围，改善其能带结构，促进电子和空穴的分离，从而有效提高半导体对高价重金属的催化还原活性。Deng 等（2020）开发了聚苯胺改性 TiO_2 复合材料并用于 Cr(VI)的还原，通过调节 TiO_2 表面的聚苯胺（polyaniline，PANI）含量，研究了 PANI 厚度对 Cr(VI)活性和光催化还原稳定性的影响。在辐照条件下，当 PANI 质量分数为 3%时，Cr(VI)的还原率为 100%，最大反应速率达到 0.62 min^{-1}。研究结果表明 PANI 改性的 TiO_2 表面富含带正电荷的氨基，能有效地吸附反应物 Cr(VI)，而产物 Cr(III)可以迅速离开反应界面，从而保证了光催化剂的催化活性。通过掺杂金属元素也可以有效改善半导体的光催化活性。Vamathevan 等（2001）研究发现掺杂在 TiO_2 催化剂中的 Fe(III)可以作为光电子陷阱，帮助光空穴转移到催化剂表面，增强其氧化能力。Xu 等（2015a）采用一锅水热法合成了 Fe(II)掺杂 TiO_2 球壳催化剂，用于光催化还原电镀废水中的 Cr(VI)等。结果表明，在 3 h 阳光照射下，其对 102.3 mg/L Cr(VI)的去除率约为 99.99%，对 153.4 mg/L Cr(VI)的去除率约为 99.01%。Fe(II)不仅是 Cr(VI)还原为 Cr(III)的还原剂，同时也起到了两步还原的中间介质作用，即 TiO_2 首先将 Fe(II)还原为 Fe 原子，然后 Fe 原子将 Cr(VI)还原为 Cr(III)。由于 Fe(II)掺杂多重还原过程的协同效应，催化剂的光催化活性显著提高。基于异质结的光催化剂可在半导体与共催化剂或二次半导体间的界面上实现光生载流子的空间分离，显著提升了光生载流子的有效利用性能。基于异质结的光催化剂的构建在过去的几十年里得到了广泛的认可和发展。Zhang 等（2020）报道了一种通过 $SnO_2/CdCO_3/CdS$（SCC）的光催化还原 U(VI)的新方法。这种异质结能带的匹配保证了光电子和空穴的分离，降低了电荷的复合率，提高了光还原活性。SCC 可以在没有任何保护气体或电子牺牲剂的情况下实现铀的提取，这在 U(VI)收集/去除方面具有很大的优势。Xiao 等（2015）采用一步水热法制备了α-Fe_2O_3/g-C_3N_4 复合材料，并探索了其可见光催化还原 Cr(VI)性能。在可见光照射下，α-Fe_2O_3/g-C_3N_4 复合材料对 Cr(VI)的催化还原性能高于 g-C_3N_4 和 α-Fe_2O_3。反应 150 min 后，投加 100 mg α-Fe_2O_3/g-C_3N_4 可将 50 mL 的 10 mg/L Cr(VI)近乎完全还原。对照实验表明，光催化活性的增强归因于 g-C_3N_4 和α-Fe_2O_3 之间良好匹配的能带结构和紧密的接触界面，从而实现了光生载流子的有效转移和分离。

6.3.5 光化学还原

光敏性物质是指能吸收日光中的长波紫外线的物质，包括 Fe(III)-络合物、双酮、有机酸等。这些光敏性物质的介导能够使污染物吸收光子发生分解反应，该反应分为直接光解和间接光解。直接光解反应是指在一定的波长条件下，水体中存在的光敏性物质将光子吸收后形成激发态，从而发生光解。当光敏性物质仅吸收较少或不吸收光子时，往往只能进行间接光解。一定条件下通过光敏反应可有效还原水中的 Cr(VI)等高价态重金属。Cr(VI)的光还原方式主要有两种：①通过光诱导金属络合物如 Fe(III)络合物产生从有机物到 Cr(VI)的电子转移，从而使 Cr(VI)被还原；②借助有机物如双酮等与光产生的活性物质还原 Cr(VI)，如水合电子和羧基自由基。

1. Fe(III)-络合物

Fe(II)是 Cr(VI)的主要还原剂之一，它可将 Cr(VI)还原成 Cr(III)。Fe(II)在酸性条件下能快速还原 Cr(VI)，但尚未有关于近中性 pH 下的研究报道，这是因为在碱性条件下

Fe(II)易生成沉淀。此外，Fe(II)不稳定，易在自然环境条件下氧化为Fe(III)。羟基化Fe(III)配合物通过光化学分解会产生一些活性物质，使Fe(III)还原为Fe(II)，再生的Fe(II)可以还原Cr(VI)。因此，在Fe(III)-水和Fe(III)-有机配合物存在下进行光化学还原Cr(VI)可以在一定程度上克服pH影响和Fe(II)不稳定的缺陷。Kotaś等（2000）研究表明，利用Fe(III)-络合物光化学还原Cr(VI)是一种有效的方法。Wittbrodt等（1996）成功利用Fe(III)-络合物催化还原Cr(VI)，但并未阐明其机理。之后，Hug等（1997）使用Fe(III)-草酸络合物催化还原Cr(VI)，发现光化学作用无法直接还原Cr(VI)，而Fe(III)-草酸盐可通过间接光化学作用还原Cr(VI)，反应20～40 min后有超过95%的Cr(VI)被还原。研究认为光化学反应过程中生成了重要的还原剂$O_2^{\bullet -}$和氢过氧自由基（$HO_2\bullet$），它们可将Cr(VI)有效还原为Cr(III)。Gaberell等（2003）认为Fe(III)络合物还原Cr(VI)的机制是Fe(III)-溶解性有机物（dissolved organic matter，DOM）络合物吸收光后引起配体到金属的电子转移，从而产生Fe(II)和DOM自由基。DOM自由基与O_2反应生成$O_2^{\bullet -}$，进而将Fe(III)还原为Fe(II)。此外，DOM本身吸收光后会发生氧化并形成$O_2^{\bullet -}$，进而将Fe(III)还原为Fe(II)。

2. 双酮

双酮可通过光解产生不同种类的碳自由基，具有良好的抗干扰能力和反应选择性，在光化学还原重金属污染等领域有着较突出的表现。Wu等（2020）系统对比了草酸、EDTA、水杨酸（salicylic acid，SA）、对苯二酚（hydroquinone，HQ）、乙酰丙酮（AA）和丁二酮（butanedione，BD）作为光激活剂对Cr(VI)的还原作用。总体而言，HQ、AA和BD对Cr(VI)的光还原效率远远高于羧酸。通过在HQ体系中引入紫外线，在pH = 5.1时，Cr(VI)还原速率增加了约50倍。然而，由于胶体聚合物的形成，UV/HQ处理的溶液颜色较暗，浊度高（82 NTU）。AA和BD对Cr(VI)光还原的影响相似。UV/BD处理后的溶液无色透明，浊度低于1 NTU，残余Cr质量浓度小于0.1 mg/L，表明UV/BD是一种很有前途的处理含Cr(VI)废水的方法。UV/BD系统中Cr(VI)还原途径包括水化、光解、络合和还原4个过程。在紫外线照射下，BD和水合BD被激发到更高能级（BD^*和$BD\bullet H_2O^*$），这既可以被O_2淬灭，也可以被光解为碳中心自由基$CH_3C\bullet O$和$CH_3C\bullet(OH)_2$。碳中心自由基可以进一步被氧化为过氧化物，对Cr(VI)不具有催化活性。当溶解的O_2被耗尽后，由于α-羟基的存在，碳中心自由基特别是$CH_3C\bullet(OH)_2$可以与Cr(VI)形成C—O—Cr酯，导致Cr(VI)的还原。

参 考 文 献

曹明帅, 2019. MAP法和折点氯化法联合工艺从印刷电路处理废水中回收铜氨的研究. 赣州: 江西理工大学.

冯西平, 冯婷希, 2018. 亚硫酸氢钠处理电镀废水中铬的实验研究. 电镀与环保, 38(1): 64-67.

王义, 黄先锋, 郑向勇, 等, 2019. UV/氯降解铜络合物的特性与机理. 环境科学学报, 39(6): 1763-1771.

卫世乾, 2006. 复合高铁酸盐, 次氯酸钠处理含重金属氰根配离子配水的研究. 郑州: 郑州大学.

张建新, 2016. 电絮凝在处理电镀废水中的应用. 能源与环境(4): 73-74.

Ahmad R, Ahmad Z, Khan A U, et al., 2016. Photocatalytic systems as an advanced environmental remediation: Recent developments, limitations and new avenues for applications. Journal of Environmental Chemical Engineering, 4(4): 4143-4164.

Ayyildiz O, Acar E, Ileri B, 2016. Sonocatalytic reduction of hexavalent chromium by metallic magnesium particles. Water, Air, & Soil Pollution, 227: 363.

Bae S, Collins R N, Waite T D, et al., 2018. Advances in surface passivation of nanoscale zerovalent iron: A critical review. Environmental Science & Technology, 52(21): 12010-12025.

Barrera-Díaz C E, Lugo-Lugo V, Bilyeu B, 2012. A review of chemical, electrochemical and biological methods for aqueous Cr(VI) reduction. Journal of Hazardous Materials, 223-224: 1-12.

Beltrán F J, 2004. Ozone reaction kinetics for water and wastewater systems. Boca Raton: CRC Press.

Benjamin D, Kocar W P I, 2003. Photochemical oxidation of As(III) in ferrioxalate solutions. Environmental Science & Technology, 37(8): 1581-1588.

Buffle M O, Von Gunten U, 2006. Phenols and amine induced HO• generation during the initial phase of natural water ozonation. Environmental Science & Technology, 40(9): 3057-3063.

Buschmann J, Canonica S, Sigg L, 2005. Photoinduced oxidation of antimony(III) in the presence of humic acid. Environmental Science & Technology, 39(14): 5335-5341.

Chen C, Chen A, Huang X, et al., 2021. Enhanced ozonation of Cu(II)-organic complexes and simultaneous recovery of aqueous Cu(II) by cathodic reduction. Journal of Cleaner Production, 298: 126837.

Chen C, Liu P, Li Y, et al., 2022a. Electro-peroxone enables efficient Cr removal and recovery from Cr(III) complexes and inhibits intermediate Cr(VI) generation in wastewater: Performance and mechanism. Water Research, 218: 118502.

Chen J, Browne W R, 2018. Photochemistry of iron complexes. Coordination Chemistry Reviews, 374: 15-35.

Chen K, Tzou Y, Hsu L, et al., 2022b. Oxidative removal of thallium(I) using Al beverage can waste with amendments of Fe: Tl speciation and removal mechanisms. Chemical Engineering Journal, 427: 130846.

Chen S, Cheng C, Li C, et al., 2007. Reduction of chromate from electroplating wastewater from pH 1 to 2 using fluidized zero valent iron process. Journal of Hazardous Materials, 142(1-2): 362-367.

Chen Z, Song X, Zhang S, et al., 2017. Acetylacetone as an efficient electron shuttle for concerted redox conversion of arsenite and nitrate in the opposite direction. Water Research, 124: 331-340.

Criegee R, 1975. Mechanism of ozonolysis. Angewandte Chemie International Edition in English, 14(11): 745-752.

Dai R, Yu C, Liu J, et al., 2010. Photo-oxidation of Cr(III)-citrate complexes forms harmful Cr(VI). Environmental Science & Technology, 44(10): 6959-6964.

Deborde M, Von Gunten U, 2008. Reactions of chlorine with inorganic and organic compounds during water treatment-kinetics and mechanisms: A critical review. Water Research, 42(1-2): 13-51.

Deng X, Chen Y, Wen J, et al., 2020. Polyaniline-TiO_2 composite photocatalysts for light-driven hexavalent chromium ions reduction. Science Bulletin, 65(2): 105-112.

Dodd M C, Vu N D, Ammann A, et al., 2006. Kinetics and mechanistic aspects of As(III) oxidation by aqueous chlorine, chloramines, and ozone: Relevance to drinking water treatment. Environmental Science & Technology, 40(10): 3285-3292.

Du Q, Zhang S, Pan B, et al., 2013. Bifunctional resin-ZVI composites for effective removal of arsenite through simultaneous adsorption and oxidation. Water Research, 47(16): 6064-6074.

Durante C, Cuscov M, Isse A A, et al., 2011. Advanced oxidation processes coupled with electrocoagulation for the exhaustive abatement of Cr-EDTA. Water Research, 45(5): 2122-2130.

Eliet V, Bidoglio G, 1998. Kinetics of the laser-induced photoreduction of U(VI) in aqueous suspensions of TiO_2 particles. Environmental Science & Technology, 32(20): 3155-3162.

Emett M, Khoe G, 2001. Photochemical oxidation of arsenic by oxygen and iron in acidic solutions. Water Research, 35(3): 649-656.

Fang Z, Li Z, Zhang X, et al., 2021. Enhanced arsenite removal from silicate-containing water by using redox polymer-based Fe(III) oxides nanocomposite. Water Research, 189: 116673.

Feng X, Chen Y, Fang Y, et al., 2014. Photodegradation of parabens by Fe(III)-citrate complexes at circumneutral pH: Matrix effect and reaction mechanism. Science of the Total Environment, 472: 130-136.

Frank P, Clifford D A, 1986. Arsenic(III) oxidation and removal from drinking water. Water Engineering Research Laboratory, Office of Research and Development, US Environmental Protection Agency.

Fu F L, Cheng Z H, Dionysiou D D, et al., 2015. Fe/Al bimetallic particles for the fast and highly efficient removal of Cr(VI) over a wide pH range: Performance and mechanism. Journal of Hazardous Materials, 298: 261-269.

Fu F L, Ma J, Xie L P, et al., 2013. Chromium removal using resin supported nanoscale zero-valent iron. Journal of Environmental Management, 128: 822-827.

Fu F L, Wang Q, Tang B, 2009. Fenton and Fenton-like reaction followed by hydroxide precipitation in the removal of Ni(II) from NiEDTA wastewater: A comparative study. Chemical Engineering Journal, 155: 769-774.

Fu F L, Xie L P, Tang B, et al., 2012. Application of a novel strategy-advanced Fenton-chemical precipitation to the treatment of strong stability chelated heavy metal containing wastewater. Chemical Engineering Journal, 189: 283-287.

Gaberell M, Chin Y P, Hug S J, et al., 2003. Role of dissolved organic matter composition on the photoreduction of Cr(VI) to Cr(III) in the presence of iron. Environmental Science & Technology, 37(19): 4403-4409.

Golub D, Oren Y, 1989. Removal of chromium from aqueous solutions by treatment with porous carbon electrodes: Electrochemical principles. Journal of Applied Electrochemistry, 19: 311-316.

Guan W, Zhang B, Tian S, et al., 2018. The synergism between electro-Fenton and electrocoagulation process to remove Cu-EDTA. Applied Catalysis B: Environmental, 227: 252-257.

Guan X, Jiang X, Qiao J, et al., 2015a. Decomplexation and subsequent reductive removal of EDTA-chelated Cu(II) by zero-valent iron coupled with a weak magnetic field: Performances and mechanisms. Journal of Hazardous Materials, 300: 688-694.

Guan X, Sun Y, Qin H, et al., 2015b. The limitations of applying zero-valent iron technology in contaminants sequestration and the corresponding countermeasures: The development in zero-valent iron technology in the last two decades (1994-2014). Water Research, 75: 224-248.

Guan Z, Guo Y, Huang Z, et al., 2022. Simultaneous and efficient removal of organic Ni and Cu complexes from electroless plating effluent using integrated catalytic ozonation and chelating precipitation process in a continuous pilot-scale system. Chemical Engineering Journal, 428: 131250.

Guan Z, Guo Y, Li S, et al., 2020. Decomplexation of heterogeneous catalytic ozonation assisted with heavy metal chelation for advanced treatment of coordination complexes of Ni. Science of the Total Environment, 732: 139223.

Gustafsson J P, Persson I, Oromieh A G, et al., 2014. Chromium(III) complexation to natural organic matter: Mechanisms and modeling. Environmental Science & Technology, 48(3): 1753-1761.

Hu C, Liu H, Chen G, et al., 2012. As(III) oxidation by active chlorine and subsequent removal of As(V) by Al_{13} polymer coagulation using a novel dual function reagent. Environmental Science & Technology, 46(12): 6776-6782.

Hu X, Kong L, He M, 2014. Kinetics and mechanism of photopromoted oxidative dissolution of antimony trioxide. Environmental Science & Technology, 48(24): 14266-14272.

Hu Y, Peng X, Ai Z, et al., 2019. Liquid nitrogen activation of zero-valent iron and its enhanced Cr(VI) removal performance. Environmental Science & Technology, 53(14): 8333-8341.

Huang X, Wang Y, Li X, et al., 2019. Autocatalytic decomplexation of Cu(II)-EDTA and simultaneous removal of aqueous Cu(II) by UV/chlorine. Environmental Science & Technology, 53(4): 2036-2044.

Huang X, Xie B, Li X, et al., 2016a. Enhanced HO• production from ozonation activated by EDTA. Chemical Engineering Journal, 288: 562-568.

Huang X, Xu Y, Shan C, et al., 2016b. Coupled Cu(II)-EDTA degradation and Cu(II) removal from acidic wastewater by ozonation: Performance, products and pathways. Chemical Engineering Journal, 299: 23-29.

Huang Y H, Shih Y J, Cheng F J, 2011. Novel $KMnO_4$-modified iron oxide for effective arsenite removal. Journal of Hazardous materials, 198: 1-6.

Hug S J, Laubscher H U, James B R, 1997. Iron(III) catalyzed photochemical reduction of chromium(VI) by oxalate and citrate in aqueous solutions. Environmental Science & Technology, 31: 160-170.

Ji W, Xiong Y, Wang Y, et al., 2022. Multilayered TNAs/SnO_2/PPy/β-PbO_2 anode achieving boosted electrocatalytic oxidation of As(III). Journal of Hazardous Materials, 430: 128449.

Jiang B, Xin S, Gao L, et al., 2017. Dramatically enhanced aerobic Cr(VI) reduction with scrap zero-valent aluminum induced by oxalate. Chemical Engineering Journal, 308: 588-596.

Jiang Z, Ye Y, Zhang X, et al., 2019. Validation of a combined Fe(III)/UV/NaOH process for efficient removal of carboxyl complexed Ni from synthetic and authentic effluents. Chemosphere, 234: 917-924.

Katsoyiannis I A, Voegelin A, Zouboulis A I, et al., 2015. Enhanced As(III) oxidation and removal by combined use of zero valent iron and hydrogen peroxide in aerated waters at neutral pH values. Journal of Hazardous Materials, 297: 1-7.

Khelifa A, Aoudj S, Moulay S, et al., 2013. A one-step electrochlorination/electroflotation process for the treatment of heavy metals wastewater in presence of EDTA. Chemical Engineering & Processing: Process Intensification, 70: 110-116.

Khuntia S, Majumder S K, Ghosh P, 2014. Oxidation of As(III) to As(V) using ozone microbubbles. Chemosphere, 97: 120-124.

Kim D H, Lee J, Ryu J, et al., 2014. Arsenite oxidation initiated by the UV photolysis of nitrite and nitrate.

Environmental Science & Technology, 48(7): 4030-4037.

Kim H I, Kwon O S, Kim S, et al., 2016. Harnessing low energy photons (635 nm) for the production of H_2O_2 using upconversion nanohybrid photocatalysts. Energy & Environmental Science, 9: 1063-1073.

Kim M, Nriagu J, 2000. Oxidation of arsenite in groundwater using ozone and oxygen. Science of the Total Environment, 247(1): 71-79.

Kim S J, Lee H G, Kim S J, et al., 2003. Photoredox properties of ultrafine rutile TiO_2 acicular powder in aqueous 4-chlorophenol, Cu-EDTA and Pb-EDTA solutions. Applied Catalysis A: General, 242(1): 89-99.

Kong L, He M, 2016. Mechanisms of Sb(III) photooxidation by the excitation of organic Fe(III) complexes. Environmental Science & Technology, 50(13): 6974-6982.

Kong L, Hu X, He M, 2015. Mechanisms of Sb(III) oxidation by pyrite-induced hydroxyl radicals and hydrogen peroxide. Environmental Science & Technology, 49(6): 3499-3505.

Kotaś J, Stasicka Z, 2000. Chromium occurrence in the environment and methods of its speciation. Environmental Pollution, 107(3): 263-283.

Lacasa E, Canizares P, Rodrigo M A, et al., 2012. Electro-oxidation of As(III) with dimensionally-stable and conductive-diamond anodes. Journal of Hazardous Materials, 203-204: 22-28.

Lakshmipathiraj P, Bhaskar Raju G, Raviatul Basariya M, et al., 2008. Removal of Cr(VI) by electrochemical reduction. Separation and Purification Technology, 60(1): 96-102.

Lan S, Xiong Y, Tian S, et al., 2016. Enhanced self-catalytic degradation of CuEDTA in the presence of H_2O_2/UV: Evidence and importance of Cu-peroxide as a photo-active intermediate. Applied Catalysis B: Environmental, 183: 371-376.

Lee C G, Javed H, Zhang D, et al., 2018. Porous electrospun fibers embedding TiO_2 for adsorption and photocatalytic degradation of water pollutants. Environmental Science & Technology, 52(7): 4285-4293.

Lee S S, Bai H, Liu Z, et al., 2015. Green approach for photocatalytic Cu(II)-EDTA degradation over TiO_2: Toward environmental sustainability. Environmental Science & Technology, 49(4): 2541-2548.

Li H, Li X, Long J, et al., 2019. Oxidation and removal of thallium and organics from wastewater using a zero-valent-iron-based Fenton-like technique. Journal of Cleaner Production, 221: 89-97.

Li H, Lin M, Xiao T, et al., 2020. Highly efficient removal of thallium(I) from wastewater via hypochlorite catalytic oxidation coupled with adsorption by hydrochar coated nickel ferrite composite. Journal of Hazardous Materials, 388: 122016.

Li H, Zhang X, Wu M, et al., 2017. Highly efficient and environmentally benign As(III) pre-oxidation in water by using a solid redox polymer. Chemosphere, 175: 300-306.

Li J, Bai J, Huang K, et al., 2014a. Removal of trivalent chromium in the complex state of trivalent chromium passivation wastewater. Chemical Engineering Journal, 236: 59-65.

Li J, Ma J, Dai R, et al., 2021a. Self-enhanced decomplexation of Cu-organic complexes and Cu recovery from wastewaters using an electrochemical membrane filtration system. Environmental Science & Technology, 55(1): 655-664.

Li J, Zhang X, Liu M, et al., 2018a. Enhanced reactivity and electron selectivity of sulfidated zerovalent iron toward chromate under aerobic conditions. Environmental Science & Technology, 52(5): 2988-2997.

Li L, Liu C, Ma R, et al., 2021b. Enhanced oxidative and adsorptive removal of thallium(I) using

Fe_3O_4@TiO_2 decorated RGO nanosheets as persulfate activator and adsorbent. Separation and Purification Technology, 271: 118827.

Li R, Li Q, Zhang W, et al., 2021c. Low dose of sulfur-modified zero-valent iron for decontamination of trace Cd(II)-complexes in high-salinity wastewater. Science of the Total Environment, 793: 148579.

Li X, He K, Pan B, et al., 2012. Efficient As(III) removal by macroporous anion exchanger-supported Fe-Mn binary oxide: Behavior and mechanism. Chemical Engineering Journal, 193-194: 131-138.

Li Y, Guo X, Dong H, et al., 2018b. Selenite removal from groundwater by zero-valent iron(ZVI) in combination with oxidants. Chemical Engineering Journal, 345: 432-440.

Li Y, Liu Z, Liu F, et al., 2014b. Promotion effect of $KMnO_4$ on the oxidation of As(III) by air in alkaline solution. Journal of Hazardous Materials, 280: 315-321.

Li Y, Zhang B, Borthwick A G L, et al., 2016. Efficient electrochemical oxidation of thallium(I) in groundwater using boron-doped diamond anode. Electrochimica Acta, 222: 1137-1143.

Liang H, Xiao K, Wei L, et al., 2019. Decomplexation removal of Ni(II)-citrate complexes through heterogeneous Fenton-like process using novel CuO-CeO_2-CoO_x composite nanocatalyst. Journal of Hazardous Materials, 374: 167-176.

Liang S, Hu X, Xu H, et al., 2021. Mechanistic insight into the reaction pathway of peroxomonosulfate-initiated decomplexation of EDTA-Ni^{II} under alkaline conditions: Formation of high-valent Ni intermediate. Applied Catalysis B: Environmental, 296: 120375.

Lin T S, Nriagu J, 1998. Revised hydrolysis constants for thallium(I) and thallium(III) and the environmental implications. Journal of the Air & Waste Management Association, 48(2): 151-156.

Lin Z, Weng X, Khan N I, et al., 2021. Removal mechanism of Sb(III) by a hybrid rGO-Fe/Ni composite prepared by green synthesis via a one-step method. Science of the Total Environment, 788: 147844.

Liu F, Shan C, Zhang X, et al., 2017a. Enhanced removal of EDTA-chelated Cu(II) by polymeric anion-exchanger supported nanoscale zero-valent iron. Journal of Hazardous Materials, 321: 290-298.

Liu J, Mwamulima T, Wang Y, et al., 2017b. Removal of Pb(II) and Cr(VI) from aqueous solutions using the fly ash-based adsorbent material-supported zero-valent iron. Journal of Molecular Liquids, 243: 205-211.

Liu Q, Xu M, Li F, et al., 2016. Rapid and effective removal of Cr(VI) from aqueous solutions using the $FeCl_3$/$NaBH_4$ system. Chemical Engineering Journal, 296: 340-348.

Liu S, Feng H, Tang L, et al., 2020. Removal of Sb(III) by sulfidated nanoscale zerovalent iron: The mechanism and impact of environmental conditions. Science of the Total Environment, 736: 139629.

Liu W, Wang Y, Ai Z, et al., 2015. Hydrothermal synthesis of FeS_2 as a high-efficiency fenton reagent to degrade alachlor via superoxide-mediated Fe(II)/Fe(III) cycle. ACS Applied Materials & Interfaces. 7(51): 28534-28544.

Liu Y, Liu F, Qi Z, et al., 2019a. Simultaneous oxidation and sorption of highly toxic Sb(III) using a dual-functional electroactive filter. Environmental Pollution, 251: 72-80.

Liu Y, Zhang J, Huang H, et al., 2019b. Treatment of trace thallium in contaminated source waters by ferrate pre-oxidation and poly aluminium chloride coagulation. Separation and Purification Technology, 227: 115663.

Ma W, Gao J, Chen Z, et al., 2021. A new method of Cr(VI) reduction using SiC doped carbon electrode and

Cr(III) recovery by hydrothermal precipitation. Colloids and Surfaces A: Physicochemical and Engineering Aspects, 610: 125724.

Ma Z, Shan C, Liang J, et al., 2018. Efficient adsorption of selenium(IV) from water by hematite modified magnetic nanoparticles. Chemosphere, 193: 134-141.

Madden T H, Datye A K, Fulton M, et al., 1997. Oxidation of metal - EDTA complexes by TiO_2 photocatalysis. Environmental Science & Technology, 31(12): 3475-3481.

Mandal B K, Suzuki K T, 2002. Arsenic round the world: A review. Talanta, 58(1): 201-235.

Mu C, Wang L, Wang L, 2021. Removal of Cr(VI) and electricity production by constructed wetland combined with microbial fuel cell(CW-MFC): Influence of filler media. Journal of Cleaner Production, 320: 128860.

Munoz, Von Sonntag C, 2000. The reactions of ozone with tertiary amines including the complexing agents nitrilotriacetic acid(NTA) and ethylenediaminetetraacetic acid(EDTA) in aqueous solution. Journal of the Chemical Society, Perkin Transactions, 2(10): 2029-2033.

Nguyen M K, Tran V S, Pham T T, et al., 2021. Fenton/ozone-based oxidation and coagulation processes for removing metals (Cu, Ni)-EDTA from plating wastewater. Journal of Water Process Engineering, 39: 101836.

Nöthe T, Fahlenkamp H, Sonntag C V, 2009. Ozonation of wastewater: Rate of ozone consumption and hydroxyl radical yield. Environmental Science & Technology, 43(15): 5990-5995.

Pan M, Zhang C, Wang J, et al., 2019. Multifunctional piezoelectric heterostructure of $BaTiO_3$@graphene: Decomplexation of Cu-EDTA and recovery of Cu. Environmental Science & Technology, 53(14): 8342-8351.

Pasinszki T, Krebsz M, 2020. Synthesis and application of zero-valent iron nanoparticles in water treatment, environmental remediation, catalysis, and their biological effects. Nanomaterials, 10(5): 917.

Pines D S, Reckhow D A, 2002. Effect of dissolved cobalt(II) on the ozonation of oxalic acid. Environmental Science & Technology, 36(19): 4046-4051.

Qi Z, Joshi T P, Liu R, et al., 2018. Adsorption combined with superconducting high gradient magnetic separation technique used for removal of arsenic and antimony. Journal of Hazardous Materials, 343: 36-48.

Qian L, Zhang W, Yan J, et al., 2017. Nanoscale zero-valent iron supported by biochars produced at different temperatures: Synthesis mechanism and effect on Cr(VI) removal. Environmental Pollution, 223: 153-160.

Rana P, Mohan N, Rajagopal C, 2004. Electrochemical removal of chromium from wastewater by using carbon aerogel electrodes. Water Research, 38(12): 2811-2820.

Ren T, Zhang Y, Liu J, et al., 2020. Ethanol-assisted mechanical activation of zero-valent aluminum for fast and highly efficient removal of Cr(VI). Applied Surface Science, 533: 147543.

Rott E, Minke R, Steinmetz H, 2017. Removal of phosphorus from phosphonate-loaded industrial wastewaters via precipitation/flocculation. Journal of Water Process Engineering, 17: 188-196.

Rott E, Steinmetz H, Metzger J W, 2018. Organophosphonates: A review on environmental relevance, biodegradability and removal in wastewater treatment plants. Science of the Total Environment, 615: 1176-1191.

Shan C, Chen J, Yang Z, et al., 2018a. Enhanced removal of Se(VI) from water via pre-corrosion of zero-valent iron using H_2O_2/HCl: Effect of solution chemistry and mechanism investigation. Water Research, 133: 173-181.

Shan C, Ma Z, Tong M, 2014. Efficient removal of trace antimony(III) through adsorption by hematite modified magnetic nanoparticles. Journal of Hazardous Materials, 268: 229-236.

Shan C, Wang X, Guan X, et al., 2017. Efficient removal of trace Se(VI) by millimeter-sized nanocomposite of zerovalent iron confined in polymeric anion exchanger. Industrial & Engineering Chemistry Research, 56(18): 5309-5317.

Shan C, Xu Z, Zhang X, et al., 2018b. Efficient removal of EDTA-complexed Cu(II) by a combined Fe(III)/UV/alkaline precipitation process: Performance and role of Fe(II). Chemosphere, 193: 1235-1242.

Shan C, Yang B, Xin B, et al., 2020. Molecular identification guided process design for advanced treatment of electroless nickel plating effluent. Water Research, 168: 115211.

Shi H, Li J, Shi D, et al., 2015. Combined reduction/precipitation, chemical oxidation, and biological aerated filter processes for treatment of electroplating wastewater. Separation Science and Technology, 50(15): 2303-2310.

Sorlini S, Gialdini F, 2010. Conventional oxidation treatments for the removal of arsenic with chlorine dioxide, hypochlorite, potassium permanganate and monochloramine. Water Research, 44(19): 5653-5659.

Staehelin J, Hoigne J, 1985. Decomposition of ozone in water in the presence of organic solutes acting as promoters and inhibitors of radical chain reactions. Environmental Science & Technology, 19(12): 1206-1213.

Sun S, Shan C, Yang Z, et al., 2022. Self-enhanced selective oxidation of phosphonate into phosphate by Cu(II)/H_2O_2: Performance, mechanism, and validation. Environmental Science & Technology, 56(1): 634-641.

Sun S, Wang S, Ye Y, et al., 2019. Highly efficient removal of phosphonates from water by a combined Fe(III)/UV/co-precipitation process. Water Research, 153: 21-28.

Sun Z, Huang M, Liu C, et al., 2020. The formation of HO• with Fe-bearing smectite clays and low-molecular-weight thiols: Implication of As(III) removal. Water Research, 174: 115631.

Thalmann B, Von Gunten U, Kaegi R, 2018. Ozonation of municipal wastewater effluent containing metal sulfides and metal complexes: Kinetics and mechanisms. Water Research, 134: 170-180.

Tian C, Zhang B, Borthwick A G L, et al., 2017. Electrochemical oxidation of thallium(I) in groundwater by employing single-chamber microbial fuel cells as renewable power sources. International Journal of Hydrogen Energy, 42(49): 29454-29462.

Ungureanu G, Santos S, Boaventura R, et al., 2015. Arsenic and antimony in water and wastewater: Overview of removal techniques with special reference to latest advances in adsorption. Journal of Environmental Management, 151: 326-342.

Vaiano V, Iervolino G, Sannino D, et al., 2014. Enhanced photocatalytic oxidation of arsenite to arsenate in water solutions by a new catalyst based on MoO_x supported on TiO_2. Applied Catalysis B: Environmental, 160-161: 247-253.

Vamathevan V, Tse H, Amal R, et al., 2001. Effects of Fe^{3+} and Ag^{+} ions on the photocatalytic degradation of sucrose in water. Catalysis Today, 68(1-3): 201-208.

Vasudevan S, Lakshmi J, Sozhan G, 2011. Studies on the Al-Zn-In-alloy as anode material for the removal of chromium from drinking water in electrocoagulation process. Desalination, 275(1-3): 260-268.

Von Sonntag C, Von Gunten U, 2012. Chemistry of ozone in water and wastewater treatment. London: IWA Publishing.

Wang T C, Cao Y, Qu G Z, et al., 2018. Novel Cu(II)-EDTA decomplexation by discharge plasma oxidation and coupled Cu removal by alkaline precipitation: Underneath mechanisms. Environmental Science & Technology, 52(14): 7884-7891.

Wang T C, Wang Q, Soklun H, et al., 2019. A green strategy for simultaneous Cu(II)-EDTA decomplexation and Cu precipitation from water by bicarbonate-activated hydrogen peroxide/chemical precipitation. Chemical Engineering Journal, 370: 1298-1309.

Wang T C, Zhou L L, Cao Y, et al., 2020. Decomplexation of Cu(II)-natural organic matter complex by non-thermal plasma oxidation: Process and mechanisms. Journal of Hazardous Materials, 389: 121828.

Wang X, He M, Lin C, et al., 2012a. Antimony(III) oxidation and antimony(V) adsorption reactions on synthetic manganite. Geochemistry, 72: 41-47.

Wang Y, Li W, Li H, et al., 2021a. Fe/Fe_3C@CNTs anchored on carbonized wood as both self-standing anode and cathode for synergistic electro-Fenton oxidation and sequestration of As(III). Chemical Engineering Journal, 414: 128925.

Wang Z, Chen C, Ma W, et al., 2012b. Photochemical coupling of iron redox reactions and transformation of low-molecular-weight organic matter. Journal of Physical Chemistry Letters, 3(15): 2044-2051.

Wang Z, Fu Y, Wang L, 2021b. Abiotic oxidation of arsenite in natural and engineered systems: Mechanisms and related controversies over the last two decades (1999-2020). Journal of Hazardous materials, 414: 125488.

Wen S, Niu Z, Zhang Z, et al., 2018. In-situ synthesis of 3D GA on titanium wire as a binder- free electrode for electro-Fenton removing of EDTA-Ni. Journal of Hazardous Materials, 341: 128-137.

Wittbrodt P R, Palmer C D, 1996. Effect of temperature, ionic strength, background electrolytes, and Fe(III) on the reduction of hexavalent chromium by soil humic substances. Environmental Science & Technology, 30(8): 2470-2477.

Wu B, Jia H, Yang Z, et al., 2018. Enhanced removal of selenate from mining effluent by H_2O_2/HCl-pretreated zero-valent iron. Water Science and Technology, 78(11): 2404-2413.

Wu B, Zhang L, Wei S, et al., 2020. Reduction of chromate with UV/diacetyl for the final effluent to be below the discharge limit. Journal of Hazardous Materials, 389: 121841.

Wu C H, Kuo C Y, Chang C L, 2008. Homogeneous catalytic ozonation of C: I. reactive red 2 by metallic ions in a bubble column reactor. Journal of Hazardous Materials, 154(1-3): 748-755.

Wu Z, He M, Guo X, et al., 2010. Removal of antimony(III) and antimony(V) from drinking water by ferric chloride coagulation: Competing ion effect and the mechanism analysis. Separation and Purification Technology, 76(2): 184-190.

Xiao D, Dai K, Qu Y, et al., 2015. Hydrothermal synthesis of α-Fe_2O_3/g-C_3N_4 composite and its efficient photocatalytic reduction of Cr(VI) under visible light. Applied Surface Science, 358: 181-187.

Xie S, Shao W, Zhan H, et al., 2020. Cu(II)-EDTA removal by a two-step Fe(0) electrocoagulation in near natural water: Sequent transformation and oxidation of EDTA complexes. Journal of Hazardous Materials, 392: 122473.

Xu S C, Pan S S, Xu Y, et al., 2015a. Efficient removal of Cr(VI) from wastewater under sunlight by Fe(II)-doped TiO_2 spherical shell. Journal of Hazardous Materials, 283: 7-13.

Xu Z, Gao G, Pan B, et al., 2015b. A new combined process for efficient removal of Cu(II) organic complexes from wastewater: Fe(III) displacement/UV degradation/alkaline precipitation. Water Research, 87: 378-384.

Xu Z, Meng Z, Wu S, et al., 2021. Important contribution of Cu(III)-peroxo species to As(III) oxidation in the Cu(II)-S(IV) system. Chemical Engineering Journal, 411: 128406.

Xu Z, Shan C, Xie B, et al., 2017. Decomplexation of Cu(II)-EDTA by UV/persulfate and UV/H_2O_2: Efficiency and mechanism. Applied Catalysis B: Environmental, 200: 439-447.

Xu Z, Wu T C, Cao Y, et al., 2020. Efficient decomplexation of heavy metal-EDTA complexes by Co^{2+}/peroxymonosulfate process: The critical role of replacement mechanism. Chemical Engineering Journal, 392: 123639.

Yang H, Lin W Y, Rajeshwar K, 1999. Homogeneous and heterogeneous photocatalytic reactions involving As(III) and As(V) species in aqueous media. Journal of Photochemistry and Photobiology A: Chemistry, 123(1-3): 137-143.

Yang Y, Gai W Z, Zhou J G, et al., 2020. Surface modified zero-valent aluminum for Cr(VI) removal at neutral pH. Chemical Engineering Journal, 395: 125140.

Yang Z, Ma X, Shan C, et al., 2019. Activation of zero-valent iron through ball-milling synthesis of hybrid Fe(0)/Fe_3O_4/$FeCl_2$ microcomposite for enhanced nitrobenzene reduction. Journal of Hazardous Materials, 368: 698-704.

Yang Z, Shan C, Mei Y, et al., 2018. Improving reductive performance of zero valent iron by H_2O_2/HCl pretreatment: A case study on nitrate reduction. Chemical Engineering Journal, 334: 2255-2263.

Ye Y, Jiang Z, Xu Z, et al., 2017. Efficient removal of Cr(III)-organic complexes from water using UV/Fe(III) system: Negligible Cr(VI) accumulation and mechanism. Water Research, 126: 172-178.

Ye Y, Shan C, Zhang X, et al., 2018. Water decontamination from Cr(III)-organic complexes based on pyrite/H_2O_2: Performance, mechanism, and validation. Environmental Science & Technology, 52(18): 10657-10664.

Zeng H, Liu S, Chai B, et al., 2016a. Enhanced photoelectrocatalytic decomplexation of Cu-EDTA and Cu recovery by persulfate activated by UV and cathodic reduction. Environmental Science & Technology, 50(12): 6459-6466.

Zeng H, Tian S, Liu H, et al., 2016b. Photo-assisted electrolytic decomplexation of Cu-EDTA and Cu recovery enhanced by H_2O_2 and electro-generated active chlorine. Chemical Engineering Journal, 301: 371-379.

Zhang L, Wu B, Zhang G, et al., 2019a. Enhanced decomplexation of Cu(II)-EDTA: The role of acetylacetone in Cu-mediated photo-Fenton reactions. Chemical Engineering Journal, 358: 1218-1226.

Zhang T, Ma J, 2008. Catalytic ozonation of trace nitrobenzene in water with synthetic goethite. Journal of

Molecular Catalysis A: Chemical, 279(1): 82-89.

Zhang X, Wu M, Dong H, et al., 2017. Simultaneous oxidation and sequestration of As(III) from water by using redox polymer-based Fe(III) oxide nanocomposite. Environmental Science & Technology, 51(11): 6326-6334.

Zhang Y, Li Q, Tang R, et al., 2009. Electrocatalytic reduction of chromium by poly(aniline-co-o-aminophenol): An efficient and recyclable way to remove Cr(VI) in wastewater. Applied Catalysis B: Environmental, 92(3-4): 351-356.

Zhang Y, Yang X, Zhang P, et al., 2019b. Morphology-tunable & template-free fabrication of MoS_2 nanostructures with enhanced photoreduction activities for Cr(VI). Journal of Photochemistry and Photobiology A: Chemistry, 373: 176-181.

Zhang Y, Zhang K, Dai C, et al., 2014. An enhanced Fenton reaction catalyzed by natural heterogeneous pyrite for nitrobenzene degradation in an aqueous solution. Chemical Engineering Journal, 244: 438-445.

Zhang Y, Zhu M, Zhang S, et al., 2020. Highly efficient removal of U(VI) by the photoreduction of $SnO_2/CdCO_3/CdS$ nanocomposite under visible light irradiation. Applied Catalysis B: Environmental, 279: 119390.

Zhao L, Ma J, Sun Z Z, et al., 2008. Catalytic ozonation for the degradation of nitrobenzene in aqueous solution by ceramic honeycomb-supported manganese. Applied Catalysis B: Environmental, 83(3-4): 256-264.

Zhao S, Chen Z, Wang B, et al., 2018a. Cr(VI) removal using different reducing agents combined with fly ash leachate: A comparative study of their efficiency and potential mechanisms. Chemosphere, 213: 172-181.

Zhao S, Zhang J, Chen Z, et al., 2019. Hydrogen generation and simultaneous removal of Cr(VI) by hydrolysis of $NaBH_4$ using Fe-Al-Si composite as accelerator. Chemosphere, 223: 131-139.

Zhao X, Guo L, Qu J, 2014. Photoelectrocatalytic oxidation of Cu-EDTA complex and electrodeposition recovery of Cu in a continuous tubular photoelectrochemical reactor. Chemical Engineering Journal, 239: 53-59.

Zhao X, Zhang J, Qu J, 2015. Photoelectrocatalytic oxidation of Cu-cyanides and Cu-EDTA at TiO_2 nanotube electrode. Electrochimica Acta, 180: 129-137.

Zhao Z, Dong W, Wang H, et al., 2017. Advanced oxidation removal of hypophosphite by O_3 /H_2O_2 combined with sequential Fe(II) catalytic process. Chemosphere, 180: 48-56.

Zhao Z, Dong W, Wang H, et al., 2018b. Simultaneous decomplexation in blended Cu(II)/Ni(II)-EDTA systems by electro-Fenton process using iron sacrificing electrodes. Journal of Hazardous Materials, 350: 128-135.

Zhu F, Ma S, Liu T, et al., 2018. Green synthesis of nano zero-valent iron/Cu by green tea to remove hexavalent chromium from groundwater. Journal of Cleaner Production, 174: 184-190.

Zou Y, Cheng H, Wang H, et al., 2020. Thallium(I) oxidation by permanganate and chlorine: Kinetics and manganese dioxide catalysis. Environmental Science & Technology, 54(12): 7205-7216.

Zou Y, Li Q, Tao T, et al., 2021. Fe-Mn binary oxides activated aluminosilicate mineral and its Tl(I) removal by oxidation, precipitation and adsorption in aqueous. Journal of Solid State Chemistry, 303: 122383.

第 7 章　重金属废水深度处理的其他方法

7.1　电 化 学 法

近年来，电化学法已逐渐成为重金属废水处理的重要方法之一。电化学处理系统中一般含有阴、阳两个电极，当直流电作用于阴、阳两极时，阳极将发生氧化反应，而阴极将发生还原反应。采用电化学法处理重金属废水除能够回收金属外，还具有无须额外投加化学药剂、不产生污泥、选择性高、运行成本低、可同时产生消毒作用等优点。

7.1.1　电絮凝

1. 定义

电絮凝一般将铝、铁等金属作为阳极，在外加电压作用下将金属阳极转化为阳离子絮凝剂，通过凝聚、气浮、氧化还原等作用去除水中悬浮、乳化或溶解态污染物（如油、染料、重金属等）（Akbal et al.，2012）。电絮凝的金属离子在阳极溶出，并在水解作用下由单核络合物逐步聚合成多核网状聚合物，并最终形成高分子絮凝剂。例如，铝阳极在外电压作用下产生铝离子，其效果与传统处理系统中添加铝基絮凝剂类似。在静电力和范德瓦耳斯力的作用下，带正电荷的絮凝剂和杂质分子通过压缩双电层、吸附架桥、网捕卷扫等形式聚合（张石磊 等，2013），形成沉淀絮体并最终去除。

一般认为，电絮凝过程包括三个连续的阶段：①阳极电解氧化形成混凝剂；②污染物的不稳定化、微粒悬浮和乳剂的破裂；③失稳悬浮固体的聚集形成絮凝体。电絮凝反应器最简单的形式由具有一个阳极和一个阴极的电解槽组成，在电解槽的阳极和阴极分别发生氧化反应和还原反应。导电阳极被称为“牺牲电极”，通常由铁或铝制成。

阳极氧化反应为

$$M_1(\text{不溶}) = M_1^{m+}(\text{可溶}) + me^- \tag{7.1}$$

$$4OH^- = 2H_2O + O_2 + 4e^- \tag{7.2}$$

式中：M_1 为阳极中的金属，可以是牺牲金属，如铁或铝。

阴极还原反应为

$$M_2^{m+}(\text{可溶}) + me^- = M_2(\text{不溶}) \tag{7.3}$$

$$2H^+ + 2e^- = H_2 \tag{7.4}$$

式中：M_2^{m+} 为溶液中的可溶性金属离子。

在电絮凝反应器中，电极能以单极和双极形式连接。电极连接的简单排列如图 7.1 所示，单极连接模式下，*n* 对阳极和阴极之间连接相同的电位；双极连接模式下，*n* 对电极中通过相同的电流。

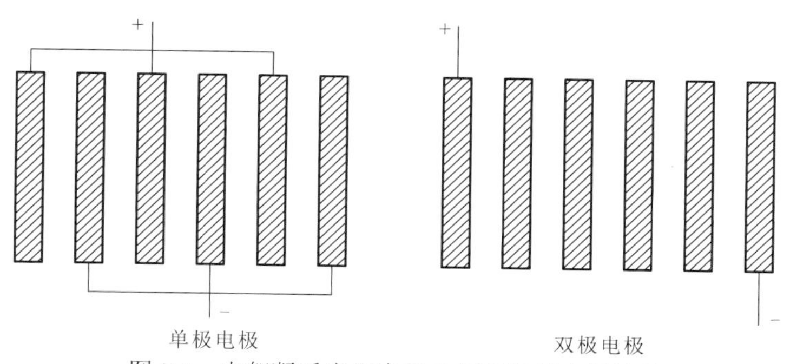

图 7.1　电絮凝反应器中的单极和双极电极连接

引自 Chen（2012）

2. 影响因素

电流密度、溶液 pH、电解质浓度和温度是影响电絮凝性能的主要因素。

1）电流密度

电流密度是指电极单位面积内的电流，是设计电絮凝反应器的重要参数之一。电极产生的混凝剂（Al^{3+}或 Fe^{2+}）的数量由电絮凝反应器的电流供应决定。铝和铁的电化学当量分别为 335.6 mg/（A·h）和 1 041 mg/（A·h）。电流密度的选择应与其他操作参数如 pH、温度、流速等相适应，以保证较高的电流效率。大电流密度一般适用于小的电絮凝反应器。通常情况下，过高的电流密度会导致电流效率的显著降低和电能的浪费，一般建议将电流密度控制在 15～75 A/m^2。

2）溶液 pH

溶液 pH 对电絮凝的影响主要体现在电流效率和金属氢氧化物的溶解度上。在酸性或碱性条件下，电絮凝反应器的电流效率一般高于中性条件。酸性进水在经过电絮凝处理后 pH 会升高，而碱性进水经处理后 pH 则会降低，这是电絮凝工艺的优点之一。

3）氯化钠（电解质）

氯化钠通常用于提高废水的导电性，氯化钠的加入会使电导率增加，功耗降低。HCO_3^- 和 SO_4^{2-} 的存在会导致 Ca^{2+}或 Mg^{2+}沉淀，在电极表面形成绝缘层，从而导致功耗显著增加，电流效率显著降低。Cl^-的加入可以有效抑制 HCO_3^- 和 SO_4^{2-} 等阴离子的不利影响。此外，电解生成的氯还可以用于水的消毒。

4）温度

铝的电流效率随溶液温度的升高而增加，主要是因为电极表面氧化铝膜的活性随温度升高而增强并被破坏。然而，由于温度过高，$Al(OH)_3$ 凝胶的大孔隙会收缩，更易形成致密的絮凝体沉积在电极表面。电絮凝过程的最佳温度需要通过实验确定。此外，水的导电性受温度影响，通常温度越高电导率越高，能量消耗就越低。

3. 电絮凝在重金属废水处理领域的应用

电絮凝在重金属废水处理中的应用主要集中于电镀、冶炼、金属加工及精细化工生产废水处理等，少部分应用于给水处理中重金属的去除。总体而言，电絮凝技术主要用于含铬、镉、铜、锌、铅、银、砷及镍等重金属废水的处理。

1）含铬废水

电絮凝法处理含铬废水主要应用于电镀、制革、半导体等行业。铬在废水中主要以Cr(III)和 Cr(VI)的形式存在，目前对含铬废水的处理主要通过将 Cr(VI)转化为 Cr(III)后再进行处理。以铁为阳极的电絮凝法处理含铬废水主要包括两个阶段（Zongo et al.，2009）：首先 Cr(VI)被直接（电化学还原）或间接（Fe^{2+}）还原为 Cr(III)，然后 Cr(III)转化为氢氧化物后与絮体共沉淀而去除。Cr(VI)还原为 Cr(III)与废水的 pH 有关，在酸性较强时 Fe^{2+}对 Cr(VI)的还原作用增强[式（7.5）～式（7.7）]，但 pH 过低时不利于氢氧化铁絮体的形成，影响 Cr(III)的去除效率（Arroyo et al.，2009）。当铬以 Cr(VI)为主时，为加快铬的去除效率和降低能耗，推荐使用铁作为电絮凝阳极。另外，对于以 Cr(III)为主的废水，铝-电絮凝法也表现出良好的处理效果。

$$HCrO_4^- + 7H^+ + 3e^- \longrightarrow Cr^{3+} + 4H_2O \tag{7.5}$$

$$\text{碱性条件：}\ CrO_4^{2-} + 3Fe^{2+} + 4H_2O \longrightarrow 3Fe^{3+} + Cr^{3+} + 8OH^- \tag{7.6}$$

$$\text{酸性条件：}\ Cr_2O_7^{2-} + 6Fe^{2+} + 14H^+ \longrightarrow 6Fe^{3+} + 2Cr^{3+} + 7H_2O \tag{7.7}$$

2）含镉废水

含镉废水主要来自有色金属冶炼、电镀、化工等行业，采用电絮凝处理 Cd 的研究不多，已有的文献报道主要从处理效果及运行参数等方面进行研究。

在一定处理时间内，电絮凝对 Cd 的去除率随电流密度的增加而升高，温度对处理性能的影响不大（熊道文 等，2013）。NO_3^-和 Cl^-对 Cd 的电絮凝处理具有促进作用，硫酸盐因易导致铝极板表面形成惰性层，对处理效果具有抑制作用。Cl^-能够穿透硫酸盐惰性层，当废水中同时存在硝酸盐、硫酸盐及氯化物时，电絮凝对 Cd 的去除率仍然较高（Huang et al.，2009）。

3）含锰废水

含锰废水主要来自矿山、冶炼等生产过程。电絮凝对废水中 Mn^{2+}的去除机理主要涉及两方面（Gatsios et al.，2015）：Mn^{2+}与 OH^-反应形成 $Mn(OH)_2$ 后与絮体共沉淀，以及反应器阴极直接将 Mn^{2+}还原为单质 Mn。电絮凝废水中的 Cl^-可转化为次氯酸（HClO）和次氯酸根（ClO^-），这些强氧化性产物能够将 $Mn(OH)_2$ 转化为 Mn_3O_4 和 MnO_2。当电压足够时，电化学阳极也能将 Mn^{2+}氧化为 MnO_2。具体反应过程为

$$3Mn(OH)_2 + ClO^- \longrightarrow Mn_3O_4 + 3H_2O + Cl^- \tag{7.8}$$

$$6Mn(OH)_2 + O_2 \longrightarrow 2Mn_3O_4 + 6H_2O \tag{7.9}$$

$$Mn_3O_4 + 2ClO^- \longrightarrow 3MnO_2 + 2Cl^- \tag{7.10}$$

$$Mn_3O_4 + O_2 \longrightarrow 3MnO_2 \tag{7.11}$$

$$2H_2O + Mn^{2+} \longrightarrow 4H^+ + MnO_2 + 2e^- \tag{7.12}$$

4）含砷废水

水中的砷主要以 As(III)和 As(V)两种价态存在，其中 As(III)的毒性远高于 As(V)。

当 pH<7.5 时，As(V)主要以带负电的 $HAsO_4^{2-}$ 存在，而 As(III)主要以 $HAsO_2$ 和 H_3AsO_3 存在。电絮凝反应通常先将 As(III)转化为 As(V)，在中性 pH 条件下使用铝/铁电极-电絮凝法可有效处理水中的 As(V)。在铝-电絮凝体系中，$Al(OH)_3$ 和 Al_2O_3 都能够通过吸附作用去除 $HAsO_4^{2-}$（Kobya et al.，2014）。在铁-电絮凝体系中，一部分砷酸根离子可与 Fe^{3+}反应形成沉淀（Sik et al.，2014）。此外，溶液中的砷酸根离子也能够与水合氧化铁（$Fe_2O_3\cdot xH_2O$）、羟基氧化铁（FeOOH）反应，形成氧化铁-砷胶体络合物（FeO_x-As），这些产物易被氢氧化铁絮体吸附而从水相中去除（Dawn et al.，2016）。具体反应过程为

$$Al_2O_3 + HAsO_4^{2-} \longrightarrow [Al_2O_3 \cdot HAsO_4^{2-}] \tag{7.13}$$

$$Al(OH)_3 + HAsO_4^{2-} \longrightarrow [Al(OH)_3 \cdot HAsO_4^{2-}] \tag{7.14}$$

$$2H_2O + AsO_4^{3-} + Fe^{3+} \longrightarrow FeAsO_4 \cdot 2H_2O \tag{7.15}$$

$$2FeOOH + H_2AsO_4^{-} \longrightarrow (FeO)_2HAsO_4 + H_2O + OH^- \tag{7.16}$$

$$3FeOOH + HAsO_4^{2-} \longrightarrow (FeO)_3HAsO_4 + H_2O + 2OH^- \tag{7.17}$$

7.1.2 电沉积

1. 基本原理

电沉积的基本原理如图 7.2 所示，溶液中的重金属离子在阴极被还原成单质并沉积在阴极表面，达到去除和回收的目的。其主要反应是重金属离子在阴极的还原，反应式为

$$M^{n+} + ne^- = M \tag{7.18}$$

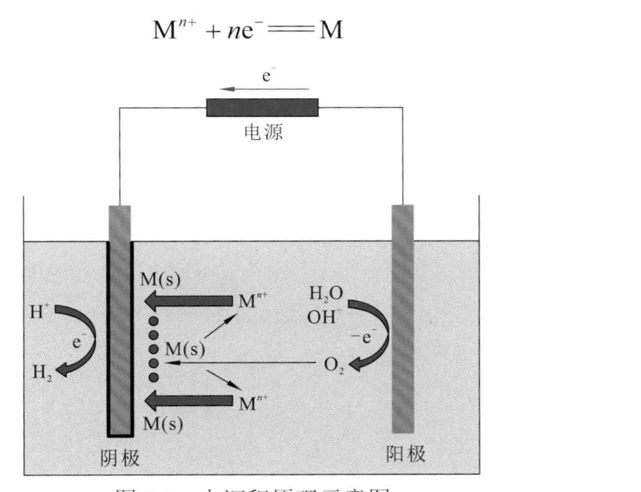

图 7.2 电沉积原理示意图

引自于栋等（2020）

阴极除了发生金属离子的还原反应，还同时伴有其他副反应。这些副反应会影响电沉积的电流效率，降低废水处理性能。副反应不仅消耗电能，对电沉积效率产生影响，其产生的副产物也会对反应体系的安全构成威胁。阳极的氧化反应会产生氧气，溶液中氧气含量升高会腐蚀阴极表面沉积的重金属单质，造成重金属返溶而影响处理效率（陈

熙 等，2015）。重金属的返溶反应式为

$$M+\frac{n}{4}O_2+nH^+ \longrightarrow M^{n+}+\frac{n}{2}H_2O \tag{7.19}$$

2. 影响因素

1）反应器类型

电沉积反应器主要包括阴极、阳极和电解质。根据电极排列方式的不同，反应器可分为二维反应器（平行板反应器等）和三维反应器（流化床反应器、填充床反应器、喷动床反应器等）。三维反应器是在二维反应器的基础上，通过向电极间添加粒状或碎屑状的电极材料构成。与相同体积和几何面积的二维反应器相比，三维反应器有着更大的比表面积和更高的传质速率（Chellammal et al.，2010），在提高污染物去除率和降低能耗等方面具有较大优势。

2）电极间距

电极间距对重金属沉积效果的影响主要表现在重金属离子传质速率和停留时间两方面。在电极数量和面积不变的情况下，减小电极间距会使电解槽容积减小，当循环液流量不变时，电解液流速加快可促进离子的对流与扩散，强化重金属离子传质，有助于提高电沉积速率并降低能耗。但电解槽容积减小会缩短停留时间，导致重金属离子反应不充分。根据不同废水特性，大多将极板的适宜间距控制在 20～50 mm。这一范围内既有利于金属离子的对流扩散，又不会由于溶液停留时间过短而降低电沉积效率。

3）电极材料

电沉积系统的阴极由导电材料制成，如金属铜/铝、碳质材料（如石墨）、不锈钢、金属氧化物等。阳极选用不溶性材料，如不锈钢、石墨等。电沉积反应在阴极主要经历两个过程，一是目标金属离子在阴极放电、结晶形成沉积物，二是氢离子放电形成氢气。过多的氢离子参与反应会使系统的电流效率下降，需要控制氢的还原电位低于金属的还原电位，因此阴极宜选择氢过电位较高的材料，如不锈钢板、铝板等（Abou-Shady et al.，2012）。不同的电极基底材料会影响电沉积速率和电化学行为。采用纳米技术对电极材料进行修饰，可显著改善电极的电沉积性能，如采用涂有单层碳纳米管的不锈钢电极作为阴极去除水溶液中的铅（Liu et al.，2013），在优化反应条件下，铅的去除率可达 97.2%～99.6%。

碳是一种来源广泛、物理化学性能优越的导电材料，其中石墨、活性炭等具有较大的比表面积和较强的导电性能，廉价易得，是最常用的电极碳材料。新型碳材料如石墨烯、碳气凝胶、碳纳米管等较石墨和活性炭具有更高的电导率、更大的比表面积，且表面大量的活性基团更有利于修饰，具有很高的开发应用价值。

除了影响电沉积效果，电极材料对能耗也有显著影响。具有催化性能或氧过电位较高的阳极材料，可以通过减少析氧反应降低系统的能耗，提高处理效率。

4）操作参数

影响电沉积过程的操作参数主要包括电压、重金属离子浓度、溶液 pH、温度，以及

电解质种类、电流形式、电解时间等。Verduzco 等（2019）研究表明，主要操作参数的影响程度由大到小依次为电压＞重金属离子浓度＞溶液 pH＞温度。

3. 电沉积在重金属废水处理领域的应用

电沉积过程中不需要额外添加还原药剂，形成的金属沉积物纯度高，杂质离子少，分离提纯操作简便，在电镀、电子等行业的废水资源化处理领域有较大发展前景。由于大量削减了化学试剂的加入，有毒污泥等危废的产生量大幅降低，节约了危废处理费用，显著降低了电沉积法处理重金属废水的成本。

不过，单独应用电沉积法还存在很多局限性，在处理低浓度重金属废水时效果较差，因此常将电沉积技术与离子交换技术、膜技术、生物膜技术等联合使用。离子交换技术和膜技术可以用来浓缩重金属废水，浓缩后的废水再经过电沉积处理；膜技术还可以提高系统对重金属的选择性，分离出纯度更高的金属。除了直接处理重金属废水，电沉积法还可以间接处理含重金属的固体废弃物，如铸铁过程中产生的富含 Zn 和 Fe 的粉尘（Bakkar et al.，2019），将该粉尘溶解于氯化胆碱、尿素、乙二醇混合液中形成共晶溶剂，通过水热反应选择性地提取粉尘中的锌，而铁则以 Fe_2O_3 等形式存在于浸出渣中被去除，最后将含 Zn^{2+} 的浸出液配制成电解液后，采用中等还原电位沉积得到高纯度的 Zn 金属。

7.1.3 电吸附

1. 基本原理

电吸附技术（electro-sorption technology，EST），又称电容去离子（capacitive deionization，CDI）技术，其基本原理如图 7.3 所示，通过对水溶液施加静电场，使溶液中的离子或带电粒子向带有相反电荷的电极方向移动，并被束缚在电极表面形成的双电场中，随着离子或带电粒子在电极表面富集浓缩，溶液中溶解盐类、胶体颗粒及其他带电物质的浓度降低。当吸附达到饱和后去除外加电场并将电极短接，吸附的离子被释放到溶液中实现脱附，脱附后的电极可再次使用。

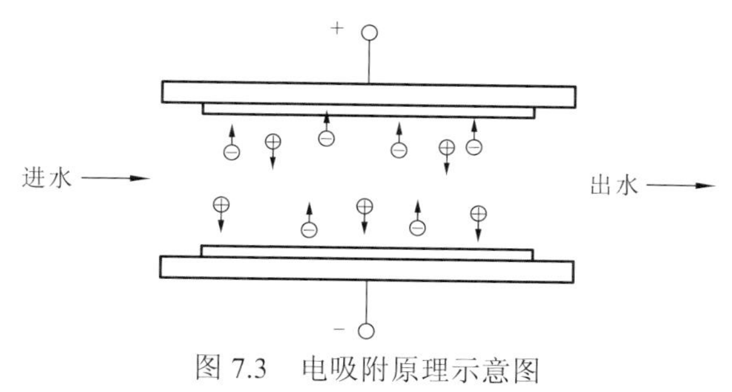

图 7.3　电吸附原理示意图

2. 电极材料

电吸附技术对电极材料要求较高，如需要电导率高、电阻低、极化性能良好、具有较大的比表面积和较高的电化学稳定性等特点。常用的电极材料主要有石墨、颗粒活性炭、活性炭纤维和炭气凝胶等。

1）石墨

石墨具有较强的导电性，作为电极应用于电化学领域已有一百多年的历史，并在早期的电吸附研究中得到了广泛的应用。石墨存在比表面积较小、吸附能力较差等缺点，因此人们开始尝试利用比表面积较大的颗粒活性炭作为电极材料。

2）颗粒活性炭

近年来，利用颗粒活性炭进行电吸附研究受到越来越多的关注。活性炭由石墨晶体和无定形碳组成，具有较强的导电性能。与石墨相比，活性炭具有更大的比表面积和吸附容量，并逐渐成为一种方便易得且廉价的电极材料。

3）活性炭纤维

与颗粒活性炭相比，活性炭纤维具有更大的比表面积和吸附容量，吸附质的扩散阻力更小，微孔丰富且分布窄，对不溶性杂质的去除率更高。活性炭纤维易形成各种形状的电极，且接触电阻较小，近年来在电吸附方面得到了广泛的应用。

4）炭气凝胶

炭气凝胶是一种轻质、多孔的非晶炭材料，由有机凝胶经过超临界干燥和炭化后制成。炭气凝胶由中间孔和纳米孔构成，比表面积通常很大、导电性能好、机械性能优异，在电吸附方面也得到了较为广泛的应用。

3. 电吸附在重金属废水处理领域的应用

与其他重金属废水处理技术相比，电吸附技术具有设备寿命长、能耗低、无二次污染等特点，对重金属等溶解性污染物具有良好的去除效果，但电吸附工艺对进水水质有一定要求，通常需要预处理去除颗粒态或胶体态污染物（韩寒 等，2010）。除双电层作用外，金属离子的还原沉积作用在电吸附处理过程中也很关键。利用新型炭材料作为电极去除水中的重金属离子（Pb^{2+}、Cu^{2+}、Ni^{2+}、Cd^{2+}等），各种离子的去除率均能达到 90%以上。电吸附也可去除 Cr(VI)、V（IV）、Mo(VI)、W(VI)和 V(V)等酸根离子，施加正极电压可以提高 Cr(VI)、Mo(VI)和 V(V)等酸根离子的电吸附效果，施加负极电压可以使 Mo(VI)和 V(V)等酸根离子发生脱附（Afkhami et al.，2002）。

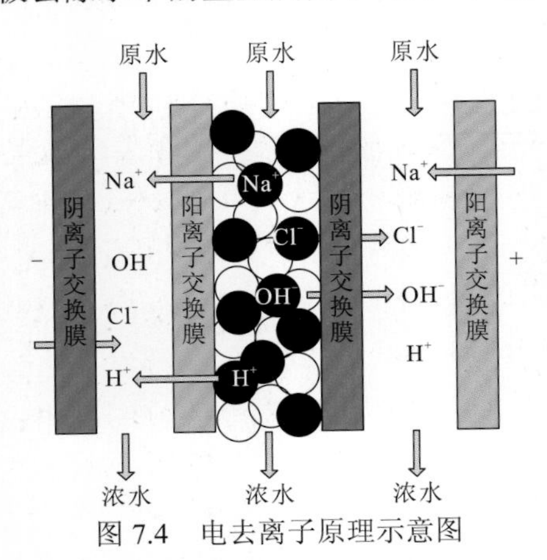

图 7.4　电去离子原理示意图

引自管若伶等（2022）

7.1.4　电去离子

电去离子（electrodeionization，EDI）又称填充床电渗析，是将电渗析与离子交换两项技术的特点有机结合发展出的一种水处理新技术，其基本原理如图 7.4 所示。与普通电渗析相比，由于淡室中填充了离子交换树脂，大大提高了膜间导电性，显著增强了由溶液到膜面的离子迁移性能，缓解了膜面浓度滞留层中离子贫乏的现象，提高了极限电流密度。与普通离子交换相比，膜间的高电势梯度迫使水解离为 H^+和 OH^-，H^+和 OH^-一方面参与负载电流，另一方面可以对树脂产生原位再生的作用，因此电去离子技术不需要单独对树脂进行再生操作，可以省掉离子交换所必需的酸碱贮罐，也减少了环境污染。

20 世纪 90 年代初，研究人员开始将电去离子技术应用于低浓度重金属离子废水处理，以实现废水中有用重金属的浓缩回收利用。近些年的研究主要集中在对传统电去离子技术装置进行改良，解决金属离子沉淀问题，保证电去离子装置的稳定运行。采用改良电去离子装置处理低浓度含镍废水，经处理后出水镍离子质量浓度从 40 mg/L 下降至 0.1 mg/L，浓水质量浓度达到 1 060 mg/L（王建友 等，2009）。由此可见，采用电去离子技术能达到良好的富集重金属的效果，提高了重金属资源回收率，避免了重金属对环境的污染。

7.2　重金属捕集剂法

7.2.1　重金属捕集剂的分类及作用原理

重金属捕集剂又称重金属螯合剂，是一类含有特定官能团结构，可从废水中螯合、捕集并沉淀分离重金属的有机药剂。重金属捕集剂通过配合作用实现重金属废水的净化，起配位作用的元素主要是 V 族～VII 族元素，以 O、N、S 为主，其捕集产物的稳定性可以通过配位键的强弱来衡量。配位原子电负性的大小是衡量配位键强弱的重要指标，且与配位键稳定性成反比。

依据螯合作用基团的差异性，将以 S 原子作为配位原子的重金属捕集剂分为二硫代氨基甲酸盐（dithiocar-bamate，DTC）类、黄原酸类、三巯三嗪三钠盐（trimercapto-*S*-triazine trisodium salt，TMT）类、三硫代碳酸钠（sodium-trithiocarbonate，STC）类，其与重金属离子相互作用的机理如图 7.5 所示。

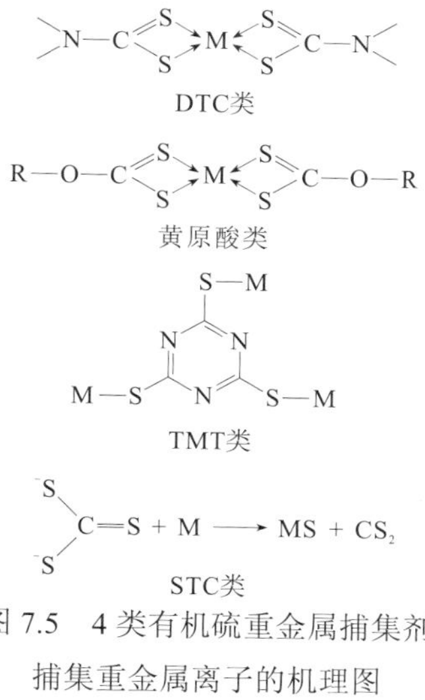

图 7.5　4 类有机硫重金属捕集剂捕集重金属离子的机理图

M 为重金属离子；引自黄启华（2018）

DTC 是给电子基团为二硫代甲酸的氨盐聚合物。给电子基团中的 S 原子具有电负性小、半径较大、易失去电子并易极化变形产生负电场等特性，因此能够捕捉正离子并成键，析出难溶于水的二硫代氨基甲酸盐。黄原酸类重金属捕集剂包含乙基黄原酸盐和改性有机天然高分子黄原酸酯。黄原酸盐别名黄药，在分析化学和冶金工业中常被用来沉淀 Cu^{2+}和 Ni^+。工业上常用 CS_2 代替羟基上的氢原子得到改性有机天然高分子黄原酸酯，是废水中重金属离子的有效捕集剂。

TMT 分子式为 $Na_3C_3N_3S_3·9H_2O$，主要用于捕捉单价和二价的重金属离子。STC 是一种硫代碳酸盐或者钾盐，其稳定性较低，易析出 CS_2 气体和硫化物沉淀而产生二次污染，目前已基本淘汰。

关于 DTC 类重金属捕集剂的研究相对较多，按分子量大小可分为螯合剂和螯合树脂。螯合剂即低分子的线性结构重金属捕集剂，多用于处理成分复杂的重金属废水，处理效果较好；螯合树脂则为聚合高分子空间立体结构，在水中溶解度极小，主要用于废水中贵金属的分离和回收。

DTC 类重金属捕集剂处理重金属过程的作用机理主要是利用其极性基团中的 S 原子捕捉阳离子重金属，形成以重金属为核心的四元环，给电子基团在中心离子周围的空间分布对金属离子的成键轨道起决定性作用。捕集剂与价键轨道为 dsp 型、sp^3 型和 d^2sp^3 型的金属离子结合形成正四面体、正八面体等不同的空间结构（林海 等，2020），生成不溶性的螯合沉淀物，实现废水中重金属的分离。

7.2.2 重金属捕集剂处理的影响因素

1. pH

废水的 pH 对重金属捕集剂的电荷性质和重金属的形态分布影响很大，最终影响重金属捕集剂的处理能力。不同 pH 条件下重金属的存在形态及其处理难度各不相同，pH 过低易导致捕集剂螯合位点减少，吸附能力减弱。这是因为一些重金属捕集剂中的 N 原子在 pH 较低时易质子化，使螯合重金属离子的有效 N 原子位点减少（Youning et al.，2018），并促使捕集剂对 Ni^{2+}、Pb^{2+}、Cd^{2+}、Cu^{2+}、Hg^{2+}等重金属阳离子产生静电斥力。一些巯基重金属捕集剂在处理酸性废水时，过高的 H^+浓度会抑制废水中柠檬酸等有机络合剂的电离和螯合剂的离解，降低了配位体有效浓度，导致重金属螯合位点减少，甚至造成已发生络合重金属的解离（严苹方 等，2015）。

2. 重金属种类

实际重金属废水往往含有多种重金属，需要关注多种重金属离子共存对重金属捕集剂处理效能的影响。利用重金属捕集剂去除混合重金属离子的去除效果相比单一重金属常有明显差异，这是因为共存重金属离子之间存在相互抑制作用或促进作用。徐颖等（2006）利用重金属捕集剂处理含铅废水时发现，当金属离子 Pb^{2+}、Cd^{2+}、Cu^{2+}、Hg^{2+}共存时，Pb^{2+}常被优先去除，这是因为 Pb^{2+}与捕集剂形成的螯合物二烃基二硫代磷酸铅稳定性较强。另外，根据软硬酸碱理论“软亲软，硬亲硬”的规则分析，捕集剂中含有 S 原子的官能团属于软碱，而阳离子重金属中的软酸更易与捕集剂螯合，争夺更多的螯合位点。结合配位场理论分析，d 轨道全空的重金属离子与配体形成的内轨型配合物稳定性更强，而轨道全满生成的螯合产物稳定性相对较差，导致处理混合重金属废水与单一重金属废水的效果存在明显差异。

3. 重金属浓度

溶液中重金属浓度是螯合剂结合重金属的重要驱动力，浓度越高驱动力越大，被螯合剂结合的重金属会增加。此外，溶液中重金属浓度还会影响处理时间。螯合剂去除重金属废水中的 Pb 和 Cd 时，Cd 离子质量浓度从 0.07 mg/L 降到 0.000 5 mg/L 所需时间很长，主要因为低浓度时扩散与反应驱动力较低，螯合剂吸附速率较慢（Bhunia et al.，2018）。采用氨基硫脲对海藻酸钠进行化学改性后用于处理重金属废水，当含铅或镉废水的质量浓度低于 100 mg/L 时，难以取得令人满意的去除效果（Córdova et al.，2018）。

7.2.3 重金属捕集剂的合成及应用概述

DTC 类重金属捕集剂作为常用的重金属废水处理药剂，具有稳定、高效、环境友好的特点，受到工程技术人员的广泛关注（Qiu et al.，2017）。DTC 类重金属捕集剂的合成主要是利用伯胺或仲胺与二硫化碳（CS_2）在强碱性溶液中发生亲和加成反应（陈辉 等，2018）。该合成方法原料来源广、产率高、条件温和，反应过程中伯胺或仲胺中氨基上的氢原子被 CS_2 取代，使其分子中含有 N、S 杂原子和多种配体，可与多种金属生成稳定的配合物。由于不同杂化状态下 N、S 原子的存在，其在硝基、硫原子和金属离子之间具有共用电子的倾向，对重金属具有较好的去除能力。依据 DTC 类重金属捕集剂在水中的溶解性可将其分为水溶性 DTC 重金属捕集剂和不溶性高分子 DTC 螯合树脂两大类。

1. 水溶性 DTC 重金属捕集剂

水溶性 DTC 重金属捕集剂按分子量大小又可分为小分子螯合剂和高分子螯合剂，其中小分子螯合剂一般最多含有两个 DTC 基团，而高分子螯合剂则是与高分子有机物质通过接枝改性制得，通常含有较多的 DTC 基团。小分子 DTC 类螯合剂处理实际废水时用量大，且生成的絮状颗粒较小，易造成二次污染。DTC 类重金属捕集剂的处理性能受取代原子种类、取代位置及取代基种类等因素的影响有所差异。在实际应用中，高分子螯合剂可通过投加适量絮凝剂，使螯合产物絮凝团聚形成大颗粒物，实现重金属的高效去除（崔燕平 等，2016）。一般而言，将重金属捕集剂与絮凝剂进行结合或改性，在重金属废水的处理中会取得更理想的效果。

2. 不溶性高分子 DTC 螯合树脂

高分子螯合树脂是以交联型聚合物为骨架，通过加成、聚合等反应与配位功能基团连接合成的高分子材料，是目前重金属捕集剂研究的热点之一。利用交联剂将絮凝剂接枝到螯合树脂上，处理重金属废水的效果有明显改善。选用乙二醇单苯醚-甲醛负载三乙烯四胺螯合树脂与氨基和二硫化碳反应，合成含二硫代氨基甲酸基的酚醛型螯合树脂（$PB\text{-}TETA\text{-}CS_2$），在 pH=4 的条件下对 Ag^+的最大吸附量为 0.18 mmol/g（马彩霞 等，2013），在处理混合重金属废水时，与 Cu^{2+}、Pb^{2+}、Cd^{2+}等重金属离子相比，对 Ag^+具有较高的吸附容量。

3. 其他重金属捕集剂

除 DTC 类重金属捕集剂外，近年来还有一些研究者关注天然重金属捕集剂、合成改性多功能螯合剂等。多功能螯合剂的研发也是现阶段重金属捕集剂的研究热点，旨在通过改性或强化手段合成既有螯合吸附能力、又可再生利用的捕集剂。目前来看，再生效率低是该类材料发展与应用的主要技术瓶颈。

7.3 晶 化 法

诱导结晶在化学沉淀反应的基础上，通过结晶将重金属离子转化为沉淀并附着在载体上加以去除。与传统化学沉淀法相比，诱导结晶工艺不仅继承了沉淀工艺反应迅速、去除率高的优点，而且可避免产生大量污泥、易造成二次污染的问题，同时结晶产物含水率不高，无须额外脱水处理，节省了成本。

7.3.1 晶化法去除重金属的基本原理

结晶通常包括三个过程：①晶体成核；②晶体生长；③附聚、破碎和 Ostwald 熟化等二次成核过程。根据反应条件，这些过程可以串联或并联进行。

1. 晶体成核

晶体成核是结晶过程的第一步，是一个耗能过程。成核过程本质上是从溶液成分的随机排列中创建具有确定表面的有组织结构，由于能量要求，溶液必需过饱和或浓度大于沉淀物的平衡浓度。根据成核机制不同，可以将晶体成核过程简单划分为如图 7.6 所示的几种类型。

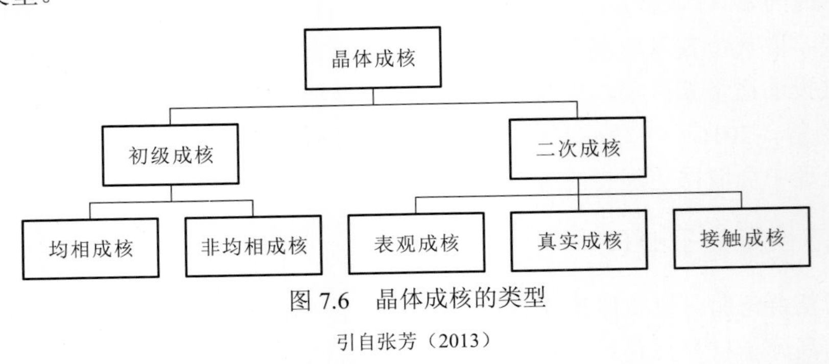

图 7.6 晶体成核的类型

引自张芳（2013）

溶液中不含被结晶物质时发生的成核现象称为初级成核。其中，溶液中不含外来物质时的成核称为均相成核；在外来物质（如空气的微尘）诱导下的成核过程称为非均相成核。溶液中含有被结晶物质的晶体发生的成核现象称为二次成核。二次成核的机理相对比较复杂，通常认为接触成核及流体剪切力成核是二次成核的主要机制。接触成核是指晶体与其他固体（如晶体、搅拌桨、结晶器壁等）接触时产生晶体碎粒，其中较大的就是新的晶核。流体剪切力成核是指在搅拌作用下，过饱和溶液以较大的速度经过晶体表面时，在流体边界层产生的剪切力将一些刚附着在晶体单元上还未生长稳定的小颗粒扫落，这些扫落的小颗粒成为新的晶核。

2. 晶体生长

当过饱和溶液中有晶核生成或晶种加入后，以过饱和度为推动力，溶质分子或离子会在晶核表面一层层排列并长大，这就是晶体生长。过饱和度是影响晶体生长速率的关键因素。然而，过饱和度过高并不利于晶体生长。与结晶相关的晶体生长有很多模型，如表面能理论、扩散理论、吸附层理论、连续阶梯模型等，常用的是较为简单的结晶生长扩散理论，可分为两个步骤：第一步为溶质扩散，待结晶的溶质通过扩散穿过靠近晶体表面的静止液层，由溶液转移至晶体表面；第二步为表面反应，即到达晶体表面的溶质在过饱和度的推动下嵌入晶面使晶体长大。一般情况下认为：高过饱和度下，晶体生长过程可能由扩散过程控制，晶体生长速率与扩散传质系数有关；低过饱和度下，晶体生长可能为表面反应控制。

3. 附聚、破碎和 Ostwald 熟化

在工业结晶过程中，除晶体成核和晶体生长等基本过程外，通常还伴随有附聚、破碎、奥斯特瓦尔德（Ostwald）熟化等二次成核过程，这些过程对结晶产品的形貌和粒度产生很大的影响。

附聚是指大量的细小颗粒在物理作用力或晶体化学键的作用下团聚在一起。一般认为附聚过程分为两个步骤：①细粒子在剪切力作用下互相碰撞形成松散的絮凝物，这一过程是可逆过程；②这些松散的絮凝物在溶液分解产生的黏结剂作用下，进一步凝聚形成较为牢固的附聚体，在溶液中继续生长为产品。

破碎是二次成核过程中晶核的主要来源之一，一般存在两种形式：聚结体的破碎和基本粒子的破碎。前者与附聚是互逆过程，后者与晶体生长相反，微晶在流体剪切力及冲击力作用下从晶体上脱落或晶体破碎成为多个子晶，其粒度分布明显。

Ostwald 熟化是指过饱和溶液晶核生长的后期，较小的晶体颗粒消融而较大的晶体颗粒继续长大，使得颗粒平均尺寸增大。当系统中总的相界面积达到最小时，两相混合系统达到平衡。

7.3.2 晶化法处理的影响因素

除溶液过饱和度以外，溶液的物化特性，如密度、黏度、酸碱度等都对晶体生长有一定的影响。因此，在实际处理过程中，影响这些参数的操作条件，如药剂混合方式、水力负荷、停留时间、载体颗粒性质等都需要严格控制。

7.3.3 晶化法处理重金属废水的应用概述

按溶液中产生过饱和度的方法不同，工业结晶可以分为熔融结晶、溶液结晶、升华

结晶、反应结晶等。反应结晶与一般的结晶过程不同，其过饱和度不是通过物理方法（如蒸发、冷却等）产生，而是由两种或两种以上可溶物质反应生成的难溶物质进行结晶的过程。反应结晶是沉淀的主要类型之一，在金属回收领域应用非常广泛。

诱导结晶是在传统沉淀基础上的改进，通过在沉淀反应体系中加入粒状固体物质作为晶种，使溶质在晶种表面长大，以促进沉淀结晶并提升沉降速度。对诱导结晶工艺处理含铜废水过程中成核方式的影响研究表明，均相成核不利于诱导结晶的进行，非均相成核得到的晶体生长致密、纯度高（熊娅 等，2011）。采用诱导结晶工艺处理废水具有去除率高、操作方便、占地面积小、产品纯度高、不易产生二次污染等优点，但在诱导结晶材料的选择和处理上也存在不足。例如，采用硅砂颗粒进行流态化诱导结晶反应，作为晶核的硅砂逐渐长大，当其粒径超过某极限值时，其诱导结晶的效果降低，从而导致重金属废水的处理效率下降，因此应周期性更换硅砂，这给操作过程带来不便。

7.4 高铁酸盐法

高铁酸盐是一类具有多种功能的水处理药剂，在污水处理过程中可作为氧化剂使用，同时也具有良好的吸附性能，能够用作吸附沉淀工艺中的助凝剂（Sharma et al.，2016b）。本节将从高铁酸盐去除重金属的基本原理、相关材料的制备和特性，以及在重金属废水处理中的应用三个方面对高铁酸盐法进行介绍。

7.4.1 高铁酸盐去除重金属的基本原理

1. 高铁酸盐的作用原理

高铁酸盐对重金属的高效去除主要源于其强大的氧化和吸附能力。高铁酸盐的强氧化性源自其+6 价的铁元素。酸性条件下，FeO_4^{2-}/Fe^{3+}的标准电极电位高达+2.2 V，超过绝大多数氧化剂，甚至高于臭氧（O_3/O_2）的电极电位（2.076 V），能够氧化大部分中间价态的重金属离子。在碱性条件下，FeO_4^{2-}/Fe^{3+}的标准电极电位为+0.7 V，仍具有较强的氧化能力。高铁酸盐的预氧化作用能够改变重金属离子的电势，降低静电阻力（Xie et al.，2016），进而促进吸附沉淀作用。例如在去除废水中的 As(III)时，由于 As(III)很难被吸附到固体表面，传统的吸附沉淀法去除 As(III)的效果并不理想，但高铁酸盐能够将 As(III)氧化为 As(V)，生成的 As(V)可以通过吸附作用高效去除（Nidheesh et al.，2017）。

高铁酸盐还可氧化分解金属络合物，使废水中的络合态重金属转变为离子态（朱铭桥 等，2017），再通过吸附或沉淀作用进行去除。高铁酸盐的絮凝作用主要源自其氧化过程中生成的Fe^{3+}或者$Fe(OH)_3$（Sun et al.，2016），将废水中的重金属凝聚成小颗粒，再逐渐絮凝成大颗粒，最终通过沉淀或截留分离。

除了氧化和吸附这两种主要去除作用，高铁酸盐还可利用结晶的方式去除重金属污染物。高铁酸盐具有自分解特性，分解过程中形成具有 γ-Fe_2O_3或者 γ-FeOOH 壳层结构的纳米粒子（Prucek et al.，2015），可以与 Co(II)、Ni(II)、Cu(II)等重金属离子形成 MFe_2O_4

晶体，并嵌入 γ-FeOOH 纳米颗粒八面体结构的顶点。但并非所有重金属离子均可通过这种方式分离，能否分离主要取决于重金属离子的半径、化合价和电子结构。高铁酸盐去除重金属的机理如图 7.7 所示。

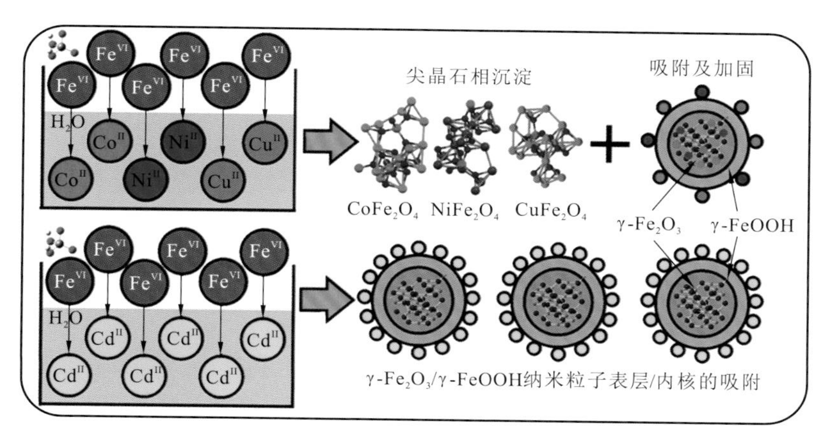

图 7.7　高铁酸盐去除重金属的机理示意图

引自 Prucek 等（2015）

2. 高铁酸盐去除重金属的影响因素

1）pH

溶液 pH 对高铁酸盐的荷电性质和重金属赋存形态产生影响，从而影响高铁酸盐对重金属的处理能力。在酸性条件下，高铁酸盐主要以 $HFeO_4^-$ 存在，在碱性条件下则主要以 FeO_4^{2-} 存在。其中 $HFeO_4^-$ 的氧化性更强，随着 pH 的升高，高铁酸盐的氧化能力会逐渐减弱。但在酸性环境下高铁酸盐的稳定性较差，易自分解，真正用于氧化污染物的高铁酸盐占比较低。在 pH 为 7～10 的弱碱性环境中，高铁酸盐的氧化能力虽然减弱，但稳定性较高，能够用于污染物氧化的高铁酸盐占比较大。在溶液 pH 进一步升高至大于 10 的强碱性环境，高铁酸盐的稳定性进一步增强，但其氧化能力也会进一步减弱，污染物去除效率反而会降低（朱铭桥 等，2017）。对于一般重金属的处理，高铁酸盐在 pH = 7～10 的弱碱性环境的效果最好（Prucek et al.，2015），且去除效率随 pH 的上升逐渐升高。这是因为在弱碱性环境中，大部分重金属离子会发生水解反应生成氢氧化物，有利于高铁酸盐的吸附；此外，高铁酸盐在弱碱性环境下更加稳定，此时高铁酸盐对重金属的去除以吸附为主。

2）药剂投加量

一般而言，随着高铁酸盐投加量的增加，重金属去除率也增加。伴随投加量的增加，高铁酸盐会不断氧化生成大量 Fe^{3+}和 $Fe(OH)_3$，增加了与重金属离子的接触概率，更容易吸附废水中的重金属离子，并通过絮凝沉淀将重金属从废水中分离。该作用会随着高铁酸盐投加量的增加而显著增强（Wang et al.，2020b）。另外，在处理含有某些更高价态的重金属废水（如含锰废水）时，过量的高铁酸盐会将废水中的 Mn(II)或者 Mn(VI)

氧化为 Mn(VII)，对环境造成不利影响（Goodwill et al.，2016）。因此，在高铁酸盐的应用中要根据处理要求将投加量控制在合理的范围内。

3）反应时间

一般而言，吸附反应进行到一定时间后将进入平衡状态，此时去除率达到最大值，不再随反应时间的延长而升高。通常情况下确定吸附反应的平衡时间可获得最高的去除效率。但实际吸附过程往往较为复杂。例如在废水除砷过程中，高铁酸盐对砷的原位氧化速度非常快，但氧化形成的 Fe(III)纳米粒子对砷的吸附效率明显降低，需要经过 4 h 才能达到 75%的去除率（Liu et al.，2017b）。因此在确定高铁酸盐法的反应时间时，需要综合考虑高铁酸盐对重金属的去除机理。

4）共存有机物

有机物广泛存在于天然水体和废水之中，有必要分析有机物对高铁酸盐处理过程的影响。一般而言，天然有机物会对重金属的去除产生不利影响，例如在使用高铁酸盐去除铊（Tl）的过程中，共存的腐殖酸会导致 Tl 的去除率大幅下降（Liu et al.，2017b）。有机质影响重金属去除的主要原因在于其会对 Fe^{3+}产生包覆作用，抑制 Fe^{3+}与重金属离子间的反应，导致去除率下降。但当重金属离子够与天然有机物中带负电的官能团形成复合体时，利用高铁酸盐反而可以将重金属与有机质同时去除（Dong et al.，2019），产生良好的协同效应，提升废水的处理效果。

5）其他因素

除上述几种主要影响因素外，环境温度、污水浊度等都会对高铁酸盐法的去除效果产生影响。升高温度一般会导致高铁酸盐对重金属的去除效率下降，原因在于温度升高使重金属离子的活性增强，使其更加容易脱离高铁酸盐的吸附。浊度过高也会使去除效率下降，但适当的浊度能够促进重金属离子间的接触絮凝，有利于高铁酸盐对重金属离子的吸附沉淀。

7.4.2 高铁酸盐的制备方法及特性

1. 制备方法

目前，工业生产中应用较广泛的高铁酸盐制备方法包括湿式氧化法、电解法、高温氧化法等。高铁酸盐制备的原理并不复杂，将制备的高铁酸根离子（FeO_4^{2-}）与 I 族元素（Li、Na、K、Rb）或者 II 族元素（Mg、Ca）组合便可制得高铁酸盐，其中最常见的是高铁酸根与 Na 或 K 组合，制得结构稳定的高铁酸钠或高铁酸钾。本小节将根据这一基本原理简要介绍几种常用的高铁酸盐制备方法，如图 7.8 所示。

1）湿式氧化法

湿式氧化法是应用较为广泛的高铁酸盐制备方法，适用于高铁酸钠和高铁酸钾的制备，采用次氯酸钠、低价铁盐及氢氧化钠、氢氧化钾等化学原料制备高铁酸盐。其基本原理是采用亚铁盐或铁盐作为基本原料，以次氯酸钠、硫代硫酸钠或者氯气作为氧化剂，

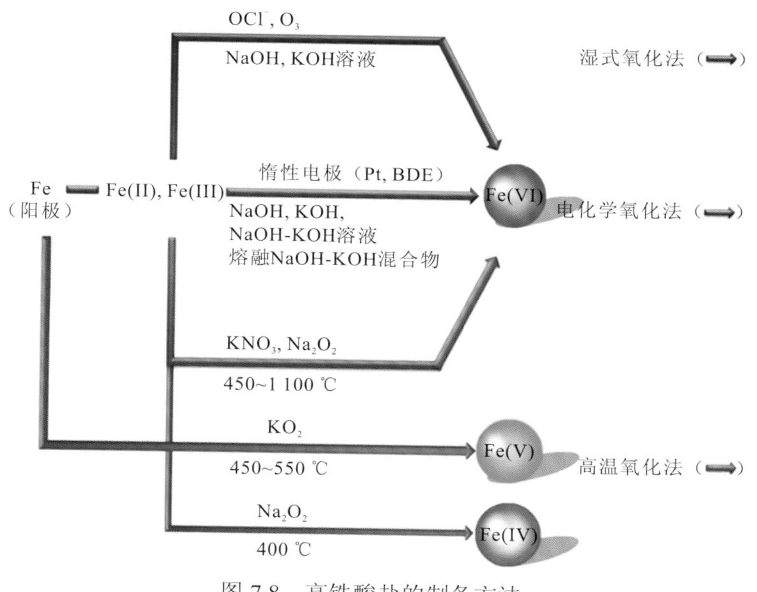

图 7.8　高铁酸盐的制备方法

引自 Sharma 等（2015）

将 Fe(II)或 Fe(III)氧化为 Fe(VI)，并利用氢氧化钠、碳酸钠或者氢氧化钾提高溶液的 pH，减缓 Fe(VI)的自分解（Schmidbaur，2018）。利用上述方法制备高铁酸钠的反应过程如式（7.20）所示。

$$2FeCl_3 + 3NaClO + 10NaOH \longrightarrow 2Na_2FeO_4 + 9NaCl + 5H_2O \tag{7.20}$$

利用次氯酸钠和氢氧化钠制得的高铁酸钠在氢氧化钠溶液中具有很高的溶解度，难以从溶液中进行分离提纯。因此在氧化反应结束后需要向溶液中投加氢氧化钾，利用高铁酸钾溶解度小的特点从溶液中析出结晶并沉淀，进而对高铁酸钾进行分离提纯。该方法制得的高铁酸钾纯度高，但工艺过程相对比较复杂，产率较低（孙旭辉 等，2015）。此外，其他碱金属如铷（Rb）、钡（Ba）等也可用于高铁酸盐的制备。

2）高温氧化法

高温氧化法又称干式氧化法，是最早用于制备高铁酸盐的方法。高温氧化法的基本原理是将铁粉或铁氧化物与碱金属硝酸盐混合，在高温下煅烧制得高铁酸盐（Talaiekhozani et al.，2016）。此外，还有一类高温氧化法是将铁氧化物与过氧化钾、过氧化钠等过氧化物混合，在高温高压下煅烧得到高铁酸盐。高温氧化法制备高铁酸盐过程中易引起爆炸，存在一定的安全隐患。此外，所制高铁酸盐纯度不高，存在多种价态铁元素，热稳定性差，易吸收水分并发生自分解（王东升 等，2016）。目前已很少采用高温氧化法制备高铁酸盐。

3）电化学氧化法

电化学氧化法是目前较为常用的高铁酸盐制备方法，又称电解法。电化学氧化法的基本原理是将铁单质或者铁化合物作为电解阳极，将氢氧化钠或氢氧化钾溶液作为电解质进行电解反应，铁单质或铁化合物在通电状态下会失电子被氧化，得到高铁酸盐（Jiang et al.，2016）。具体的反应过程可用以下方程描述。

阴极反应：

$$6H_2O + 6e^- \longrightarrow 3H_2 + 6OH^- \tag{7.21}$$

阳极反应：

$$Fe + 8OH^- \longrightarrow FeO_4^{2-} + 4H_2O + 6e^- \tag{7.22}$$

总反应：

$$Fe + 2OH^- + 2H_2O \longrightarrow FeO_4^{2-} + 3H_2 \tag{7.23}$$

以水溶液为电解质的电解法存在诸多缺陷，如水溶液会腐蚀铁电极，在电极表面形成钝化层，影响电极的导电性能。另外，温度也会影响电解过程，当温度发生变化时，电解反应速率也会随之变化，增加高铁酸盐制备过程的不稳定性。当前常见的电解法中常采用铂或掺杂硼的材料作为阳极，以熔融的氢氧化钠或氢氧化钾作为电解质进行电解，以消除水溶液作为电解质的缺陷。

2. 高铁酸盐的特性

1）氧化性

高铁酸盐中的铁为+6 价，是铁元素的最高价态，极易被还原为相对稳定的+3 价，表现出极强的氧化性，其在酸性和碱性条件下的氧化反应分别如式（7.24）和式（7.25）所示。

$$FeO_4^{2-} + 8H^+ + 3e^- \longrightarrow Fe^{3+} + 4H_2O, \quad E_0 = +2.20\ V \tag{7.24}$$

$$FeO_4^{2-} + 4H_2O + 3e^- \longrightarrow Fe(OH)_3 + 5OH^-, \quad E_0 = +0.72\ V \tag{7.25}$$

酸性条件下 FeO_4^{2-}/Fe^{3+} 的电极电位为 2.2 V，高于 O_3/O_2 的 2.076 V，具有极强的氧化性，在碱性条件下，氧化性则大幅减弱，其电极电势只有 0.72 V。利用酸性条件下高铁酸盐的强氧化性可以将处于中间价态的重金属离子氧化。

2）吸附性

高铁酸盐的吸附作用主要依赖其表面电荷对重金属离子的静电引力，表面电荷的类型和强度具有可变性，通常与溶液 pH 有关（Chu et al.，2020）。酸性条件会促进高铁酸盐的氧化作用，在表面产生大量 Fe^{3+}，表面正电荷强度增加，此时高铁酸盐易吸附 CrO_4^{2-}、$HAsO_4^{2-}$ 等阴离子型重金属污染物。碱性条件下，高铁酸盐的氧化能力减弱，表面负电荷较多，此时易吸附 Pb^{2+}、Sb^{2+}等金属阳离子。

高铁酸盐的吸附容量取决于材料的等电点与溶液pH的相对关系（Dong et al.，2019）。当溶液 pH 小于高铁酸盐的等电点时，其表面因质子化作用而带正电，随着溶液 pH 升高其质子化效应减弱，对重金属阳离子的吸附能力也随之增强；当溶液 pH 超过其等电点时，表面电荷会转为负电，从而抑制对重金属阴离子的吸附。

3）稳定性

高铁酸盐在干燥条件下具有较高的稳定性，可长期保存，但与水接触后会发生分解反应（Wang et al.，2020a），反应过程如式（7.26）所示。

$$4FeO_4^{2-} + 10H_2O \longrightarrow 4Fe(OH)_3 + 3O_2 + 8OH^- \tag{7.26}$$

高铁酸盐在水溶液中的稳定性与 FeO_4^{2-} 浓度、共存离子及溶液 pH 有关（Cotillas et al.，2018）。低浓度高铁酸盐溶液相对更加稳定，高浓度高铁酸盐溶液在一定时间内几乎可完全分解，而相同时间内低浓度溶液中的高铁酸盐仅分解了一小部分（Sun et al.，2016）。磷酸盐能够抑制高铁酸盐的自分解，维持高铁酸盐的稳定，而氯离子、硝酸盐等则会加快高铁酸盐的分解。此外，高铁酸盐在碱性环境中也更加稳定。

7.4.3 高铁酸盐法处理重金属废水的应用概述

1. 高铁酸盐对单一重金属的去除

1）铅

铅在环境介质中一般以 Pb(II)的形式存在，高铁酸盐对铅的去除主要通过氧化反应产生的 Fe^{3+}和 $Fe(OH)_3$ 对 Pb^{2+}及其化合物的吸附作用（何世鼎 等，2019）。高铁酸盐对铅的去除效率主要受废水 pH 的影响。溶液 pH 能够直接影响铅在溶液中的存在形态，并间接影响高铁酸盐的吸附作用，且溶液 pH 也会对高铁酸盐的形态和作用方式产生影响。在 pH<5 的酸性条件下，溶液中铅主要以 Pb^{2+}的形式存在，而高铁酸盐因质子化与分子内氧化还原反应生成 Fe^{3+}，使两者间产生较强的静电斥力，不利于吸附性能的发挥（Sailo et al.，2015）。当 pH 升高到 8 左右时，Pb^{2+}在溶液中发生水解生成 $Pb(OH)^+$，高铁酸盐内部的氧化还原反应也会减弱，表面正电荷减少，两者间的静电斥力减弱，有助于吸附作用。碱性条件下部分 $Pb(OH)^+$会进一步水解，生成 $Pb(OH)_2$ 而被沉淀去除，部分 Pb(II)会与铁氧化物表面的羟基发生配位交换生成络合物，此时升高 pH 不会对铅的去除产生促进作用（王颖馨 等，2015）。总体而言，弱碱性环境中高铁酸盐对铅具有最佳的去除性能。

2）铬

铬在自然环境中以 Cr(III)和 Cr(VI)两种较为稳定的形态存在，其中 Cr(VI)具有高致癌性和高致突变性，且易在生物体内积累，是当前重金属处理中的重点与难点。高铁酸盐去除水中 Cr(VI)的主要机理是依靠其生成产物的吸附特性，对 Cr(VI)进行吸附和絮凝。

高铁酸盐对 Cr(VI)的去除作用受 pH 的影响较大，原因在于 Cr(VI)是铬的最高价态，高铁酸盐不能利用其氧化作用，而其吸附性能在很大程度上受到溶液 pH 的影响。Cr(VI)一般以 CrO_4^{2-} 的形态存在，酸性条件下高铁酸盐自分解产生大量 Fe^{3+}，使得表面带正电荷，可以通过静电引力作用将 Cr(VI)吸附去除（Wu et al.，2016），因此，酸性条件下高铁酸盐对 Cr(VI)的去除效率最高。此外，Cr(VI)还原生成的 Cr(III)是人体必需的微量元素，可在反应中添加还原剂将 Cr(VI)还原为 Cr(III)。例如，在高铁酸盐反应中投加 Mn(II)可以生成 MnO_x 和三价铁氧化物，MnO_x 能够吸附 Cr(VI)生成更加稳定的复合物，同时 Mn(II)可以将 Cr(VI)还原成 Cr(III)，减弱吸附分离产物的毒性（徐亮，2020）。

3）砷

砷是一种剧毒的类金属污染物，在自然环境中主要以 As(III)和 As(V)两种价态的含氧阴离子存在。其中 As(III)具有更强的毒性和迁移性，因此污染治理中将 As(III)作为主要的处理目标。

高铁酸盐对 As(III)的去除主要通过其强氧化性和吸附作用。高铁酸盐的氧化能力随着 pH 的升高而逐渐下降，为利用其氧化作用将 As(III)氧化为 As(V)，需要将溶液 pH 控制在酸性范围内。Fe(VI)对 As(III)的氧化作用可用式（7.27）～式（7.29）描述（Lan et al.，2016）。

$$3H_2AsO_3^- + 2FeO_4^{2-} + 5H_2O \longrightarrow 3H_2AsO_4^- + 2Fe(OH)_3 + 4OH^- \tag{7.27}$$

$$3HAsO_3^- + 2FeO_4^{2-} + 5H_2O \longrightarrow 3HAsO_4^- + 2Fe(OH)_3 + 4OH^- \tag{7.28}$$

总反应式为

$$3As^{3+} + 2FeO_4^{2-} + 8H_2O \longrightarrow 3As^{5+} + 2Fe(OH)_3 + 10OH^- \tag{7.29}$$

此外，As(VI)在溶液中主要以 $H_2AsO_4^-$、$HAsO_4^{2-}$ 等阴离子的形式存在，酸性条件下高铁酸盐表面的正电荷易对 As(VI)产生静电引力，从而强化吸附作用。但在 pH<2 的强酸性条件下，高铁酸盐内部的氧化还原反应加剧，Fe(VI)被还原为 Fe(III)无法发挥其氧化作用。实际处理过程中，溶液的最佳 pH 范围应保持在 2～3（孙玉林，2015）。在上述 pH 条件下，高铁酸盐能充分发挥其强氧化能力，将 As(III)氧化为 As(V)降低产物毒性，而生成的 Fe^{3+}也能够提高高铁酸盐表面的正电荷密度，促进吸附絮凝作用，最终通过固液分离将污染物去除。

2. 高铁酸盐在含多种重金属废水中的应用

1）去除复合型重金属污染

工业废水中往往同时存在多种重金属污染物，不同废水中的重金属类别、含量及存在形式也有一定的差异性，在采用高铁酸盐处理含多种重金属的废水时，常需要考虑不同重金属离子间的相互作用。重金属之间的相互关系主要分为竞争关系和协同关系。在竞争关系下，不同的重金属离子会竞争高铁酸盐表面的吸附位点，当高铁酸盐吸附了某一类重金属离子后，因表面吸附位点减少，抑制了对其他重金属离子的吸附。另外，不同种类的重金属在不同 pH 下的去除效率也存在差异，因此废水中不同重金属很难同时达到最大去除率。例如对于砷、铅复合型污染废水，利用高铁酸盐可以达到较好的同步去除效果，但与单一污染相比需要投加更多剂量的高铁酸盐（王颖馨 等，2015）。协同关系下，不同种类的重金属之间会形成复合物，共同被高铁酸盐去除，且在相同药剂投加量下，其去除率大于处理单一重金属时的去除率。例如处理砷、锑复合污染废水时，砷、锑之间会形成 As—O—Sb 键，生成的复合物能够被高铁酸盐一同去除（Lan et al.，2016）。总体来看，在利用高铁酸盐处理复合重金属污染废水时，应深入分析不同重金属污染物之间的相互关系，充分利用高铁酸盐的去除性能，使污染物的去除率达到最高。

2）去除重金属络合物

化工、冶金等行业排放的工业废水往往含有一定量的重金属络合物，传统方法难以高效处理该类废水，而高铁酸盐的强氧化性使其在处理这类废水时表现出较为理想的效果。

采用高铁酸盐处理重金属络合物时，一般先降低溶液 pH 以发挥高铁酸盐的强氧化性能，打破络合物内部的配位键来实现高效解络（Sailo et al.，2015）。解络反应后，水中有机物含量明显降低，且重金属络合物转化为游离态重金属。此后，再通过提高水体的 pH，促进高铁酸盐的吸附，将解络合后产生的重金属离子通过吸附絮凝作用去除（Zhang et al.，2017）。例如，在处理物质的量浓度为 1 mmol/L 的 Cu-EDTA 或 Cu-NTA 络合物时，将溶液 pH 调整到 8 可以有效提高处理速率，之后再将 pH 进一步调整到 10 以上，Cu 络合物的去除率得到明显提升，最高去除率可达近 100%（Sailo et al.，2015）。整个处理过程中，高铁酸盐可以同时发挥氧化、吸附、共沉淀等多种作用，对重金属络合物有着很高的处理效率。

高铁酸盐因其优异的氧化、吸附和混凝特性，表现出良好的重金属去除性能。然而高铁酸盐的稳定性是限制其推广应用的瓶颈。随着研究的进一步深入，通过加强水处理过程的调控，高铁酸盐有望在重金属废水处理领域发挥更重要的作用。

7.5 生 物 法

生物法是利用生物材料或生物体的吸附、絮凝和富集等作用，处理自然水体或废水中重金属的方法，目前应用较多的包括生物吸附法、生物絮凝法和植物修复法等。

7.5.1 生物吸附法

生物吸附法主要用于低浓度重金属废水的处理。对于此类废水，一些传统的处理方法如离子交换法、沉淀法往往难以有效实现重金属的高效去除，且存在处理成本高和产生二次污染等缺陷。近年来，低成本、高效率的生物吸附法得到了广泛的研究，并在低浓度重金属废水的处理中得到了一定的应用（Asere et al.，2019）。

1. 作用原理

生物吸附法是利用生物细胞或微生物表面的物理化学作用及生命活动吸附、吸收重金属离子，并在细胞死亡后通过共沉淀从水中分离的处理方法（Zhang et al.，2016）。生物吸附法的作用机理主要分为两步。第一步占主导地位的是生物细胞的表面作用，包括静电引力、表面络合等，这一步的驱动力来自细胞膜的渗透梯度及细胞膜的表面结构和官能团，其作用在于将分散于水中的重金属离子吸附和聚集，这一作用即使是死亡的细胞也能够发生（Sajjad et al.，2017）。第二步的主导作用是被吸附的重金属离子在细胞表面的微量沉淀及在生物细胞内部的累积，这一步的驱动力来自细胞膜的主动运输作用，需要生物细胞新陈代谢过程的驱动，会消耗一定能量，这一步只能在具有生命活性的细胞体内发生（Liu et al.，2017a）。生物吸附重金属的机理如图 7.9 所示。

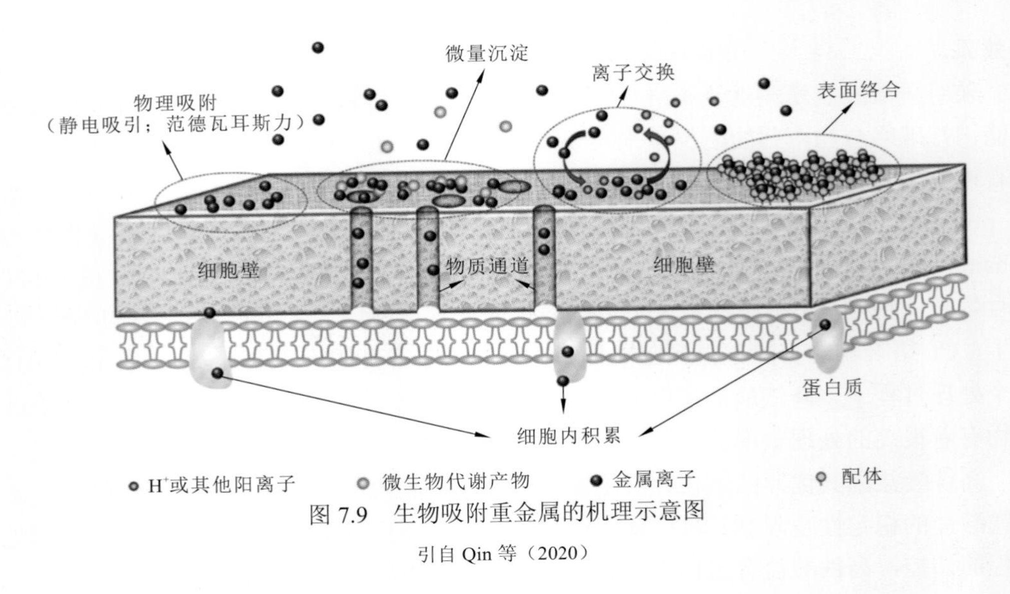

图 7.9 生物吸附重金属的机理示意图

引自 Qin 等（2020）

2. 生物细胞的改性

虽然细胞自身的吸附作用能够去除污水中低浓度的重金属离子，但单一的生物吸附一般仍不能满足实际处理的需求。近年来已发展出诸多生物强化吸附的技术，针对生物细胞的缺点通过化学改性的方式提高其处理效率。化学改性包括表面改性和内部改性。表面改性的目的是去除细胞表面的杂质，同时增加细胞表面的吸附位点，增强其吸附能力；或改变细胞表面的电荷性质和强度，产生特异性的吸附性能（Yang et al.，2015）。内部改性的目标包括调控蛋白质和酶的结构与功能等，增强细胞对重金属离子的运输与积累能力，促进其对重金属的吸收（Qin et al.，2020）。

1）表面改性

生物细胞表面多样化的吸附位点使其难以实现对重金属离子的特异性吸附，自然状态下生物细胞表面的负电荷也因为静电排斥作用限制了其对重金属阴离子的吸附，通过化学改性调控生物细胞表面的结构和性质是十分有效的措施（Yang et al.，2015）。

表面改性的方法主要包括浸洗和表面功能基化等。浸洗是一种较为简单的改性方法，通常在生物发酵阶段进行，可以分为酸洗与碱洗。酸洗可以有效清除生物细胞表面的多糖类物质及其他杂质，从而暴露出更多的吸附位点，增强吸附作用。此外，酸洗也能够将细胞表面的部分离子替换为 H^+，减弱细胞表面的负电荷强度甚至能够使细胞表面带正电荷，提升其对重金属阴离子的吸附能力。但酸洗会使部分生物细胞失去活性，导致生物量减少，因此在酸洗时要注意酸的种类及用量（Yin et al.，2019）。此外，还可以使用 NaOH 溶液对生物细胞进行碱洗。碱洗能够去除细胞表面的脂类物质，并且可以促进蛋白质水解，从而暴露出细胞表面的壳聚糖，增加吸附位点（Qin et al.，2020）。但是 NaOH 使用过量会导致吸附能力下降，处理时需要特别注意 NaOH 溶液的浓度。

除了酸洗和碱洗，无机盐溶液及乙醇、丙酮等有机溶液也可以用于生物细胞的浸洗。相较于酸洗和碱洗，使用无机盐溶液可以大幅减少生物量的损耗。经过无机盐浸洗的生物细胞在吸附过程中的主导作用易转变为离子交换 （Barquilha et al.，2017）。此外，离子交换后脱离的离子会残留在水中，因此最好在连续流处理系统中使用该类生物材料进行吸附，以便脱离的离子能够及时被水流带走（Barquilha et al.，2019）。使用乙醇、丙酮等有机溶剂进行浸洗可以去除生物细胞表面的蛋白质和脂质，提高细胞的表面积，并且暴露出更多的吸附位点，提高吸附容量。

表面功能基化采用功能基嫁接的方法修饰细胞表面，其处理效果与嫁接功能基的种类有关，通过嫁接不同种类的功能基可以使生物细胞表现出不同的特性。传统的嫁接方式利用如聚乙烯亚胺（polyethyleneimine，PEI）等含有大量功能基团的支化高分子聚合物与生物细胞进行交联反应 （Qin et al.，2020）。通过交联反应，高分子聚合物支链上的功能基团被引入细胞上，改变细胞的表面性质。例如，将氨基和羟基嫁接到生物细胞表面会因质子化作用提高细胞的零电位点，有助于对重金属阴离子的吸附（Bai et al.，2020）。利用其他的支化高分子材料如表氯醇（epichlorohydrin，EC）进行交联可以对重金属离子产生高效的吸附作用，但表氯醇具有毒性，使用时需要防止产生二次污染（El-Naggar et al.，2018）。交联丙烯酸（acrylic acid，AAc）可以在细胞表面嫁接羧基和其他功能基团，具有很好的吸附作用。通过酰化作用可以将乙二胺四乙酸二酐嫁接到细胞表面，修饰后细胞可以与重金属离子产生络合反应进行吸附（Qin et al.，2020）。

2）内部改性

采用化学试剂进行表面改性可以提高生物细胞对重金属的去除性能，但改性后残余的试剂会对水体造成二次污染，而内部改性则可避免上述问题。

在处理重金属废水时，细胞自身会因为受到重金属离子的刺激而产生一系列应激反应，细胞结构及蛋白质和酶的特性都会发生变化，从而导致生命周期衰减甚至死亡（Lember et al.，2018），通过内部改性可以提高细胞对重金属的耐受能力。细胞体内的蛋白质和酶能够通过氧化、还原、聚合等作用促进对重金属的去除（Chen et al.，2015），理论上，利用外部刺激对细胞内蛋白质与酶的表达进行修改和调控可以提高细胞对重金属的耐受能力，但该方法存在较高的复杂性和不确定性，尚未得到大规模应用（Tu et al.，2019）。

除了提高细胞的耐受能力，还可通过改性得到一类能够生产具有重金属吸附能力的纳米颗粒的微生物，纳米材料与微生物的组合能够更有效地吸附与贮存重金属，且不会产生二次污染（Ma et al.，2015）。一般微生物不具备产生纳米颗粒的能力，原因在于细胞膜会维持内外离子间的平衡，而人为打破这种平衡可以使微生物内部产生纳米颗粒。例如经过纳米改性的酿酒酵母内部含有纳米 $CaCO_3$ 颗粒，可以与吸收进来的 Pb^{2+} 和 Cd^{2+} 发生置换反应生成 $PbCO_3$ 和 $CdCO_3$，从而起到贮存重金属的作用（Ma et al.，2015）。

生物吸附法是一类很有前景的重金属处理方法，通过细胞改性可以更高效地去除水体中的重金属，且不会产生二次污染。同时，利用生物细胞的贮存功能还可以实现重金属的回收利用。

7.5.2 生物絮凝法

絮凝法能够将污水中分散的胶体颗粒进行脱稳凝聚和絮凝沉淀，在重金属废水处理中具有较广泛的应用 （Kaarmukhilnilavan et al.，2020）。常用的絮凝剂主要包括三类：

无机絮凝剂、有机絮凝剂和生物絮凝剂（Salehizadeh et al.，2018）。无机絮凝剂以铝盐、铁盐为代表，但铁盐易导致设备腐蚀，且稳定性不高，而铝盐容易在生物体内累积，具有潜在的生物毒性。有机絮凝剂包含各类有机高分子化合物，在自然环境中难以降解，且某些有机化合物分解后会产生有毒物质（Okaiyeto et al.，2016）。生物絮凝剂是一类具有絮凝作用的生物大分子材料，主要包括植物、动物及微生物体内提取的多糖、蛋白质等物质（Mu et al.，2018），易降解，且无污染和毒害作用，具有很好的应用前景。

1. 作用原理

生物絮凝是指污水中各类胶体物质和离子在生物质的作用下从稳态逐渐聚合形成絮体颗粒的过程（He et al.，2018）。生物絮凝剂是一类具有高分子量和低电荷密度的长链高分子化合物，其分子结构上键联活性吸附位点，能够吸附污水中的重金属离子（Han et al.，2019）。与此同时，絮凝分子之间通过氢键、静电作用、范德瓦耳斯力等实现“架桥”，形成三维网状结构并逐渐聚集为粒径较大的絮凝颗粒从而被沉淀去除（Figdore et al.，2018）。根据“架桥”原理，生物絮凝剂需要有足够的长度和比表面积，使离子之间能够通过生物絮凝剂更高效地进行“架桥”反应（Pugazhendhi et al.，2019）。

胶体与絮凝剂的表面电荷也会促进絮凝作用，一般情况下污水中胶体表面带负电荷，可与带正电荷的生物絮凝剂中和，使表面电荷减少（Xia et al.，2018）、胶体间斥力降低，胶体与胶体之间、胶体与生物絮凝剂之间通过范德瓦耳斯力聚集形成大颗粒絮凝体。溶液 pH 也会对胶体表面电荷产生影响（Lei et al.，2015），一般而言表面电荷越少絮凝作用越容易发生，但当电荷反转时，胶体间反而会产生斥力，从而重新分散开来。

生物絮凝剂表面通常含有官能团，这些官能团可与重金属离子通过化学吸附的方式絮凝形成大颗粒（Li et al.，2020）。根据这一原理可以对生物絮凝剂进行官能团修饰，针对不同的重金属嫁接不同特性的官能团，从而实现对目标重金属离子的特异性吸附絮凝。生物絮凝剂捕集重金属的机理如图 7.10 所示。

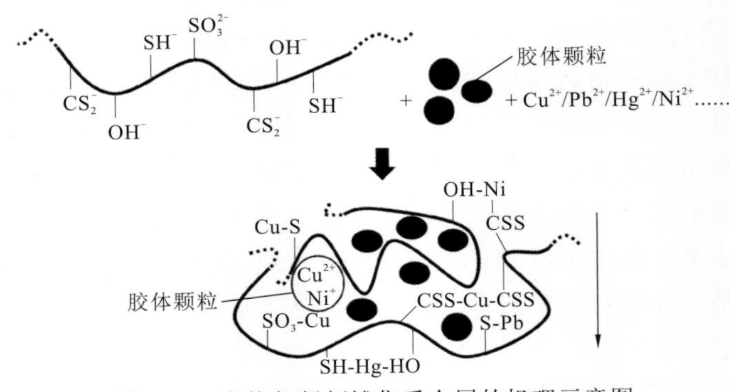

图 7.10　生物絮凝剂捕集重金属的机理示意图

引自朱四琛等（2018）

2. 生物絮凝剂的制备

一般而言，能够用作生物絮凝剂的微生物通常在其生命周期的中后段，这一阶段微生物通过代谢和自分解形成的产物具有良好的絮凝活性（Liu et al.，2021）。为了提高生物絮凝剂的产量与性能，降低生产成本，制备的过程中需要注意以下几个问题。

1）菌种

制备生物絮凝剂的菌种主要有细菌、放线菌、真菌及藻类等，其中细菌是最常见的生产生物絮凝剂的菌种（Liu et al.，2021）。研究发现，有 100 多种细菌能够用于生物絮凝剂的生产，其中一些具有很高的产率和良好的应用前景。除了产率，还需要注意菌种对营养的需求，选用低营养条件下也能够产生生物絮凝剂的菌种是提高产量、降低成本的有效方式。

2）外部环境

生物絮凝剂的表面电荷及培养液中的悬浮颗粒对絮凝效果有直接影响。培养液的 pH 能够改变絮凝剂表面的电荷状态，从而影响其吸附效率（Zhang et al.，2013b），某些菌种只有在合适的 pH 环境中才能生产出具有絮凝作用的生物质，同时不同的菌种对 pH 的要求也存在差异（Zhang et al，2013a）。因此，在生物絮凝剂制备过程中要注意保持合适的 pH。

温度对生物絮凝剂的生产也会产生影响。温度的影响可分为间接影响和直接影响，间接影响是指微生物的新陈代谢和其他生命活动因温度变化而发生改变，从而影响生物絮凝剂的产量和性能（Li et al.，2019）。直接影响是指温度影响已经生产出的生物絮凝剂，改变其分子结构。过高的温度会使生物絮凝剂的蛋白质变性，改变絮凝剂分子的空间结构，使其絮凝性能降低甚至失活。由多糖组成的生物絮凝剂对温度变化有一定的抵抗能力，高温下仍能够维持其絮凝性能。因此，在制备生物絮凝剂时要根据絮凝剂的种类选择合适的反应温度。

3）金属离子

将金属离子作为助凝剂与生物絮凝剂结合可提高其絮凝性能，常用的金属离子有 Ca^{2+}、Mg^{2+}、Mn^{2+}、Al^{3+}等，其中 Ca^{2+}和 Mg^{2+}的效果较为显著（Zhou et al.，2018）。浓度合适的金属离子有助于提高絮凝效率，促进生物絮凝剂分子与重金属离子间的“架桥”作用；较高浓度的 Ca^{2+}还有助于保护生物絮凝剂，防止其被酶分解。但如果金属离子的添加量过高也会导致絮凝剂的活性位点被多余的离子占据，导致吸附性能下降（Daraei et al.，2019）。

除利用菌株生产生物絮凝剂以外，还可以从天然物质中提取得到生物絮凝剂。某些微生物的生物膜中含有具备絮凝作用的大分子物质，可从中分离出生物絮凝剂（Sun et al.，2018）。用于污水处理的活性污泥也包含大量微生物分泌和代谢产生的多糖、蛋白质等有机质，经预处理后可以用于提取生物絮凝剂（Zhao et al.，2017）。

3. 生物絮凝剂在重金属处理中的应用

在适宜环境中培养的细菌可用作生物絮凝剂去除电镀废水中的 Cr(VI)，对 Cr(VI)具有良好的吸附絮凝作用（Nouha et al.，2016）。由放射形根瘤菌和球形芽孢杆菌制得的生物絮凝剂对废水中的 Zn^{2+}、Cu^{2+}及 Ni^{2+}等也有良好的去除效果，在弱酸性环境下能够去除 90%的 Zn^{2+}和 Cu^{2+}及 65%的 Ni^{2+}（Zhao et al.，2017）。此外，生物絮凝剂对 Fe^{3+}、Pb^{2+}及 As 等重金属或类金属污染物也具有良好的去除性能。

7.5.3 植物修复法

植物修复法是一种利用植物吸收并固定污染物的处理技术。利用对重金属具有吸收富集特性的植物可以有效去除水中的重金属，且不会产生二次污染。自然或人工培育的某些特殊水生植物能够通过根系吸收水体中的重金属，实现重金属的去除。

1. 作用原理

植物修复法对重金属的去除包括三种作用类型：植物固定、植物挥发和植物提取。植物固定是指植物利用其根系对重金属的吸附、络合等作用将重金属固定在根系附近，减缓其在水体中的扩散（Zeng et al.，2018）。植物挥发主要针对汞这种能够在自然环境中汽化的重金属，植物先通过根系吸收汞等重金属并转移至植物叶片上，再通过叶片气孔的挥发作用将汞排入空气，但上述过程的有效性目前仍存在争议（Wang et al.，2020c）。植物提取主要存在于某些特殊植物中，这些植物能够在维持自身正常生命活动的情况下特异性吸附并富集某些重金属离子，其体内富集的重金属含量可达其他植物体内累积极限的百倍甚至千倍以上，从而将水体中的重金属高效地吸收转移至体内，这类植物也被称为超积累植物（Muszyńska et al.，2015）。植物修复去除重金属的作用机理如图 7.11 所示。

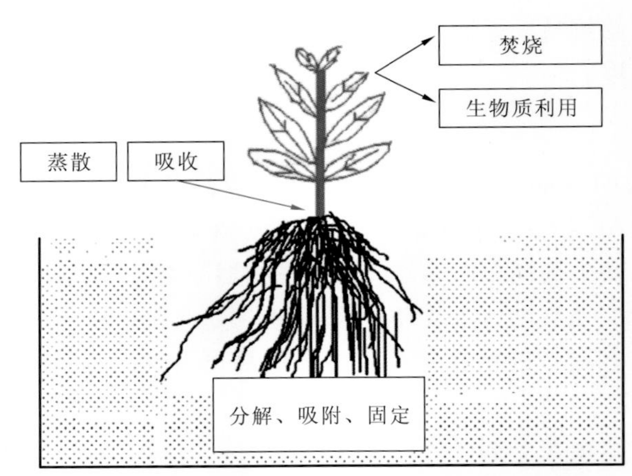

图 7.11　植物修复去除重金属的作用机理示意图

引自王效举（2019）

植物提取是植物修复法中最重要的处理方法。现有研究表明，超积累植物进行重金属富集及自身解毒的主要作用机制包括螯合作用、沉淀作用、区隔化作用、抗氧化作用等（Shahid et al.，2017），其体内的转运蛋白是吸收并积累重金属的关键。重金属 ATP 酶（heavy-metal ATPases，HMAs）是一类重要的重金属转运蛋白，主要利用水解三磷酸腺苷（adenosine triphosphate，ATP）产生的能量驱动某些重金属离子如 Ag^{+}、Zn^{2+}、Cd^{2+}、Cu^{2+}、Ni^{2+}等进行跨膜转运（Sharma et al.，2016a），该类转运蛋白可以提高植株对 Zn^{2+}、

Cd^{2+}、Cu^{2+}等重金属离子的耐受能力。ATP 结合盒转运体（ATP-binding cassette transporter，ABC transporter）是植物体内最大的蛋白家族之一，主要利用水解 ATP 产生的能量对多种生物分子进行跨膜转运，该类转运蛋白可增强植物对砷酸根、Cd^{2+}、Hg^{2+}等重金属离子的解毒作用（Raichaudhuri，2016）。天然抗性相关巨噬细胞蛋白（natural resistance associated macrophage proteins，NRAMPs）是植物体内一类较大的转运蛋白，主要负责将 Mn^{2+}、Zn^{2+}、Cd^{2+}等重金属离子转运至细胞质内，同时增强植物细胞对这些重金属的耐受能力和解毒作用（Brunetti et al.，2015）。黄色条纹蛋白（yellow stripe-like protein，YSL）是一类较为特殊的转运蛋白，能够转运金属与金属螯合物，实现 Cd^{2+}和 Ni^{2+}从地下到地上的长距离运输，同时也能提高植株对这两种重金属的耐受性（Feng et al.，2017）。

2. 植物修复法在重金属治理中的应用

目前应用于水体重金属污染治理的水生植物包括沉水植物、挺水植物和漂浮植物三大类，每种水生植物都有着不同的生长环境和特性，对重金属的去除作用也存在差异。需要指出的是，受处理时间、成本等多方面制约，植物修复法目前在工业废水治理中的应用极少。

1）沉水植物

沉水植物的根茎生长于水体底泥之中，同时整株植物都浸没于水体中。与其他类型的水生植物相比，沉水植物由于全部处于水中，与污染物的接触面积大，对重金属的吸收效率最高，同时还可以去除底泥中沉积的重金属（高海荣 等，2016）。此外，沉水植物具有狭长的丝状叶片，能够直接吸收水中的营养物质，保证自身生长，并能够通过光合作用增加水体的溶解氧，加快水中营养物质的分解，防止水体发生富营养化。

沉水植物中具有重金属处理能力的植物包括金鱼藻、黑藻、伊乐藻、大茨藻等（张力 等，2021）。其中金鱼藻对 Co^{2+}、Cr^{3+}和 Fe^{3+}具有超积累作用，可以高效吸收并富集这几种重金属；伊乐藻和黑藻可以将水体和底泥中的 Cd^{2+}大量吸收并富集；大茨藻是针对 AsO_4^{3-} 和 Cd^{2+}的超积累植物，其对这两种重金属类污染物有良好的吸收去除作用（Ma et al.，2016）。但沉水植物的处理能力受浊度影响较大，过高的浊度会影响沉水植物的光合作用，导致水体溶解氧下降。

2）挺水植物

挺水植物也是一类根茎生长于底泥中的水生植物，与沉水植物不同的是，其茎叶生长于水面以上，一般分布在浅水区或潮湿的水岸边。能够去除水中重金属的典型挺水植物包括水葱、香蒲、鱼腥草等。其中鱼腥草对重金属尤其是 Cd^{2+}、Zn^{2+}和 Pb^{2+}等具有高效的吸收富集作用；水葱、香蒲等对 Cd^{2+}和 Pb^{2+}也具有很好的去除效果，并且可以吸收水体中的氮、磷等污染物（鲍永喆 等，2020）。此外，挺水植物的生长特性能够获得较多的光照，同时能够吸收底泥中丰富的营养物质，保证其良好的生长和繁殖。

3）漂浮植物

漂浮植物是指根和茎叶都生长在水中，可以随水体流动而移动的一类水生植物。该类植物的根系位于水中，能够通过无氧呼吸产生大量的醇类有机物，同时叶柄可以将氧气输送给茎叶。漂浮植物通常具有较强的吸附能力，有利于吸收水中的重金属离子（高军侠 等，2016）。此外，漂浮植物繁殖快和随水流动的特性使其可以被方便地打捞，通过补充新的植物可确保水体的净化性能始终处于最佳状态。四角菱、凤眼莲等都是典型的漂浮植物，其中凤眼莲是水体中较为常见的植物，也是研究和应用最为广泛的一类用于重金属处理的漂浮植物。凤眼莲对 Hg^{2+}和 Pb^{2+}都具有超积累作用，能够在体内富集较多的 Hg^{2+}和 Pb^{2+}，同时对 Zn^{2+}、Cu^{2+}、AsO_4^{3-} 等也有一定的去除作用，并具有一定的耐受力，能够净化复合重金属污染的水体（田秀芳 等，2021）。

生物法是符合重金属治理未来发展趋势的处理技术，具有处理效率高、选择性好、二次污染少、经济效益好等特点。随着基因科学和分子改造技术的发展，生物法重金属处理技术具有更广阔的发展前景。

7.6 蒸发浓缩法

蒸发浓缩法是将含重金属的废水进行加热蒸发并浓缩，从而实现重金属的处理处置与回收利用，是典型的物理处理方法。

7.6.1 蒸发浓缩法的基本原理

蒸发浓缩法通过加热或减压的方法使重金属废水沸腾并汽化蒸发，减少废水的体积使重金属得以浓缩富集，便于回收再利用，而水蒸气则进入冷凝水循环系统加以回收利用（秦妮 等，2020）。在蒸发浓缩处理过程中，一般不需要添加额外的化学试剂，且整个过程不产生废气，也不产生有毒有害的二次污染物，冷凝水循环可以有效减少废水的排放量（岑雨秋 等，2020）。

蒸发浓缩法能够实现水的循环利用与重金属回收，且不产生副产物，但蒸发需要消耗大量能量，且构筑物的建造成本较高，清洗困难，在重金属废水处理中较少作为主体工艺使用。此外，废水中的杂质也会对蒸发浓缩产生较大影响，一般需要将蒸发浓缩法与其他方法联用以提高处理效率（黄杏媛，2021）。

7.6.2 蒸发浓缩法的分类及衍生工艺

1. 单效蒸发法与多效蒸发法

单效蒸发法是最基础的蒸发浓缩工艺，其工作原理是将废水直接加热，生成蒸汽后直接收集进行冷凝。该工艺能耗较大且不能进行大规模处理，目前已较少采用（杨跃伞 等，2017）。多效蒸发法是在单效蒸发法的基础上将生成的热蒸汽回收，作为下一次蒸发的加热介质，这样可以充分利用蒸汽的热能，降低能耗。多效蒸发法的基本模式是将多个蒸发器联用，并将蒸汽管道串联，从而达到大规模处理及减少能耗的效果，具有良好的经济效益及环境效益（李玉 等，2016）。多效蒸发法需要的蒸发器投资较高，且容易造成设备结垢腐蚀，制约了其在实际污水处理工程中的推广应用。

2. MVR 蒸发浓缩法

机械蒸汽再压缩（mechanical vapor recompression，MVR）是将蒸发过程产生的二次蒸汽用压缩机进行压缩，提高其温度和压力，重新作为热源加热需要被蒸发的物料，达到循环利用蒸汽的目的。MVR 蒸发浓缩主要过程包括软化预处理、蒸发浓缩、蒸发结晶等步骤。预处理的主要目的是将废水软化，尽量去除废水中容易发生结垢的 Ca^{2+}、Mg^{2+}及 SO_4^{2-} 等离子，减少蒸发浓缩过程中产生的水垢。软化预处理主要采用石灰、芒硝等碱性物质，与 Ca^{2+}、Mg^{2+}生成 $CaCO_3$、$Mg(OH)_2$ 等难溶沉淀，再通过过滤等方式去除，从而减少后续过程的结垢现象，延长清洗周期（吴志勇，2012）。MVR 蒸发工艺流程如图 7.12 所示。

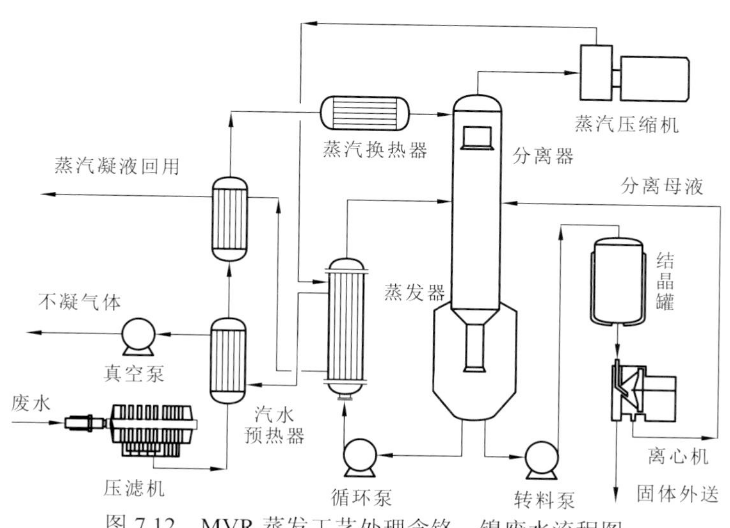

图 7.12　MVR 蒸发工艺处理含铬、镍废水流程图

引自周铁桩等（2021）

MVR 蒸发工艺采用高温蒸汽进行加热，并在蒸发前加入阻垢剂，防止杂质离子在蒸发设备内结垢。蒸发浓缩系统一般能够蒸发约 80%的水分，在蒸发后通过分离器将水蒸气与剩余浓缩液进行分离。分离后可以利用蒸发结晶器对剩余浓缩液进行二次蒸发和结晶，对于废水水质较为简单的系统，结晶产生的盐一部分可在预处理阶段重复利用，一部分可作为原料用于其他产业（史铁锤 等，2017）。另外，浓缩液也可不经过二次结晶处理，直接以卤水的形式用作化工原料，提高经济效益。

MVR 蒸发浓缩法相比传统的蒸发工艺具有诸多优势，首先是加入了预处理步骤，能够去除废水中易结垢的离子，减缓蒸发浓缩过程中的结垢现象，有效延长设备的清洗周期和使用寿命。此外，蒸发浓缩阶段采用蒸汽加热，使废水受热均匀并提高了换热效率，蒸发产生的二次蒸汽经加压加热后可以重复利用，减少能量损失（吴志勇，2012）。最后，利用蒸发结晶生产各类重金属盐，使废水中重金属得以回收利用，提高经济效益。

3. 膜蒸馏法

膜蒸馏是一种采用疏水微孔膜，以膜两侧蒸汽的压力差为传质驱动力的膜分离过程。因只有水分子能够通过渗透膜蒸馏分离出来，膜蒸馏可以得到纯净的水蒸气，防止其他物质挥发产生二次污染（Zhao et al.，2016）。与化学沉淀、吸附、电化学等重金属废水处理方法相比，膜蒸馏法能够有效处理低浓度（<100 mg/L）的重金属废水，且具有较高的去除效率。

微滤、纳滤等传统膜处理方法利用渗透压作为传质驱动力，而膜蒸馏的传质驱动力来自蒸馏产生的蒸气压差，因此膜蒸馏法具有重金属去除率高、膜污染小、运行压力低及不受渗透压影响等优点。膜蒸馏法还可利用工业生产中产生的余热和太阳能来进行加热，具有绿色环保的特点（Jia et al.，2018）。在膜蒸馏处理过程中，膜的一侧（暖侧）与待处理废水直接接触，由于膜具有疏水性，水溶液不能透过膜孔进入另一侧（冷侧），而暖侧水溶液与膜界面的水蒸气压高于冷侧，水蒸气会透过膜孔进入冷侧，之后在冷凝系统的作用下转化为纯水。膜蒸馏过程要求渗透膜不能被废水浸润，膜的疏水性对膜蒸馏过程有着决定性作用，疏水性越强越有利于膜蒸馏的进行（李博学，2018）。

根据结构不同可以将膜蒸馏装置分为 4 种类型，如图 7.13 所示（娄向阳，2017）。

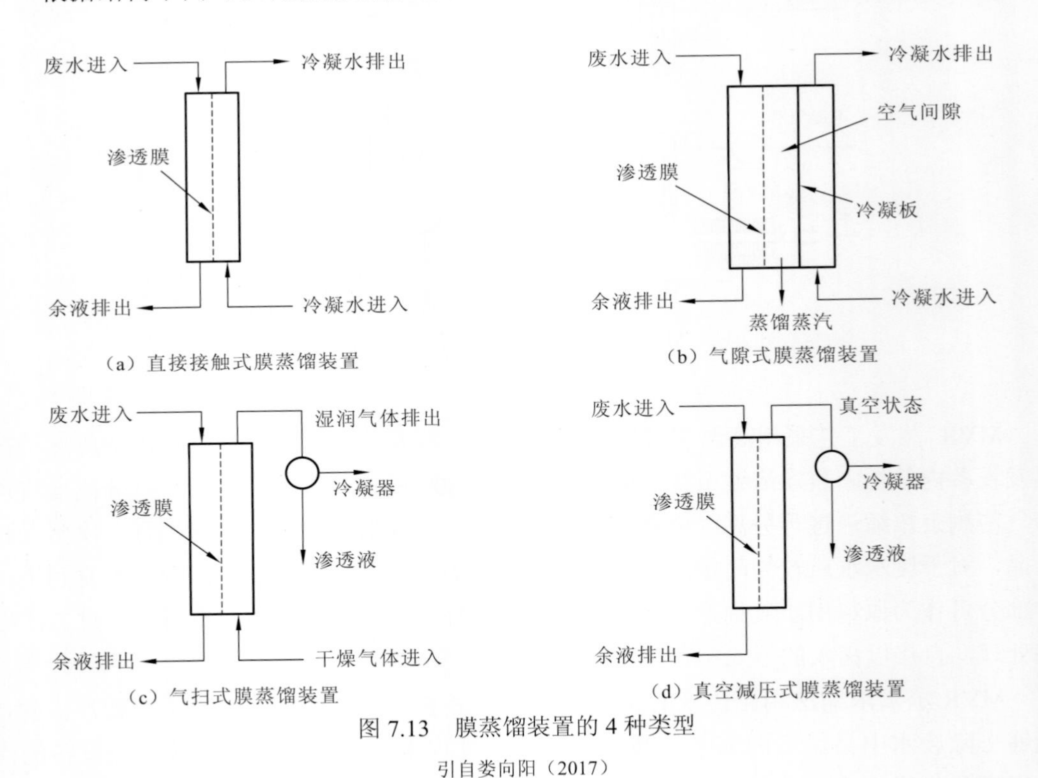

图 7.13　膜蒸馏装置的 4 种类型

引自娄向阳（2017）

1）直接接触式膜蒸馏装置

在直接接触式膜蒸馏装置中，膜的透过侧直接与冷凝水接触，冷暖两侧通过温度形成蒸气压差，蒸汽在通过渗透膜后可以直接被冷凝水冷凝。该方式结构最为简单，但直接接触会导致热量损耗大，另外渗透膜易被浸润，使用寿命缩短。

2）气隙式膜蒸馏装置

在气隙式膜蒸馏装置中，膜和冷凝水之间隔了一层空气间隙，使渗透膜不再与冷凝水直接接触，透过的蒸汽会在冷凝面上冷凝而不进入冷凝介质。这样的好处是可以减少热传导损失，使膜不易被浸润，保证整体性能的稳定。

3）气扫式膜蒸馏装置

气扫式膜蒸馏主要通过在膜的透过侧连续通入干燥的惰性气体，将通过渗透膜的蒸汽不断送往装置外进行冷凝。在气扫式膜蒸馏装置中，膜透过侧的蒸汽浓度始终处于最低，保证膜的传质阻力始终最小，加快蒸馏速度，但大量的吹扫气体也会带出一部分的蒸汽，造成蒸汽损失。

4）真空减压式膜蒸馏装置

在真空减压式膜蒸馏装置中，膜的透过侧通过抽真空的方式进行减压，加大膜两侧的蒸气压差，从而使蒸汽能够高效地通过渗透膜，再通过外置的冷凝器进行冷凝。真空减压使装置具有更强的传质推动力和更大的渗透通量，是目前最为高效的膜蒸馏工艺，但该装置对气密性的要求较高。

膜蒸馏法发明于20世纪60年代，但受膜性能和成本的限制一直无法进行大规模应用。近年来，随着渗透膜技术和其他相关技术的发展，膜蒸馏法这种绿色环保、安全高效的污水处理方法正逐渐进入环境保护领域，有望实现规模化应用（Moradi et al.，2016）。

7.6.3 蒸发浓缩处理重金属废水的应用概述

1. 电镀废水

电镀废水是一类成分复杂、污染严重的工业废水，含有Cr、Cu、Ni、Zn等多种重金属元素，以及氰化物等剧毒有机物，还含有强酸、强碱类物质，如不进行妥善处理会对生态环境和人体造成巨大危害（黄杏媛，2021）。

一般的处理工艺很难将电镀废水处理达到满足排放标准的要求，废水中的强酸、强碱及有毒有害物质会干扰化学和生物处理过程。蒸发浓缩法属于物理处理法，一般不受废水组分影响，在处理过程中能够保持稳定的去除效率（岑雨秋 等，2020）。利用蒸发浓缩法对电镀废水进行处理不会产生废气，同时也能够避免有害物质的产生，蒸发出的水蒸气还能够重复利用，减少处理过程中废水的产生，同时能够回收有用的重金属，有着很好的应用前景。

利用蒸发浓缩法处理电镀废水要注意除垢和清洗。由于电镀废水中存在易结垢的离子，需要对废水进行预处理，防止蒸发过程中产生结垢现象，同时需要定期清洗蒸发浓缩器（管一泽 等，2020）。

2. 脱硫废水

脱硫废水主要来自煤炭行业，一般在煤炭脱硫过程中产生。脱硫废水的成分较为复杂，除了需要重点处理的Hg、Ni、Pb、Cd、As等重金属及类金属元素，还含有大量Ca^{2+}、Mg^{2+}、Fe^{2+}、Al^{3+}等金属离子及Cl^{-}、F^{-}等非金属离子（李博学，2018）。其中Ca^{2+}、Mg^{2+}等易发生结垢现象，影响蒸发浓缩过程，而Cl^{-}和F^{-}具有一定的腐蚀性，对处理装置的耐酸碱性和耐腐蚀性有着较高的要求。

使用蒸发浓缩法对脱硫废水进行处理时，首先要对废水进行预处理。预处理的主要方法包括化学沉淀、混凝沉淀及过滤等（吴志勇，2012）。化学沉淀可以对废水进行软化，去除废水中过多的Ca^{2+}、Mg^{2+}，防止后续处理过程中发生结垢、堵塞等现象。混凝沉淀能够去除脱硫废水的胶体和悬浮物，再通过过滤可进一步降低废水的浊度。

目前膜蒸馏法在脱硫废水处理中的研究较多。与其他蒸发工艺相比，膜蒸馏所需的操作温度较低，可以有效利用煤炭脱硫产生的余热，减少能源消耗。膜蒸馏采用的渗透膜为疏水膜，能够阻挡各类离子和亲水性物质，具有较高的截留率，还可以防止渗透膜堵塞。渗透膜材料主要为聚四氟乙烯、聚偏氟乙烯及聚丙烯等（王燕敏，2015），这些材料对强酸强碱和腐蚀性物质有着较高的耐受能力，能够在废水处理中长期保持稳定。

蒸发浓缩法作为出现相对较早的一种废水处理工艺，受能耗与成本限制，大规模推广应用较为困难。随着技术不断成熟，目前改良后的蒸发浓缩工艺已在诸多行业的重金属废水处理中得到应用，其绿色环保、不产生副产物、简单高效等优点使其在未来具有很好的发展前景。

参 考 文 献

鲍永喆, 王维俊, 范敬龙, 等, 2020. 水葱与香蒲对微咸水中TN、TP、Pb及Cd的去除率研究. 环境保护科学, 46(5): 81-86.

岑雨秋, 高文皓, 周建人, 2020. 电镀废水特征污染物的危害及处理方法研究进展. 电镀与精饰, 42(9): 31-34.

陈辉, 陆勇刚, 程东旭, 等, 2018. 新型DTC类络合重金属捕集剂的合成及其在废水处理中的应用. 环境工程学报, 12(3): 731-740.

陈熙, 徐新阳, 赵冰, 等, 2015. 喷射床电沉积法处理铜镍混合废水. 化工学报, 66(12): 5060-5066.

崔燕平, 曾科, 2016. 金属捕集剂处理重金属废水的工程应用实例. 工业水处理, 36(2): 94-97.

高海荣, 陈秀丽, 赵爱娟, 等, 2016. 5种沉水植物对重金属富集能力的对比研究. 环境保护科学, 42(4): 101-105.

高军侠, 陶贺, 党宏斌, 等, 2016. 睡莲、梭鱼草对铜污染水体的修复效果研究. 地球与环境, 44(1): 96-102.

管若伶, 胡湘, 2022. 电去离子技术及其应用进展. 无机盐工业, 54(7): 18-26.

管一泽, 罗安飞, 林安辉, 2020. 含重金属电镀废水的主要处理方法. 中外企业家(8): 230.

韩寒, 陈新春, 尚海利, 2010. 电吸附除盐技术的发展及应用. 工业水处理, 30(2): 20-23.

何世鼎, 李海宁, 王凯凯, 等, 2019. 高铁酸盐去除废水中重金属及其他污染物的研究进展. 工业水处理, 39(5): 5-9.

黄启华, 2018. 重金属捕集剂HDTC的制备及其应用性能研究. 昆明: 昆明理工大学.

黄杏媛, 2021. 电镀废水污染物的危害及处理方法. 科技创新与应用, 11(24): 123-125.

李博学, 2018. 真空膜蒸馏深度处理脱硫废水的试验研究. 北京: 北京林业大学.

李玉, 张乔, 王群, 2016. 蒸发结晶工艺在火电厂脱硫废水零排放中的应用. 水处理技术, 42(11): 121-122.

林海, 张叶, 贺银海, 等, 2020. 重金属捕集剂在废水处理中的研究进展. 水处理技术, 46(4): 6-11, 15.

娄向阳, 2017. 膜蒸馏-结晶技术处理高浓度锌镍重金属废液的研究. 北京: 北京有色金属研究总院.

马彩霞, 纪春暖, 王春华, 等, 2013. 二硫代氨基甲酸酚醛型螯合树脂的合成及其对 Ag^{+} 的吸附性能研究. 离子交换与吸附, 29(2): 140-147.

秦妮, 李健, 卢奇, 等, 2020. 含铬废水处理工艺研究. 化学工程与装备(7): 248-249.

史铁锤, 黄雪琴, 邵和松, 2017. 蒸发浓缩法对高盐废水的处理效果. 安徽农业科学, 45(14): 46-47.

孙旭辉, 李文超, 李冰, 等, 2015. 高铁酸盐的制备、性质及在水处理中的应用. 东北电力大学学报, 35(4): 33-39.

孙玉林, 2015. 废水中 Cr(VI), As(V)处理技术及其污染去除机理. 济南: 山东建筑大学.

田秀芳, 胡兆华, 邱家诚, 等, 2021. 凤眼莲对练江水体重金属的去除效果和富集能力研究. 农业与技术, 41(3): 96-101.

王东升, 李文涛, 杨晓芳, 等, 2016. 高铁酸盐: 一种绿色的多功能水处理剂. 应用化学, 33(11): 1221-1233.

王建友, 卢会霞, 闫博, 等, 2009. 特种分离电去离子技术处理低浓度含镍废水. 环境科学与技术, 32(6): 132-136.

王效举, 2019. 植物修复技术在污染土壤修复中的应用. 西华大学学报(自然科学版), 38(1): 65-70.

王燕敏, 2015. PTFE 平板微孔膜的超疏水改性及其在膜蒸馏中的应用. 杭州: 浙江理工大学.

王颖馨, 周雪婷, 卜洪龙, 等, 2015. 高铁酸钾的制备及其对水中 As(III)、Pb(II)的去除效能研究. 华南师范大学学报(自然科学版), 47(4): 80-87.

吴志勇, 2012. 废水蒸发浓缩工艺在脱硫废水处理中的应用. 华电技术, 34(1): 63-66, 81.

熊道文, 王合德, 刘利军, 等, 2013. 电絮凝法用于重金属废水处理研究进展. 环境工程, 31(S1): 61-65.

熊娅, 阎中, 张国臣, 等, 2011. 成核方式对诱导结晶工艺处理含铜废水的影响. 环境科学与技术, 32(10): 2961-2965.

徐亮, 2020. 高铁酸钾去除 Se(IV), Cr(VI)废水的效能及机理研究. 广州: 广东工业大学.

徐颖, 罗玉兰, 魏广艳, 2006. 重金属捕集剂处理含铅废水的试验研究. 环境科学与技术, 29(5): 75-76, 86, 119.

严苹方, 孙水裕, 叶茂友, 等, 2015. 巯基重金属捕集剂脱除电镀废水中低浓度 Ni 的效能及机理研究. 环境科学学报, 35(9): 2833-2839.

杨跃伞, 苑志华, 张净瑞, 等, 2017. 燃煤电厂脱硫废水零排放技术研究进展. 水处理技术, 43(6): 29-33.

于栋, 罗庆, 苏伟, 等, 2020. 重金属废水电沉积处理技术研究及应用进展. 化工进展, 39(5): 1938-1949.

张芳, 2013. 反应结晶法处理重金属废水的研究. 长沙: 中南大学.

张力, 王丽君, 陈亮, 等, 2021. 水生植物在水生态治理中的应用与设计. 环境保护与循环经济, 41(4): 44-49, 70.

张石磊, 江旭佳, 洪国良, 等, 2013. 电絮凝技术在水处理中的应用. 工业水处理, 33(1): 10-14, 19.

周铁桩, 蒋文春, 范里, 等, 2021. 含重金属催化剂废水零排放处理工艺中试. 水处理技术, 47(7): 123-125.

朱铭桥，黄华山，苑宝玲，等, 2017. 液体高铁酸钠同时去除电镀废水中氰化物和重金属. 环境工程学报, 11(3): 1540-1544.

朱四琛，孙永军，孙文全，等，2018. 絮凝法在重金属废水处理中的研究进展与应用. 净水技术，37(11): 40-50.

Abou-Shady A, Peng C S, BI J J, et al., 2012. Recovery of Pb(II) and removal of NO^{3-} from aqueous solutions using integrated electrodialysis, electrolysis, and adsorption process. Desalination, 286: 304-315.

Afkhami A, Conway B E, 2002. Investigation of removal of Cr(VI), Mo(VI), W(VI), V(IV), and V(V) oxy-ions from industrial waste-waters by adsorption and electrosorption at high-area carbon cloth. Journal of Colloid and Interface Science, 251(2): 248-255.

Akbal F, Camci S, 2012. Treatment of metal plating wastewater by electrocoagulation. Environmental Progress & Sustainable Energy, 31(3): 340-350.

Arroyo M, Perez-Herranz V, Montanes M T, et al., 2009. Effect of pH and chloride concentration on the removal of hexavalent chromium in a batch electrocoagulation reactor. Journal of Hazardous Materials, 169(1-3): 1127-1133.

Asere T G, Stevens C V, Laing G D, 2019. Use of (modified) natural adsorbents for arsenic remediation: A review. Science of the Total Environment, 676: 706-720.

Bai S, Wang L, Ma F, et al., 2020. Self-assembly biochar colloids mycelial pellet for heavy metal removal from aqueous solution. Chemosphere, 242: 125182.

Bakkar A, Neubert V, 2019. Recycling of cupola furnace dust: Extraction and electrodeposition of zinc in deep eutectic solvents. Journal of Alloys and Compounds, 771: 424-432.

Barquilha C E R, Cossich E S, Tavares C R G, et al., 2017. Biosorption of nickel(II) and copper(II) ions in batch and fixed-bed columns by free and immobilized marine algae *Sargassum* sp. Journal of Cleaner Production, 150: 58-64.

Barquilha C E R, Cossich E S, Tavares C R G, et al., 2019. Biosorption of nickel and copper ions from synthetic solution and electroplating effluent using fixed bed column of immobilized brown algae. Journal of Water Process Engineering, 32: 100904.

Bhunia P, Chatterjee S, Rudra P, et al., 2018. Chelating polyacrylonitrile beads for removal of lead and cadmium from wastewater. Separation and Purification Technology, 193: 202-213.

Brunetti P, Zanella L, De Paolis A, et al., 2015. Cadmium-inducible expression of the ABC-type transporter *AtABCC*3 increases phytochelatin-mediated cadmium tolerance in *Arabidopsis*. Journal of Experimental Botany, 66(13): 3815-3829.

Chellammal S, Raghu S, Kalaiselvi P, et al., 2010. Electrolytic recovery of dilute copper from a mixed industrial effluent of high strength COD. Journal of Hazardous Materials, 180(1-3): 91-97.

Chen J, 2012. Decontamination of heavy metals. Boca Raton: CRC Press.

Chen M, Xu P, Zeng G, et al., 2015. Bioremediation of soils contaminated with polycyclic aromatic hydrocarbons, petroleum, pesticides, chlorophenols and heavy metals by composting: Applications, microbes and future research needs. Biotechnology Advances, 33(6): 745-755.

Chu D, Ye Z L, Chen S, 2020. Interactions among low-molecular-weight organics, heavy metals, and Fe(III) during coagulation of landfill leachate nanofiltration concentrate. Waste Management, 104: 51-59.

Córdova B M, Jacinto C R, Alarcón H, et al., 2018. Chemical modification of sodium alginate with thiosemicarbazide for the removal of Pb(II) and Cd(II) from aqueous solutions. International Journal of Biological Macromolecules, 120: 2259-2270.

Cotillas S, Llanos J, Canizares P, et al., 2018. Removal of procion red MX-5B dye from wastewater by conductive-diamond electrochemical oxidation. Electrochimica Acta, 263: 1-7.

Daraei H, Rafiee M, Yazdanbakhsh A R, et al., 2019. A comparative study on the toxicity of nano zero valent iron(nZVI) on aerobic granular sludge and flocculent activated sludge: Reactor performance, microbial behavior, and mechanism of toxicity. Process Safety and Environmental Protection, 129: 238-248.

Dawn I, Fox, Daniela M, et al., 2016. Combining ferric salt and cactus mucilage for arsenic removal from water. Environmental Science & Technology, 50(5): 2507-2513.

Dong S, Mu Y, Sun X, 2019. Removal of toxic metals using ferrate(VI): A review. Water Science and Technology, 80(7): 1213-1225.

El-Naggar N E, Hamouda R A, Mousa I E, et al., 2018. Biosorption optimization, characterization, immobilization and application of *Gelidium amansii* biomass for complete Pb^{2+} removal from aqueous solutions. Scientific Reports, 8(1): 13456.

Feng S, Tan J, Zhang Y, et al., 2017. Isolation and characterization of a novel cadmium-regulated yellow stripe-like transporter(SnYSL3) in solanum nigrum. Plant Cell Reports, 36: 281-296.

Figdore B A, Winkler M H, Stensel H D, 2018. Bioaugmentation with nitrifying granules in low-SRT flocculent activated sludge at low temperature. Water Environment Research, 90(4): 343-354.

Gatsios E, Hahladakis J, Gidarakos E, 2015. Optimization of electrocoagulation(EC) process for the purification of a real industrial wastewater from toxic metals. Journal of Environmental Management, 154: 117-127.

Goodwill J E, Mai X, Jiang Y, et al., 2016. Oxidation of manganese(II) with ferrate: Stoichiometry, kinetics, products and impact of organic carbon. Chemosphere, 159: 457-464.

Han Z, Dong J, Shen Z, et al., 2019. Nitrogen removal of anaerobically digested swine wastewater by pilot-scale tidal flow constructed wetland based on in-situ biological regeneration of zeolite. Chemosphere, 217: 364-373.

He H J, Zhang X M, Yang C P, et al., 2018. Treatment of organic wastewater containing high concentration of sulfate by crystallization-Fenton-SBR. Journal of Environmental Engineering, 144(6): 04018041.

Huang C, Chen L, Yang C, 2009. Effect of anions on electrochemical coagulation for cadmium removal. Separation and Purification Technology, 65(2): 137-146.

Jia F, Yin Y A, Wang J L, 2018. Removal of cobalt ions from simulated radioactive wastewater by vacuum membrane distillation. Progress in Nuclear Energy, 103: 20-27.

Jiang J Q, Durai H B P, Petri M, et al., 2016. Drinking water treatment by ferrate(VI) and toxicity assessment of the treated water. Desalination and Water Treatment, 57(54): 26369-26375.

Kaarmukhilnilavan R S, Selvam A, Wong J W C, et al., 2020. Ca^{2+} dependent flocculation efficiency of avian egg protein revealed unique surface specific interaction with kaolin particles: A new perception in bioflocculant research. Colloids and Surfaces A: Physicochemical and Engineering Aspects, 603: 125177.

Kobya M, Akyol A, Demirbas E, 2014. Removal of arsenic from drinking water by batch and continuous electrocoagulation processes using hybrid Al-Fe plate electrodes. Environmental Progress & Sustainable Energy, 33(1): 131-140.

Lan B Y, Wang Y X, Wang X, et al., 2016. Aqueous arsenic(As) and antimony(Sb) removal by potassium ferrate. Chemical Engineering Journal, 292: 389-397.

Latif A, Sheng D, Sun K, et al., 2020. Remediation of heavy metals polluted environment using Fe-based nanoparticles: Mechanisms, influencing factors, and environmental implications. Environmental Pollution, 264: 114728.

Lei X, Chen Y, Shao Z, et al., 2015. Effective harvesting of the microalgae *Chlorella vulgaris* via flocculation-flotation with bioflocculant. Bioresource Technology, 198: 922-925.

Lember E, Retsnoi V, Pachel K, et al., 2018. Combined effect of heavy metals on the activated sludge process. Proceedings of the Estonian Academy of Sciences, 67(4): 305-314.

Li B, Yan W, Wang Y, et al., 2019. Effects of key enzyme activities and microbial communities in a flocculent-granular hybrid complete autotrophic nitrogen removal over nitrite reactor under mainstream conditions. Bioresource Technology, 280: 136-142.

Li H, Wu S, Du C, et al., 2020. Preparation, performances, and mechanisms of microbial flocculants for wastewater treatment. International Journal of Environmental Research and Public Health, 17(4): 1360.

Li X H, Li H Y, Xu X J, et al., 2017c. Preparation of a reduced graphene oxide @ stainless steel net electrode and its application of electrochemical removal Pb(II). Journal of the Electrochemical Society, 164(4): E71-E77.

Liu C, Sun D, Liu J W, et al., 2021. Recent advances and perspectives in efforts to reduce the production and application cost of microbial flocculants. Bioresources and Bioprocessing, 8(51): 1-20.

Liu M X, Dong F Q, Zhang W, et al., 2017a. Contribution of surface functional groups and interface interaction to biosorption of strontium ions by *Saccharomyces cerevisiae* under culture conditions. RSC Advances, 7(80): 50880-50888.

Liu Y, Wang L, Wang X, et al., 2017b. Highly efficient removal of trace thallium from contaminated source waters with ferrate: Role of in situ formed ferric nanoparticle. Water Research, 124: 149-157.

Liu Y, Yan J, Yuan D, et al., 2013. The study of lead removal from aqueous solution using an electrochemical method with a stainless steel net electrode coated with single wall carbon nanotubes. Chemical Engineering Journal, 218: 81-88.

Lyu J Z, Lider A, Kudiiarov V, 2019. Using ball milling for modification of the hydrogenation/dehydrogenation process in magnesium-based hydrogen storage materials: An overview. Metals, 9(7): 768.

Ma X, Cui W, Yang L, et al., 2015. Efficient biosorption of lead(II) and cadmium(II) ions from aqueous solutions by functionalized cell with intracellular $CaCO_3$ mineral scaffolds. Bioresource Technology, 185: 70-78.

Ma Y, Oliveira R S, Freitas H, et al., 2016. Biochemical and molecular mechanisms of plant-microbe-metal interactions: Relevance for phytoremediation. Frontiers in Plant Science, 7: 918.

Moradi R, Monfared S M, Amini Y, et al., 2016. Vacuum enhanced membrane distillation for trace contaminant removal of heavy metals from water by electrospun PVDF/TiO_2 hybrid membranes. Korean Journal of Chemical Engineering, 33: 2160-2168.

Mu J, Zhou H, Chen Y, et al., 2018. Revealing a novel natural bioflocculant resource from *Ruditapes philippinarum*: Effective polysaccharides and synergistic flocculation. Carbohydrate Polymers, 186: 17-24.

Muszyńska E, Hanus-Fajerska E, 2015. Why are heavy metal hyperaccumulating plants so amazing?. BioTechnologia, 96(4): 265-271.

Nidheesh P V, Singh T S A, 2017. Arsenic removal by electrocoagulation process: Recent trends and removal mechanism. Chemosphere, 181: 418-432.

Nouha K, Kumar R S, Tyagi R D, 2016. Heavy metals removal from wastewater using extracellular polymeric substances produced by *Cloacibacterium normanense* in wastewater sludge supplemented with crude glycerol and study of extracellular polymeric substances extraction by different methods. Bioresource Technology, 212: 120-129.

Okaiyeto K, Nwodo U U, Okoli S A, et al., 2016. Implications for public health demands alternatives to inorganic and synthetic flocculants: Bioflocculants as important candidates. Microbiologyopen, 5(2): 177-211.

Prucek R, Tucek J, Kolarik J, et al., 2015. Ferrate(VI)-prompted removal of metals in aqueous media: Mechanistic delineation of enhanced efficiency via metal entrenchment in magnetic oxides. Environmental Science & Technology, 49(4): 2319-2327.

Pugazhendhi A, Shobana S, Bakonyi P, et al., 2019. A review on chemical mechanism of microalgae flocculation via polymers. Biotechnology Reports, 21: e00302.

Qin H, Hu T, Zhai Y, et al., 2020. The improved methods of heavy metals removal by biosorbents: A review. Environmental Pollution, 258: 113777.

Qiu Y, Xiao X, Ye Z, et al., 2017. Research on magnetic separation for complex nickel deep removal and magnetic seed recycling. Environmental Science and Pollution Research, 24: 9294-9304.

Raichaudhuri A, 2016. *Arabidopsis thaliana* MRP1 (AtABCC1) nucleotide binding domain contributes to arsenic stress tolerance with serine triad phosphorylation. Plant Physiology and Biochemistry, 108: 109-120.

Sailo L, Pachuau L, Yang J K, et al., 2015. Efficient use of ferrate(VI) for the remediation of wastewater contaminated with metal complexes. Environmental Engineering Research, 20(1): 89-97.

Sajjad M, Aziz A, Kim K S, 2017. Biosorption and binding mechanisms of Ni^{2+} and Cd^{2+} with aerobic granules cultivated in different synthetic media. Chemical Engineering & Technology, 40(12): 2179-2187.

Salehizadeh H, Yan N, Farnood R, 2018. Recent advances in polysaccharide bio-based flocculants. Biotechnology Advances, 36(1): 92-119.

Schmidbaur H, 2018. The history and the current revival of the oxo chemistry of iron in its highest oxidation states: Fe^{VI} - Fe^{VIII}. Zeitschrift fur Anorganische und Allgemeine Chemie, 644(12-13): 536-559.

Shahid M, Dumat C, Khalid S, et al., 2017. Foliar heavy metal uptake, toxicity and detoxification in plants: A comparison of foliar and root metal uptake. Journal of Hazardous Materials, 325: 36-58.

Sharma S S, Dietz K J, Mimura T, 2016a. Vacuolar compartmentalization as indispensable component of heavy metal detoxification in plants. Plant, Cell & Environment, 39(5): 1112-1126.

Sharma V K, Chen L, Zboril R, 2016b. Review on high valent Fe^{VI} (ferrate): A sustainable green oxidant in organic chemistry and transformation of pharmaceuticals. ACS Sustainable Chemistry & Engineering, 4(1): 18-34.

Sharma V K, Zboril R, Varma R S, 2015. Ferrates: Greener oxidants with multimodal action in water treatment technologies. Accounts of Chemical Research, 48(2): 182-191.

Sik E, Kobya M, Demirbas E, et al., 2014. Removal of As(V) from groundwater by a new electrocoagulation reactor using Fe ball anodes: Optimization of operating parameters. Desalination and Water Treatment, 56(5): 1177-1190.

Sun P, Zhang J, Esquivel-Elizondo S, et al., 2018. Uncovering the flocculating potential of extracellular polymeric substances produced by periphytic biofilms. Bioresource Technology, 248: 56-60.

Sun X, Zhang Q, Liang H, et al., 2016. Ferrate(VI) as a greener oxidant: Electrochemical generation and treatment of phenol. Journal of Hazardous Materials, 319: 130-136.

Talaiekhozani A, Bagheri M, Goli A, et al., 2016. An overview of principles of odor production, emission, and control methods in wastewater collection and treatment systems. Journal of Environmental Management, 170: 186-206.

Tu T, Wang Y, Huang H, et al., 2019. Improving the thermostability and catalytic efficiency of glucose oxidase from *Aspergillus niger* by molecular evolution. Food Chemistry, 281: 163-170.

Verduzco L E, Oliva J, Oliva A I, et al., 2019. Enhanced removal of arsenic and chromium contaminants from drinking water by electrodeposition technique using graphene composites. Materials Chemistry and Physics, 229: 197-209.

Wang K M, Shu J, Wang S J, et al., 2020a. Efficient electrochemical generation of ferrate(VI) by iron coil anode imposed with square alternating current and treatment of antibiotics. Journal of Hazardous Materials, 384: 121458.

Wang N, Wang N, Tan L, et al., 2020b. Removal of aqueous As(III) Sb(III) by potassium ferrate(K_2FeO_4): The function of oxidation and flocculation. Science of the Total Environment, 726: 138541.

Wang P, Chao D, 2020c. Phytoremediation of heavy metal contamination and related molecular mechanisms in plants. Chinese Journal of Biotechnology, 36(3): 426-435.

Wu S J, Lu J W, Ding Z C, et al., 2016. Cr(VI) removal by mesoporous FeOOH polymorphs: Performance and mechanism. RSC Advances, 6(85): 82118-82130.

Xia X, Lan S, Li X, et al., 2018. Characterization and coagulation-flocculation performance of a composite flocculant in high-turbidity drinking water treatment. Chemosphere, 206: 701-708.

Xie P, Chen Y, Ma J, et al., 2016. A mini review of preoxidation to improve coagulation. Chemosphere, 155: 550-563.

Yang T, Chen M L, Wang J H, 2015. Genetic and chemical modification of cells for selective separation and analysis of heavy metals of biological or environmental significance. Trac-Trends in Analytical Chemistry, 66: 90-102.

Yin K, Wang Q N, Lv M, et al., 2019. Microorganism remediation strategies towards heavy metals. Chemical Engineering Journal, 360: 1553-1563.

Youning C, Wei Z, Xiaoling Y, et al., 2018. Efficient removal of heavy metal ions from aqueous solution by a novel poly(1-vinylimidazole) chelate resin. Polymer Bulletin, 76(3): 1081-1097.

Zeng P, Guo Z, Cao X, et al., 2018. Phytostabilization potential of ornamental plants grown in soil contaminated with cadmium. International Journal of Phytoremediation, 20(4): 311-320.

Zhang D, Hou Z, Liu Z, et al., 2013a. Experimental research on *Phanerochaete chrysosporium* as coal microbial flocculant. International Journal of Mining Science and Technology, 23: 521-524.

Zhang J, Zhu L, Shi Z, et al., 2017. Rapid removal of organic pollutants by activation sulfite with ferrate. Chemosphere, 186: 576-579.

Zhang L, Zeng Y X, Cheng Z J, 2016. Removal of heavy metal ions using chitosan and modified chitosan: A review. Journal of Molecular Liquids, 214: 175-191.

Zhang Z, Zhang J, 2013b. Preparation of microbial flocculant from excess sludge of municipal wastewater treatment plant. Fresenius Environmental Bulletin, 22: 142-145.

Zhao G, Ji S L, Sun T, et al., 2017. Production of bioflocculants prepared from wastewater supernatant of anaerobic co-digestion of corn straw and molasses wastewater treatment. Bioresources, 12(1): 1991-2003.

Zhao M, Xu Y, Zhang C, et al., 2016. New trends in removing heavy metals from wastewater. Applied Microbiology and Biotechnology, 100: 6509-6518.

Zhou Q, Lin Y, Li X, et al., 2018. Effect of zinc ions on nutrient removal and growth of *Lemna aequinoctialis* from anaerobically digested swine wastewater. Bioresource Technology, 249: 457-463.

Zhu N M, Xu Y S, Dai L, et al., 2018. Application of sequential extraction analysis to Pb(II) recovery by zerovalent iron-based particles. Journal of Hazardous Materials, 351: 138-146.

Zongo I, Leclerc J P, Maïga H A, et al., 2009. Removal of hexavalent chromium from industrial wastewater by electrocoagulation: A comprehensive comparison of aluminium and iron electrodes. Separation and Purification Technology, 66(1): 159-166.

第 8 章 重金属废水深度处理组合技术与工程应用

8.1 重金属废水深度处理组合技术

8.1.1 组合技术的必要性

1. 污废水排放标准日趋严格

重金属废水主要来自电子电镀、制革、矿冶、化工等行业，是污染最为严重的工业废水之一。不同于有机污染物，重金属无法降解，含有重金属的废水排放到环境中会通过饮用水或食物链的富集作用对人体产生严重的危害。

2014 年修订的《中华人民共和国环境保护法》进一步加强了对大气、水、土壤等环境介质的保护力度，建立完善了相应的调查、监测、评估和修复制度。中央政治局常务委员会会议 2015 年 2 月审议通过、国务院 2015 年 4 月印发的《水污染防治行动计划》是当前和今后较长一段时间内全国水污染防治工作的行动指南，具体提出了 238 项具体治理措施，除 136 项改进强化措施、12 项研究探索性措施外，重点提出了 90 项改革创新措施，并要求开展重金属和有机物等水环境基准，对重金属、化学需氧量、氨氮、总磷及其他影响人体健康的污染物采取针对性措施。生态环境部于 2022 年组织研究制定的《关于进一步加强重金属污染防控的意见》明确，“十四五”时期，重金属污染防控以改善生态环境质量为核心，以有效防控重金属环境风险为目标，以重点重金属污染物减排为抓手，坚持精准治污、科学治污、依法治污，深入开展重点行业重金属污染综合治理，有效管控重点区域重金属污染，切实维护生态环境安全和人民群众健康。

随着国家水污染应对措施的出台，各地相继提高了污水处理厂污染物排放标准。例如，广东地区污水处理厂设计进出水水质须由《城镇污水处理厂污染物排放标准》（GB 18918—2002）一级 B 标准提升至 A 标准，同时满足《广东省水污染物排放限值》（DB 44/26—2001）第二时间段的一级标准。如表 8.1 所示，相比于污水处理厂原设计进出水水质标准，提标后进水总铜质量浓度下调，并增加了总镍、Cr(VI)等指标。

表 8.1 广东地区提标前后污染物进出水质量浓度

项目	提标前		提标后	
	进水质量浓度/（mg/L）	出水质量浓度/（mg/L）	进水质量浓度/（mg/L）	出水质量浓度/（mg/L）
BOD_5	≤150	≤20	≤160	≤10
COD	≤400	≤40	500	≤40

续表

项目	提标前		提标后	
	进水质量浓度/（mg/L）	出水质量浓度/（mg/L）	进水质量浓度/（mg/L）	出水质量浓度/（mg/L）
SS	≤200	≤20	400	≤10
总氮	70	20	70	15
氨氮	≤30	≤8	≤30	≤5
总磷	≤5	≤0.5	8	≤0.5
总铜	0.5	≤0.5	0.3	0.3
总镍	—	—	0.06	—
Cr(VI)	—	—	0.06	—

注：BOD_5（biochemical oxygen demand）为 5 日生化需氧量，SS（suspend solid）为悬浮物。引自陈万鹏等（2021）

自 2018 年以来，甘肃省要求当地各铜冶炼企业对原有处理系统进行改造升级，须保证重金属废水处理指标稳定，满足《铜、镍、钴工业污染物排放标准》（GB 25467—2010）水污染物特别排放限值的要求，消除环境隐患（夏青 等，2021）。湖南省 2018 年 12 月 25 日颁布了《湖南省城镇污水处理厂主要水污染物排放标准》（DB43/T 1546—2018），督促湖南工业集中区内的企业提高自身处理工业废水的能力和主动性，改善出水水质以达到污水处理厂纳管标准，提高污水处理厂运行能力，同时满足出水持续稳定达到《城镇污水处理厂污染物排放标准》（GB 18918—2002）一级 A 标准（舒建军，2021）。国家及各地环保政策的日益趋紧对重金属废水的深度处理技术提出了更高的要求。

2. 单元处理技术的不足

重金属废水往往具有成分复杂、污染物浓度高、水质波动大等特征。电子电镀、制革、矿冶等行业废水中普遍存在大量有机配体，相当部分重金属以高度络合的形式存在，大大增加了处理难度。例如，某制革废水经化学沉淀后上清液中的铬质量浓度仍可达 20 mg/L 以上，且多以羧酸配位的形式存在（Wang et al.，2016）。重金属废水处理主要通过转移重金属或转变其物理化学形态实现，迄今为止已开发出多种重金属废水处理技术，大多将废水中溶解态重金属转变为不溶态后经固液分离去除，主要包括混凝沉淀法、硫化法、氧化还原法和电解法等；还可在不改变化学形态的前提下浓缩、分离重金属，如反渗透法、电渗析法、离子交换和吸附法等。上述方法均已发展出相应的单元处理技术并在重金属废水的处理实践中获得应用，其优缺点如表 8.2 所示。

表 8.2　重金属废水不同处理技术的优缺点

处理技术	优势	局限
混凝沉淀	成本低廉，操作简便	污泥产量大，化学药剂使用量大
膜分离	去除率高，空间需求小	价格昂贵，膜污染，浓水处置困难
吸附	易操作，污泥产量少，去除效率高	选择性差，对吸附材料要求较高，脱附液处置困难

续表

处理技术	优势	局限
电化学处理	选择性高，化学药剂使用量低	初期投资高，能耗高
光催化	可同时去除重金属和有机污染物	反应时间长，受水质干扰严重，能耗高
高级氧化	高效，矿化能力强	设备腐蚀，氧化剂利用效率低，对水质条件要求高

引自 Carolin 等（2017）、Fu 等（2011）、Kurniawan 等（2006）

现有的处理技术中，化学沉淀法具有高效、操作简便、成本低廉等优势，是迄今最常用的重金属废水处理技术，主要包括氢氧化物沉淀法和硫化物沉淀法。其中，氢氧化物沉淀法会产生大量低密度污泥，增加了后续脱水和处置难度；Cr^{3+}、Pb^{2+}等重金属可形成两性氢氧化物，在碱性条件下易复溶；此外，氢氧化物沉淀的形成受水中共存络合剂的抑制较为明显。硫化物沉淀法可避免产生两性氢氧化物，污泥产生量较少，但倾向于形成胶体悬浮物，固液分离较为困难，且酸性条件下易生成有毒的 H_2S 烟雾。混凝技术通过添加混凝剂、调节 pH 并在混合搅拌下凝聚不稳定的颗粒以形成更大的颗粒，再采用过滤等分离工艺实现重金属去除。然而，混凝技术需要投加大量混凝剂，处理过程会产生较多污泥，运营成本通常较高。

离子交换与吸附法具有高效、易操作、可再生等优点，被认为是重金属废水深度处理最有效的方法之一。离子交换主要通过静电吸引作用去除重金属，选择性较差，在存在大量共存离子时有效处理容量偏低、再生频繁，运行成本较高。针对重金属的选择性吸附主要使用含有氨基、羧基等功能基团的材料，或 Fe、Zr、Mn、Al 等金属氧化物，即通过与重金属形成配位结构实现选择性吸附去除。离子交换与吸附技术的运行效果主要由材料自身结构与性能决定，对重金属络合物的处理效果普遍不佳。

膜分离法具有效率高、操作简便、空间需求小等优点，在重金属废水深度处理中已获得较多应用。其中，微滤膜和超滤膜孔径较大，在重金属废水处理中往往起预处理作用；反渗透膜几乎可无差别地去除水中的无机离子，实现重金属的高效去除，但反渗透技术对前端处理的要求较高，且需要较高的能量驱动，运行成本偏高。此外，膜易堵塞、易污染，在复杂水质条件下寿命显著低于预期，往往需要频繁更换膜组件，这大大增加了反渗透技术的使用成本。

总体而言，尽管目前已有诸多用于重金属废水处理的单元技术，但受污染物和材料特性所限，难以依靠单一技术长期、稳定地实现重金属废水的深度处理。废水处理需要兼顾处理效率和经济成本，对单元处理技术的极致优化往往难以带来水处理系统整体效率的显著提升，因而水处理工程实践中多会通过多种水处理技术的组合实现水处理效果与成本间的平衡。通过合理配置与参数优化，组合技术可克服各单元处理技术的不足、充分发挥各自的优势，在提高水处理效率的同时降低成本。目前组合技术在水处理领域已获得广泛应用，如利用“水解酸化-好氧生化-混凝沉淀”组合工艺处理涂装废水（王慧娟 等，2021），利用“加氢精制-分馏-溶剂萃取”组合工艺处理二次裂解轻循环油中的多环芳烃（Sun et al.，2020）等。对重金属废水而言，通过多种水处理技术的有机组合，同样有望高效实现废水中重金属的形态调控、富集分离与毒性控制等。

8.1.2 组合技术的具体类型

1. 以化学形态转化为核心的技术组合

化学反应法是指通过化学反应转变废水中重金属的赋存形态从而去除重金属的处理方法。常见的化学反应法包括化学沉淀法、氧化法、还原法、铁氧体法等。在实际废水处理过程中，受化学反应的热力学与动力学限制，单纯投加化学药剂往往难以取得理想的处理效果。以化学沉淀法为例，受所形成的金属氢氧化物或硫化物的溶度积所限，为达到深度处理目标，往往需要加大药剂的投加量。大量投加的化学药剂将大幅提高废水处理成本并形成大量污泥，对后续的处理过程产生不利影响。例如，向酸性重金属废水投加过量碱可能造成出水盐度和 pH 过高，不利于膜分离法、离子交换法等后续深度处理；在硫化沉淀法中投加过量的硫化物可能会产生硫化氢污染，或导致出水硫含量超标等。此外，重金属经化学反应发生形态转变后，往往还需要进一步后处理方可从水中去除。例如中和沉淀法和硫化沉淀法生成的重金属氢氧化物和硫化物，相当部分以细小颗粒或胶体形式存在于水中，沉降速度较慢，往往需要后接混凝、气浮或过滤等工艺处理后才可实现固液分离。

1）化学沉淀-混凝法

当化学沉淀法生成的重金属沉淀物颗粒细小、沉降速度慢、以胶体形式存在于废水中时，单一化学沉淀法难以将水中重金属高效去除。混凝法后接于化学沉淀法，能够借助混凝剂压缩双电层、吸附电中和、吸附架桥、沉淀网捕等作用，使含重金属细小颗粒或胶体继续生长、聚集，加速沉降，从而提高重金属的沉淀速度与处理效果。化学沉淀工段和混凝工段的工艺条件可能会相互影响，如沉淀剂与混凝剂的种类和用量、pH 条件等均可能对组合工艺的效果产生影响，适合的工艺条件需要根据实验室模拟结果或实际处理效果优化调整。

2）化学沉淀-气浮法

类似于混凝工段在化学沉淀-混凝法中的作用，在化学沉淀工段后增设气浮工段的目的也是去除颗粒细小、沉降速度慢的重金属沉淀物，提升化学沉淀法的重金属去除效果。气浮法的原理是借助气泡的浮升作用，使重金属颗粒黏附在气泡上并迅速浮上液面，进而通过刮渣设备实现细小重金属颗粒的固液分离。气浮法通常无须额外投加药剂，当化学沉淀工段与混凝工段的工艺条件产生冲突时，可使用化学沉淀-气浮法加速重金属颗粒的分离。

3）多级化学沉淀法

化学沉淀法的去除效果取决于沉淀剂种类、沉淀剂投加量和沉淀工艺参数等因素。当重金属去除率要求较高，或化学沉淀工段的进水水质、水量波动较大时，单级化学沉淀法通常难以获得理想的去除效果。多级化学沉淀法通过串联多个化学沉淀工段，采用不同的沉淀剂或工艺参数，能够减少沉淀剂的使用量、提升重金属去除效果和稳定性、提高水处理效率并降低工艺运行成本。例如，中和沉淀法使用的石灰乳、碳酸钙、氢氧化钠等中和剂的成本较低，但受限于重金属氢氧化物的溶度积，难以满足深度处理需求；硫化剂、重金属捕集剂等处理后残余重金属浓度较低，但药剂相对偏贵。串联使用中和沉淀法、硫化沉淀法或螯合沉淀法有望结合多种方法的优势，在实现重金属废水深度处理的同时降低药剂费用。

4）混凝-中和沉淀法

混凝-中和沉淀法通常用于含高价值重金属废水的资源化利用。中和沉淀法生成的重金属污泥经进一步处理能够回收重金属元素，已被应用于废水中 Cr、Ni、Cu 等元素的回收与资源利用（Renu et al.，2017）。然而，废水中的泥沙、悬浮物和有机物等组分严重影响了重金属污泥的纯度。因此，在水处理实践中往往前置混凝工段去除悬浮物和泥沙等杂质，提高资源回收效益。

2. 以膜分离法为核心的技术组合

膜分离法去除重金属的机制较为简单，主要通过尺寸排阻或电荷排斥效应截留水中特定组分。膜分离法能够对不同种类的重金属实现无差别去除，使出水重金属浓度降低到较低水平。膜分离法具有高效、操作简单、占地面积小等特点，并可同时截留部分有机污染物和微生物，实现水资源回用。这些优势使膜分离法在重金属废水的深度处理中具有广阔的应用前景。

膜分离法的高运行成本和膜污染问题是其应用于重金属废水深度处理中面临的主要挑战。膜分离法需要较高的操作压力，动力消耗较大，在工程应用中需要根据水处理需求和膜运行条件综合选择成本可接受的膜分离方案。膜污染会带来膜寿命缩短、膜选择性降低和膜通量下降等问题，影响膜对重金属的处理能力、降低膜通量或增加动力消耗、增加膜的清洗频率并导致膜材料的损伤和水处理费用的增加。因此，在处理重金属废水时，通常需要搭配必要的前处理环节，为膜分离法提供适宜的进水条件以减少膜污染、提升膜分离性能。此外，膜分离法仅将重金属污染物富集至膜浓水一侧，并未转变重金属的赋存形态，依然需要后处理工艺将重金属彻底从膜浓水中去除。

1）前处理技术组合

（1）以降低膜污染为目标的前处理。

进料液中的颗粒物、胶体、乳浊液、有机大分子和盐在膜表面沉积或聚积，以及过膜溶质在膜孔内的晶核沉积等均可能导致膜污染。膜前预处理的重要目的之一便是通过各种技术组合，最大限度地去除废水中可能造成膜污染的组分，提升膜的分离性能和使用寿命。以降低膜污染为目标的常规前处理技术包括混凝、化学沉淀和过滤等。

混凝是最常见的前处理技术之一，常用于微滤或超滤工段的前处理。这是因为混凝工艺能够有效去除可能引起膜污染和膜通量下降的污染物，如颗粒物、胶体和高分子量的有机物等。研究表明，混凝前处理工艺可高效去除高分子量有机物，能有效提升超滤膜通量并降低膜污染影响（Son et al.，2005）。Feng 等（2015）构建了铝系絮凝剂絮体结构特征与超滤膜污染间的关系模型，表明强度较低、结构松散的大絮体相较于强度高、结构紧凑的细小絮体更易引起超滤膜污染。在联用混凝-膜分离组合工艺时，颗粒物、胶体和有机物的去除率及絮体的强度、结构和大小等特性对降低膜污染的发生频率至关重要，因此需要根据废水中污染物的组成及膜的抗污染需求确定混凝剂的种类和用量，并根据实验和实际运行情况优化混凝工段的运行参数。

沉淀法前处理常用以降低膜分离工段进料液的重金属浓度，从而降低膜清水重金属残留浓度。化学沉淀可能增加废水的盐度和硬度、引入新的无机盐，并可能改变重金属在废水中的赋存形态，投加过量沉淀剂反而可能导致膜滤性能的下降。相比于硫化沉淀法与螯合沉淀法，中和沉淀法形成的沉淀颗粒较大，不易引起膜污染，且回收的膜浓液更易资源化，在膜前预处理中备受关注。

过滤工艺常用于处理膜分离工段进料液中颗粒物和油滴等可能造成膜堵塞污染的组分。精密过滤器（又称保安过滤器）是膜分离工艺前处理中常用的过滤设备，能够高效去除直径 0.01 μm 及以上的固体微粒和油滴。精密过滤器的滤芯材质种类包括玻璃纤维、活性炭、聚丙烯等。过滤几乎是所有膜处理前必备的工段，用于去除进料液中潜在的污染物、防止膜污染和堵塞、延长膜寿命、保障膜分离工段的正常运行。

（2）以提升膜滤性能为目标的前处理。

膜分离的选择性主要取决于膜的种类，尤其是膜孔尺寸。微滤和超滤膜工艺的运行压力较小，膜通量较大，运行成本较低，在工程实践中易于大规模应用。但微滤和超滤膜孔径较大，对重金属的截留能力较弱。纳滤和反渗透膜工艺能够高效截留废水中的重金属离子，但需要较大的运行压力、较高的进水水质和运行成本，膜通量也较小。通常而言，直接通过膜分离法处理废水中的重金属离子一般使用纳滤和反渗透工艺。然而，近年来涌现出一批预处理方法，通过改变重金属离子在水中的赋存形态，在超滤膜中即可实现低浓度重金属废水的深度处理，大大降低了膜分离法处理重金属废水的运行成本，如络合强化超滤技术和胶束强化超滤技术。

络合强化超滤技术，又称聚合物辅助超滤技术，主要通过聚合物配体与重金属离子的络合作用增大重金属离子的尺寸，从而被超滤膜有效截留。膜浓水中的重金属络合物可通过调节 pH 等方式解络合，并回收重金属和配体。聚合物配体应具有对重金属离子的高亲和力、良好的水溶性、高分子量、良好的化学稳定性、低毒性、低成本等特点，常用的聚合物络合剂包括羧酸类、酰胺类和砜类化合物，如羧基甲基纤维素、聚丙烯酸、聚乙烯亚胺等。络合强化超滤技术的作用原理既可以是若干络合剂分子与重金属离子组合形成尺寸较大的络合物，也可通过形成大分子链网状结构促进重金属离子的截留，亦可通过疏水作用、范德瓦耳斯力或氢键等作用将重金属络合物截留在膜浓水侧。据报道，络合强化超滤技术已被用于采矿废水的深度处理（Barakat et al.，2010）。

胶束强化超滤技术与络合强化超滤技术的理念相似，其原理是借助表面活性剂与重金属离子形成高分子量胶束，使重金属胶束流体动力学直径大于超滤膜孔径，从而阻止重金属离子通过超滤膜。常用的表面活性剂有氯化十六烷基吡咯烷酮、十二烷基硫酸钠、十六烷基三甲基溴化铵等。胶束强化超滤技术的最大挑战在于表面活性剂本身可能对水质不利，且高剂量的表面活性剂可能造成膜通量的损失，需要对表面活性剂的种类和用量进行控制或对膜分离出水进行适当的后处理。考虑表面活性剂的二次污染问题，可生物降解的鼠李糖脂等生物表面活性剂的应用潜力近年来受到了较多的关注，其可在适宜 pH 条件下从富磷废水中去除铜、镉、镍、锌等重金属离子（Abdullah et al.，2019）。

2）后处理技术组合

膜分离技术本身无法实现废水中重金属形态改变与固液分离，仅可通过尺寸筛分或静电等作用将重金属富集至膜浓水一侧，仍需适当的后处理去除膜浓水中的重金属。此外，膜清水也可能因膜的截留能力不足或膜污染、损伤而含有一定浓度的污染物，为满足排放或回用要求需要进行适当后处理。对于重金属废水，化学沉淀和蒸发脱盐是常见的膜后处理技术，这是因为膜浓水中重金属、酸、碱、盐等物质的浓度通常较高，采用化学沉淀法和蒸发脱盐等技术经济可行性较高。例如，对高盐重金属废水采用纳滤-反渗透组合工艺处理后，增设蒸发脱盐后处理单元，可利用膜的选择性实现对废水的高倍浓缩，大幅降低蒸发处理量。

另外，膜浓水中重金属浓度高，其后处理产物是较为理想的资源化回收原料。例如，对重金属种类较为单一的膜浓水，可选用中和沉淀法获得含杂质较少的重金属氢氧化物泥，实现重金属回收。对于多组分废水，可通过多级膜分离并耦合适当的后处理技术，实现不同种类污染物的分类处理和回收。例如，酸钢废水通过超滤-纳滤处理后可产生含有大量颗粒物的微滤膜浓水、富含锌离子的纳滤膜浓水和富酸纳滤膜清水，经过滤、沉淀等后处理可实现资源的分级回收与再利用；酸铜废水经反渗透膜富集所得的富铜富酸膜浓水可进一步通过纳滤膜分离，获得富铜的纳滤膜浓水和富酸的纳滤膜清水（翟建文，2013）。

3. 以吸附法为核心的技术组合

吸附法通过特异性或非特异性作用将重金属转移到吸附剂中，进而通过吸附剂与废水的分离将重金属从水中去除。吸附法因工艺简单、价格低廉、装置易模块化等优势在废水深度处理中获得广泛使用。常见的吸附剂包括活性炭、沸石、壳聚糖、膨润土、生物制剂、金属氧化物、离子交换与吸附树脂、纳米吸附材料等，不同吸附剂的吸附机理和操作条件差异较大，在水处理研究与应用中需要根据重金属废水的水质条件灵活选择吸附剂种类。吸附法的应用场合非常广，既可以借助吸附剂的高吸附容量作为重金属去除的常规处理工艺，也可以利用吸附剂的高选择性实现重金属的深度去除。吸附法的处理效果受重金属浓度、吸附反应速率、吸附容量、吸附选择性、废水成分等因素影响较大，常需要与其他处理技术组合使用。

1）混凝-吸附技术组合

混凝是常见的吸附前处理技术。一方面，混凝能够高效去除固体颗粒物、胶体、大分子有机物，降低这些物质对吸附剂孔道的堵塞和对重金属吸附位点的竞争作用；另一方面，混凝工段能够实现一些重金属的部分去除、改变重金属在废水中的赋存形态，有效降低吸附工段的处理负荷、提升吸附效果、减少吸附剂用量等。Tiruneh 等（2018）研究了混凝与黏土吸附组合工艺中混凝与吸附工段的协同作用，发现混凝通过降低 Zeta 电位促进了重金属离子在吸附剂内的扩散，有效克服了传统黏土吸附法渗透性偏低等问题。此外，为增加吸附剂与重金属废水的接触面积、提升重金属离子从废水向吸附剂表面扩散的效率，沸石、黏土、活性炭等吸附剂常被磨碎为细颗粒投入水中，但同时也会增加固液分离的难度；将混凝与吸附技术联用可利用混凝的捕集作用方便实现粉末吸附剂的分离回收。值得一提的是，混凝工段使用的混凝剂种类和 pH 等工艺条件会影响混凝出水中重金属的形态，如重金属离子所带电荷种类和数量等。例如随混凝 pH 上升，Cd 在废水中的赋存形态由 Cd^{2+}逐渐转变为 $Cd(OH)_4^{2-}$，严重影响吸附剂与 Cd 之间的静电作用。因此，在使用混凝-吸附组合技术时，需要综合考量混凝工段对重金属形态和吸附过程的影响，选用合适的吸附和混凝工艺条件，避免两种技术的拮抗作用，实现协同净污。

2）吸附-膜分离技术组合

膜分离技术通常对进料水水质和运行的稳定性有较高的要求。当进料液中重金属浓度较高，进料液重金属浓度波动，或进料液中存在残留的胶体、絮体、油滴时，可能会引起膜污染和膜通量的严重下降。吸附法能够降低重金属负荷并吸附水中部分杂质，但对重金属的深度处理效果受水质与操作条件影响较大，常常难以实现重金属的稳定达标排放。将吸附技术与膜分离技术组合，能够借助吸附技术缓冲重金属浓度波动，降低膜分离工段的处理负荷，去除废水中可能造成膜污染的物质，从而稳定膜分离处理效果、延长膜寿命。此外，部分吸附工艺中为提高传质效率和接触面积选用粉末吸附剂，或将大颗粒吸附剂磨碎为细小颗粒使用，此时将吸附工艺与膜分离工艺耦合可借助膜孔过滤实现吸附剂细颗粒的分离。例如，赵焱等（2021）将天然沸石-纳滤组合技术应用于苦咸水重金属的深度处理，在长时间运行中天然沸石将纳滤进料液中 Cu^{2+}质量浓度稳定控制在 10 mg/L 以下，有效缓冲了进水重金属浓度波动对纳滤膜工艺的冲击，减少了重金属在纳滤膜孔内的累积及由此引发的膜污染，有利于纳滤工艺的长期稳定运行。Mavrov 等（2003）开发了吸附-膜分离-气浮组合工艺，借助错流陶瓷平板微滤膜浓缩进料液中的沸石吸附剂，并通过气浮法分离回收，解决了细颗粒沸石难以从水中有效分离回收等问题。

3）吸附-其他深度处理技术组合

近年来，研究者开发了众多对重金属具有高亲和力的吸附剂，如树脂材料、纳米材料等。这些吸附材料对低浓度重金属废水具有较好的深度处理性能，但通常对污染物的形态及进水水质有较高的要求。因此，吸附法深度处理技术需要与氧化还原法、混凝、过滤、化学沉淀法、生化法等常规水处理技术有机集成，集成方式取决于水质特征、工艺条件等。此外，饱和后的吸附材料经脱附处理后会产生高浓度脱附液，重金属浓度高、组分相对简单、杂质较少，适合用于重金属回收与资源化，可与化学沉淀、电渗析等后处理技术组合来达到总体目标。综上所述，以吸附法为核心的“前处理-吸附-后处理”组合技术需要综合考虑水处理需求、水质条件、水处理成本等诸多因素，形式丰富，可适用于不同水处理场合，具有强大的生命力。

4. 其他重金属废水深度处理组合技术

一些重金属废水中含有特殊的重金属元素，或重金属元素以特殊的形态稳定存在于废水中，常见的包括难沉淀变价重金属废水、稳定的重金属络合物等。这类废水难以通过单一的处理技术直接去除，需要对重金属进行预分离或形态转化等处理，使之转变为易处理形态并接入常规处理技术进行去除。因此，特种重金属废水的处理往往需要多工段、多技术的组合，且需要根据目标重金属的种类和形态针对性地选取技术组合、优化工艺参数。

1）变价重金属氧化/还原-沉淀技术组合

部分重金属在工业废水中以特殊的价态存在，难以直接通过化学沉淀法等常规处理方法去除，如 Cr、Tl 等。因此，这类变价重金属的处理通常需要组合氧化/还原技术和常规重金属分离技术。例如，Li 等（2019）采用“中和沉淀-芬顿氧化-硫化沉淀”组合技术处理了含 Tl(I)废水。废水中 Tl 的质量浓度高达 5.5 mg/L，主要以稳定的 Tl(I)存在，无法形成氢氧化物沉淀，废水中同时存在高浓度的 Zn、Cd 等重金属。在组合技术中，Tl 以外的其他重金属首先在中和沉淀工段去除并回收，约 95%的 Tl(I)经芬顿氧化转变为 Tl(III)的氧化物沉淀从水中去除，并在芬顿氧化后串联硫化沉淀单元，保证出水中 Tl 和其他重金属浓度达标。

2）重金属络合物破络-深度处理技术组合

重金属络合物广泛存在于电子电镀、制革、矿冶等工业废水中，具有较高的化学稳定性，难以通过化学沉淀等常规的重金属处理技术去除，主要通过氧化技术破坏络合结构、降解有机配体，进而组合化学沉淀、吸附等技术实现重金属的深度去除。此外，电化学技术和光化学技术也被用于研究重金属络合物的氧化降解中。Xu 等（2015）采用“Fe(III)置换-紫外光降解-碱沉淀”组合技术去除低浓度 Cu(II)络合物。该组合技术的原理是 Fe(III)羧基络合物通常具有较高的络合稳定常数和光化学活性，Cu(II)络合物经 Fe(III)置换后转化为游离的 Cu^{2+}和 Fe(III)络合物，Fe(III)络合物经紫外线降解脱羧并释放出 Fe^{2+}，随后在碱沉淀环节中与 Cu^{2+}一起转变为沉淀物被去除；该组合技术对 5 mmol/L 的 Cu(II)络合物去除率超过 99.8%。Lan 等（2012）通过“内部微电解-芬顿氧化-混凝”组合工艺处理 Cu(II)-EDTA 络合物，通过内部微电解去除废水中的 Cu(II)和部分 EDTA，并为后续的芬顿氧化破络提供足量的 Fe^{2+}。该组合工艺对废水中的 Cu^{2+}（336.1 mg/L）的去除率接近 100%，且处理后废水的 COD 降低了 87%，BOD_5/COD 值由 0 提升至 0.42。

8.1.3 组合技术的系统优化

水处理工艺是由各单元技术有机集成的整体，各处理单元所投加的药剂种类与数量、对水质的要求、操作条件等差异较大，且几乎所有处理单元均会对其下游处理单元产生影响，这就决定了对各单元技术的局部优化往往难以保证整个水处理系统以最优状态运行。在水处理研究与实践中，有必要基于全局优化理念对水处理组合技术进行系统优化。目前常用的工艺优化方法主要有单因素试验、正交试验、响应面法和人工神经网络等（王亮，2014）。

1. 单因素试验

单因素试验是一种传统的优化方法，假设因素间不存在交互作用，通过每次只改变一个因素且保证其他因素维持在恒定水平，研究不同试验水平对响应值的影响，然后逐个因素进行考察。

单因素试验法实施简单，结果可通过直方图、线图等二维图形直观展现出来，分析更为简洁清楚，是一种应用非常普遍的常规优化方法。然而，大多数水处理过程影响因素相当复杂，各因素间通常存在交互作用，通过单因素试验往往难以达到预期效果，得出的试验结论与真实情况存在较大偏差。另外，水处理组合技术优化涉及的试验因素较多，单因素法需要进行多次试验和较长的试验周期才能完成各因素的逐个优化，耗时费力，成本较高。因此，单因素试验往往作为复杂工艺优化中的预试验，通过该方法筛选可能的关键影响因素，确定各种因素最适条件的大致范围，为后续优化过程提供参考。

2. 正交试验

正交设计是一种数学设计法，利用正交表设定不同的因素和不同因素下多个水平的一种试验和分析方法。正交试验的一般流程为：首先设定正交表，选择影响的因素；然后选择每一个因素不同的水平；最后设定试验的次数，选择具有全面性的部分组合进行对应的试验。通过这些具有代表性的试验，分析其试验结果，找出最优水平组合，并确定试验各因素对指标的影响程度（Cai et al.，2019）。

在正交试验中，任意一个因素的每个水平都具备同样的试验条件，以保证在每一列因素各个水平的试验效果中，最大限度地排除其他因素对试验效果的干扰，重点显示该列因素的作用，因此能够全面综合对比所设因素下不同水平对设定试验指标的影响。正交试验法属于部分试验法，需要做的试验只是全面试验中的一小部分。例如，在 4 因素 3 水平试验中，全面试验法需要做 $3^4=81$ 组试验，正交试验法只需要做 9 次试验；在 7 因素 3 水平试验中，全面试验法需要做 $3^7=2\ 187$ 组试验，正交试验法只需要做 18 次试验。

正交试验法较注重科学合理地安排试验，可同时考虑多个因素的影响，便于寻找最佳的因素水平组合。正交试验法较单因素试验法具有显著的优越性：试验次数明显少于同因素同水平的单因素试验，可通过方差分析得到影响试验结果的主次因素，可考虑因素间的交互作用。然而，当考虑因素之间的交互作用时，正交试验次数与工作量均会显著增大（Peng et al.，2020）。

3. 响应面法

通常的试验设计与优化方法都不能给出直观的图形，难以凭直觉观察到最优化点。基于此，响应面法（又称响应曲面法）应运而生。响应面法是通过设计合理的有限次数试验，建立一个包括各显著因素的一次项、平方项和任意两个因素之间的一级交互作用项的数学模型，拟合出因素与响应值之间的全局函数关系。通过对函数响应面和等高线的分析，精确研究各因素与响应值之间的关系，同时对影响响应值的各因素及其交互作用进行优化和评价，快速有效地确定多因素系统的最佳条件。该方法具有试验次数少、周期短、精度高等优点，是一种可有效优化基础试验条件的技术，在水处理研究与实践中有广泛应用（黄新仁，2011）。

4. 人工神经网络

人工神经网络是根据人体神经网络的结构和运行原理建立起来的计算模型，是一种具有大量连接的并行分布式处理系统。通过模拟人脑的学习、记忆、处理问题等方式，神经网络可以通过学习获取相关知识，通过不断地学习对知识进行调整，并根据已经获得的知识处理相应的问题。目前人工神经网络已经成为解决复杂问题的一种重要手段，并成功应用于信号处理、模式识别、目标跟踪、组合优化等众多领域，取得了引人注目的成果，如表 8.3 所示。

表 8.3　人工神经网络的发展情况

时间	发展情况	发展成就
20 世纪 50～60 年代	第一次研究高潮	神经网络系统理论发展的初期阶段，主要成就是多种网络模型的产生与学习算法的确定（Rosenblatt，1958）
20 世纪 60～70 年代	低谷时期	Grossberg 提出了自适应共振理论，Kohenen 提出了自组织映射，Fukushima 提出了神经认知网络理论，Anderson 提出了“盒中脑”（brain-state-in-a-box，BSB）模型，Webos 提出了反向传播理论等（Huang，2009；Kohonen，1982；Grossberg，1976）
20 世纪 80 年代至今	第二次研究高潮	美国物理学家 Hopfield（1982）提出了人脑神经网络模型的模拟技术，命名为 Hopfield 模型。20 世纪 80 年代后期到 90 年代初，神经网络系统理论形成了发展的热点，迎来了第二次研究高潮。这段时间多种模型、算法和应用被提出，而且研究经费重新变得充足和研究人员也越来越多，成果技术也越来越多，整个人工神经网络得到蓬勃的发展，使得研究者完成了很多有意义的工作（Hornik et al.，1989；Broomhead et al.，1988）

引自 Wu 等（2018）

总体而言，人工神经网络具有以下特点（吕飞，2019）。

（1）信息同步处理。人工神经网络的结构是高度并行的，处于同一层的不同神经元能够独立自主地处理上一层的输入信息，且每个神经元能够同步处理并同时将结果输出至下一层。

（2）信息分布储存。人工神经网络信息分布储存的方式是由其高度并行的布局决定的。信息同时储存于不同位置、不同的神经元及其连接，而不是单独储存于人工神经网络的几个局部神经元。当神经网络中的部分神经元遭到破坏时，人工神经网络的整体性能不会受到过多影响，网络的正常运行仍然能够得到保证。人工神经网络的同步性和分布性特点决定了每个神经元都具有双重功能（信息处理与存储），因而人工神经网络拥有较好的容错能力，局部遭破坏对整体效果影响较低。

（3）灵活性。人工神经网络主要通过不断地训练实现学习，具体而言，人工神经网络能够依据输入信息的变化，经由反复的训练与灵活的自主学习，不断调整神经元之间的连接强度，使实际输出不断逼近期望输出。人工神经网络同样能够根据外部环境的变化灵活地调整神经元之间的连接，具有较强的自适应能力。

（4）高度非线性。人工神经网络的高度非线性主要表现为网络结构的并行与信息处理在时间和空间上的并行，即大量神经元的集体行为构成了人工神经网络，并不是每个神经元简单地相加，因此，会表现复杂的非线性关系。Benediktsson 等（1997）提出了一种新型的并行共识神经网络，首先对输入的独立数据进行分类，然后对输出响应进行加权和组合，以得到最终结果。

8.1.4 组合技术处理工艺的主要挑战

随着我国社会经济的持续发展，人们对工业废水的深度处理要求不断提高。组合技术已被广泛用于重金属废水的深度处理并在很大程度上满足了现行水处理要求，但随着废水处理需求的进一步提高，目前水处理组合技术仍面临诸多挑战，仍有极大的提升空间。

首先，现有研究对废水深度处理过程中重金属与关键共存物质的赋存形态、浓度变化等规律仍缺乏清晰明确的认识，导致深度处理技术组合缺乏坚实的理论依据与指导。这一方面是因为重金属废水面广量大，来源于不同行业不同工段的重金属废水均有其独特的水化学性质，且大多具有共存物质种类多、含量高、形态复杂等特点，重金属自身赋存形态也多种多样，导致水质解析难度较大，目前尚缺乏普遍适用的重金属废水形态解析通用策略；另一方面是因为重金属废水处理流程长、工序多，涉及化学沉淀、混凝/絮凝、生化降解、高级氧化、吸附/离子交换、膜分离等诸多过程，污染物转移与转化过程频繁且剧烈，受制于水力停留时间，很多反应尚未达到热力学平衡时即已进入下一处理单元，但通过“样品采集-异位水质解析”这一通行分析方法获得的污染物与共存物质形态往往已处于热力学平衡状态，难以准确反映废水深度处理过程的真实状况。上述问题导致现有水处理研究与实践中技术组合主要依赖于经验，很难根据废水的不同性质与处理要求选取经济高效的单元技术，常出现处理能力冗余或不足等情况。

其次，现有的水处理工艺仍以混凝、沉淀、吸附、高级氧化等传统水处理技术的组合为主，关于新材料/新技术与传统水处理技术的集成尝试较少。目前报道了大量用于废水中重金属深度处理的新材料及在此基础上发展出的新技术，但鲜有研究关注这些新材料/新技术与传统水处理技术的集成与优化效果。如前所述，废水深度处理是一项系统工程，新材料研发及在其基础上对单元技术处理效果的提升固然对重金属废水的深度处理可以产生积极意义，但如果不考虑其与上下游技术的交互、耦合，通常难以对整个水处理过程产生显著的促进作用；另外，新材料/新技术与传统水处理技术集成研究的缺失也阻碍了新材料在重金属废水深度处理中的推广应用。

最后，尽管目前针对重金属废水深度处理工艺的优化已有许多研究报道，但大多数研究仅着重考察对单一单元技术的参数优化，对水处理系统的全局考虑与优化仍显不足。此外，现有关于组合技术优化的研究大多将水处理过程视为“黑箱”，对模型参数的调校主要依赖数学过程，对试验次数/数据量的要求较高。事实上，传统水处理技术所涉及的混凝、沉淀、吸附、氧化等许多基本过程已有一些广泛应用且模拟预测效果较为理想的理论模型或（半）经验模型。建议今后的研究中加强水处理单元技术的微观模型与参数优化宏观模型有机耦合，构建宏观-微观超结构混合模型有望大大减少试验或数据训练工作量，大幅提高模型对水处理效果的模拟与预测精度。

8.2 重金属废水深度处理工程应用

本节主要介绍印刷电路板（printed circuit board，PCB）废水、制革废水、电镀废水和矿山废水重金属深度处理组合技术的工程应用案例，案例来源于公开发表的学术论文和出版的书籍，以及笔者课题组参与的工程项目。

8.2.1 印刷电路板废水处理案例

印刷电路板行业已经发展了 100 多年，主要生产在绝缘基材上按预定设计的要求形成点到点之间连接导线及印刷元件的印刷板，是组装电子零件用的基板。印刷电路板的出现大大减少了电子零件布线和装配出现错误的概率，提高了电子产品或生产设备的自动化水平和生产劳动率。随着工业的不断发展，各行业对电子信息化处理的需求日渐增加，印刷电路板的应用领域也不断扩大。另外，由于新兴电子产品更新换代的速度不断加快，印刷电路板在整个电子元件产业线中的比重逐渐上升。然而，印刷电路板生产过程产生的污染物种类多、排放量大，给环境治理带来了较大的压力。

1. 印刷电路板废水的来源与特征

1）废水的来源与危害

印刷电路板制造技术复杂烦琐、综合性高、生产工艺流程长、产污工序多。随着技术产业的不断进步，印刷电路板生产开始呈现精细化发展趋势，大量生产用水被用于清洗设备、板材及配制药剂，废水产生量大幅增加。除此之外，生产过程中产生的大量废液，如槽液、药剂废液和膜废液等也是印刷电路板生产废水的重要组成部分。电路板废水的主要类型如表 8.4 所示（邓少华，2020；徐强 等，2019；邹义龙 等，2019）。

表 8.4　不同印刷电路板制造工艺产生的废水类型

废水类型	来源	主要污染物类型
磨板废水	磨板机清洗工序	铜粉、火山灰等
铜氨络合物废水	碱性蚀刻清洗工序	铜离子（以络合态存在）、氨氮等
化学镀镍废水	化学镀镍工艺	镍离子（以络合态存在）、磷酸盐（包括次磷酸盐、亚磷酸盐），以及有机物等
含氰废水	化学沉金、电镀金、化学沉银清洗等工序	氰化物、重金属离子（以络合态存在）等
油墨废水	显影、脱膜工序	感光膜、抗焊膜渣等
有机废水	除油、脱脂和网版清洗等工序	有机物
综合废水	其他各环节产生废水	酸碱、重金属离子、悬浮物等
废液	—	高浓度的酸、碱、重金属等

印刷电路板通常将层压制品、包铜复合材料、预浸材料和铜箔等作为原材料，在生产过程中会排放大量含有重金属、有机物和络合配体的废水，废水成分差异较大，大量

有害物质随废水进入环境，严重威胁水生生物与人体健康。此外，印刷电路板生产过程中需要添加各种化学药剂，残留的药剂排放到环境中可能造成水体富营养化等问题。

2）废水的分类

印刷电路板生产废水成分复杂，基于布线层次差异可划分为单面板、双面板和多面板生产废水，不同来源的生产废水所含污染物种类与浓度均有明显差异。根据废水成分可细分为重金属废水、含络合物废水、有机废水和酸碱废水等，其特点概述如下。

重金属废水中的主要污染物除了常见的 Cu^{2+}，还含有 Zn、Ni、Mn、Cd、Cr、Hg、Pb 等其他重金属。对于电路板行业的重金属废水，目前主流的处理方法是化学沉淀法，但化学沉淀前后往往需要调节废水的 pH，不同类型的重金属在沉淀时需要分段处理，部分重金属在进行化学沉淀前需要对废水进行预处理，还需要重点关注两性物质可能出现的再次溶出问题。

含络合物废水中的主要污染物为重金属络合物，即重金属-氨络合物和重金属-EDTA 络合物等。由于污染物以络合态为主，常规混凝沉淀技术难以有效去除。该类废水处理大多需要先破坏络合结构，释放出游离重金属离子，然后再利用混凝沉淀等方法去除。

印刷电路板生产中产生的有机废水主要含有高分子类可溶性有机物、有机酸、有机碱、有机络合物及其他未知的有毒有害组分。由于有机物浓度高、成分复杂、水质水量波动范围较大、均一性较差等特点，多氯联苯废水处理难度很大。此外，印刷电路板废水中还含有大量氨氮，尽管可采用常规的硫化物沉淀-氨吹脱工艺去除，但仍有很高的残余浓度，影响出水水质。

2. 印刷电路板废水处理研究进展

印刷电路板在不同的生产阶段会产生多种类型、水质水量差异极大的废水，实际水处理工程中需要根据废水性质选择合适的处理工艺和运行条件，通常会将水质或处理工艺接近的废水合并处理，汇总为络合重金属废水和难降解有机废水两类。根据印刷电路板废水的处理手段，可把废水的处理方法分为物理化学处理方法、化学处理方法和生化处理方法。

1）物理化学处理方法

吸附法具有操作简单、运行方便、适应性强等特点，被广泛应用于印刷电路板废水处理。常用的吸附剂主要有活性炭、壳聚糖、针铁矿、柱撑膨润土等，其中以活性炭应用最为广泛。目前，吸附工艺主要应用于低浓度印刷电路板废水的深度处理，处于废水治理的末端环节，一般作为达标排放的保障工艺。吸附剂主要利用自身多孔、比表面积大等性质对印刷电路板废水中的重金属离子、络合物及有机污染物等进行吸附去除。受材料自身性质所限，常见的吸附剂普遍具有吸附容量偏低、再生频繁等问题，且在多次吸附-解吸后常会出现吸附剂受污严重、吸附性能明显下降等问题。此外，脱附液的后续处置问题也大大限制了吸附法在印刷电路板废水深度处理中的潜在应用。

膜分离法也是一种常见的物理化学处理方法，根据膜孔径可以分为微滤、超滤、纳滤和反渗透法。微滤膜和超滤膜处理水量较大，跨膜压力与能耗较低，可以去除印刷电路板废水中的大分子有机物和络合物；但由于孔径较大，难以去除废水中的重金属离子。反渗透膜尺寸较小，驱动能量较高。膜分离技术往往作为后处理技术，主要用于深度去除印刷电路板废水中残留的重金属离子。

气浮处理法可以将气体以气泡的形式通入印刷电路板废水中，气泡上浮过程中与印刷电路板废水中的油渍、悬浮颗粒物等杂质黏附在一起，共同上浮至废水表面后利用撇油器将其从水表面去除。

2）化学处理方法

化学沉淀法因高效、操作简便、成本低廉等优势，是迄今为止应用最广泛的重金属废水处理技术。印刷电路板废水中的 Cu、Zn、Cr、Ni 等重金属离子可通过投加沉淀剂生成不溶性沉淀物的方式从废水中分离。化学沉淀法主要分为氢氧化物沉淀法和硫化物沉淀法，氢氧化物沉淀法是利用氢氧根与重金属离子反应生成氢氧化物沉淀，对印刷电路板废水的应用关键在于 pH 的控制，只有在碱性的生产废水中重金属沉淀物方可顺利形成。硫化物沉淀法主要用于处理氢氧化物沉淀法无法应对的部分重金属离子，如 Cr、Pb 等两性氧化物或 pH 无法满足要求的废水。然而，印刷电路板废水中的络合物会抑制重金属沉淀的形成，因此化学沉淀也常作为氧化破络的后处理手段。

针对印刷电路板废水中有机物成分复杂、有机物浓度高且生化性较差等问题，当前主要应用高级氧化技术，如芬顿法、催化臭氧法等将难降解的有机物氧化为可生物降解的小分子有机物，与生化法构成组合工艺，提高降解效率的同时降低运行成本。此外，还可通过高级氧化技术降解印刷电路板废水中的重金属络合物，将重金属离子释放到水中后再通过絮凝/沉淀技术去除。

化学混凝工艺常用于印刷电路板有机废水的辅助处理，处理费用低，使用条件较为灵活，既可以间歇使用也可以连续使用，在印刷电路板废水处理中备受关注。化学混凝工艺的处理效果主要取决于混凝剂的选择，合适的混凝剂可以与印刷电路板中的胶体微粒迅速混凝、吸附与附聚。然而，化学混凝工艺产生的污泥量较大，通常含有高浓度重金属，增加了后续处理难度与成本。

3）生化处理方法

印刷电路板废水中氮、磷元素明显超标，对水中鱼类、植物等生长产生直接危害。印刷电路板有机废水采用传统的物理化学处理方法难以实现出水水质的稳定达标，产生的污泥量较大、氨氮含量偏高。生化处理法是去除工业废水中有机污染物最常用也最经济的方法，工艺种类繁多，在印刷电路板废水处理上的应用也较为普遍。其中曝气生物滤池和膜生物反应器在去除有机污染物的同时也可通过混凝、吸附等作用去除一部分重金属，通过对运行方法和工艺参数的调控，可在保障运行效果稳定可靠的同时降低运行成本。曝气生物滤池工艺通过将微生物氧化与悬浮物截留过滤结合，在氧化去除印刷电路板废水中 COD 的同时，截留去除悬浮固体，并且可在一定程度上实现对废水的脱氮除磷，常用于印刷电路板废水的深度处理。膜生物反应器工艺将膜分离过程与悬浮生长反应器结合，在处理印刷电路板废水中不仅可以更高效降低 COD，同时也起到去除废水中重金属的作用，具有较强的抗负荷冲击能力。

3. 组合工艺处理电路板废水

印刷电路板生产过程复杂，各工段废水中污染物种类差异较大，废水水质迥然不同。

早期人们对印刷电路板废水的水质特点认识不足，废水处理时通常先将各工段产生的废水混合，再通过简单的混凝、化学沉淀、过滤等方法处理。这种处理方法虽然可以处理一般的单面/双面电路板废水，但对于更加复杂的多面电路板废水则往往难以使出水COD和重金属浓度降低到排放标准以下。针对上述情况，近年来发展的印刷电路板废水深度处理工艺通常会根据各工段产生的废水水质特点进行分类收集，然后针对废水水质特点与处理需求分别采用多种水处理工艺，在不同的工况下有针对性地去除各类污染物，合理组合各类水处理技术，实现印刷电路板废水的达标排放。

针对电路板废水中高浓度重金属影响生化降解效果等问题，游勇等（2011）采用“微电解-H_2O_2氧化-混凝预处理”工艺，向电路板废水中投加H_2O_2，使微电解产生的Fe^{2+}转化为Fe^{3+}，引发絮凝沉淀过程，提高微电解对印刷线路板的预处理能力。该工艺可以将Cu^{2+}去除至0.5 mg/L以下，将废水中Cr(VI)还原为Cr(III)；投加的H_2O_2可以引发芬顿反应，将废水中COD去除70%以上，大大提高废水的可生化性，对废水的后续生化处理提供良好的支持。姚颋等（2011）根据某印刷电路板企业生产废水的水质特点，对废水进行了分类收集处理，并采用“微电解-斜板沉淀-生物接触氧化”组合工艺处理电路板废水。其中微电解工艺对废水进行预处理可破坏络合物配体，释放重金属离子，再通过斜板沉淀池的絮凝、化学沉淀等作用实现对重金属离子的深度去除，最后通过生物接触氧化池去除废水中的COD。整个处理工艺操作简单、稳定可靠，对废水中有机物和Cu^{2+}、Ni^{2+}等重金属离子的去除效果显著，出水的COD、总铜、总镍均达到《污水综合排放标准》（GB 8978—1996）一级排放标准。为解决江苏某印刷电路板生产公司产生的含镍废水、含氰废水、磨板废水、络合废水等10类生产废水，刘玉东等（2019）采用了废水分类收集、分质预处理方法。其中，含镍废水采用两级膜浓缩工艺预处理，含氰废水采用两级氯氧化工艺预处理，磨板废水与清洗废水采用混凝、微滤膜、反渗透膜工艺预处理；络合废水与酸性废水混合后采用芬顿氧化工艺预处理，并且在氧化系统后端增加混凝沉淀装置以降低破络后废水中的Cu^{2+}含量；油墨废水与碱性废水混合后采用酸析、板框固液分离工艺预处理；氨氮废水采用混凝和膜浓缩工艺预处理。将预处理过后的各类废水混合后再进行两级混凝沉淀处理，提高对综合废水中重金属的去除效果，进一步降低废水中的Cu^{2+}浓度，确保进入生化系统的Cu^{2+}质量浓度低于0.2 mg/L，避免对微生物活性造成影响。预处理后的综合废水经水解酸化后采用厌氧/好氧（anoxic/oxic，A/O）工艺去除COD，厌氧/好氧工艺同时具备脱氮功能。考虑废水中磷元素的潜在生态危害，项目在生化处理的后端设置了混凝沉淀工艺实现多级除磷，确保总磷的达标排放。该处理工艺采用了多种技术组合，处理效果稳定，出水重金属、COD、氨氮、总磷等指标均达到《城镇污水处理厂污染物排放标准》（GB 18918—2002）一级A标准。

4. 印刷电路板废水深度处理工程案例

1）工程概况

重庆某计算机公司以生产和销售新型电子元器件，即高密度印刷电路板和柔性电路板为主营业务，在生产过程中会产生废弃物，如废弃电路板、铜块、铜粉和铜盐等，同时也会产生大量废水。该公司的印刷电路板生产总量为240万m^2/年，配备了一座污水处理站对电路板生产过程中产生的各类废水和中水进行处理。废水设计处理量达到

7 000 m³/d，设计的中水处理量为 1 500 m³/d。

该公司污水处理站对印刷电路板废水的处理方式如表 8.5 所示。

表 8.5 印刷电路板废水分类及处理方式

废水类型	主要污染因子	水量/（m³/d）	预处理方式	综合处理
高氨氮废水	总氮、Cu^{2+}	46.3	两级混凝沉淀+氨氮吹脱	生化：间歇式生化反应池，Cu^{2+}达标保障处理：树脂吸附
含铜废水	Cu^{2+}、COD	2 178.7	两级混凝沉淀	
有机废水	COD	504.0	酸析+沉淀气浮	
其他废液	—	107.0	进一步论证废液成分，选择性归入相应废水处理系统	
膨松剂原液	COD	0.048	并入综合废水处理	
中水浓水	—	750.0		
合计	—	3 586.048	—	

2）水质参数

该公司的印刷电路板生产过程中会排出多种废水，主要污染物种类和浓度各不相同。处理过程中，根据废水水质进行了简单分类，各类废水和中水的设计进水水量水质如表 8.6 和表 8.7 所示。

表 8.6 各类废水的设计进水水量水质

废水编号	废水类型	进水量/（m³/d）	主要污染物			
			pH	Cu^{2+}质量浓度/（mg/L）	总氮质量浓度/（mg/L）	COD/（mg/L）
A	一般清洗水	2 066.30	3～4	<80	<80	—
B1	酸性低含铜水洗水	70.49	1.5～2	<900	<70	—
B2	酸性低含铜水洗水	32.93	—	—	>800	—
C1	碱性低含铜水洗水	19.55	8～10	<8 500	<800	—
C2	碱性低含铜水洗水	26.79	—	—	>2 000	—
D	显影剥膜原液	84.8	—	—	—	8 000～10 000
D1	显影剥膜水洗水	384.4	—	—	—	2 000～3 000
E	化学铜原液	4.8	3	>100 000	—	—
E1	化学铜水洗水	41.832	4	>1 500	—	—
W	中水浓水	750	7～10	＜5	—	—
F1	微蚀回收原液	49.6	—	未知	—	—
F2	微蚀回收原液	4.8	—	—	—	—
K	高锰酸钾原液	1.85	—	—	—	—
P	膨松剂原液	0.048	—	—	—	—
F2	微蚀回收原液	4.8	—	—	—	—
K	高锰酸钾原液	1.85	—	—	—	—

续表

废水编号	废水类型	进水量/(m^3/d)	主要污染物			
			pH	Cu^{2+}质量浓度/(mg/L)	总氮质量浓度/(mg/L)	COD/(mg/L)
P	膨松剂原液	0.048	—	—	—	—
T1	酸性刻蚀回收液	8.64	—	—	—	—
T2	碱性刻蚀回收液	15.20	—	—	—	—
T3	硝酸回收原液	6.24	—	—	—	—
T4A	剥锡铅回收原液(A)	5.04	—	—	—	—
T4B	剥锡铅回收原液(B)	5.04	—	—	—	—
T5	硫酸铜回收原液	7.68	—	—	—	—
	废水总计	3 593.00	—	—	—	—
Z1	车间水洗水	1 500.00	3～5	<30	—	<100
	中水总计	1 500.00	—	—	—	—

表 8.7　中水回用系统的水量水质状况

水质来源站别	水质来源制程	用水量/(m^3/d)	回用水取水量/(m^3/d)	pH	电导率/(μS/cm)	COD/(mg/L)	备注
内印	前处理机	390	110	3～4	530～580	25～40	
	显影后水洗	310	60	5～6	500～600	280～300	
	蚀刻后水洗			5～7	530～580	100～120	蚀刻段铜质量浓度为80～120 g/L
	去膜后水洗			5～7	500～600	20～30	
压合	棕化水洗	288	240	2～4	30～60	95～120	棕化铜质量浓度为20～50 g/L
电镀一课	去毛边机(含烘干)	105	60	5～7	400～600	20～30	
	DSM&PTH 自动线	800	360	7～9	50～80	50～60	微蚀段铜质量浓度为20～30 g/L
	ICu 自动线(8 铜)	170	150	2～4	2 000～3 000	50～70	
	一次铜后清洗机(含烘干)	70	40	5～7	550～600	50～70	铜槽及剥挂架段铜质量浓度为30～50 g/L
外线课	前处理机(火山灰、含冷却段)	450	180	5～6	500～600	20～30	
	显影水洗	400	100	8～10	5 000	280～300	
电镀二课	IICu 自动线(14 铜 2 锡)	1 200	1 000	1～3	2 000～4 000	40～50	铜槽及剥挂架段铜质量浓度为50～60 g/L
	前处理机	360	90	4～6	1 400～1 500	60～70	
防焊课	浮石前处理机	380	110	5～7	1 400～1 500	20～40	
	显影机	600	200	5～7	1 400～1 500	280～300	
成检课	OSP 线	400	300	5～7	40～60	30～50	
总计			3 000				

3）预处理工艺

印刷电路板废水的处理工艺选择是关系废水能否高效处理与达标排放的重要环节，需要根据废水进水水质、出水要求、处理设施规模、现场场地尺寸及地质情况等条件综合考虑。根据该公司电路板生产废水的实际水质情况来看，各股废水水质差异较大，单一的处理技术无法实现各类废水的高效处理。该公司将废水按类别单独收集，根据废水特征分别预处理后再进行综合处理。其中，预处理工艺主要包括混凝沉淀、氨氮吹脱、酸析、沉淀气浮等。

高氨氮废水主要产生于碱性刻蚀工序，呈弱碱性，含有大量络合 Cu^{2+}和较高浓度的氨氮，废水中还含有大量难降解有机污染物，需投加优质碳源保证反硝化菌的脱氮效果。为了在降低运行费用的同时保证处理效果，该公司将高氨氮废水单独收集后通过“混凝沉淀-吹脱”方法去除废水中的氨氮，以降低生化系统总氮负荷。具体而言，废水进入高氨氮废水集水槽后提升至高氨氮废水均质池，再提至二级混凝沉淀系统，加入 NaOH 与 Na_2S 等重金属沉淀剂与助凝剂聚乙烯亚胺，通过两级混凝沉淀去除大量的游离 Cu^{2+}，随后将出水 pH 调至 11～12 后提升至吹脱塔去除废水中的氨氮。吹脱塔出水的氨氮质量浓度降低至 200～300 mg/L，但铜浓度依然较高，后续处理将出水与含铜废水混合后加入含铜废水集水槽进一步除铜。

含铜废水主要分成两类，一类为络合铜废水，主要来自化学镀铜产生的废液和水洗水，主要含有络合剂 EDTA、酒石酸钠等，其中 Cu^{2+}与络合剂形成了稳定的络合物；另一类废水为非络合铜废水，主要产生于电镀铜与酸性刻蚀工序中，其中铜主要以游离离子的形式存在。对于络合铜废水，由于络合剂与 Cu^{2+}形成了稳定的络合物，一般絮凝沉淀法很难有效实现对重金属的去除，需要进行破络预处理。考虑铜的排放标准（<0.3 mg/L）、工程运行成本与工艺成熟性等因素，该公司采用传统的硫化法实现破络沉淀。具体来说，废水自含铜废水集水槽泵入含铜废水絮凝反应池 1，加入 NaOH 调节 pH 至 9～10，并投加硫化钠和絮凝剂聚乙烯亚胺，处理出水进入含铜废水絮凝反应池 2，投加硫酸亚铁和絮凝剂聚乙烯亚胺进行二次沉淀，两次絮凝后出水进入含铜废水斜板沉淀池，上清液经中间水池收集后进行深度处理。

有机废水主要产生于显影剥膜工序，含有大量感光材料和油墨。废液呈碱性（$pH>12$），COD 浓度高，须经预处理后方可进入生化处理系统。由于电路板生产过程会产生一部分高锰酸钾废液，本着以废治废的理念，高锰酸钾废液可与显影废水混合以发挥其氧化作用。废水中的有机酸可通过酸析方式将大部分 COD 去除，再经混凝、沉淀、气浮等处理方法进一步去除 COD，降低生化系统的有机负荷并提高废水的可生化性。具体而言，显影剥膜洗水和过滤后的高锰酸钾废液混合后泵至酸析反应槽，在槽内调节废水 pH 至 2.5～3，使有机酸从废水中析出，在出水中加入 NaOH、聚合氯化铝、聚乙烯亚胺中和混凝后自流入气浮沉淀装置，通过气浮去除大部分悬浮性油墨，上清液自流入综合调节池进一步处理。

4）综合处理工艺

高氨氮废水、含铜废水和有机废水经过预处理之后统一形成综合废水，废水中的铜、氨氮、COD 的浓度明显降低，但依旧达不到排放标准，需要进一步深度处理。为了处理

综合废水中残留的 Cu^{2+}，该公司主要采用离子交换树脂法吸附去除 Cu^{2+}，使出水稳定达标后进入生化调节池。

为了满足排水对 COD、氨氮、总氮的要求，生化处理系统是必不可少的。为节约用地，同时保证良好的生化处理效果，该公司采用 CBMS-MACA 间歇式生化反应池作为生化处理设施。具体而言，预处理后的综合废水进入综合生化调节池，在调节池中加入葡萄糖和磷等营养物质，以提高废水的可生化性，然后由泵提升至 CBMS-MACA 间歇式生化反应池，通过"进水-出水""曝气-非曝气"交替运行实现生化处理，处理后出水达到第一阶段的排放标准。在第二阶段提标过程中，在 CBMS-MACA 间歇式生化反应池内增加 MBR 膜组件及部分池外配套设施，进一步去除有机物，强化总氮处理效果，以达到第二阶段提标要求。印刷电路板废水经处理后，出水水质如表 8.8 所示，满足排放标准要求。

表 8.8　印刷电路板废水处理出水水质

污染物项目	排放限值/（mg/L）	污染物排放监控位置
总铜	0.3	企业废水总排口
COD	400	
氨氮	35	
总氮	40	

5）中水回用系统

中水浓水主要来自车间水洗水，呈酸性，COD 小于 100 mg/L，含有低浓度 Cu^{2+}。具体处理方法是先向絮凝反应池中加入 NaOH 调节 pH 至 8～10，随后投加絮凝剂聚乙烯亚胺，通过混凝沉淀去除大部分 Cu^{2+}。絮凝后废水流入水洗水斜板沉淀池，沉淀处理出水流入水洗水均质池，再由提升泵提升至砂滤器，砂滤器出水设中间水箱，水箱出水供砂滤反洗及后续超滤供水。超滤前设自清洗过滤器保护超滤系统，超滤出水进入超滤水箱，超滤水箱出水供超滤系统反洗及后续反渗透系统供水，反渗透系统出水至回用水箱即可向污水处理站提供回用水。经处理后，中水出水水质如表 8.9 所示。

表 8.9　中水处理出水水质

控制项目	水质标准
pH	6.5～8.5
浊度/NTU	≤5
色度/度	≤30
COD/（mg/L）	≤60
铁/（mg/L）	≤0.3
氯离子/（mg/L）	≤250
总硬度（以 $CaCO_3$ 计）	≤450

续表

控制项目	水质标准
总碱度（以 $CaCO_3$ 计）	≤350
硫酸盐/（mg/L）	≤250
氨氮/（mg/L）	≤10
总磷/（mg/L）	≤1
溶解性总固体/（mg/L）	≤1 000
石油类/（mg/L）	≤1
阴离子表面活性剂/（mg/L）	≤0.5
粪大肠菌群/（个/L）	≤2 000

8.2.2 制革废水处理案例

我国是皮革生产大国，制革及毛皮加工行业已成为我国轻工行业中的支柱产业之一。然而，制革行业产生了大量含重金属废水，对生态环境构成了严重的威胁。制革废水具有水质复杂、悬浮物浓度高、重金属污染严重等问题，深度治理需求日益迫切。

1. 制革废水的来源与特征

1）制革生产工艺

制革就是将动物皮制造成适合各种用途皮革的过程。制革生产一般可分为准备、鞣制与整饰三个工段，通常又将前两个工段称为湿加工工段（Zhao et al.，2019）。准备工段将动物皮上的毛、所附污物及制革所不需要的皮组织去除，使生皮能够达到鞣制的要求；鞣制工段将浸酸分散开的纤维固定，使毛皮具有耐水、耐热、抗化学制剂和酶制剂的能力；整饰工段主要让皮革具有所需要的物理机械性质和外观性质。各类皮革加工工艺大致由浸水、去肉、浸灰脱毛、脱灰软化、浸酸鞣制、复鞣、中和染色、加脂等工序组成。原料和加工工艺均会对环境造成不同程度的污染。其中，鞣制过程中常用的铬盐、脱毛用到的硫化钠和硫氢化钠等都属于有毒有害物质。

图 8.1 所示为典型制革生产工艺及加工过程中污染物的排放。

具体而言，可分为如下工段。

（1）准备工段。准备工段是指原料皮从浸水到浸酸之前的操作，主要是去除制革加工不需要的物质，使原料皮恢复到鲜皮状态，使经防腐保存的原料皮便于制革加工，为鞣制工序的顺利进行做准备。

在该工段中，污水主要来自浸水、脱脂、脱毛、浸灰、脱灰、软化等工序。主要的有机污染物包括污血、蛋白质、泥浆、表面活性剂、脱脂剂等，无机污染物主要包括盐、硫化物、石灰等。鞣前准备工段的污水排放量占制革总水量的 70%以上，污染负荷占总排放量的 70%左右，是制革废水的主要来源。

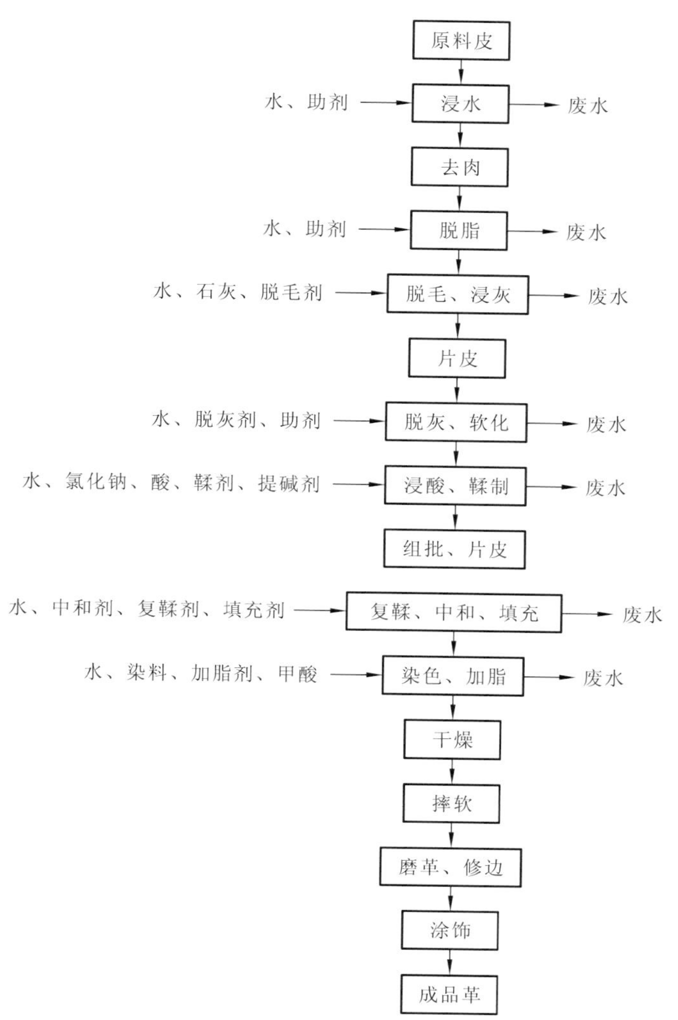

图 8.1　典型制革生产工艺及加工过程中污染物的排放

引自于洪水（2015）

（2）鞣制工段。鞣制工段是将生皮变为革的质变过程，是整个皮革加工过程的关键部分。以铬鞣为例，一般指从鞣制到加油之间的操作。鞣制后的革与原料皮有着本质区别，它在干燥后可以用机械方法使其柔软，具有较高的收缩温度，不易腐烂，耐化学药品腐蚀，卫生性能优良。一般将铬初鞣后的湿铬鞣革称为蓝湿革，工艺中往往会进行后湿处理来进一步改善蓝湿革的内在品质和外观。

鞣制是制革工艺的核心过程，主要包括浸酸和鞣制两个工序。其中，鞣制用的材料称为鞣剂。起初，人们使用天然材料如植物组织的浸提液（植物鞣剂）、植物焚烧产生的烟雾（醛鞣剂）、天然油脂（油鞣剂）等作为鞣剂来鞣制皮革。随着技术的进步，重金属盐鞣剂如铁盐、铝盐、锆盐、铬盐所得皮革的性能较以前有了大幅提高，尤其是铬盐鞣剂的出现掀起了皮革鞣制技术的一场革命。然而，铬盐鞣剂在鞣制过程中仅有 60%～70% 可被吸收利用，其余均进入废水中。

鞣制工段中污水主要来自水洗、浸酸、鞣制等，主要污染物为铬、无机盐等，污水排放量占制革废水总水量的 8%左右。

（3）整饰工段。整饰工段主要通过一系列皮革化学品的作用及各种机械加工使皮革获得各种各样的使用价值，包括湿整饰和干整饰两个阶段。该工段废水主要来自湿整饰工段，主要污染物为染料、油脂、有机化合物等，污水排放量占制革废水总水量的 20%左右。

2）制革废水的组成及特点

制革工艺包括多种复杂的物理化学过程，导致废水组分异常复杂。为了防止新鲜动物原皮的腐败，在加工之前需要用食盐裸存，导致浸皮时有大量食盐进入水中；在生皮预处理过程中，生皮中的油脂和蛋白质进入水中成为污染物；为达到毛皮和生皮分离的目的，浸灰脱毛会大量使用石灰和硫化钠，导致大量碱性化合物、硫化物、毛皮和蛋白质进入废水；脱灰常使用氯化铵或硫酸铵等弱酸盐中和石灰，使废水含有高浓度氨氮；浸酸和铬鞣过程会排放大量硫酸和 Cr(III)，环境危害性强。其中，Cr(III)是造成废水毒性的主要污染物，沉淀后进入污泥会导致污泥处置和资源化利用困难等问题。此外，在染色、加脂等工序中，有机溶剂、偶氮染料和金属铬合染料等合成有机物会进入废水，进一步加大制革废水的处理难度。制革废水水质情况见表 8.10。

表 8.10　制革废水水质情况

pH	浊度/NTU	COD/（mg/L）	固体悬浮物质量浓度/（mg/L）	Cr(III)质量浓度/（mg/L）	S^{2-}质量浓度/（mg/L）	Cl^-质量浓度/（mg/L）	BOD_5/（mg/L）
8～12	600～3 500	3 000～4 000	2 000～4 000	60～100	50～100	2 000～3 000	1 500～2 000

引自夏宏等（2014）

制革主要工段废水成分见表 8.11。

表 8.11　制革主要工段废水成分

工序	废水主要成分
浸水	氯化物、可溶性蛋白质、表面活性剂、固体悬浮物、COD、动物皮上粪便、血等
脱脂	皮脂皂化物、油脂、乳化物、COD
脱毛、浸灰	硫化物、毛渣、石灰、有机物、悬浮物、COD、毛发降解物
脱灰、软化	含氮的氨盐、COD、悬浮物、钙盐、蛋白质水解物、软化剂
铬鞣	三价铬、硫酸盐类、油脂、悬浮物
复鞣、加脂	三价铬、油脂、有机氯化物、表面活性剂、染料

引自于洪水（2015）

制革废水通常具有以下特点。

（1）废水水质水量波动大。

（2）废水的排放量及水质情况受原皮品种与制革工艺影响显著。

（3）悬浮物浓度高，易腐败，产生污泥量大。在制革工业中，加工每吨皮得到的成革约为 300 kg，其余原料约有 200 kg 以上成为皮边毛、蓝边皮和皮屑。同时，大量原皮上的去肉和残渣进入废水，使得废水中的悬浮物固体浓度整体偏高。高浓度的悬浮物固体导致废水有机物浓度高、固液分离困难，易产生大量污泥。

（4）可生化性较好。制革综合废水中含有大量来自原皮的脂肪、可溶性蛋白质等有机物及甲酸等添加性有机物，BOD_5/COD 值通常为 0.40～0.45，可生化性较好。但制革废水中含有高浓度 Cl^-和 SO_4^{2-}，对微生物活动有明显的抑制作用，增加了废水处理的难度。

（5）废水含铬和 S^{2-}等有毒化合物。废水中的铬主要以 Cr(III)形态存在，质量浓度一般为 60～100 mg/L。尽管 Cr(III)与 Cr(VI)相比毒性较小，但依然具有较高的环境危害性。

2. 制革废水处理技术研究进展

制革工业中排放的含铬废水主要来自铬初鞣废水和铬复鞣废水。铬初鞣操作工序中，通常 Cr_2O_3 用量为 4%～5%，废水占总水量的 2.5%～3.5%；复鞣操作工序中，Cr_2O_3 用量为 1%～2%，废水占总水量的 3.5%～4.0%。铬初鞣工序产生的铬污染约占总铬污染的 70%，复鞣工序产生的铬污染约占 25%，另外还有 5%左右的铬污染来源于水洗、搭马和挤水等操作。

铬初鞣废水一般单独收集后进行脱铬处理，达到相应排放标准后再进入污水处理站；对于铬的富集废液，通常会根据不同工艺采取相应的回用方法（侯瑞光 等，2015；霍小平 等，2009）。

1）碱沉淀法

碱沉淀法是一种常用的处理含铬制革废水的方法。废铬液 pH 为 4 左右，铬的主要存在形式是碱式硫酸铬[$Cr(OH)SO_4$]，呈稳定的蓝绿色，当向废水中投入碱（CaO、NaOH、MgO 等）将 pH 调为 8～8.5 时，会产生 $Cr(OH)_3$ 沉淀。三种常用沉淀剂在实际应用中的优缺点如表 8.12 所示。将沉淀分离出来的铬泥加硫酸酸化后可重新变成碱式硫酸铬，且具有鞣性，可回用于皮革生产。

表 8.12　CaO、NaOH、MgO 在碱沉淀应用中的优缺点

碱试剂	优点	缺点
NaOH	沉淀率高	价格比 CaO 高，沉淀团小
CaO	净化效果好，来源广，价格低廉	沉淀为 $Ca(OH)_2$ 和 $Cr(OH)_3$ 的混合物，难分离纯化
MgO	沉淀速度快，沉淀致密且泥量体积小，易压滤	价格比 NaOH 高
NaOH 和聚丙烯酰胺或聚合氯化铝	制成的铬鞣剂填充性好	高分子残留，鞣制后易出现色差

引自霍小平等（2009）

碱沉淀法工艺流程如图 8.2 所示。其中，制革废水需预先通过格栅去除废水中的毛渣、皮屑、蛋白质等有机杂质，提高回收铬液的纯度。碱沉淀法价格低廉、操作简便、可有效降低铬鞣废液中的总铬浓度，但沉淀后水中残留的铬质量浓度通常仍在 10 mg/L 以上，需要使用混凝、吸附、膜分离等后续处理技术才能进一步降低总铬浓度；同时，碱沉淀过程产生大量含铬污泥，后续处置难度较大。

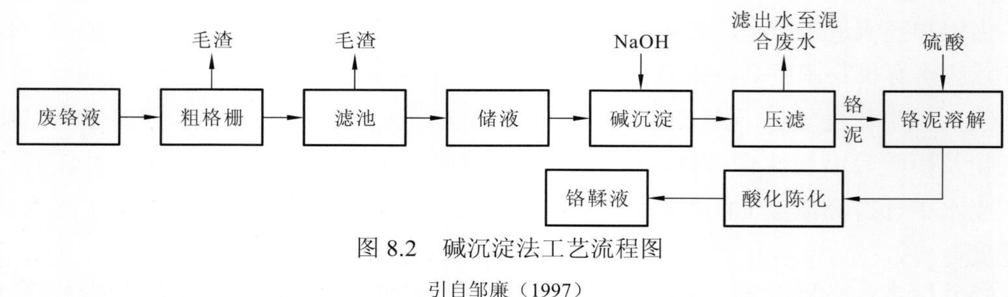

图 8.2　碱沉淀法工艺流程图

引自邹廉（1997）

2）膜分离法

膜分离技术主要通过尺寸筛分作用去除水中污染物。当膜两侧存在某种推动力（如浓度差、电位差、压力差等）时，溶液中的组分选择性透过膜，可实现组分的分离、富集和提纯。膜分离法具有效率高、操作简单、无须使用化学试剂等优点，可有效回收制革废水中的Cr(III)。例如，Fabiani 等（1997）采用超滤膜浓缩铬鞣废液中的铬盐，发现超滤膜能显著降低大分子有机物的含量，如合成鞣剂、可溶性蛋白质及其分解物、可溶性油脂等，回收所得铬盐纯度较高，可再次用于铬鞣工段。Das 等（2005）将纳滤与反渗透联用，使废铬液中 Cr(III)的回收率从 91%～98%提高到 98.8%～99.7%。膜分离技术也存在诸多不足，如成本与能耗较高、膜容易被污水中的杂质堵塞、对进水水质要求较高等，在制革废水深度处理中的大规模应用仍受到很大限制。

3）吸附法

吸附法主要利用吸附剂与铬之间的相互作用达到脱铬的目的。吸附剂种类很多，常见的包括活性炭、沸石、粉煤灰、木屑等。Kocaoba 等（2002）使用离子交换树脂技术回收铬，发现当铬离子质量浓度为 10 mg/L、溶液 pH 为 5、搅拌时间为 20 min、树脂投加量为 250 mg/L 时对铬的回收率可达 99%以上。然而，吸附法除铬仍存在吸附效率总体偏低、吸附剂再生困难、抗共存基质能力不足、脱附液处置困难等问题。

4）重金属捕集剂法

重金属捕集剂是指一类能与重金属离子实现强配位作用的药剂。捕集剂中含 N、O、S 等原子的基团可与 Cu^{2+}、Cr^{3+}、Ni^{+}等反应生成絮状沉淀。其中，含 S 官能团的捕集剂可以与重金属形成稳定的配位结构，去除重金属的能力明显高于其他类型捕集剂，且选择性较高。

5）循环利用法

（1）直接循环利用法。高铬废液经过滤除杂、成分检测、料液补充等操作后，可直接用于浸酸和铬鞣等操作，其工艺流程如图 8.3 所示。浸酸液使用一定次数后会影响工艺效果，需要更换新鲜料液。铬鞣废液经冷却、沉淀、加酸、加蒙囿剂、加盐后，理论上可长期反复使用。其中，废铬液的离子强度对皮革质量影响很大，需要加盐维持离子强度稳定，并适当酸化处理以强化铬液在皮内的渗透。

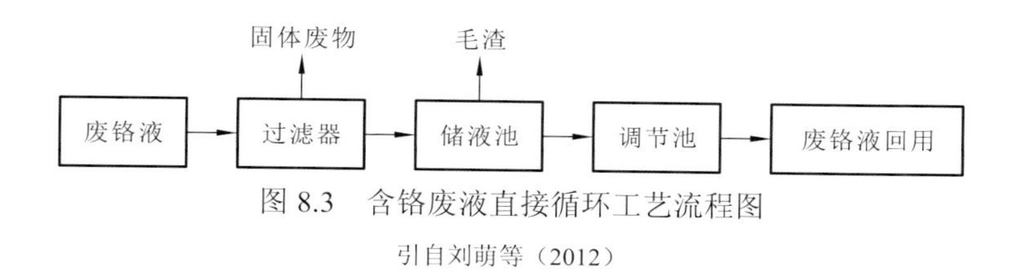

图 8.3　含铬废液直接循环工艺流程图

引自刘萌等（2012）

直接循环利用法操作简单，对 Cr(III)的回收率可达到 90%以上，还可节省无机酸、还原糖等化工原料的使用，效果较好，回收的废铬液能基本满足皮革鞣制的要求。然而，直接循环利用法难以充分利用前一次铬鞣废液，而且仅有鞣制工序中转鼓排出的废液可直接循环利用，其他如搭马、挤水、漂洗、填充、复鞣、染色和加脂工序中产生的废铬液难以达到直接循环利用体系的要求。同时，经多次循环利用的废铬液会积累大量的中性盐，如氯化物、硫酸盐等，导致铬鞣剂性能明显下降，影响皮革质量。

（2）间接循环利用法。间接循环利用法是将铬鞣废液经过采集、过滤杂质、加酸、升温等方法处理后用于浸酸、鞣制及复鞣填充等工序，其工艺流程如图 8.4 所示。

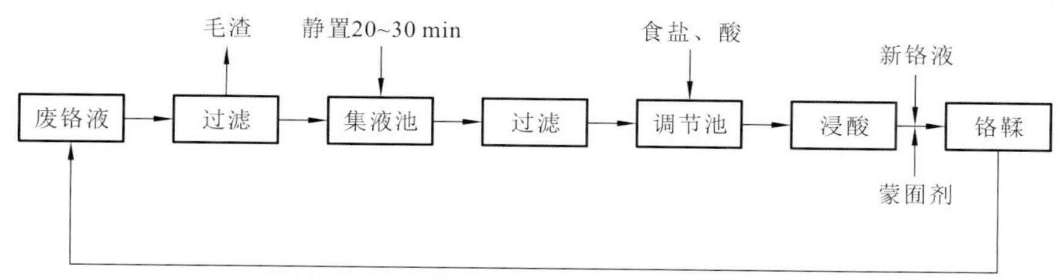

图 8.4　含铬废液间接循环工艺流程图

引自 Nachiappa 等（2019）

铬鞣废液的循环利用操作比较简单，不仅可以削减铬的排放量、减少皮革和毛皮企业的生产成本，还可很好地解决皮革和毛皮企业在环保投入与处理成本之间的矛盾，是一种投资少、工艺简单、回报高的高浓度铬鞣废液处置方法。但随着循环利用次数的增加，铬鞣废液中含有越来越多的中性盐、动物油、可溶性蛋白质类等有机物，严重影响铬鞣质量。

3. 组合工艺处理制革废水

在实际水处理过程中，单一的处理技术往往难以使废水满足排放标准要求，往往会将几种脱铬技术联用，充分发挥各种技术的优点，达到高效协同除铬的目的。张萍等（1999）采用混凝-微滤法处理制革废水，处理后的废水可达到排放标准或回用于制革工艺。此外，在较低温度下，用 $FeSO_4$ 作混凝剂可达到较好的混凝效果。张杰等（2006）应用混凝沉淀与序批式活性污泥法（sequencing batch reactor activated sludge process，简称 SBR）组合的工艺处理河南某制革厂废水，首先采用物化法去除废水中的铬和部分有机物，再通过 SBR 降解可溶性有机物。运行结果表明，该组合技术对水质变化适应性强，耐负荷冲击能力好，对废水排放相对集中、水质复杂多变的制革废水深度处理尤为适用。浙江某制革工业区采用混凝沉淀-水解酸化-循环式活性污泥法工艺处理来自准备、鞣制和其他湿加工工段的综合废水（陶如钧，2003）。具体而言，废水中的硫离子通过预曝气，并在反应池内投加 $FeSO_4$ 和助凝剂 PAC 生成沉淀的方式去除；Cr^{3+}在反应池中与 NaOH

发生沉淀反应而去除。生化处理采用兼氧和好氧相结合的工艺，兼氧采用接触式水解酸化工艺，可提高废水的可生化性，同时去除部分 COD 和 SS；好氧采用的循环式活性污泥工艺（cyclic activated sludge technology，CAST）为改良的 SBR 工艺，具有有机物去除率高、抗冲击负荷能力强等特点。

4. 制革废水深度处理工程实例

1）某制革企业对铬鞣废水的处理

废水主要通过化学沉淀后酸溶回用（吴浩汀，2010）。铬回收系统的污水来自鞣制和复鞣工序，废水 pH 为 3～4，含铬量为 2.5～3 g/L，设计处理流量为 15 m^3/d。工艺流程如图 8.5 所示。

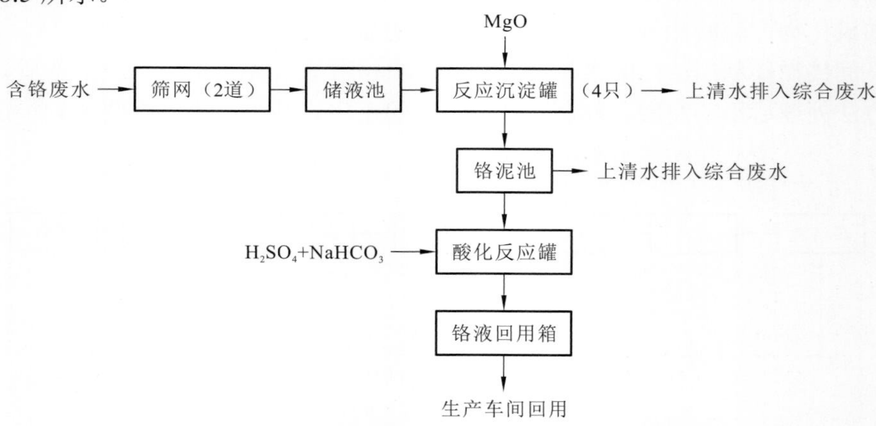

图 8.5　某制革企业含铬废水处理工艺流程图

引自吴浩汀（2010）

具体工艺参数为：反应沉淀罐常温，控制终点 pH 为 8.1，反应 1～2 h，沉降时间 5～6 h。酸化反应罐每日处理 400 L 铬泥，加工业硫酸（93%）约 34 kg，添加少量小苏打，控制终点 pH 为 3.3～3.6。

该工艺简单实用，但对工艺条件控制要求较为严格。每批回收铬液经分析合格后方可回用。该工艺回收段铬液的回收率达 99.9%，每天回收铬液 1 次，属于间歇回用，回收基本正常，有利于综合废水处理和生产成本降低（回收铬可降低 10%～15%生产成本）。但面临回收铬液性质不够稳定、回用后所得浅色皮颜色发暗等问题。这可能是因为在铬回收工艺中加碱、加酸导致铬化合物和蛋白质结构产生变化，影响了回收液中铬和皮革的结合；MgO 等沉淀剂也有可能混入回收液中并影响皮革的色度。

2）海宁市某制革厂的废水处理

该工厂生产毛皮两用革，年加工 25 t 绵羊皮，鞣制废液间歇集中排放，经收集后定期加石灰沉淀，综合废水采用氧化沟工艺处理。工艺流程如图 8.6 所示。

铬液定期排入储液池，通入空气搅拌的同时投加石灰乳液，由于铬和石灰反应较慢，石灰分批进行投加，并控制反应终点 pH 为 8.5～9，反应时间约为 1 h。沉降后排出上清水到调节池，同时根据泥面位置将铬泥排入污泥干化场。

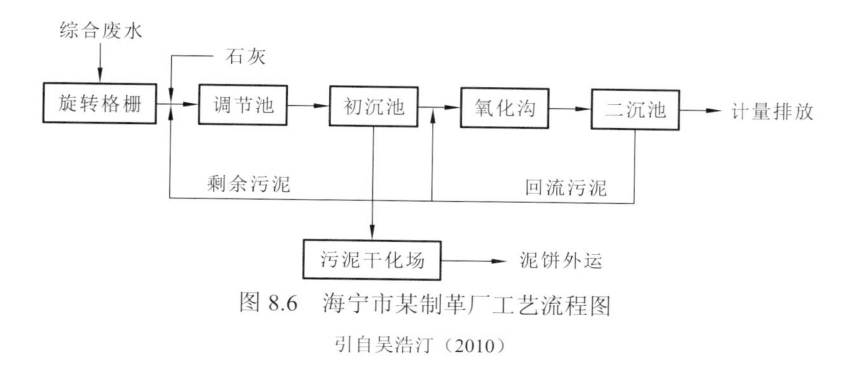

图 8.6　海宁市某制革厂工艺流程图

引自吴浩汀（2010）

3）上海某皮革有限公司的废水处理

该公司的设计能力为 9 700 m^3/d（赵庆良 等，2004）。根据制革废水清浊分流、分隔治理的原则，含铬、含硫废水单独收集预处理，综合废水经生化处理后进行后续接管处理。其中，高浓度含铬废水单独收集，加碱沉淀回收；高浓度含硫废水单独收集，催化氧化脱硫处理。预处理工艺流程如图 8.7 所示。

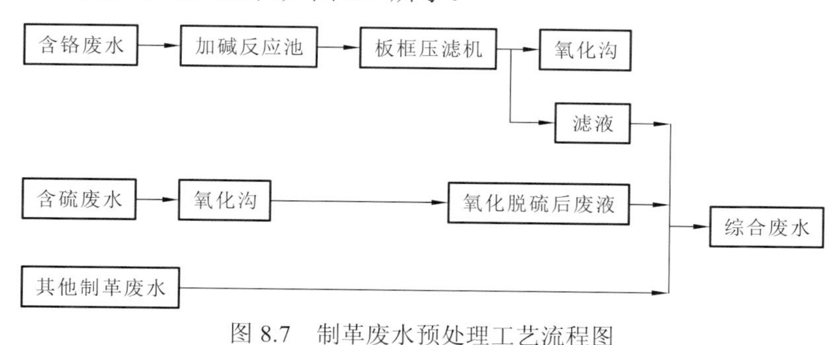

图 8.7　制革废水预处理工艺流程图

引自赵庆良等（2004）

预处理后废水与其他制革废水通过综合管道输送至废水处理厂进行初级处理、二级处理和化学处理，其流程如图 8.8 所示。综合废水首先经细格栅、调节池和初沉池均衡水质水量，去除较大颗粒物、部分 COD 和 BOD；再进入活性污泥曝气池（活塞式反应

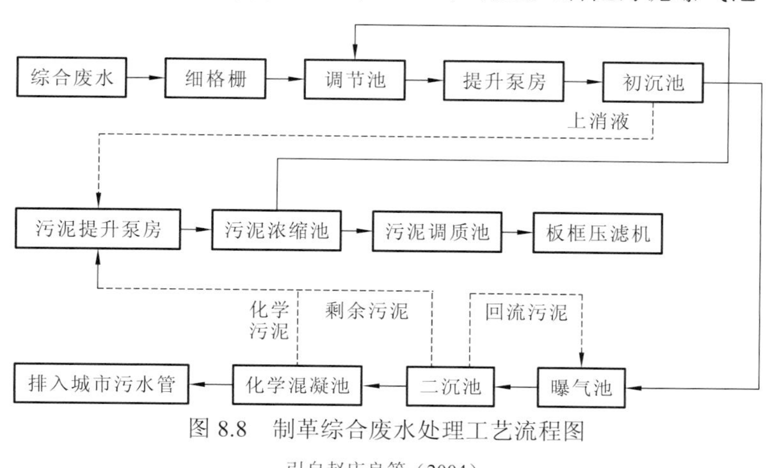

图 8.8　制革综合废水处理工艺流程图

引自赵庆良等（2004）

器），废水中污染物在此阶段被大量降解去除；最后进入化学混凝池进行混凝沉淀处理，絮凝剂采用碱式氯化铝，通过斜管沉淀进一步降低废水中的悬浮物和 COD。将废水处理过程中产生的初沉池污泥、剩余污泥和化学污泥整体汇集，经重力浓缩、污泥调制后送入板框压滤机脱水，滤液重返废水处理系统，滤饼委托外运集中处理。

含硫废水氧化脱硫的技术要点和处理效果：专用管道单独收集，粗、细格栅两道过滤；催化剂采用硫酸锰，投加量为 40～80 g/kg-Na_2S，分别于曝气前及曝气 2 h 后分 2 次投加；表面叶轮曝气机强制充氧，叶轮浸没深度为 20 mm；用乙酸铅试纸检验脱硫效果，硫化物去除率不小于 95%；将制革铵盐脱灰软化的废液纳入含硫废液，在氧化脱硫过程中兼有除氨作用，NH_4^+-N 去除率约为 30%；定期清除池底结泥。

含铬废水沉淀回收的技术要点和处理效果：专用管道单独收集，格栅及滤布过滤；在沉淀液中投加 35%（质量分数）的 NaOH 溶液，控制反应过程中 pH 为 7～8；用压缩空气混合搅拌，持续反应时间为 15～30 min；板框压滤，铬泥含固率约为 20%（质量分数），含铬量为 7%～20%（质量分数），铬去除率为 99.5%。

生化处理的技术要点和处理效果：采用活性污泥法；进水可采用推流式进水，也可采用多点进水，后者较前者可均匀分配污水负荷和需氧量，但对 BOD、COD 和氨氮的去除率相对较低；鼓风曝气用固定双螺旋曝气器；分建平流式二沉池；曝气池水力停留时间为 2～3 d，污泥龄为 20 d，污泥质量浓度约为 6 000 mg/L，每日剩余污泥 180 m^3（含固率为 1%）；将溶解氧质量浓度控制在 2～8 mg/L，pH 为 5～9；通过生化处理，COD、BOD、氨氮和悬浮物的去除率可分别达到 93%、95%、50%和 90%。

5. 制革废水处理展望

（1）深入推进制革废水的分流分质处理。目前，铬初鞣废水的单独收集与预处理在制革工业中已较为普及，但是铬复鞣废水往往与脱脂废水、含硫废水等共同进入综合废水，增加了后续处理的难度。对不同工段不同水质特性的生产废水进行分流分质预处理后再汇入综合废水，可有效降低综合废水处理难度和处理成本。

（2）加强清洁生产技术的研发和推广。随着清洁化改造工作和重点企业清洁生产审核制度的深入推进，制革工业清洁生产技术的研究推广已经取得重要进展。未来应持续加强绿色皮革化工材料、无铬鞣制和高吸收铬鞣等铬减量化技术、废水回用技术等清洁生产技术的研发和推广力度，从源头降低废水产生量。对已开发的单元清洁技术的成熟性、经济性和实用性进行评估完善，强化单元清洁技术之间及清洁技术与常规技术之间的工艺平衡。此外，应加强清洁技术体系在实际运行中的验证、调试和完善，使清洁技术真正实现从理论到实践的转变。

（3）推进制革企业入园。在“绿水青山就是金山银山”的时代背景下，各地政府鼓励和引导制革企业入驻工业园区，提高产业集中度和竞争力，推动皮革产业转型发展。制革企业入园集中管理的优势在于：在废水排放监督管理上，可对入园区污水管网设置水质要求并实施在线监测，可督促企业进行废水分流分质预处理。园区污水处理厂对各制革企业的废水集中处理，达标后统一排放，可有效降低各生产企业偷排乱排的可能性。此外，园区统一建立并实施环境风险应急机制，可有效应对环境风险事故，降低制革企业对周边环境的影响。

8.2.3 电镀废水处理案例

电镀是借助化学或电化学方法，在金属或非金属材料表面涂覆薄层金属或合金的工艺。电镀工艺能够实现对基材的改性，提升构件的耐磨性、导电性、抗腐蚀性、光反射性等性能，从而为其他工业提供高性能材料。电镀行业是工业全产业链中不可或缺的环节，也是我国工业体系和经济体系的重要组成部分。电镀行业上接化学化工、塑料、橡胶、冶金等传统原材料制造行业，下承汽车工业、机械制造、电子电器等高端制造业和先进信息技术行业。电镀工艺的水平和规模直接影响上下游工业行业的发展。随着我国工业化进程的推进，电镀行业市场需求逐年增加，规模化、自动化和绿色发展将成为电镀行业发展的必然趋势。

1. 电镀废水的来源与特征

电镀生产过程中产生的废水、废气和污泥中含有大量重金属、酸性物质等有毒有害成分，对生态环境造成严重的威胁。电镀行业工艺种类差异大、产污环节多，且各环节产生的污染物种类、浓度均有较大差异。电镀废水的主要污染物包括 Ni、Cr、Cu、Zn、Cd、Pb、Al、Fe、Au、Ag 等重金属，以及氰化物、废酸和废碱等污染物。此外，部分电镀工艺还可能使用非正磷酸盐还原剂，以及各种表面活性剂、络合剂、光亮剂、还原剂、缓冲剂等有机化合物。

电镀废水产生环节主要包括镀件的表面处理、镀件的漂洗、废镀液更换、生产线机械设备清洗等，以及因操作或管理不善引起的各环节“跑、冒、滴、漏”。电镀废水分类及其水质特点如下。

1）含锌/铜废水

含锌/铜废水产生于镀锌/铜环节。含锌/铜废水的来源既包括镀件清洗水、镀槽清洗水和废槽液，也包括镀件酸洗后水洗废水与酸洗抛光产生的酸碱废水等，废水的主要成分包括锌/铜盐、其他共存盐与各类废酸碱等。

2）含镍废水

含镍废水产生于各类镀镍环节。含镍废水的来源包括镀镍件的各级镀件清洗水、镀槽清洗水、废槽液等，包括电镀镍废水和化学镀镍废水。电镀镍通过电解法进行镀镍，电镀镍废水的主要成分为镍离子和共存盐；化学镀镍通过化学还原法进行镀镍，废水中除镍离子外还包含还原剂和催化剂，如次磷酸盐和铁离子等。

3）含铬废水

传统镀铬工艺使用的铬镀液主要成分是 Cr(VI)。铬酸镀液属于强酸性镀液，废镀液中同时存在 Cr(III)、硫酸盐和氟化物等污染物。近年来低价镀铬技术逐步在实际生产中获得应用，废镀液中以 Cr(III)为主，能够降低废水总铬浓度和毒性，减少 Cr(VI)酸雾的产生。

4）含氰废水

含氰废水产生于含氰电镀环节。金属氰化物的阴极极化程度较高，使含氰电镀通常能够获得更高质量的涂层，因而常被用于镀银、镀金等工艺中。含氰废水的主要成分是工艺所对应的重金属及其氰化物或氰络合物。

5）综合废水

独立进行收集和分类处理的各类废水经初步处理后汇入综合废水处理站点的部分，包括除油、除蜡、表面整理、浸蚀等环节产生的废水，以及上述各类高毒性废水预处理后的低浓度出水。综合废水往往具有成分复杂、水质水量波动大、以中低浓度污染物为主等特点。

在各类电镀废水中，电镀工艺过程中的镀槽清洗、镀件漂洗等工序产生的含重金属废水一般占车间废水总排放量的80%以上。重金属是电镀废水的主要污染物，也是电镀废水处理的重点污染物。

2. 电镀废水处理技术研究进展

电镀行业含重金属废水具有污染负荷高、处理要求严等特点，其中涉及Cr、Ni、Cd、Ag、Pb、Hg 等一类污染物的废水需要在车间内进行单独收集和处理，满足排放限值要求方可进入下一处理环节。其余重金属污染物则要求在企业废水总排放口满足排放限值要求。电镀废水重金属处理技术的核心环节主要包括化学沉淀、膜分离、离子交换与吸附和生物处理等。

化学沉淀法通过投加药剂使重金属形成氢氧化物、硫化物、络合物等絮状沉淀，进而在混凝剂的作用下从水中分离。常见的化学沉淀药剂包括碱、硫化物和重金属捕集剂等。化学沉淀法具有成本低廉、操作简便等优点。在电镀废水重金属的深度处理中，通常采用多级沉淀法提高去除效率。

膜分离法借助膜的选择性将重金属富集在膜浓水中，以获得水质较好的膜清水。膜浓水可回收重金属或进行蒸发、沉淀处理，膜清水可回用于漂洗等环节。膜分离法是提高电镀废水资源化利用率的有效方法，但也面临成本较高、膜强度有限和寿命较短等挑战。

吸附法依靠静电作用、配体交换、表面沉淀等机制将水中的重金属转移到吸附材料上，再将吸附剂脱附或作为危险废物处置。常用的吸附剂包括活性炭和离子交换剂。吸附具有操作条件温和、可进行资源化回用等优势，但选择性总体不高、处理效果受废水盐度影响大，常用于废水深度处理或出水水质保障环节。吸附剂可通过改性、负载纳米材料等手段提高吸附选择性、吸附容量和吸附速率等。

生物处理法利用生物体及其代谢产物与重金属离子的相互作用实现重金属的去除。常见的生物处理法包括生物吸附法、生物絮凝法、生物制剂法等。

3. 组合工艺处理电镀废水

电镀废水深度处理的对象主要为微污染重金属（如Cu、Ni）和P等无机污染物。随着电镀污染物排放标准的逐步提高，混凝、沉淀等传统水处理方法受限于沉淀物质的溶度积，难以直接将污染物浓度降至提标排放水平。离子交换法、吸附法、膜分离法和生物制剂法是电镀废水深度处理的常用方法，但往往具有特殊的进水要求和出水特点，需要适配相应的前处理和后处理环节以构成完整闭环的处理工艺，并最大限度地降低水处理成本。例如，为提高处理效率、降低处理成本、延长膜寿命，膜分离法通常会配制沉淀、过滤等前处理工序；膜浓水需要进一步处理处置，常配备化学沉淀、蒸发除盐等后处理工序。又如，离子交换法与吸附法适用于处理低浓度污染物，通常与常规物化手段串联使用，以分别实现高浓度重金属的高效去除与残余微量重金属的深度净化。常见电镀污染物排放标准如表 8.13 所示。

表 8.13　电镀污染物排放标准

污染物项目		排放限值		污染物排放监控位置
		表 2	表 3	
总铬/（mg/L）		1.0	0.5	车间或生产设施废水排放口
六价铬/（mg/L）		0.2	0.1	车间或生产设施废水排放口
总镍/（mg/L）		0.5	0.1	车间或生产设施废水排放口
总镉/（mg/L）		0.05	0.01	车间或生产设施废水排放口
总银/（mg/L）		0.3	0.1	车间或生产设施废水排放口
总铅/（mg/L）		0.2	0.1	车间或生产设施废水排放口
总汞/（mg/L）		0.01	0.005	车间或生产设施废水排放口
总铜/（mg/L）		0.5	0.3	企业废水总排放口
总锌/（mg/L）		1.5	1.0	企业废水总排放口
总铁/（mg/L）		3.0	2.0	企业废水总排放口
总铝/（mg/L）		3.0	2.0	企业废水总排放口
pH		6～9	6～9	企业废水总排放口
悬浮物/（mg/L）		50	30	企业废水总排放口
化学需氧量/（mg/L）		80	50	企业废水总排放口
氨氮/（mg/L）		15	8	企业废水总排放口
总磷/（mg/L）		1.0	0.5	企业废水总排放口
石油类/（mg/L）		3.0	2.0	企业废水总排放口
氟化物/（mg/L）		10	10	企业废水总排放口
总氰化物（以 CN^- 计）/（mg/L）		0.3	0.2	企业废水总排放口
单位产品基准排水量/（L/m^2-镀件镀层）	多镀层	500	250	排水量计量位置与污染物排放监控位置一致
	单镀层	200	100	

注：数据来自《电镀污染物排放标准》（GB 21900—2008）；排放限制“表 2”列为 2008 年 8 月 1 日起新建企业水污染物排放限制，“表 3”列为水污染物特别排放限制

电镀废水深度处理组合工艺的设计取决于工艺条件、管理方式、污水水质水量、处理需求和成本等因素。组合工艺既可以是若干种针对不同污染物的处理工艺的组合，也可以是针对核心处理工艺的水质要求和出水特点适配的前处理和后处理工艺。电镀废水通常具有水质水量波动大、重金属等无机污染物占比高、不同种类废水易于分类回收和分类预处理等特点，通常会在各产污环节针对不同污染物进行常规处理，并在废水收集段耦合膜分离、吸附法等深度处理工艺。相比于单一工艺处理，组合技术中前置的常规处理工段可减少投药量和产泥量、降低成本、提高重金属资源回收利用率，后置的深度处理环节也可降低污染负荷、提升去除效率，从而在实现深度去除的同时降低电镀废水深度处理成本。

4. 电镀废水深度处理工程案例

1）江西某公司电镀废水处理项目

该公司生产过程主要产生 5 类废水：酸铜废水、含氰废水、含镍废水、含银废水和综合废水。分别进行预处理后再合并处理，设计总处理水量为 3 000 m^3/d。根据清洁生产要求，总量中 600 m^3/d 达标外排，剩余 2 400 m^3/d 废水的回用率要达到 50%，剩余 1 200 m^3/d 膜浓水各指标须达到直排要求（周荣忠 等，2020）。各类废水类型、废水水质及排放限值如表 8.14（周荣忠 等，2020）所示。

表 8.14　江西某公司电镀废水类型、废水水质及排放限值

废水类型	水量/（m^3/d）	pH	COD_{Cr}/（mg/L）	总氰化物（以 CN^- 计）/（mg/L）	总镍/（mg/L）	总铜/（mg/L）	总银/（mg/L）	来源
酸铜废水	135	3～4	＜15			＜100		酸性镀铜工序清洗水
含氰废水	440	7～10	＜250	＜25		＜60		氰化工艺清洗水
含镍废水	405	3～5.5	＜40		＜25			电镀镍工序清洗水
含银废水	135	7～10	＜250	＜25			＜40	电镀银工序清洗水
综合废水	1860	10～12	＜250					电镀清洗水和除油废水等
排放限值		6～9	≤80	≤0.3	≤0.5	≤0.5	≤0.3	

该项目为满足回用率需求，采用膜分离技术作为深度处理的核心技术，膜清水回用、膜浓水处理后达到直排要求。前处理、后处理均围绕膜分离深度处理技术进行匹配，其中，氰化物主要存在于含氰废水和含银废水中，且含银废水中银的主要存在形态为银氰配合物，因此使用了次氯酸钠氧化法破氰，并实现对银离子的同步沉淀去除回收。废水中主要的重金属包括铜和镍，化学沉淀法是最常见的铜、镍处理技术。传统的化学沉淀法需要加入铝盐、铁盐等混凝剂辅助沉淀生成，还常加入聚乙烯亚胺作为助凝剂，这使得化学沉淀法后连接的膜处理环节易堵塞，回用系统无法稳定运行。该项目仅采用碱沉淀法作为预处理手段，不引入铝、铁等杂质，能够降低废水中铜、镍浓度，提高污泥资

源化回用潜力，同时提高膜处理效率和稳定性、延长膜的使用寿命。含重金属废水经酸碱中和沉淀或破氰沉银处理后，以静压差为推动力通过孔径为 0.4 μm 的聚偏二氟乙烯（polyvinylidene difluoride，PVDF）中空纤维膜进行微滤固液分离。该膜成本低、膜面积大、化学稳定性好、更换费用低、通量高、能耗低，去除水中的固体悬浮颗粒具有优良的表现。

经预处理的各类废水中仍有较高的 COD，针对 COD 去除的常见处理技术包括活性污泥法及其衍生工艺、生物膜法等。该项目采用兼氧生物膜反应（facultative membrane biological reaction，FMBR）工艺，可在降低废水 COD 的同时将活性污泥截留浓缩在 FMBR 系统中自我消化，实现有机污泥近零排放。同时该工艺还具有工艺集成度高、占地小、易维护等特点。FMBR 出水进入中间水池调节水质水量，再经由保安过滤器后进入反渗透系统。深度处理工艺流程如图 8.9 所示。

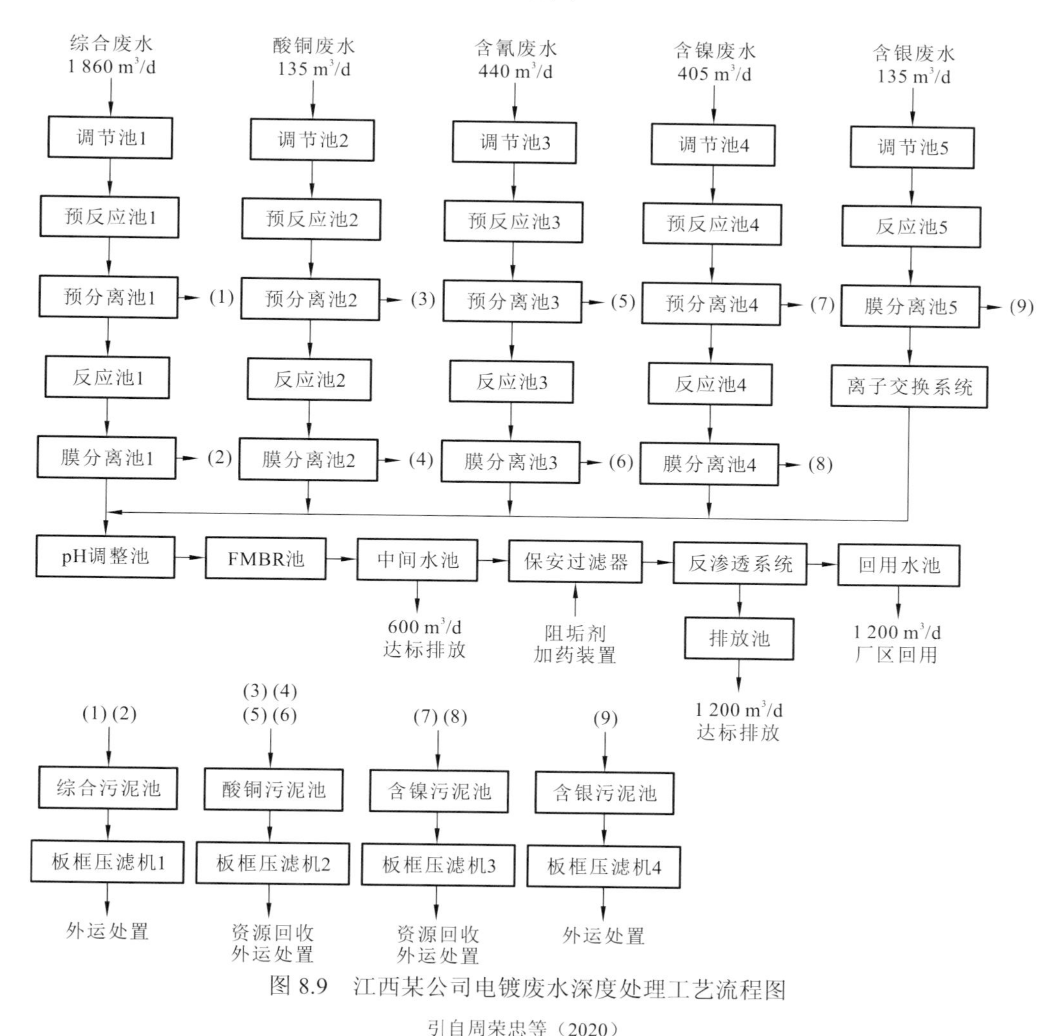

图 8.9 江西某公司电镀废水深度处理工艺流程图

引自周荣忠等（2020）

膜清水回用，膜浓水各项指标可满足直接排放标准，如表 8.15 所示。

表 8.15　江西某公司电镀废水深度处理各工艺单元出水水质

工艺单元	项目	COD_{Cr}	总氰化物（以 CN^- 计）	总镍	总铜	总银
含镍废水预分离系统	进水质量浓度/（mg/L）	40		25		
	出水质量浓度/（mg/L）	39		5		
	去除率/%	2.5		80		
含镍废水膜分离系统	进水质量浓度/（mg/L）	39		5		
	出水质量浓度/（mg/L）	38		0.5		
	去除率/%	2.6		90		
酸铜废水预分离系统	进水质量浓度/（mg/L）	15			100	
	出水质量浓度/（mg/L）	14			5	
	去除率/%	6.7			95	
酸铜废水膜分离系统	进水质量浓度/（mg/L）	14			5	
	出水质量浓度/（mg/L）	13			0.5	
	去除率/%	7.1			90	
含银废水膜分离系统	进水质量浓度/（mg/L）	250	25			40
	出水质量浓度/（mg/L）	240	0.3			3
	去除率/%	4	98.8			92.5
含银废水离子交换系统	进水质量浓度/（mg/L）	240	0.3			3
	出水质量浓度/（mg/L）	236	0.3			0.01
	去除率/%	1.7	0			99.7
含氰废水预分离系统	进水质量浓度/（mg/L）	250	25		60	
	出水质量浓度/（mg/L）	240	2		4	
	去除率/%	4	92		93.3	
	进水质量浓度/（mg/L）	240	2		4	
	出水质量浓度/（mg/L）	236	0.3		0.5	
	去除率/%	1.7	85		87.5	
生化处理系统	进水质量浓度/（mg/L）	208	0.06	0.07	0.1	0.000 5
	出水质量浓度/（mg/L）	40	0.06	0.07	0.1	0.000 5
	去除率/%	80.8	0	0	0	0
反渗透系统浓水	进水质量浓度/（mg/L）	40	0.06	0.07	0.1	0.000 5
	出水质量浓度/（mg/L）	66.7	0.1	0.12	0.17	0.000 8
	排放限值/（mg/L）	80	0.3	0.5	0.5	0.3

引自周荣忠等（2020）

该电镀废水深度处理项目出水水质可稳定达标，抗冲击能力强。同时，各级酸碱沉淀法产生的含铜、镍污泥能够进行资源回收，具有明显的经济效益。该项目综合处理费用折合每吨电镀废水 19.1 元，低于同类废水常规处理工艺。

2）常州某电镀企业 555 m^3/d 污水处理提标升级

常州某电镀企业主要产污车间包括自动滚镀铜-镍车间、手动镀镍-锡车间、线路板车间。主要污染指标包括 pH、COD、氨氮、总磷、氰化物、总镍和总铜（表 8.16）。

表 8.16　常州某电镀企业综合废水典型水质　（除 pH 外，单位：mg/L）

pH	COD	氨氮质量浓度	总磷质量浓度	氰化物质量浓度	总铜质量浓度	总镍质量浓度
6.88	25.86	29.98	12.47	<0.01	2.2	39.5

污水综合处理站负责处理破氰后的含氰废水与其他重金属废水汇入形成的综合废水。原有处理工艺中，综合废水先经由石英砂过滤、活性炭吸附、精密过滤等前处理降低悬浮颗粒物浓度，再进行三级膜处理。一级膜浓水经三级化学沉淀及厌氧/好氧法生化处理后回流至综合废水收集池；一级膜清水进入二、三级膜处理，二、三级浓水经一次化学沉淀后接管排放，膜清水回用于纯水制备（图 8.10）。

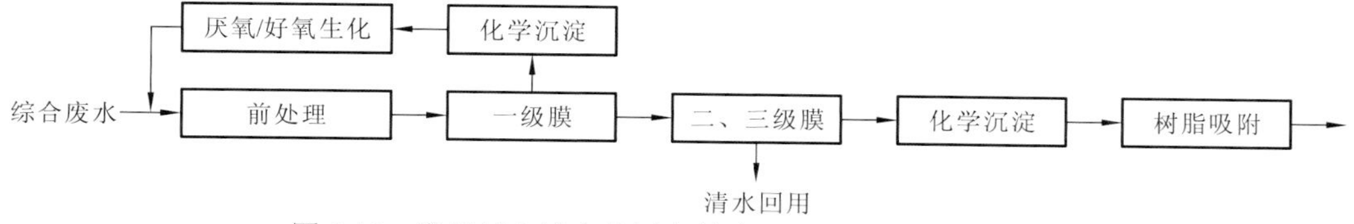

图 8.10　常州某电镀企业污水综合处理站处理工艺流程图

经原有工艺处理，废水中 COD、氨氮等指标已达到排放要求。该企业位于太湖流域中下游，但处理站出水总磷、总铜、总镍等指标无法满足《电镀污染物排放标准》（GB 21900—2008）中规定的特别排放限值，提标处理面临的问题主要包括：①电镀废水可生化性差，如果使用生化法深度除磷需大量投加营养物质，成本高；②现有“膜处理-化学沉淀”的重金属处理组合工艺流程冗长、投药量大、产泥量大、操作烦琐、处理成本高，难以通过强化现有的“膜处理-化学沉淀”工艺进一步降低重金属浓度。

综上，该项目拟在污水接管排放前增加复合纳米树脂吸附深度处理工艺，以进一步将水中总磷、总铜与总镍浓度降低至太湖流域电镀企业排放标准，如表 8.17 所示。同时根据复合纳米树脂吸附深度处理工艺的处理能力，调整膜处理与化学沉淀工段的运行条件，降低药剂投加量、运行成本和污泥产量，获取更高的综合处理效率。

表 8.17　常州某电镀企业树脂吸附法进水污染物指标

项目	总镍质量浓度/（mg/L）	总铜质量浓度/（mg/L）	总磷质量浓度/（mg/L）	化学需氧量/（mg/L）	盐含量/%
进水污染物	2～5	2～5	1～5	<50	5～8
处理目标	<0.1	<0.3	<0.5	<50	—

重金属深度处理中，常规的吸附法采用离子交换树脂作为吸附剂，通过树脂表面带电基团与重金属的静电作用进行吸附，但吸附选择性差、受盐度影响大，难以适应由化学沉淀法产生的高盐废水中重金属的深度处理需求。该提标改造项目中以两种树脂基载金属氧化物复合纳米材料作为吸附剂，可通过内圈配位作用分别实现对重金属和磷的选择性吸附。

原工艺出水经精密过滤去除悬浮颗粒物后首先进入一级吸附柱，柱内填入阳离子树脂基纳米氧化铁捕捉并富集废水中的重金属；一级吸附柱出水进入二级吸附柱，柱内填入阴离子树脂基纳米氧化铁捕集磷酸根。设计流速 10 BV/h，每批次处理量为 500～700 BV。柱内树脂吸附饱和后，分别使用 10～15 BV NaCl/HCl 和 5～7 BV NaCl/NaOH 混合溶液脱附，再生率分别达到 96%和 98%以上。再生液经沉淀去除重金属和磷酸根离子后滤液回流至吸附系统，滤渣外运处理（图 8.11）。二级吸附柱出水中重金属与磷可达到排放标准的规定指标。该工艺装置采用可编程逻辑控制器（programmable logic controller，PLC）模块进行自动化控制，实现吸附和脱附全程无人值守操作控制。该提标改造项目折合每吨电镀废水处理成本约为 0.556 元。

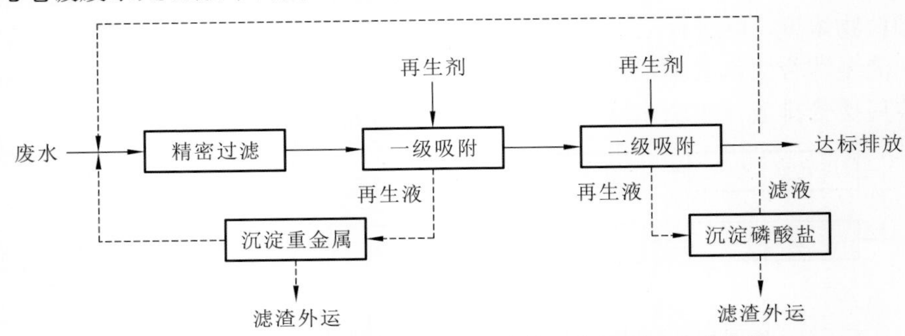

图 8.11　树脂吸附法对重金属和磷的深度处理工艺流程图

3）广东某集中式表面处理行业废水镍、磷深度处理提标改造

集中式表面处理工业园区通常具有处理废水水量大、成分复杂、水质水量波动大、废水重复利用率低、废水处理水平及回用率偏低、难以稳定达标等特点。对集中式表面处理工业园区综合污水处理厂而言，提高特征污染物的去除效率与废水的回用率是降低集中式表面处理工业园区对周边生态环境的毒害性风险、促进节能减排、推进电镀行业提标升级改造的重要任务。

广东某集中式表面处理工业园区综合废水处理厂处理规模为 12 000 m^3/d，通过物化+生化组合方法处理园区内含氰废水、含铬废水、含镍废水、综合废水、前处理废水和混排废水等电镀工业废水。按废水成分划分，园区内纳入外排处理系统的废水主要包括化学镍废水、混排废水及膜浓水。主要污染物指标包括 pH、COD、总磷、氨氮、氰化物、氟化物、总镍、总铬、内分泌干扰物（如壬基酚、双酚 A）等。

该园区原有废水处理主体工艺路线为物化预处理+多级 A/O+深度处理（图 8.12），末端系统出水中总镍浓度难以稳定达到《电镀污染物排放标准》（GB 21900—2008）中污染物特别排放限值要求，总磷浓度也难以稳定达到《地表水环境质量标准》（GB 3838—2002）IV 类水标准。出水水质不达标的主要原因为：①电镀园区内含镍废水形态多样，常见的电镀镍液类型主要包括硫酸盐型、氯化物型、氨基磺酸盐型、柠檬酸盐型、氟硼酸盐型等。废水中络合镍含量较高，且现有基于化学沉淀的镍处理工艺无法将完全络合镍转化为离子镍，使得末端处理系统无法满足镍排放标准。②电镀工艺过程中会加入大量的非正磷酸盐作为化学镀剂，导致产生的电镀废水中磷大部分以次磷酸盐、亚磷酸盐或焦磷酸盐等其他非正磷酸盐形式存在，现有处理工艺无法完全将非正磷酸盐转化为正磷酸盐。当采用传统钙盐沉淀除磷时，次亚磷酸钙溶解度高不易沉淀，采用生化法除磷时，水质波动、气候影响使生化除磷出水难以长期稳定达标。③末端处理系统进水属镍、磷微污染废水，现有处理工艺面临污泥产量大、运行成本高等问题，难以进一步提升镍、磷处理效率。

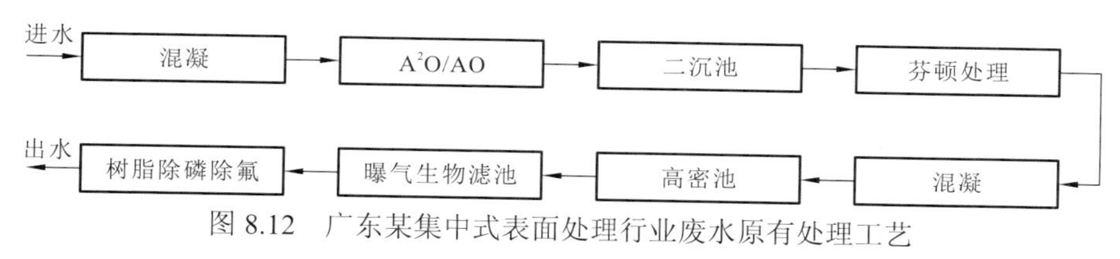

图 8.12　广东某集中式表面处理行业废水原有处理工艺

综上所述，拟对原有末端处理技术路线进行改造以满足提标需求。在末端处理系统中设置催化氧化工艺，将络合镍转化为离子镍并将非正磷酸盐转化为正磷酸盐，再通过复合纳米材料吸附技术去除微污染镍、磷（图 8.13）。复合纳米材料吸附技术对低浓度无机污染物具有吸附去除率高、吸附容量大、抗水质波动能力强、选择性强、易于再生、成本低、操作简便等特点（表 8.18），可为该项目深度处理提供技术保障。

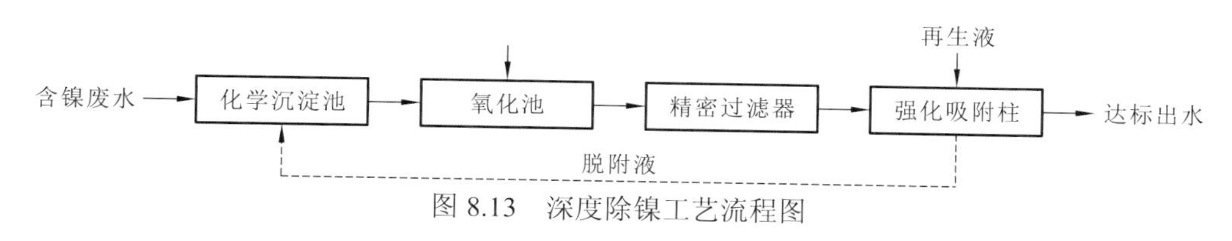

图 8.13　深度除镍工艺流程图

表 8.18　吸附法深度处理工艺设计进水水质指标情况

项目	pH	化学需氧量/（mg/L）	总镍质量浓度/（mg/L）	总磷质量浓度/（mg/L）	悬浮物质量浓度/（mg/L）
生化尾水	7.0～8.0	30～40	≤0.5	≤3.5	≤5.0

含镍废水深度处理采用强化破络+复合纳米材料吸附为核心的集成技术（表 8.19）。使用园区现有的臭氧氧化处理系统强化破络，臭氧发生总量为 6 kg/h；生化尾水通过臭氧氧化深度处理将其中络合镍转化为游离态，提升后续吸附法深度处理效果。精密过滤系统出水通过输送泵提升至吸附除镍系统，该系统选择的特种除镍树脂是一种大孔型、大比表面积的具有三维网状结构的高分子聚合物，利用树脂骨架修饰的大量功能基团和骨架内固定的纳米材料进行选择性除镍，废水通过除镍床层后，其中的镍离子被吸附并富集在材料表面，吸附出水得到净化处理，从而实现生化尾水中镍离子的深度处理。复合纳米材料通过 HCl/NaCl 混合溶液脱附，所得高镍脱附液回流至镍化学沉淀池处理。

表 8.19　深度除镍吸附系统运行关键参数

条件	指标	数值
吸附条件	pH	7.5～8
	温度/℃	25
	树脂床体积/mL	100
	流速/（BV/h）	6

续表

条件	指标	数值
脱附条件	脱附剂	5%HCl+5%NaCl
	温度/℃	25
	流速/（BV/h）	1
脱附条件	脱附剂用量/BV	5

注：原水水质 pH 为 7～7.5；F^-质量浓度为 10～20 mg/L

含磷废水的深度处理采用以臭氧氧化+复合纳米材料吸附工艺为核心的除磷技术。按照环保相关要求，该项目含磷废水排放标准要求出水总磷质量浓度不高于 0.5 mg/L。经生化处理后，含磷水质参数如表 8.20 所示。

表 8.20　生化处理后电镀含磷废水水质参数

项目	pH	化学需氧量/（mg/L）	正磷酸盐质量浓度/（mg/L）	总磷质量浓度/（mg/L）
数值	7.24±0.2	189	8.14	50.2

含磷废水中的磷除正磷酸盐以外，还有次磷酸盐和偏磷酸盐。为了提高混凝沉淀的效果，需先将次磷酸盐和偏磷酸盐氧化成正磷酸盐。生化出水先经过砂滤罐去除原水中颗粒较大的悬浮物、泥沙、杂质及部分有机物等，随后进入除磷交换回收装置深度除磷。选用的吸附剂是树脂基复合纳米材料，该材料基于有机高分子聚合物骨架，利用分布在内部的纳米金属氧化物对阴离子的特异吸附性能起到高选择性吸附作用。该类材料对水体中微量磷具有特异性的吸附效果，且受水体中其他共存离子（氯离子、硫酸根离子等）影响小，是较为理想的吸附材料。当吸附塔产水磷浓度超过设定值时，停止运转，进入再生程序，利用碱洗脱再生；出水流入缓冲池与其他经预处理后的废水一并进入废水回用系统（图 8.14）。含高浓度磷的脱附液回流至前置的化学沉淀池进行处理。

图 8.14　深度除磷工艺流程图

该集中式表面处理工业园区废水镍、磷深度处置提标项目设计处理能力为 4 000 m^3/t，出水水质稳定，出水镍、铬等重金属及 COD、氨氮、总磷等主要排水指标均达到《地表水环境质量标准》（GB 3838—2002）IV 类水标准和《电镀污染物排放标准》（GB 21900—2008）中水污染物特别排放限值的要求，且对壬基酚、双酚 A 内分泌干扰物也有较好的去除效果，去除率均为 60%以上。

5. 电镀废水处理展望

从电镀废水深度处理技术的发展趋势来看：一方面，随着清洁生产要求及污染物排放标准的提高，电镀废水重金属深度处理技术的需求将逐步扩大，为此电镀行业废水分类、分质回收和差异化、个性化处理的能力必须得到提升；另一方面，现有集中式电镀工业园区综合污水处理站面临工艺多样、废水成分复杂、水质水量波动大、处理效果不稳定的现状，其重金属处理能力的提标需要进一步发展对综合废水水质适应性强、能够同时去除多种微污染物、操作方便、易于增加的深度处理工艺。这对电镀废水综合管理提出了以下要求。

（1）提升清洁生产水平。对不同工艺环节的废水进行分类、分质回收。根据废水组成、重金属浓度等特点尽可能进行回收再利用或资源化处理处置，以降低污染物末端处理压力、提高环境和经济效益。

（2）提升水质水量实时监测能力和污/废水处理的自动化控制水平，更好地应对电镀废水水质水量波动对水处理设施的影响。

（3）针对常见电镀工艺的典型污水开发成套化常规处理-深度处理工艺设备。成套设备应具有设备集成化、控制自动化的特点，并具有水质水量适应性强、易于操作的特点，以便在提标处理工程实践中推广应用。针对现有常见的电镀行业废水处理工艺，研发易于推广使用的提标升级措施。例如开发新型化学沉淀剂、重金属捕集剂、生物制剂、吸附剂等新型药剂或新型高通量耐污膜，以提升常见的混凝沉淀、膜分离等工艺的出水水质；研发易于在常规处理工艺后串联使用的深度处理技术。

8.2.4 矿山废水处理案例

金属矿采选业是国民经济的基础产业，虽然它在全国工业生产总值的比例不到1%，但冶金、化工、机械电子设备制造业、轻工、核工业等部门的原材料都依赖金属矿产的开发。更重要的是，金属矿采选业对其下游产品有明显的增值效应，其增长率少则几倍，多则数十倍甚至上百倍。因此，它在国民经济中占有举足轻重的地位。金属矿山既是资源集中地，又是天然的生态环境污染源。在开采过程中流失的Pb、Cu、Zn、Cd、Cr等重金属是生态环境的重要毒害元素，金属硫化物氧化也会释放出大量的重金属离子、SO_4^{2-}和H^+。我国矿山废水排放量巨大，据估计，每年我国排放的工业废水总量约1/10为矿山废水（王宁宁，2017）。含有重金属离子的酸性废水若直接排出，不仅易导致附近的水质酸化，而且会毒化土壤，引起植被枯萎和死亡；对于含有放射性物质的矿山，其废水中可能还含有放射性物质，对环境的危害更大（查建军，2019）。

1. 矿山废水的来源与特征

矿山废水是指在整个矿山系统内，经采掘点、选矿厂、尾矿坝和排渣场等地点作用之后所排出废水的统称。矿产资源的开发往往伴随着尾矿的生成，在缺乏足够中和矿物的情况下，暴露的尾矿与空气直接接触发生一系列复杂的氧化反应，导致酸性矿山废水的产生（顾风云，2017）。酸性矿山废水的酸度高，含有大量的硫酸根与重金属离子，直接排放会导致周围土壤与水体的严重酸化，游离态重金属容易迁移，可引起土壤和水体中重金属累积，对生态系统造成严重危害（查建军，2019）。

除酸性矿山废水外，在矿物加工的过程中也会产生大量选矿废水。开采的原生矿物往往是多种重金属共伴生的矿石，需要经一系列复杂的选矿加工过程才能得到目标矿物。

在矿物的浮选过程中，需要依次添加捕收剂、起泡剂、抑制剂、调节剂和分散剂等选矿药剂使目标矿物分离出来（冯章标，2017）。对于一些成分复杂的矿物，通常需要经过多道浮选过程，每道浮选过程所使用的药剂种类和用量千差万别；除去部分可循环使用的水量，浮选过程中消耗的绝大部分水量会以尾矿浆的形式排放，成为选矿废水。选矿废水水量大，选矿过程残留的各种选矿药剂导致废水成分极其复杂，一般无法直接回用，是矿区的主要污染源之一（陈俊 等，2018）。

1）酸性矿山废水

酸性矿山废水具有三方面特点：①酸性强，pH 一般为 2～4；②含较多重金属离子（Fe^{3+}、Mn^{2+}、Cd^{2+}、Zn^{2+}、Cu^{2+}等），且浓度高，一般为 20～500 mg/L，波动峰值高达 1 000 mg/L；含有大量SO_4^{2-}，通常可达到 10 000 mg/L 以上；③水质波动大，由于矿山所在的自然环境、矿产资源类型、存在形式及采矿方式不同，矿山废水的水质差异较大。在不同的季节，同一座矿山废水量与水质也不尽相同，例如夏季气温高，微生物活性强，有较强的污染物降解能力；另外，夏季雨水量充足，废水中污染物的浓度也有所降低。废水水质还与矿床类型有关，例如安徽铜陵铜官山矿区 Cu、Zn、As 等达到重度污染水平，Hg 则为轻度污染。

2）选矿废水

如前所述，原生矿物需要经过一系列复杂的加工过程才能变成所需目标矿物。浮选作为矿物分选的主要方法，利用矿物表面各物质性质不同，通过投加一些无机和有机药剂使矿物中有效组分富集并与脉石矿物分离。在浮选作业过程中，用于改变矿物表面物理化学性质，调节矿粒的可浮性、湿润性，进而扩大各类矿物之间差异的药剂统称为选矿药剂。浮选作业一般包括磨矿、磁选、浓缩、充气浮选等过程。选矿厂在矿物破碎及浮选过程产生外排废水，包括清洗水、冷却水等统称为选矿废水。选矿废水具有以下特点。

（1）水量大。在有色金属选矿过程中，处理 1 t 矿石浮选法用水 4～7 m^3，重选用水 20～26 m^3，浮磁联选用水 23～27 m^3，重浮联选用水 20～30 m^3，除去其中少量可以循环使用的部分清洗水和冷却水，剩余的 90%都会以矿浆废水的形式排出。

（2）悬浮物浓度高。在冲洗矿石、碎矿、磨矿及除尘作业等过程中会有大量的脉石矿物和矿粉进入废水中，在废水其他成分的共同作用下形成稳定的胶体，不易沉降；废水中悬浮物浓度较高，浊度较大。

（3）成分复杂。选矿过程中会加入大量的选矿药剂，主要分为捕收剂、起泡剂、活化剂及调整剂 4 类。捕收剂是浮选过程中加入的最重要的一类药剂，主要通过在原生矿物表面形成疏水膜，增强其疏水性，使其更易黏附在气泡上，从而提升矿物的可浮性。常见的捕收剂种类有黄药、黑药及矿物油等。起泡剂是一种表面活性剂，目的是产生大量的泡沫使矿物黏附在产生的气泡上。常见的起泡剂有松油、松醇油、脂肪醇类等。活化剂的作用是通过在矿物表面形成难溶的活化膜来增强捕收剂对目标矿物的捕获能力。常用的活化剂有硫酸铜、硫化物及部分重金属离子等。调整剂用来调节溶液 pH，从而改善捕收剂对矿物的浮选性能，主要包括石灰、硫酸及硫化钠等。投加大量浮选药剂会使选矿废水成分非常复杂，含有大量药剂如黄药、松油、氰化物、硫化物及酸碱等物质。

（4）COD 高。选矿废水中残留的有机类浮选药剂是 COD 的主要来源，少部分无机还原性物质也会使废水 COD 增加。

2. 矿山废水处理技术研究进展

1）酸性矿山废水处理技术

对酸性矿山废水的处理主要包括三个方面：①中和酸性矿山废水中的酸度，达到污水排放标准中规定的 pH 限值；②去除酸性矿山废水中含有的重金属，特别是《污水综合排放标准》（GB 8978—1996）中规定的第二类污染物；③降低酸性矿山废水中硫酸盐的浓度，达到污水排放的标准。国内外对酸性矿山废水的处理方法进行了大量的研究，主要包括物理化学法、化学法、人工湿地法与微生物法等。

（1）物理化学法。物理化学法处理酸性矿山废水主要包括离子交换法、吸附法与膜分离法等。

离子交换法在处理废水时具有高效、无二次污染等优点，但会受到离子交换树脂种类、成本与产量的限制，且离子交换树脂再生较为频繁、运行成本偏高。此外，离子交换法对废水预处理有较高要求，难以处理含高浓度重金属或高盐度的酸性矿山废水。

吸附法利用具有大比表面积的多孔性吸附剂吸附废水中的污染物以达到净化废水的目的，各类吸附材料中通常含有羟基、羧基、氨基等活性基团，易与重金属离子形成共价键实现其深度去除。吸附剂种类繁多，包括活性炭、海泡石、膨润土与沸石等，一些废弃材料如矿物等也具有良好的吸附性能，且可重复使用，在酸性矿山废水处理中也受到了广泛关注。

膜分离法在处理含重金属废水中有一定的应用价值，通常微滤和超滤主要用于废水的预处理，纳滤及反渗透用于废水的深度处理。利用膜分离法对废水进行处理时，需对废水进行大量预处理，且膜分离设备管理和维护成本高，限制了其在酸性矿山废水处理中的应用。

（2）化学法。化学法处理酸性矿山废水主要有中和法及硫化物沉淀法。常用的中和药剂有生石灰、石灰石、消石灰、纯碱等，其中生石灰与石灰石来源广泛、成本低且操作简单，是国内外处理酸性矿山废水应用最广泛的中和药剂。硫化物沉淀法是指在酸性矿山废水中投加硫化剂，使重金属以硫化物的形式沉淀，同时也可回收部分有色金属。金属硫化物在水中溶解度通常远远低于氢氧化物，形成的沉淀更加稳定，此时可向废水中通入大量的微小气泡，与产生的硫化物沉淀接触并相互黏附，借助浮力将其上浮至水面，达到固液分离的目的。常用的硫化剂有 Na_2S、NaHS、H_2S 和 CaS 等。通常重金属易与硫化剂反应，即使在较低的 pH 下也能生成难溶的金属硫化物，且具有良好的稳定性。但硫化物价格偏高，废水 pH 低时会与水中的 H^+结合产生 H_2S 气体造成二次污染，限制了硫化沉淀法的推广应用。

（3）人工湿地法。人工湿地能够将经济效益与环境效益紧密结合，也被越来越多地应用于酸性矿山废水处理中。人工湿地的建设需要将土壤、砂石及煤渣等填料按照一定的比例进行混合作为衬层，再植入一些特定的水生植物，从而共同构成一个完整的处理系统。人工构筑的湿地系统可以将物理、化学及生物效应相结合，当废水流经人工湿地时，在基质、植物及微生物的共同作用下，通过截留、物理吸附、植物吸附、微生物代谢反应等过程，去除酸性矿山废水中的悬浮物、重金属，调节废水 pH。人工湿地建设投资及运行费用较常规酸性矿山废水处理工艺低，对重金属的去除效果好，对水质水量波动适应能力强，且无二次污染；但是构建人工湿地需要较大区域面积，对周围环境要求较高，湿地系统中的植物长期吸收重金属容易死亡，长期稳定运行仍面临挑战。

（4）微生物法。利用微生物法来处理酸性矿山废水一直受到国内外学者较多关注。相较于传统的酸性矿山废水处理方法，微生物法不仅可以避免化学中和法导致的一系列问题，且具有高效、无二次污染、成本低等优点，是一种有应用前景的方法。微生物法是利用自然界中广泛存在参与硫元素循环的硫酸盐还原菌（SRB）的代谢过程来处理酸性矿山废水。SRB 是可以通过异化作用还原硫酸盐的一类细菌的总称，其代谢特征符合酸性矿山废水处理的需求，在有机碳源充足的情况下能通过自身代谢将酸性矿山废水中的大量的硫酸根转化为 S^{2-}，将重金属沉淀为金属硫化物，并产生碱度提高废水 pH。

2）选矿废水处理技术

相较于酸性矿山废水，选矿废水中更高的悬浮物浓度和有机浮选剂浓度对选矿废水的处理技术提出了更高的要求。国内外主要采用物理、化学与生物法对其进行处理，主要包括混凝沉淀法、吸附法、高级氧化法与微生物法。

（1）混凝沉淀法。混凝沉淀法主要是通过向废水中投加混凝药剂，在压缩双电层、电性中和、架桥等过程共同作用下，将水中的微小颗粒物、胶体、有机物等污染物去除，具有操作简单、应用广泛等优点，是水处理过程中最为常见的方法之一。选矿废水中含有大量的悬浮物胶体，较适合采用混凝沉淀处理方法。

（2）吸附法。吸附法是废水深度处理过程中的常见技术。选矿废水中残留的有机物与重金属离子均可以被吸附去除。虽然利用吸附法处理选矿废水能够达到较好的处理效果，但受制于投资运行成本，通常不适宜用于大规模选矿废水的处理。

（3）高级氧化法。高级氧化法在水处理过程中常用来处理难降解有机物，以提高废水的可生化性。通过向废水中投加氧化剂，加速选矿废水中的黄药、黑药及其他难降解有机物的降解，达到净化废水的目的。工程上常用的氧化剂有过氧化氢与次氯酸钠等。

（4）微生物法。微生物法主要利用微生物的新陈代谢作用降解废水中的污染物。相较于物理和化学方法，微生物法具有处理成本低、无二次污染、适用范围广等优势。然而，选矿废水中含有的黄药与重金属等污染物对微生物往往具有较高毒性，限制了微生物法对选矿废水的长期稳定处理。

3. 矿山废水深度处理工程案例

1）广西某选矿厂尾水除砷

（1）工程概述。广西某选矿厂采用“浮-重-浮”联合工艺流程选矿，矿石选别采用“重-浮-重”流程：矿石经棒磨至 3 mm 后，通过跳汰粗选，得到粗精矿和中矿，摇床扫选丢弃部分尾矿；粗精矿经棒磨后进入富系统全浮选，中矿经棒磨后与细泥合并进入贫系统全浮选。贫富两个系统全浮选硫化矿进入铅、锌、硫、砷浮选分离作业选别，得到铅锑精矿、锌精矿、硫精矿和砷精矿。尾矿浆进尾矿库沉淀澄清后部分回用，其余排入地表水体（图 8.15）。该选矿厂面临的主要问题是尾矿库排放的溢流水中砷浓度超过了《地表水环境质量标准》（GB 3838—2002）V 类水标准规定的限值，加重了地表水重金属污染负荷。

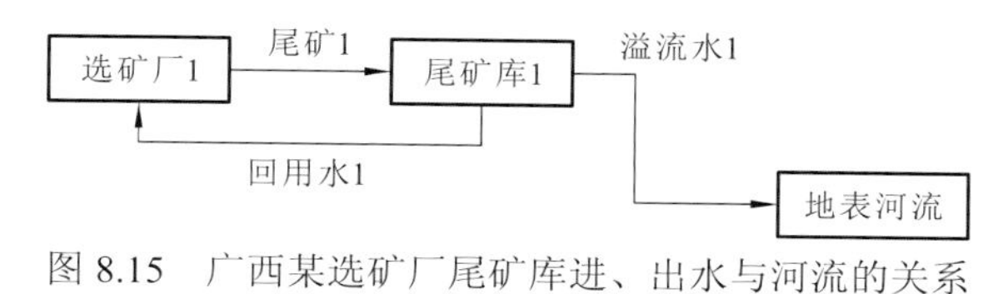

图 8.15　广西某选矿厂尾矿库进、出水与河流的关系

（2）设计水质和水量。该项目进行尾矿库溢流水的后处理，处理量为 1 200 m^3/d，尾矿库出水主要指标见表 8.21。由于当地环境容量较小，自净能力有限，生态环境主管部门要求企业排水水质指标必须达到《地表水环境质量标准》（GB 3838—2002）V 类水体要求。

表 8.21　某选矿厂尾矿库出水水质指标

监测天数/天	pH	悬浮物质量浓度/（mg/L）	COD/（mg/L）	总砷/（mg/L）	总镉/（mg/L）	总铅/（mg/L）	总锌/（mg/L）	总铜/（mg/L）	氰化物质量浓度/（mg/L）	排放量/（m^3/h）
0	7.7	28	5	0.320	0.05	0.20	0.020	0.07	—	1 440
54	7.7	19	6	0.104	0.05	0.20	0.165	0.19	—	1 745
174	7.5	9	23	0.154	0.05	0.20	0.332	0.05	0.004	1 098
224	7.7	7	9	0.468	0.05	0.20	0.171	0.08	—	632
344	6.5	41	6	0.043	0.05	0.20	0.260	0.05	—	451
464	7.4	72	41	0.118	0.05	0.20	0.020	0.05	—	1 861
470	7.6	39	6	0.077	0.05	0.20	0.340	0.16	—	661
590	7.1	27	9	0.182	0.05	0.24	0.435	0.10	—	5
640	7	31	22	0.184	0.05	0.37	0.365	0.08	—	796
790	7.1	20	7	0.130	0.05	0.33	0.070	0.05	—	974
910	6.9	16	13	0.151	0.05	0.20	0.198	0.05	—	434
1 030	7.4	13	10	0.030	0.05	0.20	0.345	0.05	—	381
1 150	7.7	31	12	0.137	0.05	0.20	0.196	0.06	—	183
1 240	6.5	12	12	0.174	0.05	0.20	0.202	0.05	—	3 978
V 类地表水环境质量标准	6～9		40	0.1	0.01	0.1	2	1	0.2	

（3）工艺选择与处理效果。主要处理尾矿溢流废水重金属离子与砷，待处理废水污染物浓度较低，但出水水质要求较高。针对尾矿水的特点，采用复合纳米材料吸附法对废水进行深度处理。复合纳米材料吸附法采用树脂基纳米氧化锆与树脂基纳米氧化铁复合材料分别吸附重金属离子与砷，所用纳米材料具有富集能力强、浓缩倍数高、易于脱附、操作简单等优点。工程采用两级吸附柱串联工艺，采用机械过滤器作为吸附的预处理工艺，第一级吸附柱采用树脂基纳米氧化锆吸附重金属离子，第二级吸附柱采用树脂基纳米氧化铁吸附砷。该项目处理后，尾矿溢流水中主要重金属的含量均显著下降，其中 Cd、Pb、As 质量浓度分别降为 0.002 mg/L、0.005 mg/L 与 0.04 mg/L 左右，均达到了《地表水环境质量标准》（GB 3838—2002）III 类水标准的要求。吸附后复合纳米材料需进行再生处理，其中第一级吸附柱平均每 400 h 脱附一次，脱附时长为 20～24 h；第二级树脂柱平均每 63 天脱附一次，脱附时长为 6～8 h。材料再生效率>98%，使用寿命>4 年。

脱附剂套用的优点是减少脱附剂使用量，缺点是操作烦琐、管路复杂及脱附槽多。鉴于对砷的吸附周期较长，该项目仅针对除重金属吸附单元设计了脱附剂套用工艺，除砷材料脱附剂不考虑套用，两者共用脱附液收集槽。对重金属离子吸附柱的脱附操作分为两类，一半脱附液在通过吸附柱后直接进入脱附液槽，另一半脱附液通过吸附柱后进入第一个脱附剂配制槽二次回用。砷离子吸附柱的脱附操作较为简单，脱附液使用后直接进入脱附液收集槽。以上脱附液均采用吸附柱的水洗水配制。在使用后的脱附液内加入石灰乳作为沉淀剂，将砷、重金属等离子态污染物转化为难溶性无机物从水中分离，脱附液处理采用管道混合加药，泵送到其尾矿沉淀区沉淀处理。工艺流程如图 8.16 所示。

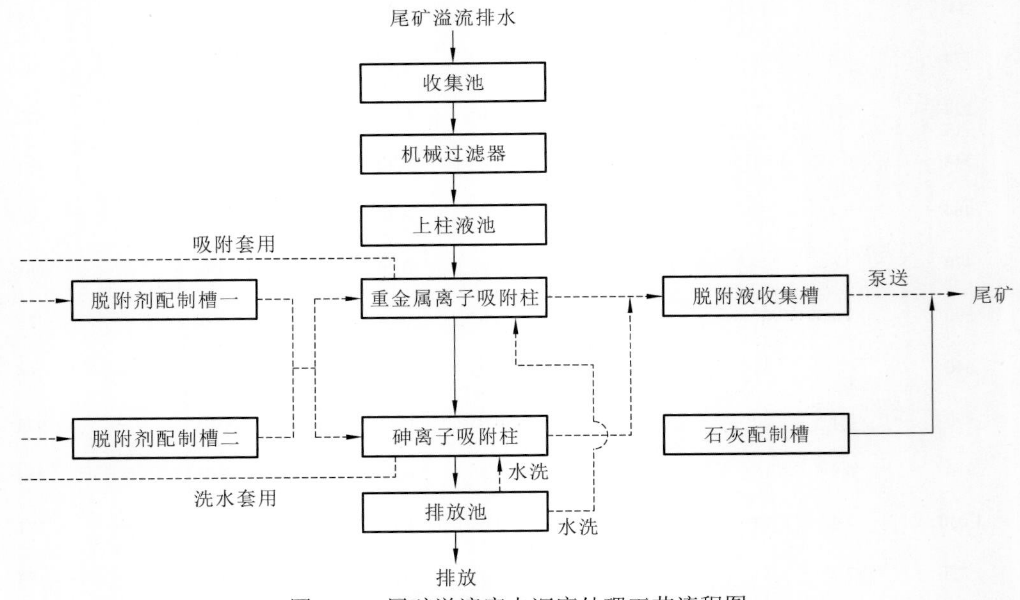

图 8.16　尾矿溢流废水深度处理工艺流程图

2）广东某冶炼厂废水零排放工程

中南大学重金属污染防治团队基于多基团高效协同捕获复杂多金属离子的机制，通过将菌群的代谢产物与多基团（如羧基、酰胺基、巯基）嫁接复配，制备了多种复合配位体的生物制剂，可与废水中多种类的重金属离子同时配位，实现废水中多种重金属离子的同时深度脱除。在研发生物制剂的基础上，开发了生物制剂配合-水解-脱钙-絮凝分离一体化新工艺和相应设备。处理过程中重金属废水首先通过生物制剂多基团的协同配合形成稳定的重金属配合物，随后调节 pH 至碱性使其水解；由于生物制剂同时兼有高效絮凝作用，当重金属配合物水解形成颗粒后很快絮凝形成胶团，实现重金属离子（Cu^{2+}、Pb^{2+}、Zn^{2+}、Cd^{2+}、As^{3+}、Hg^{2+}等）和 Ca^{2+}的同时高效净化。该技术已用于广东某冶炼厂 4 800 m^3/d 废水深度处理改造项目（图 8.17）。通过生物制剂协同脱钙改造，出水中残余重金属离子浓度全面满足《铅、锌工业污染物排放标准》（GB 25466—2010），Ca^{2+}质量浓度控制在 50 mg/L 以内，出水各项指标满足膜处理进水要求，为膜处理系统的长期稳定运行创造了条件。反渗透浓水进入蒸发系统，产出结晶盐，达到了废水零排放要求，产水替代新水全面回用于各生产车间。该企业自 2012 年至今基本无工业废水外排。

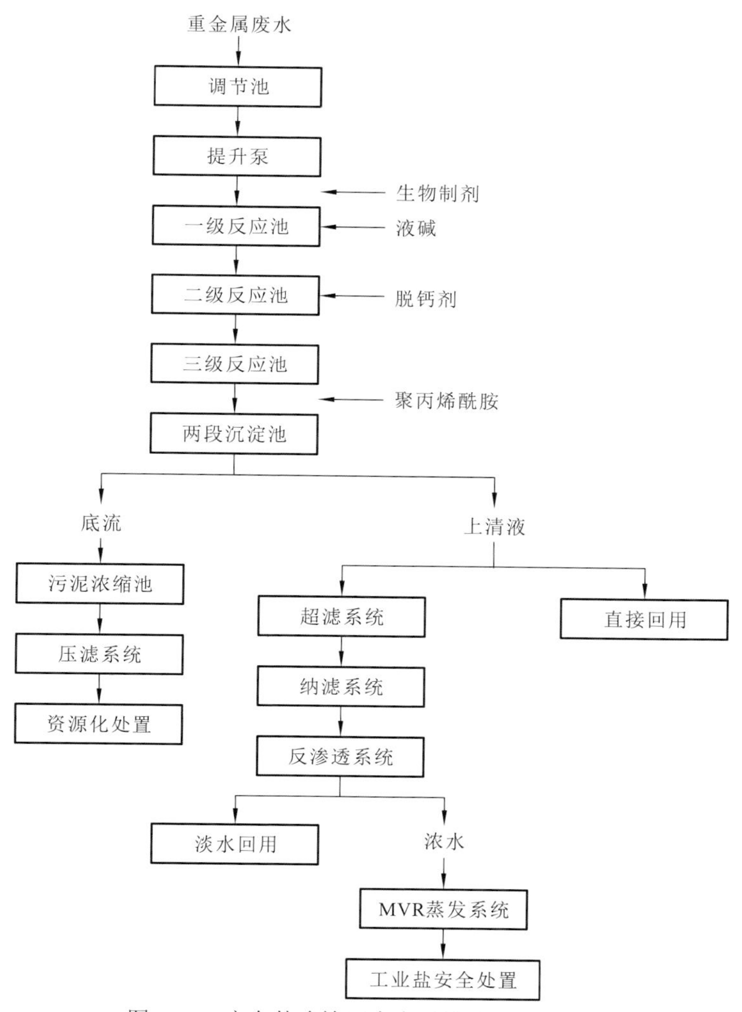

图 8.17　广东某冶炼厂废水零排放工艺流程图

参 考 文 献

陈俊, 刘军华, 王娜, 2018. 铅锌矿选矿废水处理技术进展. 有色金属设计, 45(2): 43-45.

陈万鹏, 张明, 陶涛, 等, 2021. 含低浓度重金属的污水处理厂提标中试研究. 给水排水, 57(S1): 88-93.

邓少华, 2020. 印刷电路板生产废水综合治理及回收的分析. 皮革制作与环保科技, 1(Z2): 53-57.

冯章标, 2017. 柿竹园钨多金属矿选矿废水处理与回用新工艺及机理研究. 赣州: 江西理工大学.

顾风云, 2017. SRB 培养基氮源及其处理酸性矿山废水条件研究. 长春: 吉林大学.

侯瑞光, 苏华轲, 官平, 等, 2015. 制革工业重金属排放特征及污染预防. 广东化工, 42(5): 87-89.

黄新仁, 2011. 响应面法在生物过程优化中的应用. 长沙: 湖南大学.

霍小平, 刘存海, 2009. 铬鞣废水处理现状综述. 西部皮革, 31(23): 37-42.

刘萌, 但卫华, 但年华, 2012. 节水制革的方法与途径. 西部皮革(18), 34: 25-29, 32.

刘玉东, 肖航, 杨勇, 等, 2019. 印刷电路板(PCB)生产废水处理工艺升级改造. 中国给水排水, 35(8): 111-115, 119.

吕飞, 2019. 苯乙烯环氧化催化剂及计算机辅助工艺优化研究. 南京: 东南大学.

Nachiappa L, 朱晔, 2019. 低污染排放制革废水循环再利用技术. 中国皮革, 48(9): 36-40.

舒建军, 2021. 化工园区废水集中处理厂的提质改造技术研究. 低碳世界, 11(5): 60-61, 64.

陶如钧, 2003. 物化-水解酸化-CAST 工艺处理制革废水. 给水排水, 29(9): 31-32, 100.

王慧娟, 张志海, 韩艳艳, 2021. 组合工艺处理涂装废水及其运行调控分析. 工业水处理, 41(3): 114-116.

王亮, 2014. 电镀铜镍废水化学处理工艺的优化研究. 哈尔滨: 哈尔滨工业大学.

王宁宁, 2017. 酸性矿山废水的危害及处理技术研究进展. 环境与发展, 29(7): 99-100.

吴浩汀, 2010. 制革工业废水处理技术及工程实例. 北京: 化学工业出版社.

夏宏, 杨德敏, 2014. 制革废水及其处理现状综述. 皮革与化工, 31(1): 25-29.

夏青, 焦晓斌, 陈孝虎, 2021. 铜冶炼厂生产废水提标改造工程实践. 甘肃冶金, 43(5): 43-46.

徐强, 李晨, 杜军, 2019. 印刷电路板生产废水处理技术方案及工程应用. 资源节约与环保(3): 102-103, 108.

姚颋, 王宏, 李杰, 2011. 微电解/斜板沉淀/生物接触氧化处理印刷电路板废水. 再生资源与循环经济, 4(9): 39-41.

游勇, 宋少华, 郑帅飞, 2011. 微电解-H_2O_2-混凝预处理印刷线路板废水的研究. 重庆科技学院学报(自然科学版), 13(1): 120-122.

于洪水, 2015. 制革废水处理工艺研究进展. 皮革与化工, 32(3): 22-25.

查建军, 2019. 酸性矿山废水污染对农田土壤理化性质的影响及五种湿生植物的耐受性研究. 合肥: 安徽大学.

翟建文, 2013. 难处理废水特种膜组合工艺方案//2013 年全国冶金节水与废水利用技术研讨会, 中国金属学会: 重庆: 10-18.

张杰, 刘素英, 郑德明, 2006. 序批式活性污泥(SBR)法在制革生产废水处理中的应用. 陕西科技大学学报, 24(3): 143-145.

张萍, 朱淑琴, 古伟宏, 等, 1999. 混凝微法处理制革废水. 环境科学研究, 12(2): 53-56.

赵庆良, 李伟光, 2004. 特种废水处理技术. 哈尔滨: 哈尔滨工业大学出版社.

赵焱，武睿，郭卫鹏，等，2021. 天然沸石与纳滤组合工艺处理铜突发污染的应用. 净水技术，40(4): 24-30.

周荣忠，谢锦文，代振鹏，等, 2020. 电镀废水处理工程设计及运行. 电镀与涂饰, 39(23): 1687-1693.

邹廉, 1997. 制革废水处理工艺设计. 给水排水, 23(12): 3, 28-31.

邹义龙，吴永明，万金保, 2019. 印刷线路板生产废水处理的应用研究. 工业水处理, 39(4): 100-103.

Abdullah N, Yusof N, Lau W J, et al., 2019. Recent trends of heavy metal removal from water/wastewater by membrane technologies. Journal of Industrial and Engineering Chemistry, 76: 17-38.

Barakat M A, Schmidt E, 2010. Polymer-enhanced ultrafiltration process for heavy metals removal from industrial wastewater. Desalination, 256(1-3): 90-93.

Benediktsson J A, Sveinsson J R, Ersoy O K, et al., 1997. Parallel consensual neural networks. IEEE Transactions on Neural Networks, 8(1): 54-64.

Broomhead D S, Lowe D, 1988. Radial basis functions, multi-variable functional interpolation and adaptive networks. Malvern: Royal Signals and Radar Establishment.

Cai S, Bao G, Ma X, et al., 2019. Parameters optimization of the dust absorbing structure for photovoltaic panel cleaning robot based on orthogonal experiment method. Journal of Cleaner Production, 217: 724-731.

Carolin C F, Kumar P S, Saravanan A, et al., 2017. Efficient techniques for the removal of toxic heavy metals from aquatic environment: A review. Journal of Environmental Chemical Engineering, 5(3): 2782-2799.

Das C, Patel P, De S, et al., 2005. Treatment of tanning effluent using nanofiltration followed by reverse osmosis. Separation and Purification Technology, 50(3): 291-299.

Fabiani C, Ruscio F, Spadoni M, et al., 1997. Chromium(III) salts recovery process from tannery wastewaters. Desalination, 108(1-3): 183-191.

Feng L J, Wang W Y, Feng R Q, et al., 2015. Coagulation performance and membrane fouling of different aluminum species during coagulation/ultrafiltration combined process. Chemical Engineering Journal, 262: 1161-1167.

Fu F, Wang Q, 2011. Removal of heavy metal ions from wastewaters: A review. Journal of Environmental Management, 92(3): 407-418.

Grossberg S, 1976. Adaptive pattern classification and universal recoding: II. Feedback, expectation, olfaction, illusions. Biological Cybernetics, 23(4): 187-202.

Hopfield J J, 1982. Neural networks and physical systems with emergent collective computational abilities. Proceedings of the National Academy of Sciences, 79(8): 2554-2558.

Hornik K, Stinchcombe M, White H, 1989. Multilayer feedforward networks are universal approximators. Neural Networks, 2(5): 359-366.

Huang Y, 2009. Advances in artificial neural networks: Methodological development and application. Algorithms, 2(3): 973-1007.

Kocaoba S, Akcin G, 2002. Removal and recovery of chromium and chromium speciation with MINTEQA2. Talanta, 57(1): 23-30.

Kohonen T, 1982. Self-organized formation of topologically correct feature maps. Biological Cybernetics, 43(1): 59-69.

Kurniawan T A, Chan G Y S, Lo W H, et al., 2006. Physico-chemical treatment techniques for wastewater laden with heavy metals. Chemical Engineering Journal, 118(1-2): 83-98.

Lan S H, Ju F, Wu X W, 2012. Treatment of wastewater containing EDTA-Cu(II) using the combined process of interior microelectrolysis and Fenton oxidation-coagulation. Separation and Purification Technology, 89: 117-124.

Li H S, Zhang H G, Long J Y, et al., 2019. Combined Fenton process and sulfide precipitation for removal of heavy metals from industrial wastewater: Bench and pilot scale studies focusing on in-depth thallium removal. Frontiers of Environmental Science & Engineering, 13: 1-12.

Mavrov V, Erwe T, Blocher C, et al., 2003. Study of new integrated processes combining adsorption, membrane separation and flotation for heavy metal removal from wastewater. Desalination, 157(1-3): 97-104.

Peng H, Nie W, Liu Z, et al., 2020. Optimization of external spray negative-pressure mist-curtain dust suppression devices for roadheaders based on a multi-factor orthogonal experiment. Journal of Cleaner Production, 275: 123603.

Renu N A, Agarwal M, Singh K, 2017. Methodologies for removal of heavy metal ions from wastewater: An overview. Interdisciplinary Environmental Review, 18(2): 124-142.

Rosenblatt F, 1958. The perceptron: A probabilistic model for information storage and organization in the brain. Psychological Review, 65(6): 386-408.

Son H J, Hwang Y D, Roh J S, et al., 2005. Application of MIEX® pre-treatment for ultrafiltration membrane process for NOM removal and fouling reduction. Water Supply, 5(5): 15-24.

Sun S, Meng F, 2020. Processing of secondary cracking light cycle oil by combined process. Energy Sources Part A: Recovery, Utilization, and Environmental Effects. Https://doi. org/10. 1080/15567036. 2020. 1804490.

Tiruneh A T, Debessai T Y, Bwembya G C, et al., 2018. Combined clay adsorption-coagulation process for the removal of some heavy metals from water and wastewater. American Journal of Environmental Engineering, 8(2): 25-35.

Wang D, He S, Shan C, et al., 2016. Chromium speciation in tannery effluent after alkaline precipitation: Isolation and characterization. Journal of Hazardous Materials, 316: 169-177.

Wu Y C, Feng J W, 2018. Development and application of artificial neural network. Wireless Personal Communications, 102: 1645-1656.

Xu Z, Gao G D, Pan B C, et al., 2015. A new combined process for efficient removal of Cu(II) organic complexes from wastewater: Fe(III) displacement/UV degradation/alkaline precipitation. Water Research, 87: 378-384.

Zhao C, Chen W, 2019. A review for tannery wastewater treatment: Some thoughts under stricter discharge requirements. Environmental Science and Pollution Research, 26: 26102-26111.

第9章　重金属废水深度处理发展展望

随着经济社会的快速发展，水污染控制的总体定位与目标已经从过去的达标排放、遏制水质恶化逐渐向实现水质安全与水生态健康迈进，常规的污废水处理已越来越难满足人民对绿水青山美好生活的向往和需求，深度水处理已成为新时代水污染控制的必然需求。不同于有机污染物，重金属难以降解，微量重金属的残留仍有可能严重影响水质安全与生态健康。当前重金属废水深度处理面临诸多挑战，重金属废水的高效深度处理仍然任重道远。

基础研究是技术创新的总机关。当前，面向重金属废水深度处理技术创新的应用基础研究方兴未艾，但相关研究总体上对真实废水处理场景下重金属形态复杂、水中高浓度共存基质干扰严重这一基本特点关注不够充分，有待进一步强化研究成果对实际废水深度处理技术创新的直接支撑作用。废水中重金属的形态认知、重金属形态定向转化与选择性去除的方法与机制是重金属废水深度处理技术创新的基础。本章列举重金属废水深度处理的若干发展方向，希望为相关科技工作者创新重金属废水高效深度处理技术提供参考，期待更多基于真实污染控制场景的重金属废水深度处理过程的认知深化与技术创新。

1）重金属形态及废水基质的分析与科学认知

如第3章所述，实际废水中重金属形态认知对深度处理效能具有重要影响，但实际废水中重金属形态及废水基质的认知不足，对污染物在废水处理中的转化过程和去除行为也缺乏深入理解，导致深度处理工艺的选择和设计高度依赖经验和试错。由于未能针对不同形态的重金属对工艺进行科学精准的设计，处理过程的药剂、能量浪费严重。如果将重金属废水的处理类比为医学治疗，那么对废水中重金属形态与基质的分析则相当于医学检查检验，是为了在科学认知的基础上实现对症下药、精准治疗。现代医学的精准治疗水平大幅提高，很大程度上得益于现代医学影像和检验技术的不断进步，使医生对病灶和病人相关体质看得更清楚。同理，废水高效处理技术工艺的科学设计也依赖对污染物形态及废水基质的深入了解。

近年来，废水中溶解性有机质的分析方法取得了长足的进步，以固相萃取-（超）高分辨质谱为代表的分析检测技术将废水中溶解性有机质的认知推进到分子式水平，结合范克雷维伦（van Krevelen）图、平均氧化态、不饱和度等参数可对分子组成有更进一步的推断。考虑废水中相当比例的重金属可能与溶解性有机质络合，该方向的研究成果可作为废水中重金属形态分析检测的重要方法学基础，也可以作为认知废水基质特性的重要依据。与此同时需要注意到，尽管固相萃取-（超）高分辨质谱已被广泛应用于废水水质分析并取得了相应进展，但该技术仍存在局限性，例如废水中部分溶解性有机质在固相萃取过程中的回收率低而不能被检测到，加之还有相当高比例的溶解性有机质并不能被电喷雾电离（ESI）有效离子化，从而无法被质谱检出，因此，目前对污/废水中溶解性有机质的种类预计将远远高于现有研究报道的已检测到的种类数。更为重要的是，重金属-溶解性有机质配合物的性质与溶解性有机质本身有很大不同，需要开发更适合重金属废水体系的分析方法。首先，应当发展对重金属络合物具有更高回收率的固相萃取填料和洗脱方法，其中的一大技术难点在于通过固相萃取实现废水中重金属络合物和常见无机盐的有效分离，但这两类物质的物化性质较为相似。其次，应当进一步发展采用多种质谱进行平行分析的方法，例如采用保留时间校正的 ESI 高分辨质谱和 ICP 质谱平行分析，可避免单纯 ESI 高分辨质谱出现的含重金属相关物质假阳性结果的问题，ICP 质谱可对该物质是否含有某种重金属进行进一步确证。在质谱分析中，同位素特征可作为指认重金属的重要依据。对于不易通过 ESI 离子源实现离子化的重金属络合物，有待开发适合该类物质的其他离子化方法和技术，便于后续的质谱检测。

在分子式水平的基础上，未来还需要废水中重金属络合物及废水基质结构方面更为精细的信息。在这一方向上，基于二级质谱及多级质谱的非靶向分析是重要的发展方向，但目前相关质谱谱库基本处于空白状态，需要大量的工作进行建立和完善。由于废水尤其是生化出水中相当大比例的物质缺乏标准品，难以通过传统的标准品质谱测试法建立标准谱图，预计相关物质二级质谱图的智能预测及基于机器学习的结构搜寻将有助于这一问题的解决。

在发展相关质谱学分析方法的同时，毛细管电泳、薄膜梯度扩散、纳米光学传感探针等其他分析检测技术的发展也有望在重金属形态及废水基质分析与科学认知方面提供更多有益的帮助。其中，纳米光学传感探针等技术更适合现场快速分析检测，对废水中重金属形态分布做出快速判断，便于及时对后续处理工艺进行合理调节。

2）络合态重金属的选择性去除

经常规处理后，游离态重金属已基本被去除，在深度处理阶段废水中重金属往往以络合态存在。第 6 章介绍了基于化学氧化破络的重金属废水深度处理方法，该方向目前已引起研究者的持续关注。以高级氧化为例，以羟基自由基为代表的氧化活性物种选择性较差，由于废水中共存有机质浓度往往比络合态重金属高出几个数量级，反应过程中产生的大量羟基自由基被共存基质消耗，只有极小比例的羟基自由基被用于重金属络合物的氧化，氧化剂利用率偏低，不仅使处理成本居高不下，而且易于生成毒害副产物，增加环境风险。因此，迫切需要发展针对废水中络合态重金属的选择性去除方法。第 6 章介绍了笔者课题组在相关方向的若干进展，如 Fe(III)置换-紫外线驱动络合物分子内电子转移的选择性氧化破络方法等，取得了较好的选择性破络与重金属深度去除效果，但由于紫外线水处理反应器装备的成熟度有限，该方法距推向大规模应用还有一定距离。笔者课题组提出了通过纳米颗粒-有机配体-重金属三元络合物的方式实现了高盐废水中多羧酸配体络合的重金属选择性吸附去除的方法，且相关复合纳米材料可再生持续利用，为废水中络合态重金属选择性去除提供了新思路。另外，笔者课题组最新的一些研究工作表明，基于络合态重金属催化氧化性能有望开发出具有更高选择性、更高效的氧化破络与重金属深度去除新技术。考虑废水中络合态重金属种类丰富且广泛存在，而金属的配位调控是催化性能调控的重要手段，利用络合态重金属的催化特性来实现选择性催化氧化破络也有待进一步关注。总体而言，络合态重金属选择性去除往往是重金属废水深度处理的核心与关键，结合真实废水基质复杂、污染物结构多元的基本特点，这一方向的发展无论在应用基础研究还是在技术创新方面均具有十分广阔的空间。

3）抗污染型重金属吸附材料

吸附是重金属废水深度处理的重要技术工艺。由于重金属废水除含有重金属外还含有其他共存离子和基质，如悬浮性固体物质、Ca^{2+}、Mg^{2+}、NO_3^-、Cl^-、SO_4^{2-}、PO_4^{3-}、硅酸根、草酸、柠檬酸、溶解性有机质等，在废水深度处理场景中，这些共存物质与重金属或水处理材料发生作用，显著抑制了重金属的吸附去除。例如，水中部分共存有机物因含有多个功能基团，可在金属氧化物表面发生结合作用，如多羧基与铁氧化物的配位，显著改变氧化物表面的理化性质，进而抑制重金属离子在金属氧化物表面的吸附；由于废水处理流程中可能存在多处酸碱调节，产生大量硫酸钙等微溶物质，可能在吸附材料表面发生结垢，覆盖或占据吸附材料表面大量的活性位点，从而抑制对重金属污染物的吸附。由此，亟须研发在重金属废水复杂基质背景下具有抗污染性能的重金属吸附材料，这给重金属吸附材料的设计提出了更高的要求，更需要借助基础物化原理突破这一技术难点。第 5 章相关内容已介绍尺寸排阻原理、Donnan 效应，可为抗污染型重金属吸附复合材料的设计提供有效策略：利用溶解性有机质分子尺寸较大的特性，通过制备微孔载体负载高活性纳米颗粒的复合吸附材料，可将大尺寸溶解性有机质排阻在纳米微孔外，而不影响重金属的孔内扩散及其在高活性纳米颗粒表面的吸附；利用部分共存干扰基质带负电的特征，可通过制备带有固定负电荷的微孔或介孔载体负载高活性纳米颗粒的吸附材料，借助 Donnan 效应将带负电的干扰基质排斥在孔外。此外，还可通过适当的复合材料结构设计，利用纳米限域效应，诱导吸附与结垢实现空间分离，将原本在纳米颗粒表面发生的结垢转移至较远的外围空间发生，从而减轻结垢对重金属吸附的不利影响。相关的抗污染型复合材料的设计策略和技术实现仍在不断发展中。

4）废水中金属的资源化

部分重金属废水中含有 Cu、Zn、Ni、Cr、Cd 等具有一定经济价值的金属，如何在废水深度处理的同时实现这些金属的资源化回收，成为未来研究的一个重要方向。事实上，在重金属常规处理工艺中，已有很多研究关注了金属资源化问题，电解、化学沉淀、膜分离、离子交换、吸附、光电催化、蒸发浓缩等多种方法，在一些高浓度重金属废水处理中已实现了多种重金属的资源化回收，电解等部分技术可直接获得具有一定纯度的金属副产品，部分技术可将重金属以可溶态形式进行浓缩。在重金属废水深度处理中，金属的资源化仍受到很多研究者关注，但主要难点在于经过前期处理，深度处理阶段的重金属浓度已大幅降低，往往处于亚毫克/升量级，同时处于较低的化学势，实现金属资源化的技术难度大幅提升的同时，回收取得的经济价值显著下降。未来发展中，重金属废水深度处理过程可能更加关注部分特殊重金属废水中含有的钯、银、金、铂等稀贵金属的资源化回收，该类废水深度处理的成本敏感性相对较低，具有较大的发展空间。

5）重金属废水深度处理技术集成

尽管目前已有诸多用于重金属废水深度处理的单元技术，但单一技术往往难以长期、稳定地实现重金属废水的深度处理。例如，适当的高级氧化技术多可实现络合态重金属的解络合，但后续仍需依靠沉淀、吸附等方法进一步去除游离出来的重金属。由此，开发重金属废水深度处理的技术集成工艺和装备是未来重要的发展方向。由于集成工艺和装备是一个多元复杂系统，对单元处理技术的优化往往难以实现水处理系统整体效率的显著提升，需要通过合理配置与参数优化，克服各单元处理技术的不足，充分发挥各自的优势，在提高水处理效率的同时降低投资与操作成本。在技术集成系统优化方面，人工神经网络、遗传算法、机器学习、大数据等现代研究手段有望发挥较大的作用，通过建立微观-宏观多级混合模型，并对数据进行蒙特卡罗扩展，实现高效的重金属废水深度处理技术集成系统设计与开发。